介面技術與週邊設備(第六版)

黃煌翔　編著

 全華圖書股份有限公司　印行

序 言

　　近年來電腦高科技產業突飛猛進，電腦的週邊設備及介面更是多樣化，對一位大專院校電子、電機科系的學生來說，除了要熟悉電腦之操作與週邊裝置的內部架構外，還需進一步學習如何利用電腦主機板，配合介面元件來控制外部電路。因此，我們希望本科系的學生畢業後，不僅要會操作各個領域的套裝軟體，同時也要瞭解如何設計週邊裝置和介面控制電路，成為軟硬體兼備的研發、應用工程師。將來一旦學有所成步入社會，其學識必能符合高科技市場的需求，面對挑戰。

　　本書共分為 9 章，首先簡述主機板匯流排的演進過程，接著介紹8254、8255、8259 等介面晶片各種模式的設定與應用，依序再討論 D/A、A/D 轉換器、CRT、8251A 及 USB 等之原理。本書強調介面技術的基礎理論，注重各種模式的應用，並且將原理的精華部份充分提供例題，詳列演算過程，相信可以加深讀者的印象，便利複習並增進學習成效，另外，本書的程式片段是以 80×86 組合語言為主，因此在閱讀之前必須具備組合語言的基礎。

　　筆者僅將自己所學及教學上的經驗提供與讀者分享，雖力求完美，但筆者才疏學淺，謬誤難免，疏漏欠週之處尚祈先進不吝賜教指正。

　　本書能夠順利出版，要感謝全華圖書公司顧問董秋溝先生與廖福源老師的支持，業務部及編輯部予以協助，再次深表謝意。

黃煌翔　謹識

編 輯 部 序

　　「系統編輯」是我們的編輯方針，我們所提供給您的，絕不只是一本書，而是關於這門學問的所有知識，它們由淺入深，循序漸進。

　　本書內容新穎、言簡意賅，範例與習題程度深淺適中，且理論介紹詳實、易懂易學。本書共分為 9 章，首先簡述主機板匯流排的演進過程，接著介紹 8254、8255、8259 等介面晶片各種模式的設定與應用，依序再討論 D/A、A/D 轉換器、CRT、8251A 及 USB 等介面原理。本書強調介面技術的基礎理論，注重各種模式的應用，並將原理的精華部份充份提供例題，詳列演算過程，相信可以加深讀者的印象，以提升學習成效。適用於技術學院電子、電機、資工系「介面技術」課程使用。

　　同時，為了使您能有系統且循序漸進研習相關方面的叢書，我們以流程圖方式，列出各有關圖書的閱讀順序，以減少您研習此門學問的摸索時間，並能對這門學問有完整的知識。若您在這方面有任何問題，歡迎來函連繫，我們將竭誠為您服務。

相關叢書介紹

書號：05328007
書名：PCI 介面原理與實習
　　　(附範例光碟片)(修訂版)
編著：李福星.陳柏嘉
20K/360 頁/320 元

書號：05332017
書名：微電腦控制－專題製作
　　　(VB 串並列埠控制)(第二版)
　　　(附範例光碟)
編著：陳永達.詹可文
16K/512 頁/500 元

書號：05608017
書名：微電腦 I/O 介面控制實習－
　　　使用 Visual Basic(附範例光碟)
　　　(修訂版)
編著：黃新賢.陳瑞錡.洪純福
16K/272 頁/320 元

書號：05522017
書名：介面設計與實習－使用LabVIEW
　　　LabVIEW(附範例光碟)(修訂版)
編著：許永和
16K/688 頁/620 元

書號：05671017
書名：介面設計與實習－使用 Visual
　　　Basic(附範例光碟片)(修訂版)
編著：許永和
16K/736 頁/680 元

書號：05876
書名：單晶片介面技術及應用程式
編譯：鈕 健
16K/536 頁/450 元

書號：05853010
書名：USB2.0 高速週邊裝置設
　　　計之實務應用(附範例光
　　　碟及 PCB 單板)(修訂版)
編著：許永和
16K/776 頁/720 元

◎上列書價若有變動，請
以最新定價為準。

流程圖

書號：0300702
書名：微處理機導論
　　　(第三版)
編著：唐經洲

書號：05332017
書名：微電腦控制－專題製作
　　　(VB 串並列埠控制)(第二版)
　　　(附範例光碟)
編著：陳永達.詹可文

書號：05671017
書名：介面設計與實習－
　　　使用 Visual Basic
　　　(附範例光碟片)
　　　(修訂版)
編著：許永和

書號：0545871
書名：微算機原理與應用－
　　　80x86/Pentium 系列
　　　軟體、硬體、界面、
　　　系統(修訂版)
編著：林銘波

書號：0527405
書名：介面技術與週邊設備
　　　(第六版)
編著：黃煌翔

書號：05853010
書名：USB2.0 高速週邊
　　　裝置設計之實務應用
　　　(附範例光碟及 PCB
　　　單板)(修訂版)
編著：許永和

書號：05934
書名：計算機結構－
　　　入門啓示錄
編著：沈雍超

書號：06158
書名：介面技術實習
編著：黃煌翔

書號：05608017
書名：微電腦 I/O 介面控制實
　　　習－使用 Visual Basic
　　　(附範例光碟)(修訂版)
編著：黃新賢.陳瑞錡.洪純福

contents

目 錄

| 第 1 章 | **匯流排與 I/O 解碼器** | **1-1** |

1-1	**匯流排種類**	1-4
	1-1-1 ISA Bus (1981 年)	1-4
	1-1-2 MCA-Bus	1-5
	1-1-3 EISA_Bus	1-5
	1-1-4 VL_Bus	1-6
	1-1-5 PCI 匯流排	1-7
	1-1-6 SCSI 及 IDE	1-30
	1-1-7 磁碟陣列	1-41
	1-1-8 AGP	1-49
	1-1-9 PCMCIA	1-57
1-2	**64 位元簡介**	1-62
	1-2-1 64 位元的特色	1-63
	1-2-2 微軟之 64 位元行列	1-64
	1-2-3 K8 簡介	1-70
1-3	**雙核心微處理器**	1-76
	1-3-1 嵌入式系統晶片 Xeon	1-88
1-4	**解碼器元件**	1-88
1-5	**解碼器的設計**	1-91
1-6	**I/O 位址模式**	1-95

1-7　PC/AT 系統記憶體配置　　　　　　　　　　1-100

　1-7-1　快取記憶體　　　　　　　　　　　　1-102

　1-7-2　映射功能　　　　　　　　　　　　　1-104

1-8　PC/AT IO 埠位址配置　　　　　　　　　　1-110

　1-8-1　I/O 匯流排週期　　　　　　　　　　1-118

1-9　USB 簡介　　　　　　　　　　　　　　　1-122

　1-9-1　USB 3.0　　　　　　　　　　　　　1-128

第 2 章　　**8255A**

2-1　8255A 結構　　　　　　　　　　　　　　2-2

2-2　控制字組(命令字組)　　　　　　　　　　2-10

2-3　MOD-0　　　　　　　　　　　　　　　　2-13

2-4　MOD-1　　　　　　　　　　　　　　　　2-21

　2-4-1　輸入功能　　　　　　　　　　　　　2-23

　2-4-2　輸出功能　　　　　　　　　　　　　2-30

第 3 章　　**8254**

3-1　8254 的結構　　　　　　　　　　　　　　3-3

3-2　控制字組　　　　　　　　　　　　　　　3-7

3-3　8254 作業模式　　　　　　　　　　　　　3-11

3-4　8254 回讀命令　　　　　　　　　　　　　3-28

　3-4-1　鎖住命令　　　　　　　　　　　　　3-28

　3-4-2　回讀命令　　　　　　　　　　　　　3-30

　3-4-3　狀態字組格式　　　　　　　　　　　3-31

第 4 章　D/A 轉換器

4-1	DAC 特性	4-2
4-2	轉換原理	4-7
	4-2-1　DAC 0800 簡介	4-16
4-3	DAC 0808 應用電路	4-18

第 5 章　類比／數位轉換器

5-1	ADC 原理	5-3
	5-1-1　並列式 ADC	5-4
	5-1-2　計數式 ADC	5-5
	5-1-3　漸近式 ADC	5-7
	5-1-4　雙斜率式 ADC	5-8
5-2	ADC 0804 應用	5-11
5-3	輸入電壓與共模互斥	5-19
	5-3-1　取樣與量化	5-20

第 6 章　8237A

6-1	DMA 概念	6-2
6-2	8237A 的結構	6-12
6-3	接腳說明	6-16
6-4	內部暫存器	6-28
6-5	命令字組	6-32
6-6	模式暫存器	6-33
6-7	請求暫存器	6-35

6-8　遮罩暫存器　　　　　　　　　　　　　　　6-35

6-9　狀態暫存器　　　　　　　　　　　　　　　6-37

6-10　8237A 之傳輸模式　　　　　　　　　　　6-38

第 7 章　**8251A**

7-1　通訊資料的種類　　　　　　　　　　　　　7-3

　　7-1-1　非同步傳送　　　　　　　　　　　　7-6

　　7-1-2　同步傳送　　　　　　　　　　　　　7-9

7-2　8251A 簡介　　　　　　　　　　　　　　　7-13

7-3　8251A 結構　　　　　　　　　　　　　　　7-14

7-4　8251A 之規劃　　　　　　　　　　　　　　7-25

7-5　8251A 模式設定控制字組　　　　　　　　　7-27

7-6　8251A 命令控制字組　　　　　　　　　　　7-31

7-7　8251A 狀態字組　　　　　　　　　　　　　7-37

7-8　錯誤檢驗　　　　　　　　　　　　　　　　7-44

　　7-8-1　重複檢查法　　　　　　　　　　　　7-44

7-9　串並列界面　　　　　　　　　　　　　　　7-49

7-10　數據機(Modem)　　　　　　　　　　　　7-64

　　7-10-1　數據機的應用　　　　　　　　　　7-66

　　7-10-2　RS232C 之現況與未來　　　　　　7-66

第 8 章　**監視器**

8-1　CRT 視頻原理　　　　　　　　　　　　　　8-2

　　8-1-1　交錯與非交錯掃描　　　　　　　　　8-7

8-2　同步信號　　　　　　　　　　　　　　　　8-12

8-3 解析度 8-15

8-4 觸控型螢幕(TSD) 8-19

8-5 螢幕解析度 8-23

8-6 彩色顯示器的調整 8-28

8-7 液晶顯示器(LCD) 8-32

    8-7-1 TFT LCD 原理 8-41

    8-7-2 LCD 驅動器 8-44

8-8 TFT LCD 之結構 8-47

8-9 大尺寸接合液晶顯示器 8-72

第 9 章 USB

9-1 USB 的結構 9-9

9-2 USB 介面的特性 9-15

9-3 USB 封包的格式 9-18

9-4 USB 介面 9-27

    9-4-1 USB CY7C63 微控制器 9-28

    9-4-2 CY7C63 晶片的接腳 9-35

    9-4-3 狀態及控制暫存器 9-39

    9-4-4 USB 中斷 9-45

    9-4-5 USB 中斷向量表 9-47

    9-4-6 定時器中斷 9-50

    9-4-7 甦醒中斷 9-51

    9-4-8 USB 引擎 9-51

    9-4-9 端點 0 接收 Rx 9-54

    9-4-10 端點 0 傳送 Tx 9-56

    9-4-11 低速 USB 電氣特性 9-58

9-5　USB 描述元　　　　　　　　　　　　　　9-59

9-6　USB 的裝置列舉　　　　　　　　　　　　9-65

9-7　USB 電源之管理　　　　　　　　　　　　9-67

9-8　HID 群組　　　　　　　　　　　　　　　9-68

9-9　USB 微控制器的應用　　　　　　　　　　9-72

9-10　抖動(Jitter)與歪曲(Skew)　　　　　　　9-81

9-11　I²C 匯流排　　　　　　　　　　　　　　9-84

9-12　I²C 的硬體架構　　　　　　　　　　　　9-85

匯流排與 I/O 解碼器

1-1　匯流排種類

1-2　64 位元簡介

1-3　雙核心微處理器

1-4　解碼器元件

1-5　解碼器的設計

1-6　I/O 位址模式

1-7　PC/AT 系統記憶體配置

1-8　PC/AT IO 埠位址配置

1-9　USB 簡介

　　"匯流排"是一種硬體信號的標準，它被用來規範CPU、週邊設備等彼此間資料傳輸與信號溝通的協定。例如PC/AT主機板上的匯流排可提供該印刷電路板(PCB)上各零組件共同的路徑，因此，除了電源(V_{cc}，GND)外，匯流排內容尚有：資料匯流排、位址匯流排和控制匯流排。

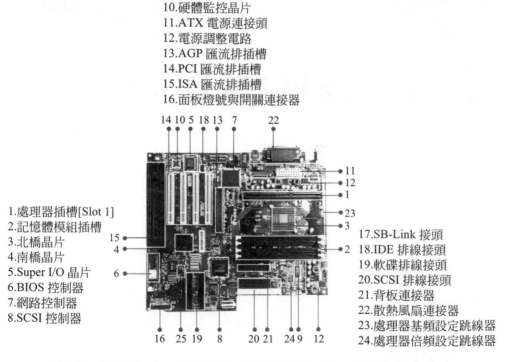

9.頻率產生器
10.硬體監控晶片
11.ATX 電源連接頭
12.電源調整電路
13.AGP 匯流排插槽
14.PCI 匯流排插槽
15.ISA 匯流排插槽
16.面板燈號與開關連接器

1.處理器插槽[Slot 1]
2.記憶體模組插槽
3.北橋晶片
4.南橋晶片
5.Super I/O 晶片
6.BIOS 控制器
7.網路控制器
8.SCSI 控制器

17.SB-Link 接頭
18.IDE 排線接頭
19.軟碟排線接頭
20.SCSI 排線接頭
21.背板連接器
22.散熱風扇連接器
23.處理器基頻設定跳線器
24.處理器倍頻設定跳線器

圖 1-1　　華碩 Pentium II 主機板，型號 P2B_LS，Slot_1 ATX
　　　　　(華碩電腦公司提供)

　　擴充匯流排是匯流排的一種延伸，其目的是為了擴充主機板功能，方便系統與裝置或週邊配備透過介面卡進行信號傳輸，因此，微電腦系統有多種擴充匯流排，舉例來說，圖 1-1 Pentium主機板有 2 個ISA，4 個 PCI，2 個 SCSI，1 個 IDE 及 1 個 AGP。因為擴充匯流排可以看成是由多條平行資料線所構成的高速通道，理想的擴充匯流排的信號位元寬度和傳送速度必須配合CPU，所以不同通道速度的介面卡應該選用與本身匹配的匯流排。

　　硬體介面電路的功能是連接或轉換硬體元件間的電子信號，軟體介面指的是高階系統程式間往來信號產生互動的協定，介面技術不僅要從匯流排所提供的信號來進行硬體電路設計，同時也要藉由軟體程式來驅動電路，並由介面卡直接或間接進行輸入／輸出的控制。於硬體線路試製期間我們不建議使用者將自製之介面卡或多功能的 I/O 卡插在主機內部的擴充匯流排上面，最好是從 PC 內部將擴充槽延伸出來，經過保護器再進行連線作業，等到介面卡開發完成，經測試後再讓介面卡回到主機板上，圖 1-2 為32位元PCI延伸擴充槽保護器的外觀，圖中內部電路透過排線，所以使用者自行應接主機板上之 PCI 插槽，DIY 之 I/O 卡則可以直接插在延伸擴充槽進行測試。

圖 1-2　可將主機板上之 PCI 擴充槽延伸到電腦外部，提供使
用熱拔插之二個外接延伸插槽之保護器

　　大部份的 CPU 家族尤其是以 CMOS 技術設計的晶片其匯流排只能推動少數週邊元件，如果要推動整個系統匯流排有實際的困難，所以匯流排加緩衝器是必需的。擴充槽保護器內部除了電源保護裝置外，其餘為可加強驅動能力之緩衝器與開關電路。

1-1　匯流排種類

　　擴充槽目前的主流有三種：32 位元 PCI、32 位元 AGP 及 USB 介面等，其他種類的匯流排之相關資訊，本節將一併討論。

1-1-1　ISA Bus (1981 年)

　　ISA Bus又稱工業標準架構匯流排(Industry Standard Architecure)，這是早期IBM 使用Intel　8088 CPU 所推出的一種標準。基本上它的內部是以16 位元運算，但外部僅8 位元，為PC/XT所引用，8 位元的ISA 支援的記憶體空間僅1M 位元組，操作速度為4.77MHz，沒有版權。及至 PC/AT盛行，ISA擴充為16 位元，作業速度提昇為8MHz。ISA Bus的外觀分二區98個接點，槽孔分*A*，*B*，*C*，*D*四面，主機板上的插槽外觀上一般是黑色，應用例如圖 1-3 所示。

圖 1-3　ISA 之 PCTV 卡，卡上之匯流排接點稱金手指

1-1-2　MCA-Bus

MCA為IBM於1987年推出，但與ISA匯流排不相容，MCA的特色為：

(1)MCA_Bus金手指連接點只有0.05吋的間距且體型較小，可避免電磁輻射或雜訊的干擾。

(2)有音訊延伸功能。

(3)使用者付費。

(4)最高33MHz之匯流排時脈為一種32位元的匯流排，並有視訊處理功能可直接存取內建 VGA 信號。

1-1-3　EISA_Bus

EISA為ISA匯流排的擴充卡即ISA板的32位元匯流排，因為是舊式ISA16位元的擴充所以又叫擴充式工業標準架構EISA。EISA也比ISA快，但仍比MCA慢，優點是EISA與16位元之ISA相容。

EISA為32位元如果使用Burst Mode，其速度則可以提昇到33MHz，並且允許記憶體使用32位元的擴充槽，而傳輸率一提昇擴充槽速度就幾乎與CPU同步，這便是廠商開發區域匯流排(Local Bus)的主要理念。

1-1-4　VL_Bus

VL_Bus的全名是VESA_Local Bus(VESA_LB)，擴充槽的接點如果與CPU的資料及位址線等直接相連，符合此種設計，我們稱為區域匯流排。VL_Bus匯流排是針對32位元所訂定的，但不適合以超過66MHz的速度運作。VL_Bus 一開始鎖定的目標是想應用在高階的視頻系統，但是視訊電子標準協會(VESA)的規範認為VL_Bus應具備32位元甚至64位元，能作大容量資料儲存功能，並符合網路介面規格。所以為取得相容性與市場競爭的

優勢，廠商便開發屬於此種架構的螢幕卡，如圖 1-4(a)(b)(c)所示。區域性
的匯流排(Local Bus)有二種規格一為 VL_Bus，另一為 PCI(Peripheral
Component Interconnect)。

(a) VL_Bus 之介面卡(和鐘科技提供)

(b) VL_SCSIBus：Bus Logic 介面卡(普誠科技提供)

圖 1-4　VL_Bus 之應用產品與擴充槽

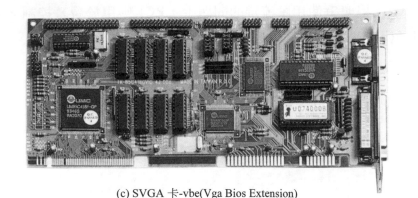

(c) SVGA 卡-vbe(Vga Bios Extension)

圖 1-4　VL_Bus 之應用產品與擴充槽(續)

1-1-5　PCI 匯流排

　　專為 586 設計的 PCI 也是 Local Bus 的一種，其規格與 VESA 完全不同。PCI 擴充插槽，其目標是想成為與微處理機種類無關的共同標準，並簡化主機板與晶片組的電路。PCI 匯流排有 124 接點，只有 47 個接腳點會被其他的擴充卡用到，其餘均為 GND 與 V_{cc}。基本的 PCI 匯流排不但與傳統的擴充匯流排相容，還可取而代之，速度為 33MHz，匯流排於主機板上之設計可參考圖 1-5(a)，早期 PCI 的擴充連接器通常都與 ISA 等既有的擴充連接器並列，每一擴充槽可插入 PCI 用之介面卡，它與外部連線的連接器是設在一般 PC 用擴充卡的反面，而 VL_Bus 的擴充卡則在原 EISA/ISA 擴充卡邊緣加了連接器形成三段式之 VL_Bus。

　　PCI 值得一提的是：它使用了匯流排多工技巧，當然 PCI 也不鼓勵無限制提高 I/O 的速度，甚至將速度限制在 33MHz，其次，PCI 採用一條匯流排可以通過一個以上的信號，有別於前述匯流排或傳統匯流排：單一匯流排單一信號處理。傳統匯流排解析度愈高色彩數愈多時，圖形 I/O 的資料量會變得很龐大，顯示的速度會慢下來，部份原因會出在 CPU 執行資料

Chapter

傳輸與 I/O 互相競爭使用匯流排的問題上，PCI 應用於螢幕控制之實例可參考圖 1-5(b)，PCI 匯流排架構可參考圖 1-6。

(a) AT 主機板 PII ATC-6130 233～333MHz PCI，VL，ISA Main Board
　　(中凌科技公司提供)

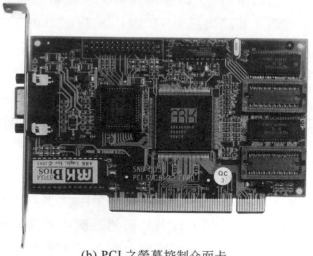

(b) PCI 之螢幕控制介面卡

圖 1-5

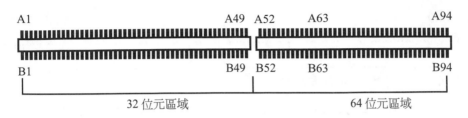

圖 1-6　PCI Bus 架構

　　在 PCI 廣爲流行之後，再加上 USB 匯流排(於後介紹)的氣候已經形成，ISA已面臨被淘汰之命運。因爲ISA之 8MHz 頻寬是相當低速之結構，接下來之問題似乎只剩下 PCI 週邊介面元件而已。

練習 1　　目前 PC/AT 主機板上匯流排之內容不包括哪一項？

　　　　　　(A)資料匯流排　(B)位址匯流排　(C)控制匯流排　(D)以上皆非。

解　(D)

練習 2　　下列何者不屬於 32 位元匯流排？

　　　　　　(A)ISA　(B)MCA　(C)EISA　(D)PCI。

解　(A)

練習 3　　下列有關 PCI 匯流排之說明有誤？

　　　　　　(A)PCI_Bus 爲一種 Local Bus。

　　　　　　(B)PCI_Bus 具有多工之技術。

　　　　　　(C)PCI 可用來設計螢幕控制卡。

　　　　　　(D)PCI_Bus 爲 16 位元的匯流排。

Chapter

解 (D)

```
練習 4    下列敘述何者有誤？

         (A)16 位元的 ISA 匯流排為 8MHz，金手指有 98 個接點。

         (B)MCA 於 1987 年由 IBM 設計，但並未與 ISA 相容。

         (C)VL_Bus 的全名是 Very-Local_Bus 又稱 VESA_LB。

         (D)PCI 的原文是 Peripheral Component Interconnet。
```

解 (C)

範例 1　試比較 VL_Bus 與 PCI 之結構。

解 當初 VESA 希望有一款區域匯流排(Local Bus)連接器可供週邊控制
卡擴充外，更想將僅有單一區域匯流排的功能再擴充，讓它具有匯
流排主控能力，並提昇為多卡共用。如前所述 VL_Bus 晶片之製造
商利用 X86 CPU 匯流排作為匯流排，而促使高速的晶片可採用高速
的 CPU 匯流排來傳輸資料，換言之，將高速的週邊元件直接接在
CPU 匯流排上，使匯流排的 CLK 跟著 CPU 跑。PCI 尚可應付未來
多插卡多高速卡的需求，實體上我們可看到 CPU 與卡之間設計島狀
的隔離，目的是要延長 CPU 的壽命，PCI 是一種開放式匯流排(Open
Bus)的架構，不只在 Intel　X86 下可操作，即使非 Intel 的 CPU 照
樣可以使用，PCI 的特點如下：規格嚴謹、可發揮 Pentium 的功能、
穩定性高及高效率，能搭配多種的處理器及記憶體。

範例 2　PCI_Bus 之特色為何？

解　PCI_Bus 速度為 32/64 位元，33MHz，可接受 3.3V 或 5V 二種數位
　　電路，其架構參考圖 1-7，在多重處理器的環境中，能支援多媒體及
　　資料量大的應用系統，如影像處理等。PCI 的目標是簡化主機板與
　　晶片組的設計，同時克服：Intel 推出新的微處理機時，晶片公司與
　　主機板廠商就要重新設計產品之困擾，因此產生了所謂與微處理機
　　無關、共同的新標準概念，理論上允許 16 個週邊裝置在匯流排上操
　　作。軟體上的特徵是：當軟體的驅動程式和 PCI 裝置或與在延伸匯
　　流排上的裝置通訊時，可使用相同的指令集與狀態定義，符合此特
　　徵之架構稱為軟體的通透性。
　　PCI 的技術層次較高，利用緩衝器，一條 Bus 可以同時通過一種以
　　上的信號，所以接腳數目減少。有關 PCI 之注意事項如下所示：

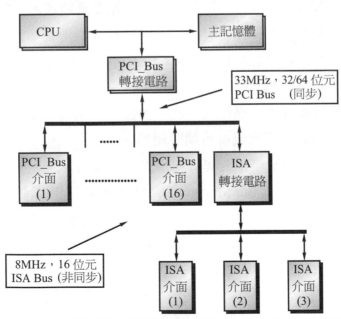

圖 1-7　一次可以讓 16 個週邊裝置同時操作之 PCI Bus 結構圖

Chapter

1. PCI 採用 486 之位址／資料多工技術，所以 Target 之接腳數目減少至 47 個訊號，特定的 PCI 裝置乃專為 PCI Bus 所設計。

2. PCI 可將資料匯流排寬度由 32 位元擴充為 64 位元，與 VESA Local Bus 一樣用在高解析度影像處理，PCI Bus 用元件把裝置設計與微處理器隔離。

3. PCI 雖然偏重於傳輸速度之設計，實際上只能允許 4 個週邊裝置同時操作，一個裝置視同一個負載，每個負載最多有 8 個 PCI 功能。

4. PCI 與 VL_Bus 均採用 62 個接點的 MCA 插槽。

5. PIC 2.0 修訂版規格支援最高的 PCI 匯流排速度為 33MHz，PCI 2.1 版則增加為 66MHz 匯流排之運作。

6. PCI 33MHz 頻寬有完整 64 位元之延伸定義，每個 Clock 可以傳送 8 位元組資料，因此最高資料傳輸率為 264MB。

7. PCI 在匯流排為 33MHz 時，主 PCI 存取資料到 PCI Target 之時間為 $60\mu s$。

8. 具並行匯流操作之功能，換言之，處理器匯流排、PCI 匯流排及擴充匯流排可同時使用。

9. PCI 位址、指令與資料均具同位檢查。

10. PCI 有支援 Bus Master：PCI Master 可以存取系統中 PCI Target。

11. 為減少電源消耗，於休眠狀態或閒置狀態為 0Hz 作業。

12. 64 位元的 PCI 插槽高達 188 腳位。

有關 PCI 匯流排裝置之負載個數預估如下表所示。

匯流排	頻　寬	負載個數 (Load)	延伸擴充槽個數 (Slot)
PCI	33MHz	10	5
	66MHz	5	2
CPCI	33MHz	20	10
	66MHz	10	5
PCI X	66MHz	10	4
	100MHz	5	2
	133MHz	3	1

Intel 於 1992 年 6 月提出 PCI 1.0 版本後，次年 4 月又修正為 PCI 2.0
規格，及至 1995 年作修訂即 PCI 2.1 修訂版，1999 年 2 月的規範即
PCI 2.2 修訂版，至 2002 年 12 月止的版本為目前主流，即 PCI-X 規
格，在 PCI 規格之演變歷史中最值得吾人注意的功能應有四個項目：
一、運作頻率，二、工作位元，三、商品化，四、尖峰傳輸等。其
詳細數據如下表所示，32 位元 PCI 匯流排可支援尖峰傳輸率每秒
133M 位元組的讀寫操作，而 64 位元的 PCI 尖傳輸則為 266M 位元
組，可是 64 位元 66MHz 的 PCI 匯流排傳輸率最大可達 533MB/s 的
操作，如下表所示。

PCI 規格比較一覽表

運作頻寬	33MHz	33MHz	66MHz	133MHz	266MHz	533MHz
工作位元	32 位元	64 位元	64 位元	64 位元	64 位元	64 位元
商 品 化	是	是	是	是	否	否
實用範例	音效卡 網路卡 SCSI 卡 I/O 擴充卡	1GB 網路卡 U160 高階之 SCSI 卡	U160 高階 之 SCSI 卡 1GB 網路卡	U160/U320 高階 SCSI 卡		

　　PCI匯流排上所有訊號分二類：第一類爲一般PCI元件之必備的腳位，因爲是屬於一定會被用到的訊號線，經統計共有47個腳位，另一類爲自由選擇的腳位，也就是說PCI元件在不同之應用領域，因狀況不一，則依設計電路之需要可作選擇性的支援，值得注意的是：PERR 與 SERR 訊號線路應作爲錯誤回應使用，雖然被列爲必備腳位之中，但實際上它們仍屬於可選擇之訊號腳位。PCI 匯流排訊號是專爲 PCI 元件所設計之一種標準，而 PCI 元件所採用之訊號型態大致有下列四種。

1.　輸入(In)：具有栓鎖用於輸入之標準訊號。

　　輸出(Out)：具有圖騰柱輸出(Totem Pole Output)爲一驅動腳位，可推動週邊其他元件之信號源，此乃一標準的主動驅動器，但僅有緩衝功能。

2.　雙向三態(Tri_State)輸入訊號：三態訊號爲 Hi、Low 及浮接(俗稱高阻抗)。

3.　持續式雙向三態(Sustain Tri_State)輸出入訊號：Low 動作，該訊號線每次僅允許一個使用者取得驅動使用之，而使用者欲釋放此訊號線時要先將此訊號拉高一個 CLK 爲 Hi 之期間，此時序內稱爲浮接狀態，而新之使用者欲取得該訊號之使用權時必須等待此長達一個CLK之浮接時序之後才能使用之，因爲Sustain Tri-State(S/T/S)爲Low動作的三態控制訊號，因此在該接點上必須要有一個提昇電阻約 2.7kΩ左右，其目的是要令此訊號在閒置狀態下仍保持Hi之狀態。

4.　開汲極(Open Drain)輸出訊號：此乃一共接(Wire_OR)之架構，此訊號線允許多顆的元件共接在一起，當此接腳沒有使用者時，必須保持於Hi之浮接狀態，且於輸出端要有提昇電阻大約 2.7kΩ左右。

範例 3 試以真值表說明下列邏輯電路的操作：

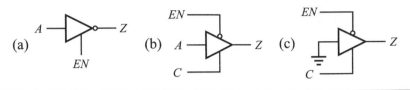

(a)　(b)　(c)

解 圖(a)為一三態輸出邏輯閘，三種狀態為Hi、Low及浮接或開路，真值表為

EN	Z
0	Hi_Z 高阻抗
1	A

圖(b)為一持續三態輸出緩衝邏輯閘，EN稱閘控輸出致能，C為輸入控制，輸出Z僅有緩衝，其真值表為

EN	A	C	Z
0	0	1	0
0	1	1	1
1	×	×	Hi_Z 高阻抗
×	×	L	Hi_Z 高阻抗

圖(c)為開汲極非三態邏輯閘，輸出緩衝之功能類似 S/T/S 之元件，但速度較慢，其真值表如下所示

EN	C	Z
0	1	0
1	×	Hi_Z / Hold
×	0	Hi_Z / Hold

圖(b)經稍作更改，形成二個控制端如下圖所示，將原圖的輸入信號A與 EN 連接，當A信號由 Hi 轉為 Low 時，輸出端Z信號幾乎以可同

Chapter

時由 Hi 轉為 Low，但是當 A 信號由 Low 轉為 Hi 輸入時，輸出端 Z 並不會立即同步改變，其原因是邏輯閘要關閉輸出之功能前需要要一段時間，在此一小段時間內輸出 Z 會由 Low 上昇為 Hi，然後再進入浮接(Hi_Z)，此時邏輯閘就保持於第三種狀態(Tri_State)，在應用電路往往要增加一提昇電阻，故 Z 端雖然是浮接(邏輯閘關閉)但仍然維持在 Hi 之狀態，其真值表如下所示。

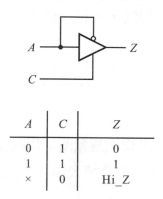

A	C	Z
0	1	0
1	1	1
×	0	Hi_Z

因為圖(c)為一開汲極邏輯閘，當輸入致能 EN 由 Hi 變為 Low 時邏輯閘致能，則邏輯閘可立即打開得到輸出，即 $Z=C$，反之當 EN 信號由 Low 變回 Hi 時，在變為 Hi 之一小段時間後才會進入浮接，不過此時 Z 端不會在 Low 信號與浮接信號間產生一小段 Hi 之暫態，因為圖(c)沒有 A 輸入信號(僅接地信號)，故應可確信 Z 輸出值由 Low 直接進入浮接。如果在 Z 輸出端加一提昇電阻，則浮接信號端應為 Hi 之狀態。

三態邏輯元件三角形代表信號 I/O 的方向與緩衝之功能，除了波整形功能外，尚有放大及加速之效果，控制訊號接腳如果是以低態觸發並不一定要用 "Bar"($-$)來表示，雖然 Intel 之 CPU 在 286 前都是以 Bar 來表示低態觸發，386 以後的 CPU 則改以 "#" 或 "\" 之符號，例如 PCI Bus 上之 REQ#信號，IREQ#及 FRAME#等均屬之。

當某一指令週期結束其操作之程序，若以 PCI 之系統 CLK 來看，在經過第 8 個 CLK 上昇緣的一段時間後，則此一週期應予結束，匯流排必處於閒置(Idle)狀態，根據系統時序的安排，下一個執行指令或新的傳輸週期應該可以在此時開始展開，可是事實上，新的一個傳輸週期在前一操作指令的第 8 個 CLK 上昇緣後，於匯流排閒置後部份在 PCI Bus 上之訊號如 AD 等之多種訊號就會同時使用 Bus，則 AD、C/BE#等訊號將立即產生匯流排衝突(Bus Contension)的現象，解決之道為令 PCI 採用 S/T/S 之元件，目的是要使所有訊號在進入 PCI Bus 之使用前一定要在 Bus 上再待命(Standby)一個 CLK 以上，並且使得此期間為三態(Tri_state)，因此於 PCI 架構上，每次 PCI 傳輸期間，至少相隔 2 個 CLK 以上，一個 CLK 是在結束某一週期時使 Bus 先提昇為 Hi，另一個 CLK 是 Tri_State，所以如前所述 PCI system CLK 在第 8 個 CLK 後的一段時間，匯流排會呈現閒置狀態，且要再等一個 CLK 即第 9 個 CLK 之上昇邊緣超過後，才進入另一個新之指令週期，凡是在 PCI 匯流排上之控制訊號名稱有標記 "迴轉" 雙箭頭指標均屬於第 9 個 CLK 上昇邊緣後才能取得新週期匯流排的使用權，如 Frame#、C/BE#等。

PCI 匯流排上 47 個常用訊號說明如下：

1. **CLK(IN)**

    PCI 匯流排上之傳輸時序，提供 PCI 元件控制時序，為 IN 信號(輸入)，PCI 訊號大部份是在 CLK 之上昇邊緣取樣。

2. **RST#(IN)**

    RST#為重置接腳(RESET)，當 RST#接腳輸入 Hi，則所有 PCI 元件之輸出接腳皆為三態或浮接，RST#與 CLK 非同步。

3. AD[31…00](T/S)

　　PCI的位址線與資料線，當第一個FRAME#信號由Hi降爲Low後之第一個 CLK 上昇緣位置，AD[31…00]代表位址線，反之爲Frame#爲 Low 且 IRDY#及 TRDY#訊號線。同時爲 Low 後之第一個 CLK 上昇緣位置，AD[31…00]則表示爲資料線，對 I/O 而言，如AD[31…00]作爲位址線則32條線都會用到，對記憶體元件而言，當 AD[31…00]作爲位址線則只採用 AD[31…02]之30條線採用，其餘[01 00]另有他用，另一方面，如 AD[31…00]作爲資料線使用時AD[07…00]爲LSB(Byte)，然後依順每8位元推上去以[31…24]稱爲 MSB(Byte)。

4. IRDY#(S/T/S)

　　IRDY#稱爲起始備妥(Initiator Ready)，當 IRDY#爲 Low 表示PCI匯流排已經將資料備妥在匯流排上隨時可供 CPU 或 I/O 週邊元件做讀取或寫入。

5. TRDY#(S/T/S)

　　目標備妥(Target Ready)，當TRDY#爲Low表示週邊元件已經準備好可以讀取或寫入來自傳送元件之資料。

6. FRAME#(S/T/S)

　　當FRAME#信號由Hi變爲Low表示爲某一個指令週期的開始，當 FRAME#持續爲 Low 則表示仍有資料待傳輸，反之當 FRAME#由 Low 變爲 Hi 則待傳送之資料只剩下最後一筆。

7. C/BE[3…0]#(T/S)

　　C/BE稱爲命令及位元組致能(Command/Byte Enable)，此二項功能仍是多工在一起的腳位，當FRAME#轉爲Low後的第一個CLK上昇邊緣時，C/BE#表示匯流排命令(Bus Command)，反之 C/BE表示位元組致能，此時資料線呈現4個位元組，C/BE0#表示LSB，

C/BE3#表示MSB。C/BE#之Bus Command共16種功能，分述如下

C/BE[3···0] #命令位元	命令功能說明	C/BE[3···0] #命令位元	命令功能說明
0 0 0 0	中斷認可	1 0 0 0	保留，未定義
0 0 0 1	特殊週期	1 0 0 1	保留，未定義
0 0 1 0	I/O 讀取	1 0 1 0	裝置讀取
0 0 1 1	I/O 寫入	1 0 1 1	裝置寫入
0 0 1 0	保留，未定義	1 1 0 0	記憶體讀取多工
0 1 1 0	保留，未定義	1 1 0 1	雙位址週期
0 1 1 0	記憶體讀取	1 1 1 0	記憶體讀取線
0 1 1 1	記憶體寫入	1 1 1 1	記憶體讀取及讀取失敗

8. PAR(T/S)

　　PAR為同位元(Parity)，PCI匯流排乃採用偶同位架構，換言之AD[31···0]，C/BE[3···0]及PAR位元之所有"1"之數目必須為偶數。

9. STOP#(S/T/S)

　　目標元件即傳輸資料之標的元件利用 STOP 腳位訊號來通知主系統停止目前之傳輸週期。

10. DEVSEL#(S/T/S)

　　DEVSEL#(Device Select)為目標元件用來通知主系統，回應主系統之訊號，平常是配合位址線經解碼後所產生的回應信號，表示標的元件已確認是主系統指向之元件。

11. GNT#(T/S)

　　GNT#為應答(Grant)訊號，系統透過 GNT#接腳的信號取得匯

Chapter

流排控制權。

12. REQ#(T/S)

REQ#為要求(Request)訊號，在 Bus 上取得主控使用權之 PCI 元件可以在 REQ#訊號間主系統要求 PCI Bus 之主控權，REQ#與 GNT#均為成對，如在 PII 主機板上有 4 個 PCI 之 SLOT，則應有 4 對的 REQ#與 GNT#信號線，分別與其他之晶片組連接，如大眾之 P4-1.5G VC11 主機板就有五對。

13. IDESL(IN)

IDSEL(Initial Device Select)稱為元件初期選擇，可被用來傳遞讀取／寫入時之特殊符號，在 PCI Bus 上，可任意選用 AD[31… 11]上之任一條訊號線與 IDSEL 相連接，因此，當透過 BIOS/OS 做隨插即用(Plug and Play)之動作時，主系統就可成功的識別 PCI 元件晶片組之作用。

14. PERR#(OUT)

PERR#稱為同位元錯誤(Parity Error)是指除了特殊週期外，所有PCI匯流排都採用之資料同位元，PERR #為Hi表示同位元錯誤。

15. SERR#(OUT)

SERR#稱為系統錯誤(System Error)位元，是指所有傳輸資料所用之位址同位元與特殊週期所用的資料同位元。當 SERR#為 Hi 表示系統錯誤。

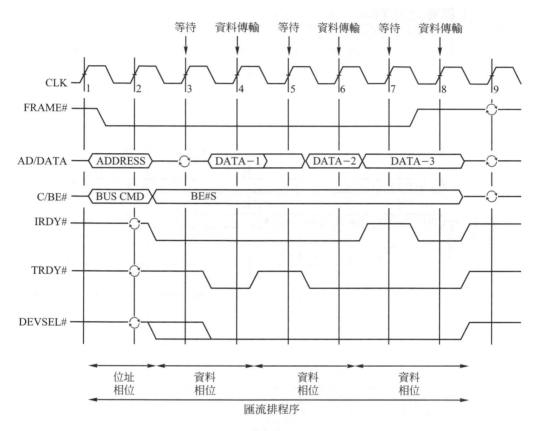

圖 1-8　(a)　基本讀取(Read)時序，圖中相位(phase)即為階段之意思

　　另一個重要的課題是有關 PCI Bus 控制訊號對資料／位址之讀取與寫入時序，如圖 1-8(a)(b)(c)(d)所示。

　　在 PCI 匯流排之讀取過程中，首先假設 CPU 為主控者，屬於 CPU 送出的訊號要發起傳輸週期前，無需先透過 REQ#及 GNT#取得匯流排控制權就可以開始動作，經 8 個 CLK 完成一週期，而下一週期必須在第 9 個 CLK 上昇緣後才能使用 PCI 匯流排。PCI 元件如因下一筆資料未備妥，則系統將送出 Wait CLK，例如第 4 個 CLK

上昇緣之後 TRDY 亦由 Low 轉為 Hi。

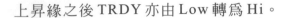
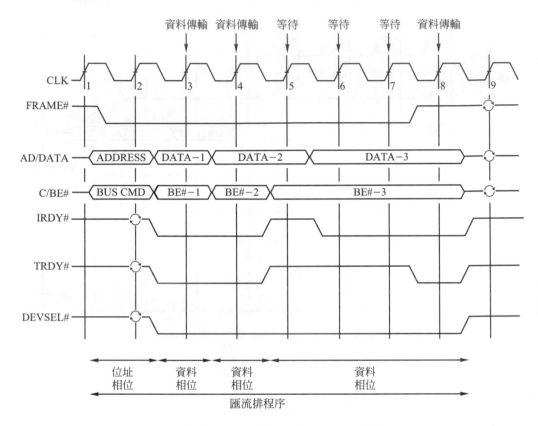

圖 1-8 (b) 基本的寫入(Write)時序(續)

　　值得注意的是每次資料傳送成功後 Byte Enable(BE)亦隨之改變，並持續在匯流排上出現，直到對應的資料傳遞成功為止，同時 ADDRESS/DATA 在第 3 個 CLK 就可以進行資料傳遞，所以不會有匯流排延伸週期之效應產生，理由是資料與位址均由系統提供其來源與目的地一致，匯流排延伸之現象發生之原因為：因為 PCI 之位址與資料線共用，所以一旦系統送出位址線，務必在第二個 CLK(下

一個)之上昇緣後立即放開，使位址線至少有一個 CLK 之緩衝時間
(即 Turn Around 時間)，何況讀取週期之位址線是由系統發出的，
但資料卻是由 PCI 元件所提供的，資料與位址之方向剛好相反，若
系統無一個 CLK 之緩衝(Turn Around)時間，則 AD Bus 就產生衝
突現象，俗稱 Contension。

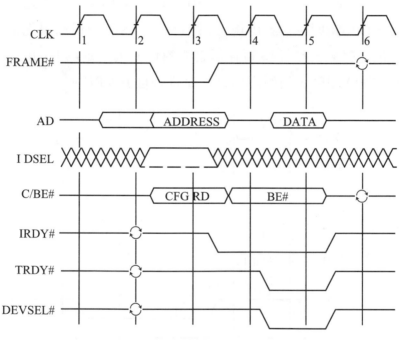

圖 1-8　(c)　組態讀取時序週期(續)

　　PCI 可支援隨插即用之功能(Plug and Play)，每一個 PCI 元件
尚需備妥 64 位元組到 256 位元組之空間，好讓 BIOS/OS 可以進行
一些系統之設定，所以系統有能力讀取組態空間(Configuration
Space)之內容，其內容即為 I/O 位址、記憶體位址、IRQ 中斷編號
等，在組能讀取時其傳輸命令要用有別於其他之 Configuration Read

Write 指令，且第 3 個 CLK 上昇緣之 IDSEL 為 Hi。

　　PCI 之中斷回應與 ISA 匯流排之中斷回應明顯不同，PCI 匯流排一旦產生中斷，北橋晶片則發出讀取中斷向量之週期，甚至把 CPU 發出第一個中斷回應信號忽略，而在南橋晶片收到中斷後便進行清除 IRR 及 ISR 暫存器，接著又由南橋回應北橋讀取中斷向量，圖中 BE 值之內容一定是 1110B。而 ISA Bus 之中斷過程中，如果第一個中斷回應信號出現，則 8259 之 IRR 中最高優先權之中斷請求位元歸零，接著 IS 暫存器之相對位元被設定為 1，第二個中斷回應信號出現時，對應之中斷向量則送回到 CPU。

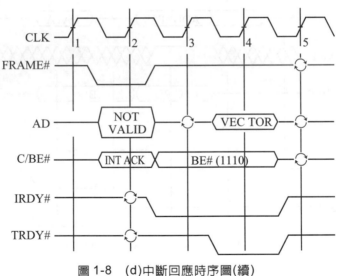

圖 1-8　(d)中斷回應時序圖(續)

圖 1-9　HighPoint 公司出品的 Rocket_RAID 2320 PCIe 控制卡

　　PCI 介面的 SATA II RAID 控制卡觀如圖 1-9 所示，這是 Highpoint 的 Rocket RAID 2320 模板，PCI Express(PCIe) 可以用在伺服器或工作站等的主機板上，PCIe 比 PCI-X533 介面有更好的功能，其傳輸率高達 8GB/s (PCI-X 為 4.26GB/s)，PCIe 的目標為 1. 更新 32 位元 PCI 低頻寬匯流排，2. 導入雙顯示卡，3. 進行 AGP 顯示介面的世代交替，其實 PCIe 最重要的任務就是提供充足的高頻寬能力，因為 PCI-X 採用並聯的 PCI 傳統匯流排技術，但卻需要設計更多的接線針腳，所以連接裝置只能共享所有可用之頻寬，其次，PCI-X 提供 64 位元寬度來傳送資料，所以頻寬會自動增加 2 倍，雖然 32 位元的 PCI 尚可與 PCI-X 相容，但 PCI-X 仍然無法提供足夠的寬度，例如：SCSI、iSCSI、光纖等的 64 位元 PCI-X 專業儲存控制器，該些介面卡如果接到 32 位的 PCI 擴充槽上，則其頻寬速度將大減，由表 1-1 吾人可以看到 PCI-X 最高的時脈速度也只有 133MHz，可是 PCI-X 266 與 PCI-X 533 分別使用 Double Data Rate 及 Quad Data Rate 其目的是讓頻寬能夠倍增，所謂雙倍資料的技術就是每一個時脈信號的上升與下降邊

Chapter

緣都可以傳輸資料，所以多出了一倍的機會來傳輸資料，反之四倍資料率即在每一個時脈信號可以傳送四次資料的技術，最明顯的應用例就是Pentium 4和Xeon處理器的前端匯流排。PCI-X採用一個接腳只傳輸一個位元的並列傳輸模式。

表 1-1　　PCIX 的規格

	匯流排寬度	時脈速度	功　　能	頻　　寬
PCI-X 66	64 位元	66MHz	Hot Plugging，3.3V	533MB/s
PCI-X 133	64 位元	133MHz	Hot Plugging，3.3V	1.06GB/s
PCI-X 266	64位元，另有16 位元選項	133MHz Double Data Rate	Hot Plugging，3.3&1.5V，ECC supported	2.13GB/s
PCI-X 533	64位元，另有16 位元選項	133MHz Quad Data Rate	Hot Pluging，3.3&1.5V，ECC supported	4.26GB/s

由上表值得注意的是4.26GB/s的總頻寬是由所有並接在匯流排裝置所共存，一旦有任何一個裝置無法所受高速就會導致整個系統一起減速，改善這種現象可以使用橋接器，藉由後續相容的系統管理模式先確認所有銜接的硬體結構後，再將可用資料壓縮、自動斷線及資料備份技術使頻寬加倍。

目前市場上PCIe的結構，如圖1-10只需非常短的插槽，而且比33MHz的32位元 PCI 介面的頻寬至少多出2倍，PCIe 採用兩對低電壓的差位訊號排線分別跑2.5Gbit/s的速度，除此之外，每8個位元的位元組資料若擴充成十個位元來編碼，則2.5Gbit/s速度的傳輸其頻寬成為250MB/s，PCIe的規格如表1-2所示。

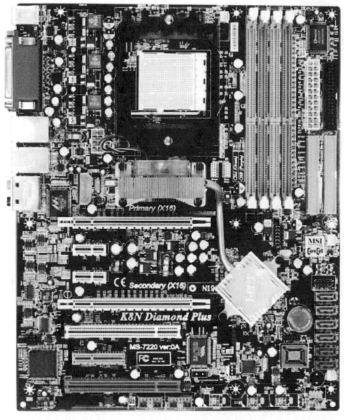

A.上方 2 個 PCI-e x16 插槽(符合 PCI-e 匯流排規格 v1.0a)，即支援 2 個 PCI-e x1 插槽(共享)或 1 個 PCI-e x4 插槽界面，支援 PCI-ex2 傳輸率

B.下方 2 個 PCI 符合 2.3 規格 32 位元主匯流排插槽，即支援 3.3v / 5v PCI 主匯流排介面

C.PCI-X為PCI的改良版，例如採用 64 位元的 133MHz匯流排傳輸率，就可以使資料傳輸提高為 1.064GBps(Byte per Second)，64 位元的 233MHz 匯流排傳輸率，就可以使資料傳輸提高為 17.064GBps，目前被用來設計Ethernet網路卡或磁碟陣列RAID之介面設計。

D.PCI-E 就是 I/O 匯流排 PCI-Express，即前述所謂PCI-e，PCI-e 早已取代了 PCI Bus，該匯流排每通道約 2.5Gbps，穩定性高，具電源管理等特性，包括支援熱插拔並與原有PCI Bus軟體相容，如微星新機種K8N系列，可用於桌上型電腦及 Server工作站等之應用。2008 年第 4 季(Q4)止，如表 1-1 所示，PCI 兩類主流標準為 PCI-Express 與 PCI-X(1.0、2.0)，PCIX1.1 之資料傳輸率已達 1Gbps，至於 PCIX2.0 則高達 4.2Gbps 以上。

圖 1-10　微星 K8N Diamond Plus 主機板

Chapter

表 1-2　PCIe 規格與頻寬

插槽模式 Modes(「Lanes」)	頻　　寬	連接時脈速度
×1	250MB/s 左右	100MHz
×2	500MB/s 左右	100MHz
×4	1GB/s 左右	100MHz
×8	2GB/s 左右	100MHz
×16	4GB/s 左右	100MHz

　　另外PCIe控制卡在資料庫處理，工作站應用及檔案伺服器等操作可以發揮其傳輸率，主要的原因是PCIe尚且提供了不少的深層排序指令(Deeper Queues Instruction)，尤其是讀取與寫入的指令。不過平心而論 PCI-X 與 PCIe比較其整體效能差異並不大，但如果系統因需要而追加了更多的介面卡，則 PCIe 的 I/O 效能之優勢則將更明顯。

練習 5　下列哪一項不是 PCI_Bus 的特色？

(A)可以簡化主機板與晶片組的設計

(B)PCI_Bus 是封閉性匯流排，只適用於 Intel X86

(C)PCI 元件之訊號型態有 4 種

(D)64 位元 PCI_Bus 尖峰傳輸率最高可達 533MB/s 以上

解　(B)　PCI 為 Open Bus 架構。

練習 6　如右圖之邏輯電路,其真值表何者有誤?

(A)當 EN=0,A=0,C=0,則Z=0。

(B)當 EN=0,A=1,C=1,則Z=1。

(C)當 EN=1,A=0,C=0,則Z=0。

(D)當 EN=1,A=1,C=0,則Z為高阻抗。

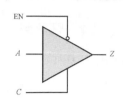

解　(C)　Z為高阻抗。

練習 7　下列有關 PCIe 的敘述何者有誤?

(A) PCIe 的目標是更新 32 位元 PCI 低頻寬匯流排。

(B) 導入雙顯示卡的控制架構。

(C) 進入 AGP 之世代交替。

(D) PCIe 為一種低頻寬結構,最高不超過 166MHz。

解　(D)

練習 8　下列敘述何者有誤?

(A)PCI 可支援 Plug and Play 之功能。

(B)STOP#(S/T/S)接腳名稱中"#"表示該腳位為一輸出端。

(C)PCI-X 266 使用雙倍資料技術,可以使頻寬倍增。

(D)PCI 於讀取週期時系統會提供一個 CLK 緩衝時間,即 Turn.

　　Around 時間,避免 AD Bus 產生衝突(Contention)。

解　(B)

1-1-6 SCSI 及 IDE

國內廠商製造的磁碟介面卡有二種：AT Bus與SCSI(Small Computer System Interface)有人稱AT_Bus爲IDE介面(Integrated Drive Electronics)。早期的 IDE 介面只能接 2 台硬碟，每個硬碟容量最高 528MB。加強型的 EIDE(目前 IDE 卡)允許硬碟容量提昇至數 TB 以上，基本配備最多接 4 台硬碟(2 台光碟)以上，目前擴充式磁碟陣列等之機制於 1-1-7 節討論。在網路伺服器，工作站通常使用 SCSI 介面，SCSI 的週邊設備可以在同步或非同步的通信協定下作資料的傳輸。SCSI- I 與SCSI- II 介面的標準已確定，SCSI-III目前尚於規劃階段。常用 SCSI 匯流排的接腳如圖 1-11 所示。

自 2000 年起 SATA 硬碟已開始嶄露頭角，SATA 是 Serial ATA 的簡稱，舊式 ATA 乃屬於傳統式的硬碟規格，因爲 SATA 採用串列式傳輸技術，因此解決了傳統並列式硬碟複雜線路之問題及ATA易受干擾等缺點。SATA 硬碟規格中串列傳輸技術可以有效防止串音干擾，而又採用點對點式排線接法，所以排線與接頭的體積可以做得更小，其次 SATA 可以有效解決機殼內的散熱問題，因此容易造成使用者混亂之硬碟 Jumper 也可以一併獲得解決。

SCSI- Ⅰ / Ⅱ / Ⅲ

Unshielded Internal/Shield"D"type
Header connector :

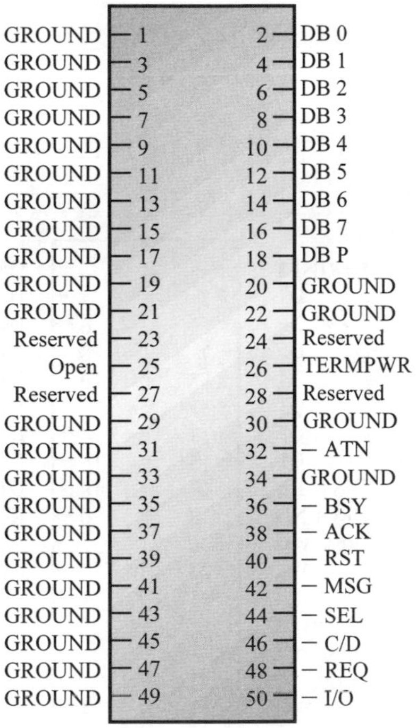

```
GROUND — 1        2 — DB 0
GROUND — 3        4 — DB 1
GROUND — 5        6 — DB 2
GROUND — 7        8 — DB 3
GROUND — 9       10 — DB 4
GROUND — 11      12 — DB 5
GROUND — 13      14 — DB 6
GROUND — 15      16 — DB 7
GROUND — 17      18 — DB P
GROUND — 19      20 — GROUND
GROUND — 21      22 — GROUND
Reserved — 23    24 — Reserved
Open — 25        26 — TERMPWR
Reserved — 27    28 — Reserved
GROUND — 29      30 — GROUND
GROUND — 31      32 — ATN
GROUND — 33      34 — GROUND
GROUND — 35      36 — BSY
GROUND — 37      38 — ACK
GROUND — 39      40 — RST
GROUND — 41      42 — MSG
GROUND — 43      44 — SEL
GROUND — 45      46 — C/D
GROUND — 47      48 — REQ
GROUND — 49      50 — I/O
```

Note: Signal names preceded by "-" are active low.

圖 1-11　SCSI 匯流排接腳與意義

　　SCSI 的前身為 SASI，由 NCR 及 Shugart Association 制定其規格，當初稱為SASI介面，直到1986更名為SCSI，即時下所稱的SCSI-1規格。大部份硬碟所有的硬碟控制器放在控制卡上，SCSI規格的硬碟打破以往硬碟控制之連接方式，而將所有的硬碟控制功能都安置於硬碟上，因此 PC 匯流上僅需一片轉接卡，該卡負責將SCSI硬碟訊號轉換成PC擴充匯流排的格式。其次，SCSI規格的硬碟僅接受控制卡指令，因控制線路已作好在SCSI 裝置上，所以控制卡可命令同時數部不同之 SCSI 裝置相互溝通。

Chapter |

　　SCSI的介面已標準化，PC上之SCSI介面卡大都有自己的ROM BIOS硬碟服務程式，SCSI硬碟容量可持續往上提昇、速度快，常被應用在網路伺服器上。

　　SCSI是一種微處理機與硬碟或光碟機之介面，此介面可用於儲存大容量資料之週邊設備。

　　ATA-IDE匯流排接腳與說明參考圖1-12。

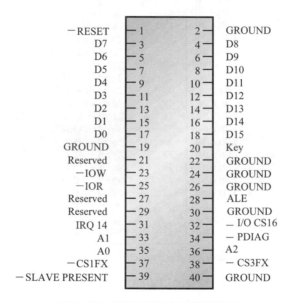

−RESET	1	2	GROUND
D7	3	4	D8
D6	5	6	D9
D5	7	8	D10
D4	9	10	D11
D3	11	12	D12
D2	13	14	D13
D1	15	16	D14
D0	17	18	D15
GROUND	19	20	Key
Reserved	21	22	GROUND
−IOW	23	24	GROUND
−IOR	25	26	GROUND
Reserved	27	28	ALE
Reserved	29	30	GROUND
IRQ 14	31	32	− I/O CS16
A1	33	34	− PDIAG
A0	35	36	A2
−CS1FX	37	38	− CS3FX
− SLAVE PRESENT	39	40	GROUND

圖 1-12　IDE 匯流排接腳與意義

　　ATA(AT Attachment)與IDE(Integrated Drive Electronics)同樣都是一種硬碟之應用規格，ATA將硬碟驅動程式與控制器整合在一起，其目的就是為了節省硬碟的成本，並可以簡化硬體之設計，因此SFF協會(Small Form Factor Committee)推出ATA-2之版本其內部增加了DMA及FASTER PIO MOD-4 功能，ATA-3 除了可靠度增加外，更附加安全密碼，電源管理等功能，至於 CD_ROM 則採用 ATAPI 架構，即利用 ATA 埠來傳送資料，最新的 ULTRA_ATA 之資料傳輸速度可達 33MB 以上，如 ULTRA-ATA 66MB/S 或 ULTRA-ATA 100MB/S 等，其實 ATA(IDE) 之速度也逐漸趕上了 SCSI 160MB/S 之規格，此項成就更達到 IEEE 1394 硬碟 50MB/S 或 400MB/S 之標準，ATA/IDE 將擠壓到 SCSI 硬碟的市場顯而易見。

反觀 SCSI 本來用在工作站，為 8 位元之並列式匯流排，SCSI 最多可以串接 8 個有 SCSI 介面之週邊設備，但一次只有二個可互相溝通。IDE 介面價廉，但早期之速度慢只能連接 4 個週邊設備。通常 IDE 傳輸速度只 11M 位元，SCSI 第 2 型則提昇 80M 至 320M 位元，SCSI 第 3 型目前還不是標準。同樣的，IDE 的容量已由 540M 提昇至數 TB 甚至更高，轉速也提昇至 10000 轉以上，因此使用層面擴大。

SCSI 硬碟安裝設定不易，對一般使用者，在個人電腦的環境裡比較不利。但是離開個人電腦的空間，進入工作站、迷你電腦、伺服器、網路系統幾乎就是以 SCSI 硬碟為標準，主要的理由有三：第一是容量的大小，第二是轉速，第三是多工架構。SCSI 硬碟結構上主要由兩部分組成，分別是 PCB 與 HDA。PCB 指的是硬碟反面的控制電路，它負責將讀寫頭接收到的電子脈衝轉換為數位信號，HDA 是 Head Disk Assembly 的縮寫，包括讀寫頭與碟片，同 IDE 硬碟一樣，每張碟片是用鋁基材質所做成，因為碟片之雙面均有資料，所以一般硬碟上之讀寫頭是碟片數目的兩倍，碟片愈多，記憶體容量就愈大。碟片靠軸承帶動而旋轉，而且是以順時針方向每分鐘 5400 至 7200 轉以上高速旋轉，硬碟擁有愈快的轉速可節省資料搜尋時間與增加資料傳輸速度，轉速愈高硬碟溫度愈高，因此散熱問題便成了一項重要的考驗。普通的桌上型之電腦只要打開電源，不管是否有進行 R/W，硬碟就會旋轉，如果有省電功能，祗要系統有一段時間沒有進行讀寫，於是就自動停止旋轉。SCSI 硬碟分 50 接腳與 68 接腳兩種，分別隸屬於 8 位元及 16 位元資料傳輸位元匯流排架構。

Chapter

　　使用及設計SCSI時需要加上終端器(Terminator)，這是IDE介面裝置所沒有的觀念，所謂終端器代表的是匹配電路的意思，在 SCSI 的傳輸線上，為了避免正常訊號被反射訊號所干擾，因此必須在線上兩端加上阻抗匹配電路，作用是消除反射波以得到無干擾的訊號，否則一旦工作頻率提高整個傳輸線就容易發生不可預測之錯誤產生，譬如：訊號衰減、訊號干擾或訊號錯誤等後果。

　　利用轉接卡或擴充卡必須注意到規格中資料傳輸速度(bps)，資料流量頻寬愈大其效果愈好，當然 ROMBIOS 是否提供容量的突破也是重點之一，而細部的考量有：匯流排傳送的資料格式、系統的時序及插斷信號與電源控制有關之訊號準位，至於連接於匯流排上之各種零組件及記憶體位址信號也要注意。由 SCSI 卡擴充轉接的 SCSI 配備將與 SCSI 卡形成串接結構，所以其週邊設備未用之SCSI接頭必須加裝終端器(Terminator)，但SCSI卡可用 Jumper 或自動模式將不用之接頭封閉，形成終端器之效果。

　　目前 SCSI 主流是 ULTRA SCSI，ULTRA SCSI 是繼 SCSI II 發展出來的產品，其特色是將 SCSI II 匯流排的時脈加到20MHz(8 位元的匯流排即為 20MB/sec，則 16 位元的匯流排則傳輸速度更可達 40MB/sec)，而且可串接至 15 個用戶週邊設備(含卡為 16 個編號)，有人將 8 位元寬度的 SCSI 稱為 FAST-20 SCSI，16 位元則稱為 Wide ULTRA SCSI，此兩種合稱本節所描述之SCSI-III，ANSI目前未正式核准這種標準，也許ANSI正想把ULTRA，ULTRAWIDE 及 ULTRA 2 一併規範為 SCSI-III。

　　ULTRA2 擁有二倍ULTRA SCSI的速度，換言之，8 位元可達 40MB/S，16 位元可達 80 MB/S，除此之外ULTRA 2 排線的長度及抑制雜訊的能力遠高於SCSI II的規範，另外一個很重要的觀念是 SCSI 注意到「往前相容」的設計。往前相容的意義是：新的規格必須能相容以前的SCSI設備，舊設備不會因為 SCSI 介面昇級造成自動淘汰的命運，所以使用者依舊可以將SCSI- I 的投資連接到 ULTRA 2 SCSI 上面，並且能正常工作。

固態硬碟：

固態硬碟(SSD，Solid State Disk)又稱為快閃硬碟，乃利用 NAND Flash 技術設計之一種新興的儲存媒體。目前從事研發固態硬碟之廠商有三星(Samsung)、新帝(San Disk)、創見(Transcend)、希捷(Seagate)、PQI 及 A-DATA 等，固態硬碟之尺寸有 1.8 吋和 2.5 吋等，而容量大小達 64GB 和 128GB 以上。固態硬碟是以模擬動態隨機存取記憶體(DRAM)的存取模式作資料存取，因此它可以以高速傳輸來達到資料隨機存取的目的。通常固態硬碟的讀取速度高達 50 MB/秒，比標準硬碟 HDD(Hard Disc Drive) 快 300%，而寫入速度則為 28 MB/秒，比標準硬碟 HDD 快 150% 以上，因為高容量固態硬碟單價不便宜，因此英特爾有意將 10GB 以下的小容量固態硬碟放進新興市場推出的低價電腦 PC 裡面，以取代過去 HDD 硬碟作為儲存裝置。固態硬碟以 ATA 或 SATA 作為連接器介面，且已逐漸取代 IDE 之介面，這種只用快閃記憶體來存資料之機制，有別於目前廣泛被使用之隨身碟，但隨身碟是以 USB 當作連接器介面，所以部分業界就認為固態硬碟就是一台使用 ATA 或 SATA 介面的隨身碟，固態硬碟不用時可隨時作熱插拔(Plug and Play)，因此以 SATA 為匯流排的 SSD 硬碟沒有機械式的移動零件，也不必像 IDE 或 SCSI 硬碟一樣依賴轉動碟片或由主軸馬達轉動磁頭讓定位馬達將磁頭移動到目的地，當磁頭到達儲存位置後欲進行資料存取時，HDD 硬碟機就會把相關的資料訊號，轉換成強弱不一的電流訊號執行操作。反之，SSD 沒有隨機搜尋效能的限制，SSD 的存取是採用塗抹的方式，當控制晶片尋找到記憶體空間後，以靜態平均抹寫儲存區塊技術(Static Wear-Leveling) 將資料直接儲存，讀取時也無需進行磁碟重組與搜尋。至於與 SSD 硬碟具有相同結構的 SD 及 CF 卡，基本上也都是以 NAND Flash 為基礎的儲存媒體，其特性是：使用壽命長、防震、耐摔、低耗電、抗高溫與耐低溫，但主要的缺點仍離不開價格高，容量低及讀寫次數限制等問題上，雖然依目前之觀察，SSD 的主要競爭對手還是 HDD，但業界仍積極進行結合高可靠性的SLC(Single Level Cell1：1 bit/cell)與低成本的MLC (Multi Level Cell：2 bits/cell)之研發，目標是為了達到高儲存容量、高效能且低成本的需求，事實上業界也必須考量 OS 運作時所需的穩定性。因此這種採混搭式設計，其容量組成可依據客戶需求量身訂做，甚至可以不需安裝額外的驅動程式或軟體。在使用上，使用者可將必須頻繁存取硬碟的作業系統安裝在有較高讀寫能力與效能的SLC硬碟單元上，另一方面，將不會經常變動的資料則放在MLC端即可。所謂MLC就是一次可以將 2 位元的資訊存入單一Floating Gate之中，而Floating Gate就是快閃記憶體中用於儲存電荷的位置。因為Floating Gate有不同的電荷數量，所以材質與製程特殊的 MLC 能夠呈現 4 種不同的存儲狀態，分別是 00、01、10 與 11 四種狀態，每種狀態代表兩個二進位數字值，透過具有該特性作資料存取之儲存單元即可稱為 Multi Level Cell，也就是簡稱為 MLC。SLC 與 MLC 比較如下：

項目	SLC(韓國三星)	MLC(日本東芝)
使用壽命	存取壽命長 100 萬次	可存取 10 萬次
寫入速度	9MB/s 以上	1.5MB/s 以上
工作電壓	3.3V/1.8V	3.3V
封裝技術	一體成型	塑膠組裝
資料格式	一次儲存 1 組位元	一次儲存 2 組位元
製程	2GB / 0.09 μ(2004 年止)	2GB/ 0.13μ(2004 年止)

範例 4　IDE 先天上受單工作業模式的限制，試以 SCSI 在多工多序功能比較其操作模式。

解　IDE 系統所發出的每一道命令在被完成後，才能執行下一道命令，CPU在進行資料讀寫時，還要隨時進行系統監控，因為CPU不能同時處理其他事，一旦它被某項命令的動作牽制，系統的效率明顯降下來，這是NT、Win 98 或 Win 2000 等使用者不樂於見到的。反過來，為避免單工單序的限制，就需使用 SCSI 所設計之理念，SCSI 在多工多序的環境占了優勢。如前所述，基本上SCSI為一個多工多執行的介面，透過SCSI控制卡來安排匯流排的使用，為了讓匯流排有更明顯的效率，它允許多個無需等待的讀寫請求同時進行，SCSI 在操作程序如下圖所示。

#A、#B 在完成 R/W 後才能連結上匯流排進行資料之傳送，在等待資料回傳時 SCSI 匯流並未被佔用，所以#A、#B 指令不見得先下就先完成，SCSI上有兩個以上之動作同時進行時，誰先連上匯流排就有機會先完成操作，處理器不會先等#A再完成#B，因此時間不會被浪費在等待上，有助於整體效能的提昇。

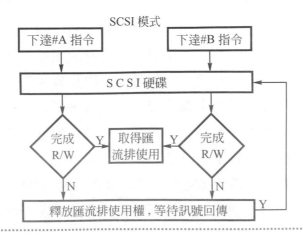

範例 5　　說明 IDE 硬碟的演進及技術。

解　硬碟近年來不論在容量上或功能方面都有長足的進步，其進步可謂一日千里，每在短短數個月內就會有重大的改變。自 1998 年起，IDE 硬碟中，像 Quantum Fire Ball 五代及大腳三代，或 Seagate 的 7200 轉的 Medalist Pro IDE，不論是容量或速度，針對市場的競爭力來說應不輸給 CD-ROM(但是從性能及穩定性來說 IDE 硬碟尚比不上 SCSI 硬碟)。截至目前為止 IDE 硬碟的佔有率仍高居不下，理由有三：一為低價位，二為控制器(主機板上)不必再增加設計，不用額外的預算，三為 SCSI 控制卡及硬碟價格較高。IDE 硬碟目前的轉速已可由 5400 轉提升至 10000 轉以上，Seagate 是最早推出 7200 轉的廠商，至於新增加的容量，並不一定是增加碟片數量，大部份的 IDE 硬碟還是維持一片至四片不等的碟片，廠商只從濺鍍技術、資料編碼技術、磁阻式磁頭數目、磁頭移動速度等著手以增加容量。IDE 磁頭在讀寫資料時，並非採用接觸式，而碟片的材質，目前採用鋁基作為片基或以玻璃基為片基二種。因為碟片旋轉時，磁頭與碟片的距離愈近，代表可以容納更多的資料，容量增加，但是要讓磁頭儘量接近碟片也必須考慮到碟片本身的平穩性，尤其在高速旋轉下，不能讓磁頭碰撞碟片。另外，不增加碟片的數目，想提昇容量的方法就是要在磁軌上塞入更多的磁區，碟片上的磁區範圍，有時內外磁區可相差二倍以上。換言之，最外圈可讀取的資料量是最內圈資料量的二倍以上，其資料的傳輸也會有明顯的差異，資料傳輸速率與硬碟的平均搜尋時間或平均延遲時間和 DMA 速率、軸心旋轉速度有關。所謂硬碟平均搜尋時間指的是：硬碟將讀寫頭移至碟片上指定磁軌所需的時間。至於硬碟旋轉碟片時，碟片定位時所耗的時間，我們稱為延遲時間。硬碟容量之提昇幾乎是以 1.6 倍級數增加。硬碟光碟片橫切面表示圖如下所示，飄浮磁頭與光碟濺鍍膜之間隙僅比指紋印略大。

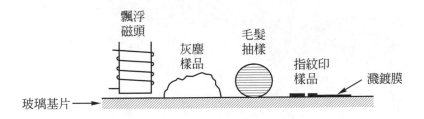

範例 6　Quantum Fireball IDE 硬碟 AT 系列五代，它在最內圈的磁區是 88 個，最外圈為 177 個，假設每分鐘 5400 轉的速度進行作業。當碟片轉動一圈時，最內圈部份最高可送出的資料量多少？最外圈每秒最多可以讀取多少資料量？

解　88*512B=44KB…最內圈最高資料量，單位為位元組。
177*512B*5400/60=8156.16KB/秒主軸每秒轉速。
PC 的 IDE 硬碟運轉中所散發出來的表面溫度均不高，在安裝上硬碟的散熱問題基本上並不太嚴重，但是在 SCSI 硬碟被安置在超過攝氏 50°C，通風又差的環境下，其硬碟內部溫度可能還要更高 10°C 左右，那麼過熱現象有可能就會發生，IDE 匯流排之 I/O 卡如下圖所示。

Chapter

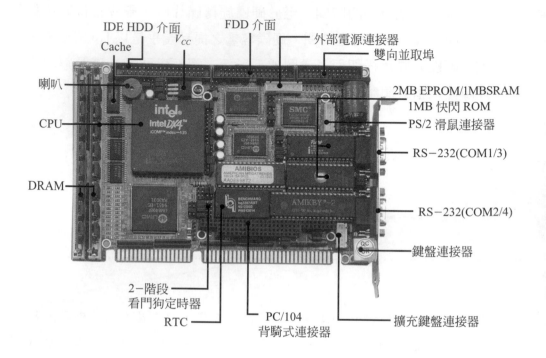

部份硬碟內建快取或資料緩衝區記憶體也會影響資料的傳輸速度。
硬碟資料不是從內部讀出後就直接輸出，它必須經由記憶體之整理
後才送到作業系統上。不同廠牌的硬碟，其快取記憶體大小不同。
8 個 SCSI 介面週邊，必須有一個當作全機轉換。一個 SCSI 可接：
硬碟、光碟機(CD-ROM)、可讀寫 CD-R/W、磁碟機、掃瞄器、數
位錄音帶、雷射印表機 7 個；IDE可接 4 個硬碟或 2 台光碟機等等。

練習 9	Quantum Fireball IDE 硬碟，最內圈為 88 個，最外圈為 177 個，假設以每分鐘 10000 轉的速度進行作業，則外圈每秒最多可以讀多少資料量？
	(A)5120 KB/秒　　(B)1514 KB/秒　　(C)15.14 MB/秒　　(D)以上皆非

解 (B)

1-1-7 磁碟陣列

　　磁碟陣列(Redundant Arrays of Inexpensive Drives)簡稱為 RAID，目的就是將多台之硬碟組合成一套具有快速資料存取及資料保全的磁碟系統，RAID 之架構在 1987 年由柏克萊大學提出，期望能提昇電腦的運算能力。磁碟陣列採用磁碟群組的觀念，並且採用資料分散排列之機制來設計結構化系統，以提昇資料之安全性，因為採用多個硬碟組合，所以不只個別硬碟之效率得以提昇，CPU 及記憶體之狀況也可以減輕負擔。個別硬碟對資料之傳輸率遠不及 CPU 之執行效率，所以 RAID 將資料切割成區段之方式來分散同時儲存到各硬碟之技術頗能改善個別硬碟在儲存資料引起穩定性不高的現象，同時可避免因單一硬碟故障導致所有的資料遺失。基本上 RAID 加速了週邊裝置硬碟傳輸率，同時也提供資料備份之功能，如前所述 IDE 硬碟之容量與轉速都已直逼 SCSI，SATA 逐漸取代 ATA 之 IDF 硬碟已顯而易見。所以如何設計低成本磁碟陣列為目前主要一項考量，RAID 之優點除了價錢低廉(位元組／單價)外，尚可自動修復資料及重建資料，同時排除由有問題的硬碟來儲存資料之防錯措施，至於資料遺失或資料毀損概率則與硬碟之品質有關。

目前 RAID 之模式至少有 8 層以上，換言之，目前常見 RAID 之格式或設計模式由 RAID 0～RAID 7，RAID N 中 N 編號愈大表示陣列形式愈複雜，本節僅將簡述 RAID 0 至 RAID 5 間之基本觀念。

RAID 0 之結構表示硬碟的群組由二台以上之硬碟組成為一套使用率可達 100％的硬碟陣列，CPU 欲讀寫資料時，因為多台硬碟有多組磁頭，所以讀寫資料之速度就可以提昇，RAID 0 並不具有除錯之功能，所以一旦有某一台硬碟故障則資料就會出錯，甚至整個陣列上資料都會毀損，即使更換故障硬碟也不具自動回復之功能，所以 RAID 0 架構在實際應用上有資料安全上之不確定性因素，雖然讀寫的速度效率很高，但因為檔案及資料必須被拆散分別儲存於不同的硬碟中，硬碟數愈多，拆散的每一份資料量就愈少，存取之效率即可提昇，因此資料的使用效率就與硬碟數目成正比，這是屬於非容錯型的硬碟群組架構。

RAID 1 將每二個硬碟合併為一組之模式是所有硬碟像陣列系統當中成本最低也最簡單之一種，不管是系統內含或應用資料，在寫入操作時，所有之內容都備份到鏡射之硬碟(即第二個硬碟)，反之讀取資料或相關內容時，系統會自動從第二顆硬碟取得，事實上，伺服器作業系統就已具備鏡射之功能，作業系統之備份固然重要，但應用程式與資料庫之內容則更具價值，問題是作業系統之硬碟當機，則應用程式之操作與儲存資料庫之作業硬碟將隨之產生惡性連鎖反應，所以硬碟鏡射的部份不僅在作業系統，同時對程式硬碟對伺服器之執行也具有相當的影響力。所謂硬碟鏡射即同組硬碟中的資料一模一樣，RAID 1 容量利用率只有 RAID 0 的一半。

範例 7　略述 RAID 1 之磁碟鏡像之原理與操作。

解　磁碟鏡像是 RAID 1 之觀念，所謂鏡像即為鏡射，RAID 控制器在察覺故障硬碟出現時，就可以將二顆硬碟中完整之一顆當作主硬碟 (Primiary HD)，而且自動轉換加註標記(Mark)後進入資料重建、複製之後，於是主副兩硬碟之角色互易，因為使用者不必去理會是否二顆硬碟之容量規格有無一致，只要 RAID 控制器有發揮作用，則完全不假使用者之手作對調之工作，但值得注意的是欲進行複製時，必須要求目標硬碟尚有足夠之空間來容納來源硬碟中其相關之檔案或資料回復之操作，複製之功能是以一筆資料對一筆資料之複製，萬一有中毒現象，則必定是一齊中毒，因為備份時是同時寫入，所以如果系統檔中毒，那一進入備份之階段，則兩台硬碟同時中毒必定發生，通常中毒與硬碟故障無關，RAID 控制器無法作出處理，不同轉速之硬碟被規劃建構成 RAID 時，如果硬碟擁有單獨之 CPU 及相同之運算單元，則其影響程度可以降低，對磁碟鏡射架構仍然是以 SCSI 鏡射產品用在伺服器上比較有利。在 RAID 1 之運作當中，二台實體磁碟假設具有相同之規格之硬碟稱為 Physical Disks 所形成之陣列於邏輯磁碟(Logic Drive)可自看出其容量必為只剩下 1/2 之容量可以利用。

RAID 2 的特徵就是利用 ECC 漢明碼(Hamming Code)來記錄位元的資料，每一個硬碟只存放該筆資料中一個位元之容量，換言之，不同之資料位元被儲存在不同之硬碟中，因為漢明碼本身提供錯誤檢測及自我更正錯誤之能力所以安全性及可靠性頗高，其缺點就是 RAID 2 硬碟數量多，成本高。

RAID 3 使用與RAID 0 相同之技術來存取資料，但改進的一點就是採用 XOR 的運算邏輯觀念來設計陣列控制器中資料的同位元檢查碼或位元碼，儲存這些同位元檢查碼必須另外保留一個硬碟才行，所以資料或檔案經拆散後就可以平均存放在硬碟組合中。

RAID 4 之工作原理與 RAID 3 近似，但資料改以區段作為存取單位來操作。仍保留一個硬碟來儲存同位元檢查碼。

RAID 5 之工作原理與 RAID 4 相同，但同位元檢查碼則分別儲存在各硬碟中，通常 RAID 5 之速度比 RAID 4 高。

範例 8　已知 RAID 2 欲存取 4 位元的資料則該磁碟陣列應準備多少個磁碟機？

解　4 位元 Hamming Code 的編碼方式就是使用 7 位元來表示某 4 位元的資料，多出來的 3 位元被用來檢查及更正真正 4 位元的資料，故應準備 7 個硬碟才夠。

範例 9　從使用率簡述各式磁碟陳列之特徵？

解　如前所示：在 RAID0 的特徵當中值得注意的是該陣列與主機及作業系統獨立，俗稱 Host Independent，因此技術上可支援熱抽換，除了線上自動資料重建外，也適用當熱備援硬碟機，RAID0 容量大小等於全部硬碟機總和，它沒有同位檢核的容錯位元，但其空間完全利用所以資料可以多個區段方式，採用在同一時間，將資料多個同時寫入，分別存放在該群組之陣列。反之在讀取資料時比較容易處理，因為可在同一時間多個同時讀取，RAID0 陣列類型的效率，與該群內陣列硬碟數成正比。

RAID0+1 也就是 RAID level 0+1(零加一)，俗稱 Dual Level RAID，

可設計成 Dual Level RAID level 01 或 Dual Level RAID level 10。
10 與 01 的差別僅是先鏡像再分割資料，或是先分割再將資料鏡像
到兩組硬碟，這是一種將 RAID 0 與 RAID 1 的架構作結合用的磁
碟陣列，兩組陣列依切割區段，連貫成不同的兩個大容量的陣列硬
碟，互相形成 "鏡像" 或"鏡射"。當寫入資料時， 磁碟陣列控制器會
將資料同時寫入該兩個大容量陣列硬碟組中。同 RAID level 1 一
樣，雖然技術上其硬碟使用率亦有 50%， 但它卻是具有高效率的規
劃方式且備份功能安全性最高。RAID level 0+1 因為任何一個硬碟
都有資料所以讀取資料較快。反之寫入資料較慢，因為需要寫入多
顆硬碟。

RAID 1 以磁碟鏡像將兩顆硬碟機為一組，在有資料欲寫入時，在同
一時間將系統的兩顆硬碟利用"鏡像對映"讓完全一樣的資料同時寫
入兩硬碟機。而在讀取資料時，則可自兩顆硬碟機同時讀出。該磁
碟陣列能提高讀取的效率但不會降低寫入的速度，是所有容錯型式
的磁碟陣列中具最高的效率與最高安全性。硬碟機使用率只有 50%。

RAID level 3 為了提供資料容錯效果利用陣列控制器內建的 XOR
邏輯，根據切割之區段大小，計算出同位檢核位元或位元組。區段
的大小，則以 bit 或 byte 為單位。硬碟資料中的同位檢核資料，統
一存放在指定的同位碟 (Parity Disk)上。而資料則是分別散存在各
資料碟中，因此從部份的資料碟，是無法取得完整原資料的。

RAID level 4 和上述的 level 3 幾乎相同。特色是其支援的區段大小
相當多樣，資料則是以 block 為單位計算的。它可以是單一 block
為區段，也可能是多個 block 為區段大小。所以資料可以從任一資
料碟中取得，比較 RAID level 3 優勢的功能是：允許 "重疊讀取"
(Overlapped Read Operation) 之技術層次。值得注意的是資料作寫

入時，RAID 4 需同時更新 "同位碟" 的資訊，所以不具有 "重疊寫入" 的功能。換言之，在同時間中多筆資料要求寫入時，因為每筆資料之同位資訊需寫在同一顆 "同位碟" 中，所以並不會有任何速度的優勢。正常速度由於 Parity 的計算(包含讀與寫)較慢，硬碟機使用率為 n-1 顆。

RAID 5 是由 RAID 2.3.4 改良而來，以分散的存取結構而成為比較普及的一種架構。首先將原始資料與同位檢查位元作組合，再以位元為單位分散存放在所有硬碟中，因此不需多用一部同位硬碟(Parity Disk)來存放檢查碼。但實質上 RAID 5 仍需消耗硬碟的容量來存放同位檢查碼，所以 RAID 整體的可用容量會等於總容量減去檢查碼資料容量，不同的是檢查碼資料之空間是分散在各顆硬碟中，RAID 5 以 單顆容量換得的安全性。RAID 5 效能提升明顯，而且任何一顆硬碟毀損，都還可以救得回來。 雖有浪費一顆硬碟容量的缺點，但是跟 RAID 10 或 RAID 01 一半的容量浪費，RAID3 以上至 RAID5 幾乎都是讀快寫慢可用容量為 N-1 顆之效率相比已經相當不錯了。

範例 10　　磁碟鏡像之應用針對系統程式及應用程式隨使用者資料庫完全備份之好處為何？

解　即使硬碟故障，吾人亦希望系統能快速恢復正常，尤其在伺服器上，欲重新安裝作業系統及應用軟體，其耗時麻煩之操作往往造成使用者之困擾，當然業者電子商務之 B2B、B2C 等，更不希望系統當機造成客戶之損失，所以當多台系統連上伺服器上時，且同時取或寫入，硬碟鏡像對系統之執行效率就成了關鍵，同時也避免使用者不停機，系統能正常運作。以監控系統之功能需求而論，即監控操作不因硬碟狀況而影響資料的備份。RAID1 在資料寫入時，同一時間以對映方式使其內部資料完全一樣，雖然在讀取資料時，可自二個硬碟同時讀取，但卻更能提高讀寫效率，這是容錯型磁碟陣列中效率最高之一。

至於RAID 3 或RAID 5 在網路的應用，可以保持網路機制之順暢主要是因為 RAID 控制器提供了同時讀寫資料的能力，且不影響系統執行效的鏡像架構來儲存系統，所以網路伺服器比較偏向用RAID 3 或RAID 5。通常業者將磁碟陣列規劃為三種方式：外接式、內接式或軟體模擬的 RAID 儲存櫃，其中外接式 RAID 群組在大的伺服器上也可被設計成具硬碟熱抽拔(Hot-Swap)的功能，所以利用 RAID 控制卡或硬碟抽取盒附加腳位偵測效果就可以隨時偵測到陣列上之硬碟是否有故障、移除或增加之附屬功能，因此控制器可以偵測到系統硬碟組的狀態改變並將產生的中斷信號送至CPU，然後由監控程式產生回應信號，此回應信號包括：硬碟之狀態讀取、系統及使用者的警訊、硬碟的電源管理及資料的自動回復等。

RAID 在確定新加入硬碟之存在後，對於資料重建之操作非常單純，通常就是複製所有必須重建之資料，所以在 RAID 之機制當中，如果系統之硬體或只存一套備份的系統亦故障，則 RAID 控制上就完全無法重新建立所有舊的記錄了，則資料毀損亦為必然之結果。另一個課題是，硬碟用久了難免產生壞軌，暫時性之壞軌現象稱為假性壞軌，原因可能是：電源不穩、溫度過高、轉速不穩或有瑕疵之硬碟，RAID基本上有修復之能力，但值得注意的是壞軌隱藏在硬碟內對資料之完整性是毫無保障的，這種現象往往發現 RAID 不會回報硬碟故障之相關訊息給主系統或通知使用者，久而久之假性壞軌轉化成永久壞軌或故障，則 RAID 作出之建議必定是更換硬碟，所以讓使用者至少在來得及之前，RAID 控制器應作出回應。

符合目前潮流的硬碟鏡像陣列系統乃配合硬碟鏡像技術(RAID 1)及因應資料保存而生，最主要是目前吾人無法預知硬碟何時會故障，更無法直接了解那些資料已經遭受損毀，尤其是硬碟之品質良莠不齊，而事實上使用 IDE 硬碟之電腦族比 SCSI 硬碟的使用者多太多，大部份的人認為 IDE 硬之規範比不上 SCSI 嚴謹，因此認為 IDE 的故障率比較高，但不管硬碟之品質如何，使用者一發現硬碟故障，最擔心的不外是資料遺失，如果有備份則至少回復舊檔案仍可將損失減到最低，備份資料之方法很多，當然也與使用者之習慣有關，但不管是利用軟體備份或第二顆硬碟備份，只要一發現硬碟有異狀，及時備份或狀況排除必為當務之急才對。RAID 1 是所有磁碟陣列系統中，成本最少也最人性化(Friendly)及容易使用之一種。基本上，RAID 1 用二顆硬碟及時備份資料，換言之，這二顆硬碟在正常情況下其內部之資料連作業系統也應該完全一樣，反之，欲讀取資料時則僅由其中一台硬提供，但更有彈性的設計就是：如果由第一台硬碟無法提取資料，則 RAID 系統會自動切換由第二顆硬碟讓 CPU 讀取，RAID 之架構在伺服器上雖早已存在，只是在目前硬碟之容量已經超過 100G 以上的情況下，系統軟體及資料庫使用量也日益增加，尤其在一顆硬碟被分割(Partition)後分別建立不同之作業系統需求下(一為 Win XP，另一可能為 Linux 等)，資訊系統就變得愈來愈重要，所以系統及應用程式的備份也顛覆了早期只備份個人資料之觀念。

SAN(Storage Area Network)儲存網域為系統整合時的另一種應用，其精神也是一種備份之儲存設備，因 SAN 透過儲存介面控制對所有之網域中之儲存媒體作直接存取，所以 SAN 之架構除提供集中存儲與分散計算外，另一方面亦可降低網路的負擔，這些功能均能簡化磁碟檔案資料之管理與復原，使用者都希望有一種機制，可以將磁帶、光碟或磁碟陣列等整合起來，透過直接的儲存集線器成智慧型儲存媒體，而建立所謂的儲存網域，SAN 可面對資料分享與異質主機之問題，主要是因爲 RAID 之架構無法適應大型資料之高速轉移之環境，在局部運作之外 RAID 因作業系統之限制，針對檔案或系統，主機與主機間資料之分享仍然有缺憾，尤其是讀寫權限、分散鎖定及廣域檔案系統分享，快取管理等之功能則無法發揮，SAN 架構中不同主機平台之間高速分享 File level 及 Byte level 之結構有三：一爲點對點(Point to Point)的直接存取設備。二爲結構型，也就是將所有的主機與各個儲存設備(Hard Disk 等)，連接到一個連接器上，此一連接器可以是集線器 Hub 或交換器 Switch，則保證日後擴充之彈性度與資料傳輸保證 100 MB/s 的頻寬，所以這是一種陣列迴路架構。三爲網狀(Fabric)，這是結構型之延伸，由多個連接器或交換器串接形成網狀結構。

1-1-8　AGP

　　1997 年開始，Intel 就將 CPU 的發展重心移轉到 P II 以上的機種，於是以往的 Pentium 及 430 系列就註定不會有新的產品出現。Intel 有意把 Pentium MMX 只做到 233MHZ 爲止，430 系列的 Chipset 也發展到 430TX 終結，於是 Intel 將 AGP 介面推上檯面，在 1998 年第一季我們看到了第一片支援 AGP 介面的 440LXP II Chipset 所組裝的主機板問世，從此之後，不管是 Socket 7 CPU 或是 Intel Pentium 4 都把 AGP 介面匯流排當基本配備，換言之，各家主機板廠商便開始設計 AGP 介面的主機板，AGP 已經成爲電腦的顯示器標準介面。

　　PC/ATP II 所用之 AGP 是 Accelerated Graphics Port 的縮寫，它是圖形加速埠的介面，針對 PCI 介面的傳輸瓶頸所提出的，可是新款的 AGP 視訊傳輸介面僅能供顯示卡專用，AGP 介面最大的優點是頻寬的提昇，工作

Chapter

時脈快及增強記憶體功能。主機板上之AGP只有一個，可獨立在介面卡或AGP之Chipset(3D 繪圖晶片等)直接擺到主機板上，所以未來即使AGP匯流排要求 800MB/sec 或更高之記憶體存取速度，甚至由AGP推到AC97，AGP匯流排還是會被採用。

　　圖 1-13 是 AGP 的系統架構，AGP 把 Texture Data 放到主記憶體有四個優點：一是 Texture Data 為僅讀的資料型態，把它擺到記憶體不會有資料不一致的問題；二，如果Texture Data來自硬碟或CD-ROM，將Texture Data 留在主記憶體可以減少寬頻的負擔；三是資料緩衝器比 DRAM 貴，Texture Data 留在主記憶體可以降低記憶體成本，並增加系統主記憶體的使用率；四是資料緩衝器的資料傳輸可以提昇。所以 AGP 可以比 PCI 更快，它可以提昇系統整體的效能。

註： 1.系統科技設計之晶片 3D系列至 1998 年底止有：CIS620，CIS6205 等。

　　 2.截至 2006 年 6 月，P4 仍廣受喜愛，AGP 之結構並未有大幅之修改，但其記憶體之傳輸速率明顯增加。

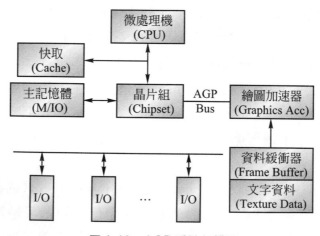

圖 1-13　AGP 系統架構圖

AGP 的優點為：

(1) 頻寬的提昇：早期PCI介面最大的視訊資料傳輸率遠落後於AGP介面。因為CPU的速度愈來愈快，雖然視訊晶片的資料處理速度也隨之提昇，可是對龐大的資料傳輸量，頻寬就變成了CPU與顯示晶片間的問題點，PCI受限於 132MB/S 的瓶頸，一旦系統要處理 3D 圖形，頻寬不夠時顯示畫面品質就會變差。AGP與PCI介面規格資料如下表所示：

比較項目	PCI2.1	AGP1X	AGP2X	AGP4X
工作時脈	33MHz	66.6MHz	133MHz	266MHz
最大傳輸頻寬	132MB/S	266MB/S	533MB/S	1066MB/S

(2) 工作時脈：AGP 之工作時脈比 PCI 至少快了一倍以上，甚至可快 3 倍左右，且工作時脈非同步設計，其優點是讓 CPU 發揮較高的效能，並保持週邊設備的穩定性如下表所示，外頻為 66MHz 以上的規格下，不管AGP或PCI均能保持在33MHz及66MHz正常工作速度下運作，電腦工程師可以提昇CPU的電壓(Vcore由 2.8V → 3.3V，Vio由 3.3V → 3.5V)使微處理器之外部頻率以超頻方式運轉，可是 PCI 及 AGP 或許仍然超越不了原來的 I/O 效率。

Chapter

外頻(外部時脈)	PCI	AGP
60MHz	30MHz	60MHz
66.8MHz	33.4MHz	66.8MHz
68.5MHz	34.3MHz	68.5MHz
72MHz	32MHz	64MHz
75MHz	37.5MHz	75MHz
83.3MHz	33.3MHz	66.6MHz
90MHz	30MHz	60MHz
100MHz	33.3MHz	66.6MHz

　　個人電腦 AGP 主機板記憶體功能與其特殊結構有很大之關係，基本上，AGP 主機板配合 AGP 顯示卡的系統就具有提昇記憶體的功能，換言之，擁有直接記憶體執行(Direct Memory Execution：DIME)功能，DIME可讓顯示卡之RAM(Video RAM)不需要 4MB、8MB、16MB一直加上去，VGA卡上之加速晶片會自動使用主機板上的主記憶進行讀寫，如此一來記憶體運用就增強，但是以往PCI的顯示卡就無如此方便，若考量其特殊之結構AGP卡必需使用AGP插槽(一般爲咖啡色)PCI卡還是要使用PCI插槽(一般爲白色)。AGP擴充槽比較短，其上下段與PCI擴充槽顛倒，AGP連接頭的規格是5.4cm，124個接點，面積大小有二種規格分別是36.07cm×106.68cm 或 103.4cm×167.64cm。自 1997 年起 VL_Bus 逐漸消聲匿跡，主機板呈現ISA+PCI+AGP或USB+AGP+PCI的架構，AGP在主機板上常見的設計有二種：第一種是用擴充槽，第二種是附加在主機板上。

範例 11 已知 AGP 2X 有 66.6MHz 的匯流排時脈，且匯流排爲 32 位元
　　　　　① 求資料傳輸速度？
　　　　　② 求最高傳輸率 B/S 值？

解 ① AGP 2X，其 strobe 兩端均可傳遞資料，因此資料傳輸速率＝
2×66.6MHz＝133.2MHz。

②匯流排寬度為 32 位元，一個 Tcycle 為 1/133.2M 秒，則 133.2×4
位元組＝533MB/sec，全效率傳輸。

範例 12 Hi-Color 下，任何匯流排，平常處理 1024*768 的 3D 影像，傳輸
速度超過 200MB/sec，但 PCI 的最大傳輸速度為 133MB/s，如何解
決 PCI 匯流排的不足？螢幕更新頻率之大小如下表所示。

解 SVGA 卡 Hi-Color 為每一個像點有 2^{16} 色，即一個像點用 2 個位元組
來儲存資料，1024*768*16 位元/2^3=1572864 位元組。

3D 需求的螢幕更新頻率大小為：

解析度	螢幕更新 Hz
640×480	50
800×600	100
1024×768	150

1572864 位元組×150/秒=235929600 B/s 遠大於 PCI 的 133MB/s 規
格，換言之傳輸速度至少要 250MB/s 以上。解決之道為①加大繪圖
3D 晶片的 Frame_Buffer，②用 533MB/s 的 AGP 匯流排頻寬。

註：使用者可於 Win98/2000 之控制台進入顯示器，然後選擇進階功
能(設定項)將螢幕更新頻率設於最高，應可改善畫面閃動之現象。

Chapter

範例 13 AGP 匯流排的應用爲何？並比較 AGP 介面與 PCI Bus 的規格。

解 如前所述 AGP 可以解決 PCI 頻寬不足所造成圖形影像傳送順暢所造成的缺點。透過 AGP 之繪圖晶片可由主記憶體直接存取 Texture Data，但是 AGP 不能完全取代 PCI，反過來 AGP 可以透過點對點 (point to point) 連接埠的方式，疏導 PCI 匯流排頻寬的不足，所謂點對點即爲 AGP 匯流排僅連接繪圖晶片與記憶體管理晶片，並未連接其他的元件。PCI 是 AGP 的鼻祖，但 AGP 則可以延伸 PCI 的規格提供高速的傳輸頻寬，兩者規格的比較表如下所示：

PC/AT 的 AGP 和 PCI 規格比較總表

項　　　　目	PCI	AGP
主導廠商	INTEL	INTEL
權限	開放式	開放式
傳輸方式	同步	同步
資料匯流排寬度	32 位元	32 位元
讀寫位址/資料	多重處理	分開傳輸
信號線	49 條	65 條
匯流排時脈	33MHz 以上	66MHz 以上
資料傳輸率	133MB/s (max)	533MB/s (max)
擴充槽個數	3 個以上	1 個
記憶體存取方式	非管線化	管線化
記憶體存取優先	不支援優先權	支援優先權
信號振幅	+5.0 伏特	+3.3 伏特

PCI系統結構是PCI匯流排作為各晶片組所組成，如圖(a)所示，整體系統可擴充為二個CPU以上，但系統之主記憶體應小於4GB，而且HOST到PCI要透過北橋，CPU(#0)與HOST連接就必需經由PCI Bus，視訊記憶體為 Display Cache 其目標就是要滿足3D以上繪圖能力的需求。至於有關 Basic I/O 部份的架構則如圖(b)所示，基本上，Intel針對PCI Bus已大幅修改其系統南橋之內部結構，並使系統南橋在存取BIOS之同時，將傳輸週期以完全符合PCI Bus規格之方式，先對應到 PCI 上然後再自行以解碼時序回覆至系統南橋，圖(b)中之Super I/O通常可用USB 2.0取代之，由圖(b)看出PCI到ISA (LPC)是要透過南橋才行。

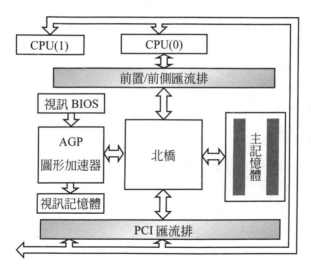

圖(a)　PC/AT(Pentium)主機板北橋與 PCI 匯流排之建構模式

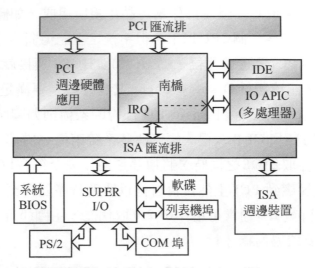

圖(b) PC/AT(Pentium)主機板南橋與 PCI 匯流排之建構模式

練習 10 AGP4X 工作時脈為 266 MHz 匯流排,且匯流排為 32 位元,求資料傳輸速度?

(A)1064 MHz　(B)266 MHz　(C)532 MHz　(D)133 MHz

解 (A) 266 MHz*4=1064 MHz。

練習 11 同上題,求最高傳輸率 B/S 值?

(A)532 MHz　(B)1064 MHz　(C)2128 MHz　(D)4256 MHz

解 (D)

練習 12 True-color 800*600 影像解析度，若資料傳輸速度為 166 MB/sec，求填滿一畫面所需資料量？
(A)0.48 MB　(B)4.8 MB　(C)14.4 MB　(D)166 MB

解　(C)

練習 13 AGP 之優點不包括下列哪一項？
(A)頻寬提昇　(B)工作時脈高　(C)具 DIME 功能　(D)AGP 卡可以使用 PCI 匯流排插槽

解　(D)

1-1-9　PCMCIA

　　PCMCIA 為個人電腦記憶卡世界協會之縮寫，這是一種 68 支腳位給 PC 卡專用之匯流排標準。PC 卡 Type I 主要的目的是用作記憶卡，內容包括 RAM、ROM、DRAM 及 I/O 埠。Type II 包含 I/O 埠的連接規格、網路卡及傳真機等標準介面，Type III 包含硬碟等的介面。PCMCIA 可以在不必關機之情況下進行線上抽換，例如筆記型電腦如果具備有 PC 卡插槽，則可利用 PCMCIA 標準所提供之驅動程式，順利解決不同卡不同插槽間之相容問題，其應用例如圖 1-14 所示。

　　PC 卡不僅是一種匯流排，更以一張信用卡的厚度提供了一個完整的連結架構，因此它和上述之 ISA，MCA，EISA 或其他系統均可以相容，基於 PC 卡與作業系統或週邊設備都不相干，所以使用者可以把 PC 卡接到

PC/AT、麥金塔或 NEWTON 等系統上，基本上，PC 卡會自行設定組態，不需設定軟體，也不需要跳線開關，其標準可適應低電壓省電型電腦。

　　PCMCIA 協會於 1989 年 6 月成立，當時的原始任務是爲了將如同信用卡大小之 PC 卡記憶體模組的製造與行銷建立一套標準，該模組底座的大小爲 54*85.6 公釐，槽孔只有 3.3 公釐高，超小尺寸很適合被應用在筆記型電腦或嵌入式平台模組，其內容包含 I/O 卡、數據機、LAN 卡及記憶體裝置。1991 年建立了 Type II 的規範及內容，Type III 於 1993 年建立，即我們所謂的迷你硬碟，且正式進入 32 位元之匯流排。

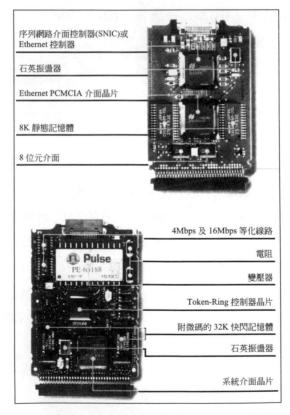

序列網路介面控制器(SNIC)或 Ethernet 控制器

石英振盪器

Ethernet PCMCIA 介面晶片

8K 靜態記憶體

8 位元介面

4Mbps 及 16Mbps 等化線路

電阻

變壓器

Token-Ring 控制器晶片

附微碼的 32K 快閃記憶體

石英振盪器

系統介面晶片

圖 1-14　PCMCIA 附加卡，上圖為 Ethernet PCMCIA，
下圖為 Token_Ring PCMCIA (取自 NS 公司/IBM 公司)

　　每一台的筆記型電腦都有PCMCIA匯流排，如前所述，用戶希望以插卡的方式來處理資料處理有下列五個理由。第一，PCMCIA可以隨意擴充系統功能，隨時變更作業系統；第二，快速交換讀取大量資料，每片的PCMCIA卡可當擴充記憶體 DRAM 使用，容量由4MB 至 16MB 不等；第三，與主機獨立，提供完全相容的便利，只要主機有PCMCIA插槽即可；第四，安裝及組合容易，具有 plug and play 的特性，換言之，將一片 PC卡抽出，隨即可使用另一片 PC 卡；第五，XIP 的功能一旦由軟體載入PCMCIA 的 ROM 後，該軟體可直接在卡上執行，而不需要載入到主系統的 RAM 上，XIP 為 Execution In Place 的縮寫是 PCMCIA 自訂的規格。上圖為網路卡的二種產品，業者每 6 個月會針對某些矽晶片，將其閘道數目加倍，讓縮小的空間可提供更多的功能。PCMCIA技術發展的下一步為多功能合一卡，目前可見的產品有

　　⑴數據機與乙太網路卡合一。

　　⑵ 16 位元音效卡與 SCSI 合一。

　　⑶傳呼機與無線電數據機及有線電數據機三機一體。

缺點：(CardBus)

　　⑴只有一個中斷點，即一個中斷插入位址。

　　⑵沒有快取，要降低系統的速度。

　　⑶有檢查位元(parity check)。

　　至於 PC/AT 等級如：DESKTOP，NOTEBOOK，或 PALMTOP 皆可以支援PCMCIA，規格如下：

	PCMCIA	PCMCIA Card Bus	超小型 PCI
卡片大小形狀	TYPE I、II、III 加上無線模組盒	TYPE I、II、III 加上無線模組盒	TYPE I、II、III無外殼
插槽極性	任何 3.3/5/2V 卡片	接受 3.3V/5V 卡片 但不接受 JEIDA DRAM 或 PCI 卡	接受 3.3V/5V 卡片 但不接受 JEIDA DRAM 或 PCMCIA 卡
卡片成本	稍高，需 PCMCIA 卡內控制器	較高，需 Land Bus 卡 內控制器	低成本，不需 PCI 卡內控 制器直接插到 PCI 介面
卡片外殼	需要	需要	不需要外殼
卡片連接器	68pin	68pin	108 pin
連接器插拔壽命	一萬次	一萬次	一百次
介面速度 (MHz)	33	33	33
介面架構	Point to Point 8/16 位元	Point to Point 8/16/32 位元	Bus 8/16/32 位元
應用範圍	桌上 PC 或行動電腦 無所不在	小型桌上 PC，筆記型， 次筆記型電腦及 PDA	任何桌上型，行動電腦 但不包括 PDA
使用環境	外插式隨時可插可取	外插式隨時可插可取	內插式藏在機箱內
行銷方式	標準型可隨機擴充	標準型可隨機擴充	依訂單生產只擴充 PCI 系統

範例 14 PCMCIA 的新標準爲何？並舉應用例。

解 新 PC 卡的標準如下：

(1)加強相容性：將各種資訊格式連結，加強相同資料格式互換的能力，提供更好的卡/機介面。

(2)多工能合一的支援。

(3)低電壓設計：新標準爲 3.3V，規定卡及槽爲雙電源，有電源管理介面的功能。

(4) DMA。

(5) Card Bus 的標準：32 位元 PC 卡的規範，有多媒體處理的功能。

其規格及實用例如下表所示

型號規格	使用狀況	厚度
TYPE I	當 RAM,FLASH,S_RAM 等使用	3.3mm
TYPE II	當 MODEM 等 I/O 使用	5.0mm
TYPE III	當備用儲存體如小容量磁碟機	10.5mm

以上內容爲 Compact Flash，PCMCIA Type III，ATA CARD
或 Flash ATA card

Chapter

以上內容為 Compact Flash，PCMCIA Type III，ATA CARD
或 Flash ATA card(續)

1-2　64 位元簡介

　　個人電腦發展之進程可從處理器、作業系統到應用軟體的開發與設計
來觀察，尤其在 2002 年之前幾乎都是以 32 位元架構為主，因此早期的個
人電腦使用者應能體驗到由 16 位元轉變為 32 位元之效能，甚至會感受程
式相容性的困擾。其次，微處理機運算架構的改變最直接受惠的應該是程
式對記憶體的定址能力。80 年代，DOS 作業系統存取記憶體的上限為 1MB
(2^{20})，Windows 時期，作業系統的地位被突顯，甚至 I/O 掌控權與主導
亦必須依靠作業系統仲裁或協調。因為受到多工作業概念之影響，使得目

前作業系統記憶體管理能力更受到重視，以 32 位元架構撰寫的應用程式為例，記憶體的限制提升至 4GB (2^{32} = 4096MB)，但是減去作業系統本身預留的 2GB 後，軟體則僅剩下 2GB 的存取範圍，若該程式要使用超過 2GB 的記憶體空間，勢必要採取分段處理的折衷作法，通常需要大資料量之多媒體將必須透過分批處理方式達成。

資訊、數位內容之應用若僅集中在文書處理等經常性事務，於 64 位元架構之感受不大。但是針對影音剪輯、影像處理或 CAD/CAM 繪圖等特殊用途領域，64 位元運算架構卻將帶來顯著的效能。近年來 DV 錄製的影片習慣被轉檔存放至電腦中，以 2 個小時的影片為例，對記憶體需求平均約在 20GB 以上，即便讓硬體支援擴充達到對等的記憶體容量，假如仍受限於 32 位元的運算環境效果一定不彰。換言之，如果能夠開發 64 位元架構之剪輯、轉檔等軟體，並在處理器、記憶體與作業系統的配合下，將可讓壓縮編碼、剪輯編修等程序更有效率，並降低等待時間。

1-2-1　64 位元的特色

所謂 64 位元的意義就是內部資料匯流排有 64 位元，則其資料空間大小為 2^{64} 位元組，部份的 CPU 如 Intel P II、PIII、PIV 等雖然廠商認定為 64 位元，但其實是兩個 32 位元，所以真正的 64 位元 CPU 速度會比兩個 32 位元的 CPU 快。64 位元與 32 位元最大的差異在資料傳送的速度，業者將 CPU 之種類以位元數來分類，其他的週邊裝置也以位元數來區分。64 位元的特色如下所示：

1. 64 位元架構

目前高階個人電腦多半配備 512MB 的記憶體，由於 64 位元架構主要的改變包括：突破 4GB 的記憶體容量。

2. 64 位元運算

　　摩托羅拉 AMD 64 位元處理器採用的策略是同時支援 32 與 64 位元軟體，提供直接式的升級管道來轉移至未來的 64 位元軟體，並能支援在 32 位元解決方案的現有應用程式。因為這是來自持續演進的 x86 架構，因此將能支援三種執行模式：

(1) 傳統模式：支援 16 位元與 32 位元應用程式的 32 位元作業系統。

(2) 32 位元相容模式：支援傳統(16 位元與 32 位元)應用程式的 64 位元作業系統。

(3) 64 位元模式：使用 64 位元應用程式的 64 位元作業系統。

3. IC 設計產業

　　第一顆 64 位元處理平台單晶片設計內容包括縮短晶片間的內部連線，全面減少系統延遲，並將兩顆晶片合而為一，節省主機板空間以保障未來硬體升級。AMD 64 設計符合業界多重核心處理器標準，透過直連架構(Direct Connect Architecture)可支援伺服器、工作站、桌上型及筆記型電腦。事實上，電腦一路從 8 位元、16 位元、32 位元一路走下來，未來即將邁入 64 位元的架構，而上述之作業系統規劃至 2007 年，新的微軟作業系統則為 Windows Vista。

1-2-2　微軟之 64 位元行列

　　CPU 大廠 AMD(Advanced Micro Devices)於 2003 年 4 月率先推出 x86 架構的 64 位元 Opteron 處理器，於長期與 Intel 的競爭中取得了市場先機，但 Intel 於 2005 年 3 月亦推出能向下相容的 64 位元 Irwindale 處理器，即 Pentium 4 的 6 系列處理器，該系列採用 90nm、2MB L2 cache 等架構。機型為 P4 630，640，650 和 660，其主頻率分別為 3.0、3.2、3.4 和 3.6GHz，而 FSB 為 800MHz，所謂 6 系列是指採用 EM64T 64bit 計算技術的桌上型處理器，值得注意的是 6 系列還引進筆記型平台的 Speedstep 節能和 Execute disable 防毒技術。目前 64 位元 CPU 不但為市場之焦點，未來也將是各廠商取得研發優勢的最大利器，所以近年來 Intel 與 AMD 的主力產品除了 CPU 外也都以 64 位元 CPU 的應用相關。自 2004 年起 AMD 64 位元處理器的高效能在執行影音多媒體、數位內容及 PC Game 等主題就已逐漸展現其優勢，因此過去有廠商指定或建議採用 AMD 的處理器作為其應用系統之主機，由於目前的 32 位元系統仍是市場具有相當佔有率，所以使用者於導入 64 位元的領域時，除了硬體上的改變，軟體部份也要配合 64 位元的架構才行，但因為更改作業系統和應用程式之架構不是短時間就能夠完成，所以廠商只能藉由 64 位元處理器沿用現有 PC 的 x86 架構，提供具相容性、可轉移到 64 位元之定址模式與資料型態等，讓使用者不必放棄 32 位元的架構，也能同時以全速與全效能模式執行 x86-32 與 x86-64 的系統。超微(AMD)2003 年 9 月正式在台灣發表 Athlon 64 處理器及相關產品如：主機板、桌上型電腦與筆記型電腦，當初提供研發應用之上下游廠商有威盛(VIA)、矽統(SiS)、HP、Fujitsu、Fujitsu-Siemes 等，包含了各家的主機板晶片組、準系統及國際 IT 廠商。

範例 15 (a)何謂 FSB？(b)若 CPU 外頻為 200MHz 則 FSB 為何？(c)DDR400 記憶體時脈為何？

解 (a)FSB 是一般電腦上所說的 Front Side Bus，即微處理器 CPU 與北橋晶片間的介面匯流排，也就是代表北橋傳輸的速度，FSB 基本上與主記憶體時脈沒有絕對關係。

(b)CPU 外頻為 200MHz，則 FSB = 200×4 = 800MHz。

(c)記憶體時脈與 CPU 外頻並不一定是同步，DDR400 記憶體其時脈是 200MHz(400÷2 = 200MHz)，但是使用者可以至 BIOS 裡調整 CPU 之外頻為 x2 等於 400MHz。

圖1-15　AMD商標、箭頭商標含AMD Turion, AMD Athlon, AMD Opteron,
　　　　AMD PowerNow字元以及上述商標的合皆是AMD公司所有，及AMD
　　　　Athlon64 3200+(2GHz)

　　　AMD 64位元晶片結構可同時支援32位元與64位元應用，其標誌如圖1-15所示，目前包括了桌上型電腦的Athlon 64和Athlon 64 FX、伺服器與工作站的Opteron以及筆記型電腦的Mobile Athlon 64等，而在桌上型處理器Athlon 64的部份則有分別支援Socket 754與Socket 939兩種腳位，提供單通道與雙通道記憶體的靈活選擇。AMD主推64位元處理器的著眼點在於因應大量的數位資料(數位相機、DV)使用模式逐漸成為主流，使用者往往都要更高效能的CPU以處理這些龐大的資料量。而在企業用戶方面，希望能有簡化的資訊系統基礎設備，同時能夠操作大量的資料量，避免目前企業資訊系統中常見的32 bit和64 bit平台混雜的情況，以提高企業資訊系統的處理效率。AMD 64處理器還包含了內建記憶體控制器、高效能傳輸模式(Hyper Transport)、硬體病毒防護以及Cooling Quiet的低溫安靜設計等多種獨特技術。

　　　微軟於2003年9月推出AMD 64位元處理器的Windows XP作業系統測試版，該作業系統版名為Windows XP 64-Bit Edition for 64-Bit Extended Systems，可謂為採用Athlon 64晶片的PC或者配備Opteron晶片的工作站所量身訂做。新版作業系統最大不同之處在於多了一個 Windows on

Windows 64的功能，根據軟體向下相容之理念，可在用戶升級至64位元 Windows XP作業系統後繼續執行32位元的應用。而截至目前為止，我們發現開發應用技術延遲部分的主因是廠商詬病32位元應用程式無法適用在64位元的系統上。因此過去在英特爾未引進64位元之前也只能建議將32位元桌上型Itanium處理器架構(Intel第一個64位元處理器Itanium有最高的浮點運算能力，比Athlon強2～3倍)透過模擬達到64位元指令的目的。基本上，64位元之CPU能夠完整定址到1千6百萬terrabyte，其特色為：一般通用暫存和數學邏輯運算指令能夠快速處理64位元雙精準浮點運算。

　　AMD以64位元架構為基礎，另發展出之行動運算 AMD Turion™ 64 行動技術，可透過效能最佳化處理，將 AMD 64 融入更輕薄的筆記型電腦，有效提升電池續航力及安全性，並提供與最新繪圖、無線解決方案之間的相容性。行動技術包括ML-37、ML-34、ML-32、ML-30、MT-34、MT-32以及MT-30等。型號中的兩個字母代表處理器的等級，M為Motorola而第二個字母代表行動力也就是耗電率，第二個字母愈接近Z行動力愈高。型號中的數字代表行動技術系列處理器的相對效能，數字愈大具愈高的效能。不只支援未來的64位元應用軟體，亦具有搭載 Windows XP Service Pack 2 作業系統的Enhanced Virus Protection防護技術，以及能延長系統電池續航力的 AMD PowerNow!™技術。

範例 16　略述 Intel 將 x86 指令延伸 32 位元之特色

解　　*1.* P4 和 K6-3 機種增加了 32 位元的暫存器記憶體，x86 指令是 2 位元組長度，最多是 16 位元組長，且只有 8 個一般用途暫存器。如果將 x86 指令延伸到 64 位元則 x86 解碼器會變得更加複雜，早期 AMD 和 Intel 僅能將那些可變長度指令轉換到固定長度指令，如

此一來CPU就增加了其複雜度，而且需要龐大運算程序，反之，Althlon CPU竟能夠在每週期產生9條指令，雖然每一個運算程序也都需要暫存器，但是其運算速度也就可以展現其優勢了，這種每週期產生更多的指令即為高性能的關鍵。

2. 系統分析師喜歡用浮點運算來評估或比較CPU的競爭力，如Xeon中之浮點運算單元FPU(Floating Point Unit)。因為早期x86中配置x87晶片組的運算指令使用的是堆疊技術，換言之，在FPU處理浮點運算之前，就必須浪費時間清理堆疊。所以Intel放棄x86而以新的架構重新進入EPIC，EPIC設計的基本原理是讓編輯器決定那些指令能夠同時執行，提昇運算速度之外，每週期產生更多的指令，分配後再把它們集合一起執行，並採用RISC核心之觀念與技術，除利用預估推測固定長度指令之大小外，並以128個暫存器提供作整數和FPU的運算，這一來所可以克服複雜的浮點堆疊操作指令中遇到分支之問題。

AMD對大型伺服器的開發以雙核心位址線僅43位元Athlon為例，雖可定義至 8000GB(2^{43})位元組，但為了能主導高階領域，就必須設計提供快速的64位元計算能力和可定址大量記憶體之結構，同時能執行Windows作業系統而無需依賴硬碟做資料交換。至於 Intel 目前為36位元位址線之Xeon機種已經可定義64GB的位元組記憶體，自1998年起，PC之記憶體平均增加了32倍，比較Xeon的對手如SUN UltraSPARC II和Alpha，雖然Athlon有強勁的FPU，但是無法與有RISC核心的Alpha以及SUN來競爭，當Intel的Itanium使用大量的SMP(4～8個CPU)時，AMD計畫在單晶片中並聯x86 64位元處理器，譬如K8由兩個或更多處理器所組成，這處理單元幾乎像是兩個不同的CPU分享某些功能，多線程處理單元(MTP)結合在一個核心之中，與 SMP 比較起來有幾個優勢：就是 2 個 MTP 單元佔用較少的晶片空間，而且資料傳輸也比雙CPU快。

超微(AMD)64 位元 CPU 規格於 2001 年 6 月首次發表應用在桌上電腦(DT)端的 Athlon64，64 bit CPU 的優點為：

(1) 低時脈高效能。

(2) 支援 64 位元軟體。

(3) 內建記憶體控制器。

(4) 超強浮點運算。

(5) 高頻寬 Hyper Transport。

缺點為：

(1) 成本

　　各週邊設備都不一定能完全支援，而且暫時只有 server 級的產品，BIOS/主機版/記憶體會成為更新設備的第一線。

(2) 向下相容

　　64 位元 CPU 仍然支援 32 位元之指令，但相對的令效能大大降低，64 位元 CPU 在執行 32 程式上並沒有太大的效能改進，因為CPU對於每一個指令均要檢查其位元長度判斷，然後才能進入計算模組作計算。

(3) OS 及軟體支援

　　64 位元OS都能支援向下相容 32 位元程式之功能，可能一般使用者並不會對 64 位元之軟體有很大的需求。

(4) Intel第一個 64 位元處理器Itanium的浮點運算能力大約比Athlon強 2～3 倍，雖然 Athlon 有強勁的FPU，但是亦無法與有RISC核心的 Alpha 以及 SUN 來競爭。

Chapter

1-2-3　K8 簡介

　　AMD K8(AMD CPU的代號)為 64 位元處理器相容 32 位元作業系統，Socket754 針腳，因此又稱為 X86-64 CPU，目前 Athlon64 最高時脈為 2GHz，代碼為 3200+，CPU內建單通道記憶體控制器使用DMA直接存取主記憶體，不需經過北橋晶片，支援單通道DDR400記憶體，雖然不是雙通道，但縮小了記憶體的延遲時間。高階的K8Athlon64 FX，跟 3200+一樣有 2.2GHz 版本只支援 1 顆 CPU，Athlon64 FX 為 Socket940 針腳，使用 ECC Register DDR 記憶體或雙通道 DDR400 記憶體，Opteron 可支援 2 顆、4 顆或 8 顆CPU。

　　值得注意的是，Intel在 2006 年推出 65nm製程的處理器Intel Pentium Extreme Edition 965(即 64bit迅馳平台PentiumM-EE或PM-EE)，屬於桌上型雙核心處理器，而不用常見的兩倍核心來稱呼，核心預設時脈為 3.46G，外頻則為 1066MHz，L2 為 2MBx2，支援 HT 技術，消耗功率為 120W。至於 Intel i975X 晶片組的原廠主機板則提供 3 個 PCI-Express 插槽，4 個記憶體插槽，可支援 775 腳位的 CPU。在此之前英特爾的 Pentium D900 和 Extreme Edition 955 處理器都是採用兩倍核心的架構，因為 Presler 是英特爾桌上型電腦所做的第一個多核心處理器，將原來兩顆Cedar Mill的 65 奈米製程的核心放進一個LGA775 封裝之中，這也是為什麼稱其為兩倍核心之主因。64 位元運算應用軟體升級的需求必須依賴最佳化才能展其特色，否則應用程式就必須維持 32 位元編譯，因為 64 位元化的指標(pointer)與整數邏輯運算暫存器資料，將有可能反過來大幅加重記憶體的消耗量及頻寬上的負擔，以伺服器為例：64 位元運算所衍生的大型分頁表，也會對處理器中負責快取虛擬與實體位址轉換表的 TLB(Translation Lookaside Buffer)造成很大的負擔，如果 TLB 不夠大，在進行大區段記憶體存取動作時，就會增加TLB失誤率，甚至降低記憶體系統效能。在實務上，主記憶體容量超過 16GB(2^{34})，TLB 就力有未逮，因為目前支援 EM64T 與 AMD64的處理器，都是以過去 32 位元 x86 處理器為基礎再進行功能上的延伸。

32 位元之 Win32 應用程式在 64 位元作業系統上應可透過 WOW64 (Windows On Windows64)在 x64 上執行，雖然可能因位址轉換而降低一些效能，但如果應用程式本身大量呼叫作業系統的 API，只要這些 API 已經 64 位元化，32 位元應用程式多少仍然可以享受到 64 位元的好處。另外，大幅增加主記憶體容量之前提下，64 位元在執行軟體應用程式中大多數都可以改善其效能，例如經SPEC/V3.1(Standard Performance Evaluation Corporation)2000 測試過的浮點運算、minigzip 檔案解壓縮(註 1)與 DivX 影像壓縮中，CPU 在 x64 環境都可以獲得真正的改善。值得一提的是：資料加解密測試之過程更能充分發揮 64 位元長整數的優勢，如 RSA(註 2)需要大量運算加密方法，若金鑰長度越長，採用 64 位元所能改善的效能就越高。所以 64 位元作業系統也可以間接改善 32 位元應用程式的效能相當明顯。至於驅動程式的驗證、完整性、成熟度以及用戶的普及，都將影響硬體週邊的效能表現。

註： 1.進行解壓縮的工具。

2.由 MIT 的 DR. Rivest、DR. Shamir 及 DR. Adleman 設計之 RSA 加密演算法即特殊的非對稱密碼法。

2003 年 4 月，微處理器廠商 AMD 推出 x86 架構的 64 位元 Opteron CPU，因此款處理器向下相容 32 位元的作業境的應用程式，也能夠在 64 位元的硬體架執行。2004 年 4 月，Intel 亦推出能向下相容的 64 位元處理器。硬體環境就緒後 2005 年，微軟宣布推出支援 64 位元的作業系統，而隨著 64 位元運算環境的軟硬體紛紛到位後，接下來的重點有 5 項分別是：

1. 64 位元平台的作業系統。

2. 成熟的運算環境，如企業應用伺服器等。

3. 升級至 64 位元的應用應用程式、驅動軟體之支援。

4. 消費端的個人市場用戶。

5. 32 位元與 64 位元處理器的價格差異。

對軟體客製化的公司如 NET 仲介軟體而言，其影響較一般使用套裝軟體的公司要來得大。關鍵任務是 32 位元應用程式在現有的 64 位元硬體架構下執行甚至升級至 64 位元的運算環境並不是升級硬體就能解決，重點是有無能力微調或作細微修改。P4 主機板上雙核心處理器則是另一種概念，對目前的電腦系統包括前的單核 64 位元處理器而言，雙核心處理器將採用兩顆 32 位元處理器架構之晶片包裝成一顆處理器，處理器廠商不用提升晶片時脈就可提升處理器效能來化解電過熱的問題，雙核心處理器的特色是多工、體積小，例如當其中一個核心執行 DVD 影片播放時，另一核心則可掃毒，同時執行多種指令。雙核心處理器初期可應用在高階伺服器上，隨著技術成熟才會進入桌上型電腦市場。

練習 14 下列有關 64 位元之敘述何者有誤？

(A) 64 位元個人電腦是指資料匯流排有 64 位元。

(B) 64 位元架構下記憶體容納資料空間最大為 4GB。

(C) 同一等級下，二個 32 位元 CPU 處理資料傳送的速度不一定比一個 64 位元 CPU 快。

(D) AMD 於 2001 年 6 月史上首度推出 64 位元即 Athlon 64 桌上型電腦之 CPU。

解 (B)

練習 15 FPU 表示

(A)資料暫存器單元　(B)指令暫存器單元　(C)浮點運算單元
(D)旗標暫存器單元。

解 (C)

練習 16 一般所謂 32 位元或 64 位元之微處理器是以何者來稱呼？

(A)暫存器數目　(B)位址匯流排　(C)控制匯流排　(D)資料匯流排
或 ALU 之位元數。

解 (D)

練習 17 下列何者不影響 CPU 之速度？

(A)主記憶體的存取時間　(B)匯流排的位元數　(C)CPU 內部時序
電路之頻率　(D)CPU 資料暫存器的位元數。

解 (B)

練習 18 若 Intel CPU 80486 DX-4 有 32 條位址線，其記憶體定址能力有多
少位元組？

(A)512 MB　(B)1 GB　(C)2 GB　(D)4 GB。

解 (D)

Chapter

練習 19 AMD CPU Operon 275，2.2 GHz 之規格下列何者有誤？

(A)外接頻率 1.1 GHz　(B)內部頻率 2.2 GHz　(C)電晶體數目少於 300 萬個　(D)VLSI 電路為 Socket 包裝 754 針腳。

解 (C)

練習 20 下列何者與多核心處理器無關？

(A)多核心 CPU 是指一個晶片上設計多個實體處理單元。

(B)雙晶片 8 核心之應用：除了數位家庭外，尚可用來設計一娛樂平台。

(C)多核心架構內部處理器不必兩兩成雙。

(D)MIPS 是指令的長度。

解 (D)

範例 17 所謂 64 位元是讀取位址記憶體為 64 位元，至於資料記憶體部分的讀取功能則更勝於以 64 位元去做資料存取的 DDR，試由電腦週邊裝置分析其規格？

解 64 位元的電腦是指 CPU 的暫存器的資料寬度是 64 位元，位址線可用到 64 條資料存取範圍可達 2^{64} 位元組。但理論上應該是 58 條就可以了。至於 32 位元的 CPU，28 條位址線配上 32 位元資料寬度就可到達 4G byte。 若 32 位元的 CPU 的極限可達 2^{36} 位元組，則可以超過 4G 的限制。64 位元的電腦指的是 CPU 是 64 位元，一般資料類之

硬體都不用位址記憶體 64 位元的功用,換言之其中的零件也不一定
需要是 64 位元。因此分析 64 位元處理器可從資料傳輸量著手,玩
家常拿車道作比喻:現有 32 位元處理器爲四線道,則 64 位元就好
比八線道車道了。

1. 硬碟如果是 IDE 介面,則必將只是 16 位元。

2. GPU(Globle Processing Unit:圖形處理單元)顯像卡的種類則有
   32、64、128 或 256 位元。

3. 主機板上的內建內建音效 AC97 或 AC99 裝置爲 16 位元。

4. 32 位元或 64 位元的音效卡。

5. PCI 插槽 32 位元。

6. AGP 插槽是 64 位元。

7. 串列傳輸:USB、PS/2、1394 及 COM port。

範例 18 若於 Longhorn 或 Windows XP 作業系統下,硬體(CPU)、驅動程式
均支援 64 位元,試比較 AMD 的 Sempron 與 Intel 的 Celeron D 之
特色?

解 各類硬體和軟體都是 64 位元的架構時 64 位元才有意義,AMD 的
Sempron 與 Intel 的 Celeron D 之特色比較如下:

1. AMD64 位元 K8NS(Nvidia)的晶片組系列包括雙核 Socket754 的
   Sempron2800 指令集較多,溫度及外頻很低較安靜,所以 2.8G+
   實際上僅有 1.4～1.7G,業者使用 Hype Transport 溝通技術來解
   決南北橋效率不彰、效能壅塞的技巧,以提升南北橋溝通頻率可
   提升相當的效能。

2. Intel 平台 64 位元 LGA775 的 Celeron D 2.8G 有較高的擴充性，雙通道 DDR 可使用兩條 256MB 的記憶體，但溫度高、熱，雙通道主機板欲啓動雙通道時需同時插兩條的記憶體，64 位元的作業系統下，Intel 架構之雙通道技術可獲得提升 10％以上的效能，至於坊間採用 P4 的超執行序之目的爲解決 CPU 高達 75％效能浪費的技術，此乃模擬雙 CPU。

1-3　雙核心微處理器

微處理器單核心被淘汰只是早晚的問題，所以 Intel 及 AMD 早就進行研發雙核心以上的微處理器，以華碩 Asus Socket 940 之 K8N-DL 主機板爲例，就是在單一晶片上設計二個處理單元的雙核心 Opteron 架構，除了 65nm 製程的 Merom 微架構處理器外，在桌上型及行動用戶上將會有更多的多核心微處理器研發，目前 65nm 的製程包括 Pentium 4 6×1 系列，如 Pentium D900 及 Yanah 處理器均屬之，而未來可預見必有三核心、四核心或規劃更高的 8 核心片問世，在本節將一系列的介紹多核心的功能比較。Yonah 爲一款行動運算處理器，雖不會以 Penitum 稱之，但其產品則以 Core 爲名稱，再加上 Solor 或 Duo 來表示單核心或雙核心，單核心的 Yonah 1 有 2MB 以上的 L2 快取，而 Yonah 2 爲雙核心晶片的處理器，仍採用 2MB 的 L2 快取記憶體，這是爲筆記型電腦所專用，但 Yonah 之另一款 L2 僅有 512KB 的單核心 Yonah 處理器，則是針對低階市場，即平價處理器所設計的晶片，上述 Merom 即爲支援 NB 電腦的處理器，具有 2MB 或 4MB 之 L2 記憶體及雙核心。

範例 19 多核心的處理器是否必須兩兩成雙？試舉一實例說明特徵。

解 未來已是多核心處理器的天下，在屬於單一晶片中設計多個實體處
理單元也是業界的共識，IBM xbox360 為一三核心處理器，而僅在
電源部份與二核心或單核心處理器稍有不同，微電腦系統在開始執
行多核心或邏輯處理器作業之前，必須先選取驅動程式，以 Pentium
系列為例，作業系統應先將 Windows XP 切換成 ACPI 多處理器模
式，於控制台下進入系統執行 Device Manager 中之 ACPI Multiprocessor
PC，ACPI 多處理器系統驅動程式的目的為：讓排程公用程式存取
所有可用的邏輯處理器，包括實體或虛擬的處理器核心。所以設計
工程師不會侷限於核心的多寡。如以時脈 2.2GHz 130nm 的 Opteron
248 單核及以 Operon275 2.2GHz 的 90nm 的 Venice 雙核晶片與效能
較高的三核心處理器應用程式及綜合測試比較表如下所示。

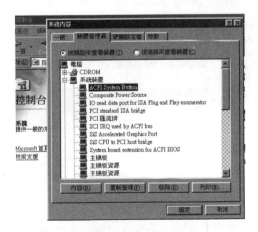

(a)應用程式：Windows Media Encoder 9 串流

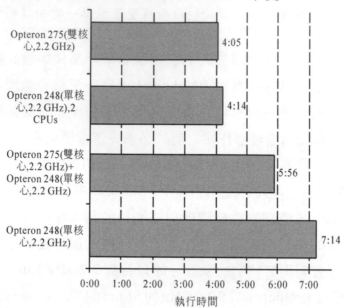

(b)應用程式：Lame MP3 Encoder 3.97.1 PCM 編碼為 MP3 檔案

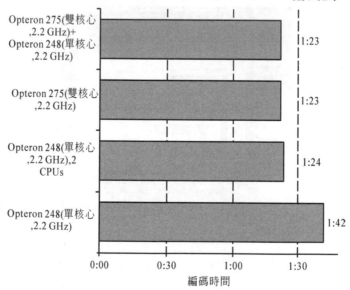

(c)應用程式：Win RAR 3.51 檔案壓縮 RAR 結構

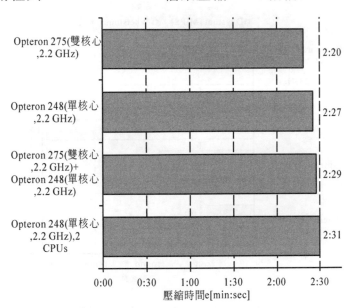

(d)應用程式：3DSMax7.0 CPU 密集翻譯(1600×1200)

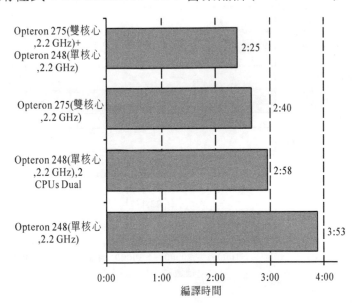

(e)綜合測試：SiSoft-Sandra 2005 Pro

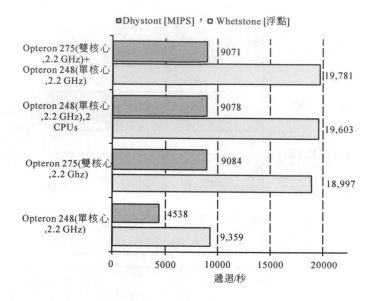

(f)綜合測試：SiSoft-Sandra 2005 Pro 多媒體

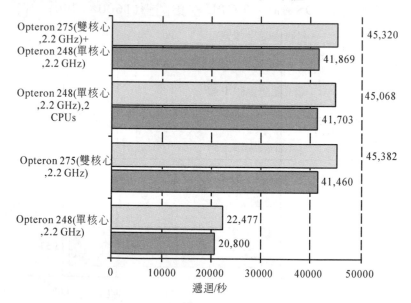

(g)綜合設定：SiSoft-Sandra 2005 Pro 記憶體頻寬

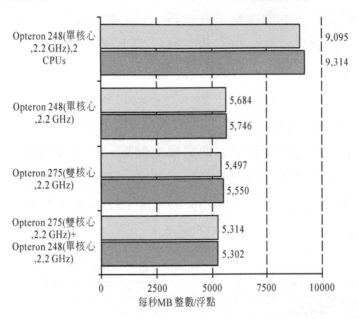

由上述得知用二個不同的內核的Opterons處理器組裝成一個三核心系統其效能會隨程式執行的最佳化程度而異，換言之，並不是所有的程式效能都可以在三核心處理器展現倍數的成果，但是大多數目前熱門的軟體皆有較優的表現，三核心的測試提供的建議就是讓二個不同核心技術的處理器組合在一起，但並不能保證系統的穩定性與效能可獲得相對的提昇，所以三核的結果亦證明多核心架構可以縮短系統之作業時間而耗能設備的每瓦效能與能獲得改善。

因為超微推出了低溫的高效能處理器才促使Intel推出雙核心Pentium D Smithfield處理器同時打破將時脈推昇4～5GHz的構想，換言之P4 CPU面臨強大的熱消耗，使處理器的溫度過高的窘境，其實解決之道就是多處

Chapter

理器旳最高原則，在處理器中在安裝好所有適當元件的系統後，作業系統可將工作分配給有空的處理器，同時新一代的軟體需要有多執行程序的設計，基本上將程式分成許多可以獨立執行的小程式區塊，則 Win XP 等之作業系統就可以將切割的小程式區塊分散，藉由任務調度作業程序，分配到不同之處理器，而負載獲得平衡，則系統的效能得以提高，例如以 HT (Hyper Threading)技術可以使 P4 的 3.06GHz CPU 一次執行二個執行程序，即將背景行程程式擺到第二個邏輯處理單元中，讓使用者的輸入獲得快速的回應，所以基本的結構就是一個雙核心可擁有兩個全功能運算處理模組的處理器，代表作就是 Pentium D 2.8GHz 的 820 處理器。目前 Intel 正積極進行的多核心計畫如圖 1-16 所示。

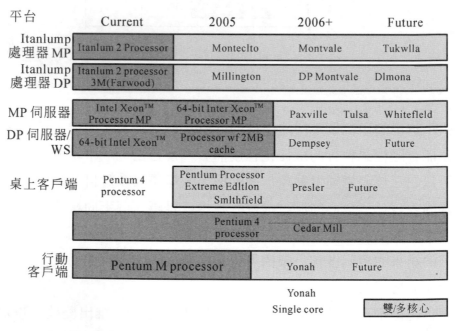

圖 1-16　英特爾目前正在醞釀的多核心處理器計畫與策略(資料來源：英特爾)

　　值得一提的就是：前述雙核心 Intel Smithfield 晶片之內容為：2.3 億個電晶體，206 平方厘米的裸晶面積，90nm 的製程，功率損耗最大值為 95W～130W。Intel 未來將改掉型號和數字編碼的晶片命令策略，例如 Pentium 4 稱為 Pentium D 再加上 8xx 的型號，而 Smithfield 核心的架構則稱為 Pentium Extreme Edition 而非 P4。

　　其次，Pentium Extreme edition 會啟動 Hpyer Threading 技術，所以 Win XP 一次就可以同時運作 3 個以上的處理核心，而雙核心內部彼此間的溝通管道其實是依賴一個特殊的匯流排介面，因此彼此之 L2 快取記憶體就可以透過此介面進行資料互傳，其結構如圖 1-17 所示，若雙核心加上啟動 Hyper Threading 功能就等於 4 個邏輯處理器單元：2 Cores+HT ＝ 4 Logical CPUs。

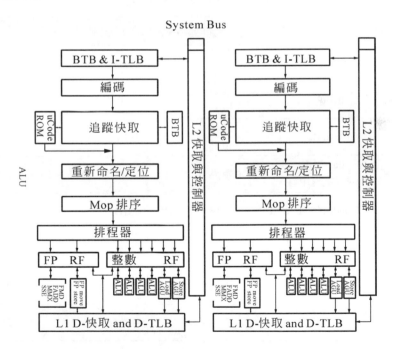

圖 1-17　雙核心內部結構

Chapter

　　自 2006 年起所有以 Merom 爲基礎之晶片都將以 65nm 製程爲主，因爲整體效能及功率效能都比較優秀，已經在奧勒岡及利亞桑那開始投片，這種 I²C 制程又稱爲 1264，將可能是未來 Intel 系列微處理的主要推手，以 2005 年商用市場爲例，其主流僅止於 Pentium 4 及 Pentium D NetBurst 或 Pentium M 等。而超微目前仍無 65nm 及 300mm 晶圓的製程，Intel 在 2006 年初曾規劃史上第一個用 2 個雙核心晶片組所封裝出的一顆 4 核心處理器，也就是所謂 Kentsfield 晶片，其特徵是：高 L2 容量，及使用多晶片封裝的設計，所以 Kentsfield 可以由 4 個 millville 核心或 2 個 Allendale 晶片組成，4 核心處理器的所有參數到目前爲止已經完全設計備妥，也獲得半導體廠進一步試產之設計認證，65nm 晶片處理器之計畫如表 1-3 所示。

表 1-3　65nm 處理器內容

類　型	代　號	核心資訊	快取記憶體	預計上市時
桌上型電腦	Kentsfield	雙核 多晶片	4MB	2007 年中
桌上型電腦	Conroe	雙核 單晶片	共用 4MB	2006 年底
桌上型電腦	Allendale	雙核 單晶片	共用 2MB	2006 年底
桌上型電腦	Cedar Mill (NetBurs/P4)	單晶片	512kB、1MB、2MB	2006 年初
桌上型電腦	Presler(NetBurst/P4)	雙核、雙晶片	4MB	2006 年初
桌上型電腦／ 筆記型電腦	Millville	單晶片	1MB	2007 年初
筆記型電腦	Yonah2	雙核、單晶片	2MB	2006 年初
筆記型電腦	Yonah1	單晶片	1/2MB	2006 年中

表 1-3　65nm 處理器內容(續)

類　型	代　號	核心資訊	快取記憶體	預計上市時
筆記型電腦	Stealey	單晶片	512kB	2007 年中
企業級用戶	Merom	雙核、單晶片	共用 2MB、4MB	2006 年底
企業級用戶	Sossaman	雙核、單晶片	2MB	2006 年初
企業級用戶	Woodcrest	雙核、單晶片	4MB	2006 年中
企業級用戶	Clovertown	四核、多晶片	4MB	2007 年中
企業級用戶	Dempsey (NetBurst/Xeon)	雙核、雙晶片	4MB	2006 年中
企業級用戶	Tulsa Tulsa	雙核 單晶片	4/8/16MB	2006 年底
企業級用戶	Whitefield	四核 單晶片	共用 8MB、16MB	2008 年初

　　65nm 產品的另一世代為 45nm 製程的晶片，這是以 Merom 處理器為架構修改後的新產品，又稱為 Penryn 6MBL2 的雙核心，且為 Wolfdale 及 Ridgefield 的基礎架構，至於 8 核心 45nm 製程的產品則有 Harpertown 及 Yorkfield 二款，此項的差別僅為企業級用戶或一般桌上型之產品，其詳細規格如表 1-4 所示。

表 1-4　45nm 處理器一覽

類　型	代　號	核心資訊	快取記憶體	預計上市時
桌上型電腦	Wolfdale	雙內核、單核心	共用 3MB	2008 年
桌上型電腦	Ridgefield	雙內核、單核心	共用 6MB	2008 年
桌上型電腦	Yorkfield	八內核、多核心	共用 12MB	2008 年以後
桌上型電腦	Bloomfield	四內核、單核心	共用 128MB	2008 年以後
桌上型電腦／筆記型電腦	Perryville	單核心	2MB	2008 年
筆記型電腦	Penryn	雙內核、單核心	共用 3MB、6MB	2008 年
筆記型電腦	Silverthorne	雙內核、單核心	共用 3MB、6MB	2008 年以後
企業級用戶	Hapertown	八內核、多核心	共用 12MB	2008 年

　　至 2006 年止超微的處理器晶片(含 DDR2 記憶體)產品尚僅止於 90nm 之階段，而 Intel 已經將重心轉移到 65nm，甚至進一步的達到 45nm 的等級，目前我們也可以確信 Intel Yonah Centrino 處理器會使用 Core 的名稱，而不是以行動裝置中的 Pentium M 為名，所以也就形成至少二種以上的設計理念，例如多內核的單晶處理器或多核心的處理器，相信工程師必定會以平行運算或時脈速度來提昇處理速度。

　　Intel 系列中值得一提的是 Pentium 4-670 處理器，因為具有超執行程序模式而且有二個 CPU，不過其中一顆是由一個核心模擬出來的，所以這是二個邏輯 CPU(單核)但以 Pentium D 820 之微處理器則為二個實體 CPU (雙核)，若以實際操作來比較：Pentium D 若以二分割畫面配合由各自處理組合平行處理(Parallel Processor)運算模式(雙執行程序)下比 Pentium

4-670雙執行程序之HT模式之執行速度快了將近1.5倍,所以雖然Pentium
D 820才2.8GHz比Pentium 4-670之3.8GHz有更高之執行效率,當然主
因就是實體之雙核結構,但雙核下不管是真雙核心或兩個邏輯CPU仍存在
有互搶記憶體頻寬的現象。

　　多核心之產品所配合之應用軟體,若以流暢為考量應可以規劃成部份
在前景執行,部份在背景執行。目前不論是 Intel、AMD 或微軟均鼓勵朝
多程序程式之開發為原則,目的是為了多核心的CPU將可進行平行分割及
同步處理而達到加速之效果,以圖 1-18 為例這是雙晶片 8 核心之應用產
品,除了數位家庭外,娛樂平台(Gamming, Anchor Creek)仍是值得觀察
之重點。

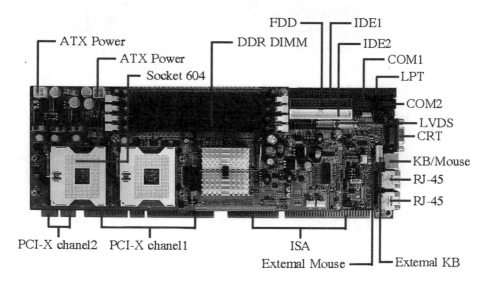

圖 1-18　雙 604 插槽 PCI-X 晶片組之 IB910 CPU 板(廣積電腦提供)

1-3-1 嵌入式系統晶片 Xeon

Intel 開發 Xeon 處理器晶片之目的是解決網路服務(NAS)及通信應用SAN之資料存儲功能，這些高科技之技術主要是為了突破搜尋引擎，電信伺服器及網路管理等網路安全之門檻。當Xeon結合了Intel E7500，E7501及 E7520晶片組就可以提供高速記憶體及快速 I/O 之路，尤其是提高記憶體容量應用在影音處理更加快速，Xeon內建L2 之儲存容量可高達 1MB或512KB以上。Xeon低電壓之處理模式更可以使散熱問題獲得解決。表 1-5為 Xeon 與支援之晶片組 E7500 系列組合時的特色。

表 1-5　英特爾®Xeon®加工者和英特爾®Xeon®加工者與 800MHz 系統總線

核心速度	晶片組支援	匯流排速度	L2 記憶 (位元組)	熱量 (瓦特)	輸入電壓 (伏特)	封裝 RK80xxx
3.2×10^{15}Hz	E7520	800×10^{12}Hz	1MB	103W	1.3~1.4V	604 針 FC-PGA4
2.8×10^{15}Hz	E7501 E7500	533×10^{12}Hz	512KB	74W	1.5V	604 針 FC-mPGA2P
2.4×10^{15}Hz	E7501 E7500	533×10^{12}Hz	512KB	65W	1.5V	604 針 FC-mPGA2P
2.0×10^{15}Hz	E7501 E7000	400×10^{12}Hz	512KB	58W	1.5V	603 針 INT3

1-4　解碼器元件

微算機解碼器的應用有二種：一為記憶體配置解碼器，二為 I/O 埠解碼器。目前所有主機板僅規劃 1024 個 I/O 埠，因此任何一種裝置或 I/O 元件皆可視為主機板的一個I/O埠，I/O埠就是透過匯流排和外界進行溝通。當位址線$A_9 = 1$位址可解碼共 512 個I/O埠分配給擴充匯流排使用，反之，$A_9 = 0$，位址線也可以解碼 512 個I/O埠分給系統主機板。使用者僅能採用提示保留的I/O位址來擴充功能，為避免衝突，自製介面卡的I/O空間最好由200H起至3FFH止。解碼器的元件除74LS139及74LS138外，其他常用的週邊元件尚有74LS688或74LS00等TTL系列數位邏輯IC。74LS688為一比較器，其接腳如圖1-19所示，其真值表如表1-6所示。74LS688比較器有二組數位輸入 P_0～P_7 與 Q_0～Q_7，當此二組數位輸入值完全相等，74LS688 PIN19的輸出必為Low，但如果不符合P＝Q的條件，即於P＞Q或P＜Q的情況下，則688的輸出信號為Hi，74LS688的致能腳位是/G，/G＝0才能啟動74LS688致能輸入逐次進行資料比較。74LS688的輸入信號當中，通常有一組是已知的，而另外一組則可能取自CPU的資料線或來自其他週邊設備，則可視為未知信號，已知的輸入信號可由使用者預先設定並且固定之，啟動/G後，立即進行比較。使用者在預先任選P或Q當固定值時，可以採用指撥開關來切換輸入資料，使用指撥開關的最大理由是切換輸入值方便且線路簡單。如果P、Q二組輸入值分別來自硬體與軟體，當比較值有所異動時，那麼切換電路應該比修改軟體方便多了，反之如果連硬體線都被固定了，如此一來，在比較值要更動時，究竟要改硬體或改軟體就必須自己判斷。指撥開關的應用如圖1-20所示，R_PACK排阻是限流電阻，開關的輸出端可接數位IC元件，數位邏輯元件的輸入阻抗可視為遠大於R_PACK值。如果指撥開關往OFF端，則開關斷路不接地，V_{CC}經由R_PACK輸出至週邊元件，開關輸出端的輸出值為Hi，反過來指撥開關往ON，開關短路，V_{CC}就經由R_PACK接地，因為開關短路，開關的輸出端必為接地，輸出值為Low。

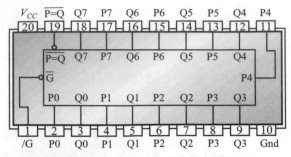

圖 1-19 比較器 74LS688 接腳

表 1-6 74LS688 真值表

INPUTS		OUTPUT
DATA	ENABLE	
P，Q	$\overline{G}$	$\overline{P = Q}$
P = Q	L	L
P > Q	L	H
P < Q	L	H
X	H	H

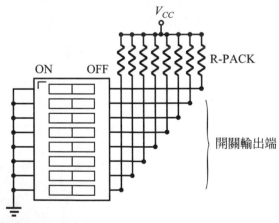

圖 1-20 SW DIP-8 之應用，通常開關 "ON" 端接地 "OFF" 端接排阻，
開關輸出端接控制晶片如比較器等元件，設計應用電路時控制
晶片或 IC 等之輸入阻抗視同極大($\approx\infty$)

練習 1　參考圖 1-19 及表 1-6，若 74LS688 之輸入腳位$P_0 \sim P_7$=0FFH，則欲使 Pin19 輸出 Low，$Q_0 \sim Q_7$為何？

(A)00H　(B)55H　(C)0AAH　(D)0FFH

解　(D)

....

1-5　解碼器的設計

　　微處理機中非連續資訊可用二進制碼表示，即常見的十六進位碼，一個n位元二進制碼最多可以有2^n種不同之組合，解碼器就是一種將n個數位輸入轉換成2^n種單一輸出的組合電路，n對m解碼器就是n位元輸入m個組合輸出，其中$m \leq 2^n$。市面上常的解碼器用零件有 74LS138、74LS139、PAL、GAL 或快速的 PROM 等，其中以 TTL DIP 晶片所設計的解碼電路最簡單。解碼器除了二進位輸入位元外，尚有一個或多個啟動輸入，它們被用來控制解碼器的操作。圖 1-21 為 74LS139 之接線圖與邏輯電路，它是一個二重 2 對 4 解碼器。圖中G為啟動輸入，功能是致能或禁能，根據內部接線圖，可得真值表如表 1-7 所示。

表 1-7

INPUTS		OUTPUTS
ENABLE	SELECT	
G	$B\ A$	$Y_0\ Y_1\ Y_2\ Y_3$
H	$X\ X$	$H\ H\ H\ H$
L	$L\ L$	$L\ H\ H\ H$
L	$L\ H$	$H\ L\ H\ H$
L	$H\ L$	$H\ H\ L\ H$
L	$H\ H$	$H\ H\ H\ L$

H = high level
L = low level
X = irrelevant

注意： 表 1-6 中，A 表示 2^0，B 表示 2^1，G 為低態啟動。

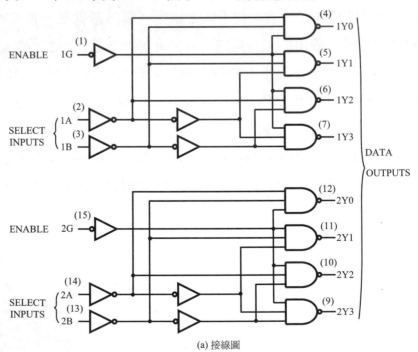

(a) 接線圖

圖 1-21　積體電路 74LS139 之 2 線對 4 線解碼器

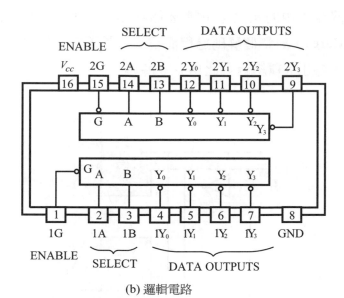

(b) 邏輯電路

圖 1-21　積體電路 74LS139 之 2 線對 4 線解碼器(續)

　　圖 1-21，腳位 1 及腳位 15 為輸出致能，皆為低態作用，換言之 1G=0 或 2G=0 分別致能 NAND 邏輯閘，此時 74LS139 才會有輸出，選擇輸入端 (SELECT INPUTS)為 A、B 兩位元，表示 74LS139 為 n＝2 位元輸入、m ＝2^2＝4 個輸出，因此稱為 2 線對 4 線解碼器，輸出端以 Y_0 之權位最低，當 A＝B＝G＝Low，可得 Y_0＝Low，Y_1＝Hi，Y_2＝Hi，Y_3＝Hi，反之，輸出端 以 Y_3 之權位最高，當 A＝B＝Hi，且 G＝Low 時，可得 Y_0＝Hi，Y_1＝Hi， Y_2＝Hi 及 Y_3＝Low。

範例 20　由 2 個 2*4 解碼器組成 3*8 的解碼器，其電路為何？

解　已知輸入 A_0、A_1、A_2，輸出為 Y_0、Y_1、Y_2 … Y_7，圖中 Y_0～Y_7 之解碼 器在應用電路的型態上可分：完全解碼與不完全解碼，這是根據輸 入信號二進位值 n 與輸出個數 m 來判斷。如果 2^n＝m 則為完全解碼，

否則 n 個輸入中的 n_1 完全解碼 m 個輸出，剩下 $n - n_1$ 個輸入為任意 (Don't Care)，對整個解碼過程而言，這是不完全解碼。本例為 3 位元輸入，輸出 8 種組合，此為完全解碼。

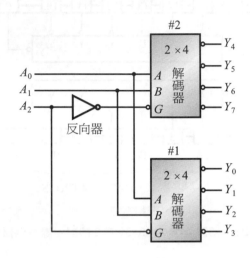

反向器輸出端加一小圓圈就已經說明了輸出信號為 Low，且輸入信號位元 A_0~A_2 經解碼後只能取得某一個輸出腳位為 Low，其他 7 個腳位沒有信號，即仍然保持高電位。

範例 21 用 2 個 2*4 解碼器組成 3*8 不完全解碼器，輸入為 A_0，A_1，A_2，A_3，輸出為 Y_0，Y_1 至 Y_7，不含致能輸入接腳。

解 此題之設計圖並非唯一，完全或不完全解碼基本上並不是設計電路的必要條件，主要是因為輸入位元的運作所形成的一種結果。電路中如果尚有待解碼的輸入位元碼就是不完全解碼，有關記憶體元件之解碼控制本章僅以範例說明之。

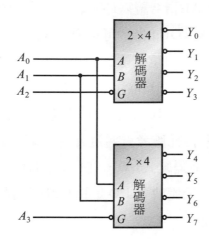

1-6 I/O 位址模式

　　將 RAM 位址經過解碼器轉換成 I/O 週邊元件選擇訊號的方式,稱為記憶體映對 I/O,優點是任何有關記憶體的指令均可對 I/O 埠輸入或輸出資料;缺點是能使用的系統記憶體空間變少,換句話說所有 I/O 元件與記憶體元件之定址方式都相同。但是為避免浪費記憶體空間,可以採用第二種定址模式,也就是直接 I/O,利用硬體結構直接指向輸入／輸出位址。

| 範例 22 | 舉例說明記憶體映對 I/O 與直接 I/O 所使用指令之差異。 |

解　記憶體映對 I/O 適用於 8088 系統,讀／寫 RAM 資料和讀／寫 I/O 位址資料指令一樣。例如用 MOV AL,DS:Byte PTR[0C00H]指令就可以讀寫 I/O PORT 0C00H 之資料。

　　直接 I/O 適用 8086 以上系統,必須先載入 DX 值,再用 IN AL,DX

Chapter |

指令或OUT DX，AL指令讀寫I/O 埠之資料。值得注意的是：80X86
組合語言指令之IN，OUT指令可以進行8位元 I/O 或 16 位元之I/O。
解碼電路在 PC/AT 使用位址解碼由$A_0 \sim A_9$，在 1KB 之範圍內，雖然
主機、匯流排可提供至 16 位元，本書只討論到 8 位元之 I/O，所以
將 IN/OUT 指令擴充至 16 位元應不是問題。不管是記憶體映對 I/O
或直接 I/O 其資料位元應考慮週邊元件之資料匯流排寬度。

注意：直接I/O又稱隔離式I/O，其I/O介面位址與指定給記憶體之位
　　　　址分開，記憶體映對 I/O 是指CPU在解碼時不分記憶體或 I/O
　　　　之介面位址。

範例 23　下圖 74LS138 與 AND 邏輯閘電路，Y_0、Y_1、Y_2 與 Y_3 之 I/O 解碼位
址為何？

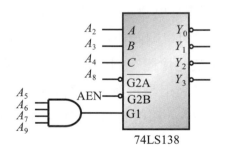

74LS138

解　AEN 為位址啟動信號，AEN由CPU板上之DMA控制器驅動，但是
　　　當 AEN＝0，表示非 DMA 功能。在非 DMA 週期，I/O 週邊裝置所
　　　接收到的 "讀或寫命令" 是來自微處理機，此時CPU可以使用位址
　　　匯流排與資料匯流排。所以設計 I/O 週邊裝置之解碼電路時，可以

使用 AEN 當位址線之啓動信號，I/O 解碼器之位址線由A_0至A_9止，故其 PC/AT 主機板僅有 1024 個 I/O 埠可供使用。

A_9	A_8	A_7	A_6	A_5	A_4	A_3	A_2	A_1	A_0	輸出	
1	0	1	1	1	0	0	0	×	×	Y_0	週邊元件 1
1	0	1	1	1	0	0	1	×	×	Y_1	週邊元件 2
1	0	1	1	1	0	1	0	×	×	Y_2	週邊元件 3
1	0	1	1	1	0	1	1	×	×	Y_3	週邊元件 4
1	0	1	1	1	1	0	0	×	×		
1	0	1	1	1	1	0	1	×	×		
1	0	1	1	1	1	1	0	×	×		
1	0	1	1	1	1	1	1	×	×		

ALE爲位址鎖定致能(Address Latch Enable)爲高電位作用，它被用來鎖住位址之信號線，亦作爲DMA之位址指示器。

週邊元件#1之I/O位址爲 2E0～2E3H。

週邊元件#2之I/O位址爲 2E4～2E7H。

週邊元件#3之I/O位址爲 2E8～2EBH。

週邊元件#4之I/O位址爲 2EC～2EFH。

範例 24 下圖Y_0，Y_1之 I/O 埠位址爲何？

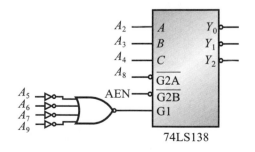

74LS138

解 最基本的 I/O 位址解碼電路必須使用 AEN，A_9最高位址，當 AEN
 ＝0，由A_2～A_4解碼，可得

Y_0位址＝2E0～2E3H

Y_1位址＝2E4～2E7H

練習 25 下列有關 8254 讀寫邏輯單元之說明何者有誤？

(A)A_0=0，A_1=0，$\overline{CS}$=0，$\overline{RD}$=0，$\overline{WR}$=1，表示資料寫入#0 計數器。

(B)A_0=1，A_0=0，$\overline{CS}$=0，$\overline{RD}$=1，$\overline{WR}$=0，表示資料寫入#1 計數器。

(C)A_0=0，A_1=1，$\overline{CS}$=0，$\overline{RD}$=0，$\overline{WR}$=1，表示資料寫入#2 計數器。

(D)A_0=1，A_1=1，$\overline{CS}$=0，$\overline{RD}$=1，$\overline{WR}$=0，表示命令字組寫入控制
 字組。

解 (A)

範例 25 下圖以快速 PROM 設計解碼電路，已知 PROM 位址 F0～F3H 內含
 為 FEH，F4～F7H 內含為 FDH，求輸出信號 O1、O2 及 I/O 埠之位
 址？

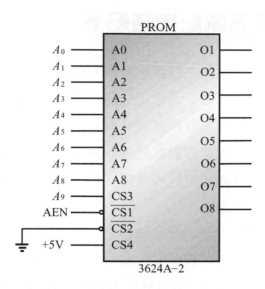

解　PROM 之特性是只能燒錄一次，但因價格便宜，不少廠商把它當為
解碼器使用。3624A-2 之記憶體大小為 512＊8 位元。圖中，當 AEN
＝ 0，$\overline{CS2}$ ＝ 0，CS4 ＝ V_{cc}，CS3 ＝ A_9 ＝ 1，則可以啟動 3624A-2 晶片。
因為預先燒錄的內碼有 4 個位元組的 FEH 與 4 個位元組的 FDH，所
以只要選對位址 F0 至 F3，O8～O1 的輸出必為 11111110，同理位址
F4 至 F7 的輸出為 11111101，只要選對位址，O2 輸出必為 Low，其
餘輸出為 Hi。

根據題意，取 CPU 擴充槽之位址匯流排 A_0～A_7，有效的二進位碼為
11110000，且 A_8 ＝ 0，再加上 A_9 位元必需為 Hi，O1 ＝ 0的 I/O 埠位址
顯然由 2F0 起至 2F3 止。O2 ＝ 0的 I/O 埠位址為 2F4～2F7H。A_8 如果
為 1 且 A_9 ＝ 1，則預先燒錄於 PROM 之位址必為 3F0 起而非 F0H。

1-7 PC/AT 系統記憶體配置

　　個人電腦依記憶體空間之位置之分佈有內部記憶體與外部記憶體，內部記憶體即俗稱之主記憶體，評估這二種記憶體之效率的方法有：存取時間、週期時間與傳送率，在資料存取之過程當中其方法又可分為：循序存取、直接存取、隨機存取與關聯存取等四種。不管那一種記憶體其資料儲存之物理特性大致可分為揮發性與非揮發性或可抹除性與不可抹除性二大類。

　　用來儲存資料之記憶體的基本單位為位元組(Byte)，每一個位元組則由 8 個位元(Bit)所組成，上述所謂內部記憶部份有可能被安排於中央處理單元(CPU)中以暫存器之模式組成(MBR)或屬於控制單元中之暫存器(MAR)等所構成，依其結構與使用方式之不同，內部記憶體之長度又有部份以字組(Word)或雙字組(Double word)之格式來儲存資料，例如 Pentium 4 系列之 CPU 其資料運算處理可長達 32 位元以上或 64 位元所組成，對主記憶體而言，每次讀寫資料到記憶體之長度通常稱為傳送單位，傳送之位元數可能是資料長度或位址長度，換言之，傳送之內容不僅是字組或為可定址單元。至於外部記憶體 CPU 為達到大量傳輸資料，通常以區塊(Block)之方式來加速傳送效率。

　　設計工程師將不同種類的記憶體之存取方法歸納為四種：

1. 循序存取法(Sequencial Access)：CPU 執行記憶體內資料之存取時必須依特定之次序來進行者稱之，至於儲存在記憶體內之資料或記錄如果按照特殊規劃之定址資訊來排列則不但可達到記錄分類而且也可以提高讀取資料的效率。

2. 直接存取法(Direct Access)：直接存取時之資料區塊依所在位置不同可規劃不同之位址，但其特點是直接存取法可將與要存取資料位於同一區塊之記錄一併執行運算，在無需經CPU下存取資料之速度可相對提高。

3. 隨機存取法(Random Access)：如果將每一記憶單元視為個體，則每一筆記錄資料可單獨存取當然可以單獨進行搜尋等運算，大部份之主記憶體之存取方法皆為隨機存取。

4. 關連存取法(Associative Access)：利用某一特殊的字或與某一群組資訊有相關連之方式來存取資料，基本上關連存取法亦為隨機存取的一種，例如搜尋之關鍵字將為資料內容的一部份，且記錄中之每一筆資料也是獨立的，所以其資料之存取可獨立進行，快取記憶體(Cache Memory)就是採用關連存取法來進行資料之讀寫。

範例 26 何謂隨機存取記憶體之存取時間其意義為何？傳送速率如何定義？

解 對隨機存取之記憶體而言，其存取時間就是某一筆資料進行讀取或寫入之時間，若將在記憶體中資料以讀寫之速度定義，即稱為傳送速率，而隨機存取記憶體之傳送速率如果定義為一週期時間時(對RAM而言)，則所有非隨機存取記憶體之傳送速率大小為：

$$T_L = T_A + \frac{L}{R}$$

T_A：平均存取時間(Access Time)

L：位元長度(Number of Bits)

R：傳送速率 bps(bit per second)

T_L：讀寫 L 位元長度資料的平均時間

1-7-1 快取記憶體

設計快取記憶體之目的在提供低成本之半導體記憶體之考量下亦能加速記憶體之資料讀寫速度，換言之，在大量低速之主記憶體配合少量高速快取記憶體即可提昇資料傳送速率。當 CPU 要讀寫主記憶體作資料移轉時，應先檢查此資料字組是否已存在快取記憶體中，若無則CPU將由主記憶體透過快取記憶體進行讀寫，CPU每次由快取記憶體單元中擷取字組之資料或由主記憶體中某一區塊之資料移轉到快取單元中時，CPU即可完成資料讀取，反之快取單元若已存在目標資料，則因快取單元之高速功能而加速資料之轉移，以 PC/AT 之快取結構為例，其結構如圖 1-22 所示。

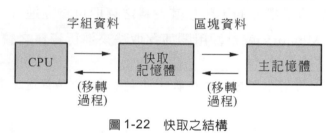

圖 1-22 快取之結構

主記憶體之管理原則是將 2^N 個字組或位元組資料切割成 M 個區塊，每個區塊的大小為

$$B = \frac{2^N}{M}$$

B：一區塊的記憶體空間(容量的單位為字組或位元組)

M：區塊數

式中 N 表示 m 位元(data bit，資料長度/字組)的位址線，至於快取記憶體之規劃原則是：任何時刻主記憶體中之某些區塊資料永遠會保留一份複本在快取記憶體當中，快取單元可以被切割為 K 個資料槽(Data Slot)，每一個

資料槽剛好可以容納 B 字組或 B 位元組之資料，因為主記憶體速度慢但成本比較低，快取單元則相反，所以資料槽數量取決於標籤位元數，所謂標籤可參考下列公式計算

$$K = \frac{H}{B}$$

H：表示快取記憶體之空間大小

K：資料槽數

其中　$K = 2^m$

m表示標籤位元數，且為主記憶位址之一部份

上式中$M \gg K$，所以 CPU 欲讀取主記憶體中某一區塊內之字組時，該區塊就會被移轉到快取單元中之某一個資料槽之中，主記憶體之資料槽無法永遠保留在快取單元內且無法全部容納在快取單元中。標籤之作用就是用來識別那一個區塊位於資料槽內，所以標籤又稱為快取行碼，即決定快取單元槽數之指數。

　　快取記憶體之大小取決於成本與平均存取時間兩個因素，既要壓縮快取記憶體容量又要使總記憶體空間每個位元之平均成本仍接近主記憶體之成本，所以如果沒有快取單元則只需考量主記憶體成本之下，平均存取時間增加，整體系統效率變差，反過來增加快取單元，雖然可以達到存取時間提升到接近快取單獨運作之時間，但成本急驟增加，即與低成本之要求互相違背，其次無限制增加快取資料槽數，在實際之運作快取資料之過程中，因為在定址快取時需包含較多的邏輯閘電路，而導致太大的快取單元反而會稍為降低資料存取時間之狀況，雖然IC設計工程師以積體電路配合模組化甚至以嵌入式放在相同之晶片電路板之上，快取單元之數目亦將受到晶片之大小與PCB可用區域之限制，基本上無限制增加快取單元不但不切實際且有實作上之困難，所以僅能依CPU效能和工作負荷之本質來判斷容量大小，目前以 P4 系列 CPU 而言，標準之快取大小為 512MB 以上。

範例 27　簡述快取記憶之功能？其內容爲何？

解　所謂快取記憶體最初之目標爲減少 CPU 由 I/O 通道讀取磁碟機的次數，所以在微處理機系統內建立一記憶體區塊，則一次能讀寫更多的資料來提昇磁碟 I/O 的效率，基本上快取爲快速的 SRAM 結構，上述之磁碟快取又稱爲外部快取。所有的快取記憶體都須要一個快取控制器的配備。

快取記憶體可分爲內部快取與外部快取，內部快取就是 L1 快取記憶，而俗稱L2快取記憶體就是外部快取了，若比較主機板上之所有記憶體之速度，其順序則爲：

如前文所述，基本上以愈接近 CPU 之記憶體速度愈快，其中 L1 快取之速率最快，最接近 CPU 之外頻。

1-7-2　映射功能

映射(Mapping)或映像的功能乃針對主記憶體之區塊對應到快取行上，因爲快取的數量小於主記憶體的區塊數，所以快取行碼的選擇與主記憶體區塊安排對應之關係即爲映射，映射亦爲演算法，常用的演算法約有二種：直接映射與關聯快取，最簡單的方法就是直接映射，故名思義主記憶體的區塊可以直接映射到快取之行碼上，演算法爲

$$i = j \bmod m$$

式中　i為快取行，其中i為整數 j 除以整數k的餘數

　　　j為主記憶體區塊編號

　　　m為快取行碼＝2^r

因為主記憶體的位址可以規劃為三個欄位，如圖 1-23 所示：

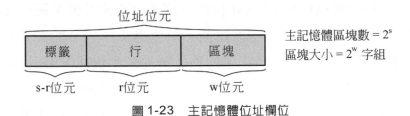

圖 1-23　主記憶體位址欄位

每一區塊容量的大小，即區塊之記憶空間為2^w，2^s即為區塊數，連接主記憶體與快取記憶體間之控制邏輯可以將 s 位元位址轉換成 s-r 的標籤位元與 r 位元的快取行碼，所以主記憶體中每區塊都可以對映到快取之中，如表 1-8 所示，快取編號即行數為2^r，主記憶體位址長度＝s ＋ w位元。

表 1-8　快取的記憶體映射

快取編號	對應之主記憶體區塊
0	$0,2^r,\cdots,2^s-2^r$
1	$1,2^r+1,\cdots,2^{s-r}+1$
2	$2,2^r+2,\cdots,2^{s-r}+2$
$\vdots$	$\vdots$
$m-2$	$2^r-2,2^{r+1}-2,\cdots,2^{s-1}$
$m-1$	$2^r-1,2^{r+1}-1,\cdots,2^s-1$

2^r行 { (涵蓋上表所有快取編號列)

討論快閃記憶體就應該注意EEPROM(Electrically Erasable PROM)，EEPROM在消除資料時可以對個別的儲存單元做操作，而且因為採用浮動閘極的原理，快閃記憶體就是以同樣的結構來規畫，換言之，快閃是EEPROM 的延伸產品，不過其浮動閘極與通道閘間的距離比較短，如圖1-24所示，所以快閃寫入資料的速度比較快，快閃有分NOR Gate型記憶體與NAND Gate型記憶體兩大類，業者就稱為NOR Flash或NAND Flash，NOR 型的資料讀取操作與 DRAM 相似，因此可以直接對系統中之指定位址讀取資料，反之 NAND 型記憶體就必須透過 I/O 指令的方式來讀取資料，NAND型Flash啟動之I/O指令即為俗稱的驅動程式，因為Flash可以利用區塊之方式進行資料的讀寫或消除，因此無論是消費性數位電子產品如：數位相機、手機、記憶卡、ipod及MP3等或Flash的程式儲存裝置均以Flash記憶體產品為重心。

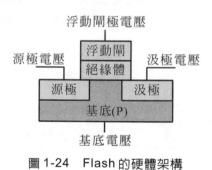

圖 1-24　Flash 的硬體架構

範例 28　試比較 NOR Flash 與 NAND Flash 的優缺點，工作原理為何？

解　NOR Flash 的成本高，每一個基本記憶體單元之面積大，NAND Flash 則相反。Flash 記憶之工作原理可由資料之寫入與讀取的操作電壓來區隔如下表所示。

源極電壓	汲極電壓	浮動閘極電壓	基底電壓	功能說明
高電壓	高電壓	高電壓	接　地	Flash 寫入 0
接　地	高電壓	高電壓	接　地	Flash 寫入 1
高電壓	高電壓	接　地	接　地	Flash 保持狀態
接　地	高電壓	接　地	接　地	Flash 讀取資料
高電壓	高電壓	接　地	高電壓	Flash 消除資料

　　PC/AT ×86 微處理器可提供 16MB 的記憶體空間(XT 只有 1MB)，因 Intel 工程師採用混合式規劃 AT 主機板上配置之記憶體空間，所以 AT 系統記憶體前半段由 000000H 起至 0FFFFFH 的設計與 XT 機型相同，換言之，ROM、RAM、STACK 及 PROC 等全在此區域內。PC/AT 之系統記憶體後半段 100000H 至 FFFFFFH 之設計卻完全與 XT 機型不同，並進一步增加了支援多工作業、多使用者的保護模式、虛擬記憶體以及即時作業系統。

> **範例 29**　詳述 PC/AT 記憶體(1)使用者空間、(2)系統空間之配置。

解　(1)系統空間

　　①中斷向量表：該區占 1KB，存放中斷服務程式的起始位址。

　　②BIOS 資料區：由 400H～4FFH，BIOS 屬於主機板的 MASK ROM 可提供 BASIC I/O 處理、支援 I/O 的硬體規劃並控程式規劃週邊介面驅動程式需要用到資料區，來存放常數及變數，該資料區就是 BIOS 資料區。

　　③顯示記憶體：該區由 A0000H 至 BFFFFH 止，專門作為螢幕顯示緩衝區，顯示資料包含文字模式及繪圖模式。

Chapter

④介面卡 ROM：各介面卡要驅動程式才能運作，一般驅動程式載入有兩種方法：(A)開機後載入如AUTO EXEC.BAT，CONFIG.SYS常駐之。(B)直接燒錄在 EPROM 上，如 VGA 卡之 BIOS。

⑤BIOS ROM：由FF0000H至FFFFFFH，CPU開機後是由FFFFF0H開始執行，且第一個機械碼為 EAH(以 80286 為例)。

(2)使用者空間

① DOS 載入區：該區位址不定，PC 系統開機目的是先載入啟動程式，此程式應位於第 0 軌第 0 磁區內。

②使用者記憶體：該區位址不定，PC 開機完成後，除了 DOS 指令外，使用者可以載入應用程式，*.COM 或*.EXE 檔。

範例 30　說明 DOS 開機後 BIOS 首先讀取啟動程式，其動作流程為何？

解　順序如下

(1)載入IO.SYS：隱藏檔，作為DOS與BIOS的介面程式，目的是週邊與硬體初始設定。

(2)載入 DOS.SYS：隱藏檔，為 DOS 之中斷控制程式，例如 INT 21H，DOS.SYS 也存放DOS 之功能呼叫。

(3)載入CONFIG.SYS：占空間依載入內容而定，目的是執行自訂之裝置驅動程式。

(4)載入 COMMAND.COM：分外部命令與內部命令。

(5)載入 AUTOEXEC.BAT：載入常駐程式及自訂之路徑。

範例 31　DOS 功能呼叫與 BIOS 功能呼叫在系統處理有何不同？

解　DOS 之功能呼叫由 DOS.SYS 載入，其中包括磁碟驅動、鍵盤偵測、字元之 I/O 等，由啓動程式載入。

BIOS 呼叫功能位於主機板上的 MASK ROM 部份，或可能 BIOS 呼叫功能位於介面卡之 EPROM 上。

範例 32　PC/AT 開機後，ROM BIOS 操作爲何？

解　CPU RESET 後，CS = FFFFH，IP = 0000H，由此開始執行 LJMP 指令，即一個遠程跳躍，進入 BIOS 進行自我測試(POST)及 I/O 埠配備的測試與初始化，先載入中斷向量表，再載入磁碟啓動程式，BOOT 由此開始。

練習 23　RAM2114 爲 1K*4 之記憶體，欲擴充成 128K*8 之記憶體容量，需多少個元件？

(A)32 個　(B)64 個　(C)128 個　(D)256 個

解　(D)

練習 24　EPROM 中之"P"代表何種意義？

(A)可程式化　(B)處理器　(C)正邏輯　(D)P 型

解　(A)

....

練習 25　儲存元件 HDD，CD_R，Cache，SRAM 依速度由快而慢其排列次

序為何？

(A) SRAM > Cache > CD_R > HDD

(B) Cache > SRAM > HDD > CD_R

(C) SRAM > Cache > HDD > CD_R

(D) Cache > SRAM > CD_R > HDD

解　(B)

....

練習 26　CPU 系統 CS = 1234H，IP 為 5678H，則絕對位址為

(A)4444H　(B)68ACH　(C)179B8H　(D)579BAH。

解　(C)

....

1-8　PC/AT IO 埠位址配置

　　PC/AT的CPU是透過所謂的I/O通道與其週邊的I/O設備作資料傳輸，
X86CPU的I/O為一獨立作業的系統，I/O與記憶體是分開的，所以I/O有
專門的指令與專用的頻道，I/O頻道又稱I/O通道，但一般都稱為I/O埠位
址，I/O 埠位址與記憶體的排列一樣，也是必須經由位址的排列來管理。

8086 的 I/O 位址由 0000～FFFFH 止共有 64K 個埠，但個人電腦(IBMPC)只使用了位址線 A_0～A_9 共 10 條 I/O 位址線，因此個人電腦的週邊設備可控制的 I/O 埠位址只有 1024 個，也就是說 I/O 埠位址 H 的規劃由 0000～03FFH 止。I/O 作業模式有專門的指令，最簡單就是以 IN、OUT 指令或 inport ( )、outportb( ) 來處理資料傳輸，任何一種設備或 I/O 元件皆可視爲主機板上的一個 I/O 埠，CPU 可讓各種的 I/O 指令透過匯流排和外界進行溝通，根據 PC/AT 的使用手冊，當 A_9 ＝ 1 時，位址線可解碼共 512 個 I/O 埠分配給擴充匯流排，通常使用在外接的介面卡，當 A_9 ＝ 0 時，位址線也可以解碼 512 個 I/O 埠，提供主機板內部使用，1024 個 I/O 埠可分割爲 PC/AT 系統的 I/O 埠及擴充槽的 I/O 埠二區段，值得注意的是：凡是表中提示保留的 I/O 埠位址，使用者均可額外拿來應用，但爲了避免衝突，自製介面卡的 I/O 空間應由 200H 起至 3FFH 止，如匯流排未解碼，使用者要採用可控制的 I/O 通道時，必須自行設計解碼電路。

　　同樣的在 Pentium 以上的族群之 I/O 埠定址範圍仍爲 00000H 至 0FFFFH 共 64K 個 I/O 埠可供使用，但實際上也只規劃起頭 1024 個 I/O 埠來使用，其範圍改爲 00000H 至 003FFH，PC/AT 的輸出入裝置皆由 I/O 埠傳遞資料，介面技術應用工程師在設計 I/O 卡或 I/O 控制時，最好是避開已指定之位址，儘量使用保留區段位址，I/O 埠位址配置見表 1-9。

表 1-9　PC/AT 系統 I/O 位址：0～1FFH 止

PC/AT 擴充槽 I/O 位址：200H～3FFH 止

起始位置	結束位置	位址長度	作用與功能
000H	01FH	32	第一個 DMA 控制器 8237A-5
020H	03FH	32	第一個中斷控制器 8259A
040H	05FH	32	計時／定時器 8254-2
060H	06FH	16	週邊設備介面(鍵盤 82C42)
070H	07FH	16	NMI 罩蓋(即時 CLK)
080H	09FH	32	DMA 頁暫存器 74LS612
0A0H	0BFH	32	第二個中斷控制器 8259A
0COH	ODFH	32	第二個 DMA 控制器 8237A-5
0E0H	0EFH	16	未使用
0F0H	0F0H	1	清除數學副處理器
0F1H	0F1H	1	重置數學副處理器
0F2H	0F7H	6	未使用
0F8H	0FFH	8	數學副處理器
100H	16FH	112	未使用
170H	177H	8	硬式磁碟機(副)

表 1-9 (續)

起始位置	結束位置	位址長度	作用與功能
178H	1EFH	120	未使用
1F0H	1F7H	8	硬式磁碟機(主)
1F8H	1FFH	8	未使用
200H	200H	1	未使用
201H	201H	1	電玩遊樂卡
202H	20FH	14	未使用
210H	217H	8	擴充單元(電玩遊樂卡)
218H	21FH	8	未使用
220H	24FH	48	保留
250H	277H	40	未使用
278H	27FH	8	第二個印表機介面卡
280H	2EFH	112	未使用
2F0H	2F7H	8	保留
2F8H	2FFH	8	非同步通訊卡(COM$_2$)
300H	31FH	32	使用者原型卡
330H	36FH	64	未使用
370H	377H	8	軟式磁碟機介面卡#2
378H	37FH	8	印表機介面卡
380H	38FH	16	SDLC 或 BSC#2(兩卡不可同時使用)
390H	39FH	16	未使用
3A0H	3AFH	16	BSC 介面卡#1

表 1-9 　(續)

起始位置	結束位置	位址長度	作用與功能
3B0H	3BFH	16	單色顯示與印表機介面卡
3C0H	3CFH	16	保留
3D0H	3DFH	16	彩色與繪圖介面卡
3E0H	3EFH	16	未使用
3F0H	3F7H	8	軟式磁碟機介面卡#1
3F8H	3FFH	8	非同步通訊介面卡(COM₁)

範例 33 某 PC/AT 個人電腦有安裝二個硬碟、SVGA 卡及鍵盤各一，則根據表 1-9，寫出各標準配備之起始、結束位址？

解 硬碟(主)之 I/O 埠位址 1F0～1F7H。

硬碟(副)之 I/O 埠位址 170～177H。

SVGA 之 I/O 埠位址 3D0～3DFH。

鍵盤之 I/O 埠位址 060～06FH。

練習 27 PC/AT 系統 I/O 位址週邊設備 COM1(串列埠)之位址為何？

(A)F8~FFH　(B)1F8~1FFH　(C)2F8~2FFH　(D)3F8~3FFH

解 (D)

　　X86 組合言語中可採用 MOV、OUT 及 IN 指令來設計控制 I/O 晶片或資料傳輸之片段程式，說明如下：MOV AX, BX 表示將 BX 值載入 AX 暫存器內，但 BX 暫存器原值不變，OUT DX, AL 表示暫存器 AL 之 8 位元資料經由 DX16 位元 I/O 埠位址指定埠透過資料匯流輸出至週邊介面，IN AL, DX 與 OUT 指令相反，IN 表示 CPU 由指定的 DX16 位元 I/O 埠位址讀取資料匯流排 8 位元資料並存入 AL 暫存器。

　　X86 之 I/O 指令是組合語言程式與系統週邊裝置溝通的管道，也是微處理利用控制程式與驅動程式直接和介面元件進行資料傳輸的頻道，而 I/O 位址可視為系統週邊設備的編號，平常被規劃作為 I/O 的週邊設備，在指令中可為立即值，以組合語言為例，必須使用 DX 當做運算元，DX 運算可以存取 64K 種不同的 I/O 埠。輸出／輸入資料的位元長度有 8 位元或 16 位元，因此 8 位元是以 AL 作運算元，也可以用字組的 AX 當做運算元，本書所述 I/O 定址模式為 I/O 映對 I/O。

　　I/O MAPPED I/O 可分三大類，茲分述如下：

1. 　8 位元的 I/O 指令

⑴　I/O 位址為 00H 至 FFH，採用立即值指令

　　　格式：IN AL, I/O 位址(8 位元)

　　　格式：OUT I/O 位址(8 位元), AL

　　　例如：OUT 40H, AL；將 AL 之內含透過 40H I/O 埠位址輸出

⑵　I/O 位址為 16 位元 0000H 至 FFFFH，必須以 DX 為位址變數

　　　格式：MOV DX, I/O 位址(16 位元)

　　　　　　 IN AL, DX；CPU 透過指定的 DX I/O 埠位址讀資料並

　　　　　　　　　　 存入 AL 暫存器

　　　格式：MOV DX, I/O 位址(16 位元)

Chapter |

OUT DX, AL；CPU 將資料 AL 由 DX I/O 埠位址輸出

例如：MOV DX, 300H

IN AL, DX

例如：MOV DX, 300H

MOV AL, 0FFH

OUT DX, AL

2. 16 位元的 I/O 指令，資料線為 16 位元

⑴ I/O 位址為 00H 至 FFH，採用立即值指令

格式：IN AX, I/O 位址(8 位元)

格式：OUT I/O 位址(8 位元), AX

例如：IN AX, 20H

OUT 20H, AX

⑵ I/O 位址為 16 位元由 0000 至 FFFFH，以 DX 為位址

格式：MOV DX, I/O 位址(16 位元)

IN AX, DX

格式：MOV DX, I/O 位址(16 位元)

OUT DX, AX

例如：MOV DX, 300H

IN AX, DX

3. I/O 埠與記憶體間某一段資料傳送，透過I/O指令做字串的輸入與字串的輸出，這是 80286 以上才有的指令，與 IN 和 OUT 指令類似，常出現在介面技術的應用程式中。

⑴ 字串的輸入，INS 指令

格式：INS 目的字串位址, DX

格式：INSB

格式：INSW

說明：以上三種指令可自 DX 暫存器所定址的輸入埠將位元組或字組轉移至記憶體空間，其目的記憶體位址由 ES:DI 來決定，而且輸入埠一定要由DX暫存器間接定址，INS 無立即值的結構，但是 INS 及 INSW 不需加運算元，常與 REP 合用，若在 INS 及 INSW 之前加 REP 指令，即可從 I/O 埠輸入多個位元組資料或多個字組的資料，DF 是方向旗標，DF＝0則每執行資料轉移後DI值會遞增。反之，DF＝1，則 DI 值在資料轉移後會遞減。

例如：CLD

　　　LEA DI, ES:MESSAGE

　　　MOV DX, 200H

　　　MOV CX, 10H

　　　REP INSB

說明：由 200H 之 I/O 埠轉移 10H 個位元組(Bytes)到額外段的 MESSAGE 位址上。

(2)　字串的輸出 OUTS 指令

格式：OUTS DX, 來源字串位址

格式：OUTSB

格式：OUTSW

說明：以上三種OUT指令中，OUTS指令可將資料節段由SI暫存器所指向之記憶體空間內的資料轉移到DX所指定的I/O埠位址上，輸出埠必須由DX間接定址，無立即值的功能，如果改用OUTSB這是以位元組為單位輸出，指令不

Chapter

要加運算元，同樣的OUTSW是以字組爲單位輸出資料，指令也不要加運算元即可運算，如果DF＝0，每執行一筆資料轉移後，SI值加1，如果DF＝1，每執行一筆資料轉移後，SI值會遞減。

例如：CLD

LEA SI, DS:MESSAGE

MOV DX, 300H

MOV CX, 1H

OUTSW

說明：將資料節段記憶體空間 MESSAGE 的位址前一個字組資料轉移至 300H I/O 埠內。

1-8-1　I/O 匯流排週期

　　X86CPU於主機板執行IN，OUT指令執行I/O埠讀寫指令後，立即進入I/O埠讀取匯流排週期，一次完整的I/O動作過程就稱爲一個I/O週期，在匯流排週期中倘若 I/O 週邊設備的速度太慢，則可以在 I/O 的時序信號中加入等待時序使CPU的指令執行時序狀態延長一段時間，等到指令執行時序結束，系統的讀寫動作也宣告完成，此過程即爲一完整的 I/O 匯流排週期。

　　匯流排上的控制信號線，如 $\overline{IOR}$，$\overline{IOW}$，ALE，AEN，$\overline{MEMR}$ 與 $\overline{MEMW}$ 等基本上都是受到同一個時脈信號的控制，即所謂的 CLK 時脈信號的操控，CLK 有人稱爲 Bus CLK，以 ISA Bus 爲例：B side B20 接點就是Bus CLK，而且與CPU同步，不管CPU的速度多快，ISA的Bus CLK都是 8MHz，工作週期爲 50％，系統時脈的另外任務就是提供同步的時序給 I/O 埠和 CPU 之週邊使用，匯流排時序如圖 1-25(a)所示。

在讀寫 I/O 埠匯流排的週期中，也就是 CPU 執行 I/O 指令時，必須特別注意到 X86 之匯流排時序乃採用系統時脈 2 倍的信號作同步，所以在時序圖中特別標出了 ϕ_1 及 ϕ_2 二相交替進行的控制信號。CPU 執行 IN 指令時的控制信號為 $\overline{\text{IOR}}$，$\overline{\text{IOR}}$ 是 I/O 的讀取控制信號，於 ϕ_1 時由匯流排提出，它說明 I/O 埠正處於讀取週期，CPU 欲正確讀取來自週邊設備的資料時，必須在 I/O 埠將資料放入資料匯流排後經 30ns，才能讓 $\overline{\text{IOR}}$ 結束運作，也就是說 $\overline{\text{IOR}}$ 由 Low 變 Hi，如圖 1-25(b)所示，圖中 AEN 信號為位址致能，AEN 為 Low 才表示是主機板的 I/O 週期，反之如果 AEN 為 Hi，則意味著主機板正在執行 DMA 匯流排週，或 DMA 的 REFRESH 週期，因為記憶體匯流排週期有別於 I/O 週期，唯僅 AEN ＝ Hi 時系統匯流排會促使 I/O 解碼禁能，值得注意的是在 DMA 週期中，$\overline{\text{IOR}}$ 及 $\overline{\text{IOW}}$ 信號與記憶體位址會同時被驅動，一旦 AEN 為 Low，I/O 解碼被禁能，記憶體位址就不會被誤認為 I/O 埠位址。I/O CHRDY 為 I/O 通道備妥信號，I/O CHRDY 為 Hi 表示 I/O 埠已備妥可供讀寫，如果 I/O CHRDY 被外界的電路設定為 Low，則 I/O 匯流排的週期會被延長而使 CPU 進入等待狀態，因此為了讓 CPU 能正確讀到匯流排的資料，圖 1-25(b)的 I/O CHRDY 必須為 Hi(Active)。

CPU 執行 OUT 指令時的控制信號為 $\overline{\text{IOW}}$，$\overline{\text{IOW}}$ 是 I/O 的寫入控制信號，每執行一次的 OUT 指令，則必須啟動 I/O 寫入匯流排一次，在每一次的週期中，將資料寫入於 I/O 埠位址空間的某一特定 I/O 埠位址中，如圖 1-25(c)所示。

不管是 I/O 埠的讀取或寫入期間，匯流排中的位址匯流排僅啟動 $A_0 \sim A_{15}$ 位址位元，而 $A_{16} \sim A_{23}$ 並沒有被啟動。

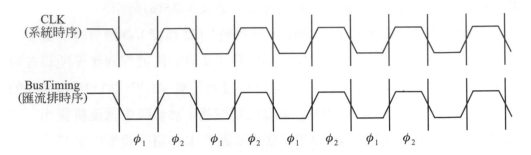

圖 1-25　(a) 系統時序與匯流排時序

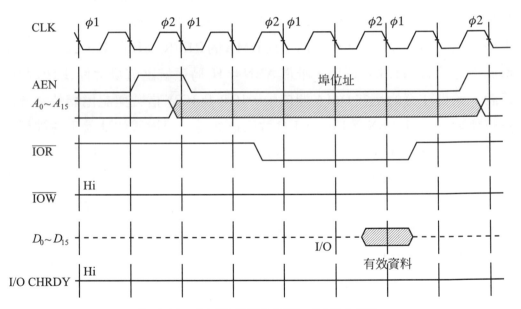

圖 1-25　(b) I/O 埠讀取週期，IN 指令(續)

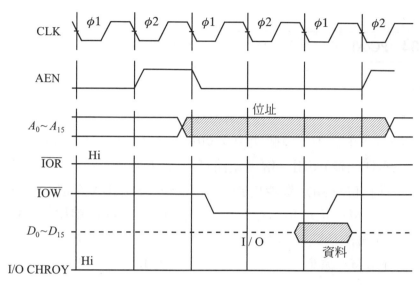

圖 1-25 (c) I/O 埠寫入週期，寫入就是 CPU 輸出資料，OUT 指令 (續)

練習 28 PC/AT 有 1024 個 I/O 埠，下列敘述何者正確？

(A)當 $A_0=0$ ，可解碼 512 個。

(B)當 $A_0=1$，解碼 I/O 埠位址由 100~2FFH 止。

(C)在 I/O 埠寫入週期，$\overline{IOW}=0$。

(D)在 I/O 埠讀取週期，$\overline{IOR}=0$ 。

解 (A)

練習 29 PC/AT I/O 埠讀取週期，即 IN 指令執行時序中：

(A)$\overline{IOW}=0$　(B)$\overline{IOR}=0$　(C)IO CHRDY= 0　(D)ALE = 1。

解 (B)

Chapter |

範例 34　PC/AT 1024 個 I/O 埠位址有何特點？

解　PC/AT 1024 個 I/O 埠分二部份(位址線由$A_0 \sim A_9$)。

當$A_9 = 0$，解碼 I/O 埠共 512 個，這些位址指定給系統使用(主機板)。

當$A_9 = 1$，解碼 I/O 埠範圍由 0200H 至 03FFH，這些位址供給 I/O 介面卡(I/O 通道)使用。解碼電路可用 ALE 或 AEN 當位址致能信號，ALE 稱為位址鎖定致能信號，ALE 為 Hi 表示 DMA 週期，所以 ALE 可作為 DMA 位址指示器，ALE 在下降邊緣可以鎖住位址線，反之 AEN 則為位址致能信號，亦由 DMA 控制器所控制，當 AEN 為 Hi 則表示 DMA 週期，AEN 為 Low 可以使 I/O 埠位址解碼致能。

1-9　USB 簡介

　　本章前面內容並未提及 USB 匯流排的相關資料，但因應市場之潮流，自 1999 年起業者已體會到：PCI 或 AGP 將是未來內接式的主機板並列介面匯流排，而 USB 和快速 IEEE 1394 可能是未來外接式必須擁有的串列傳輸介面。USB 俗稱通用串列匯流排(Universal Serial Bus)是從 Win98 後新支援的一種介面標準，USB 介面之設計本質上除了可獲取更快速資料傳輸的匯流排外，同樣的 USB 是一個標準之傳輸介面。

　　USB 的設計理念是要降低電腦週邊配備連接的複雜程度，並且要減低使用的連接線或電纜線(cable)，連接線太多對電腦的維修不方便，也可能造成美觀及施工等問題，故採用由主機控制器運作的方式將各週邊介面接在一起。以監視器為例，監視器上附加 USB 插座可讓使用者以鍵盤及滑鼠來使用個人電腦，亦可變成針對個人專屬的滑鼠提供一個很方便之連接端，而不用特別去找主機上的接頭，其次，即 USB 集線器，USB HUB

(USB 2.0)的作用是允許系統再串接具有相同介面的更多USB裝置(USB 1. X或USB 2.0)。目前USB及IEEE 1394a/1394b系統應用例如圖1-26所示。

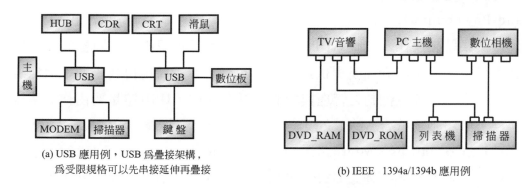

(a) USB 應用例，USB 為疊接架構，
　　為受限規格可以先串接延伸再疊接

(b) IEEE　1394a/1394b 應用例

圖 1-26　USB/IEEE 1394 應用

USB埠之連接點如圖1-27所示，每一個USB有四個接點分別是D+、D－、5V 及 GND。

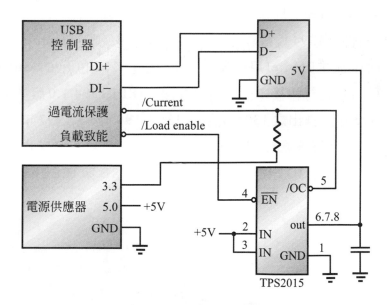

圖 1-27　USB I/O 埠簡圖

　　USB除了上述之設計外，也增加了連接主機電源狀態之節點，亦擁有延伸讀取電源狀態資訊之功能，俾能滿足ACPI(Advanced Configuration and Power Interface)之規格，ACPI之精神所在是：將電源管理的工作交由作業系統來操作，因此ACPI是新一代之電源管理標準。同樣的，USB裝置可以使用USB介面所提供之電源，也有之裝置採用自我電源，但無論如何都必須做電源控制之管理與限制，話雖如此，USB還是要由作業系統監控，其精神要符合ACPI之規範才行。全球大力推廣USB標準之7大企業為NEC，Philips、Microsoft、Intel、Lucent、Compaq及HP等，並於1996年1月推出所規劃之USB 1.0版，此低速USB僅為1.5Mb/s，附帶的全速(Full Speed)為12Mb/s，1998年9月又推出USB 1.1版，遂捨去低速而保持全速的傳輸速度不變。USB 2.0版於2000年4月問世，俗稱高速(High Speed)USB，其傳輸速度為480Mb/s。IEEE 1394乃由國際電子電機工程學會於1986年9月制定，此乃一項並列傳輸匯流排間轉換介面之標準，並作出宣告以1394規格發行，1394之目標是：將Motorola用在680X0系列之VME匯流排與Intel用在X86之16位元／32位元 的Multibus只要透過1394就可以進行轉接多款不同之介面。IEEE1394 1.0版於1987年11月推出，1995年所推出之1394又稱為1394-1995版，1997年之版本則稱為1394a版，未來可預見有1394b版，無論是那一款的1394均無需加終端電阻器，也不必設定ID組態。表1-10包含了USB與IEEE1394之應用範圍及規格之比較表。

表 1-10　串並列埠、USB 與 IEEE1394 比較

	速度	應用裝置	介面特性	連接技術	接線與裝置
USB	低速 10kb/s～ 1500kb/s	鍵盤、遊戲搖桿、滑鼠	簡單、隨插即用	以 PC/AT CPU 為中心，一條線接主機，其他裝置串接	5 公尺內 NRZI，127 點裝置
	全速 2000kb/s～ 10000kb/s	麥克風、印表機、音響、低解析度影像處理	簡單、隨插即用	以 PC/AT CPU 為中心，一條線接主機，其他裝置串接	5 公尺內 NRZI，127 點裝置，主機 USB
	高速 25Mb/s～ 480Mb/s	硬碟、寬頻網路、數位相機、高解析度影像處理、HUB	簡單、隨插即用	HOST 個人電腦可由接線傳輸資料到週邊設備，HOST 最多接 127 個週邊設備，HUB 最多 5 層	5 公尺內 NRZI，127 點裝置，主機 USB
1394	2Mb/s～ 8Mb/s	數位相機	難度層次高	對等式 (peer-to-peer)	4 公尺內 DSLINK，63 點裝置
	100Mb/s～ 200Mb/s	Apple-防火線 (Firewire)	難度層次高	1394-1995 版 (peer-to-peer)	4 公尺內 DSLINK，63 點裝置
	1400Mb/s	微軟、Intel	難度層高	1394a 版	4 公尺內 DSLINK，63 點裝置
	800Mb/s～ 3200Mb/s	未知	未知	1394b(Gigabit)版	3 公尺內 DSLINK，63 點裝置
串列 R S-232	低速 115K b/s (MAX)	滑鼠	驅動程式	3 線或 9 針接點	30 公尺內，1 點裝置，佔 1 個 IRQ，同位元
並列 CI 及 GPIB	低速 3M bps 內(MAX)	噴墨雷射、點矩陣撞擊式、繪圖機、掃描器	驅動程式	25 針排線	100 公尺內，佔 1 個 IRQ，同位元，1 點裝置

　　USB 1.1 採用 5 個階層之星狀架構(Tiered Star)，類似樹枝幹衍生之過程，可不斷之串接新之 USB 裝置元件，7 層 USB 2.0 與 HUB 之應用結構如圖 1-28 所示。

Chapter

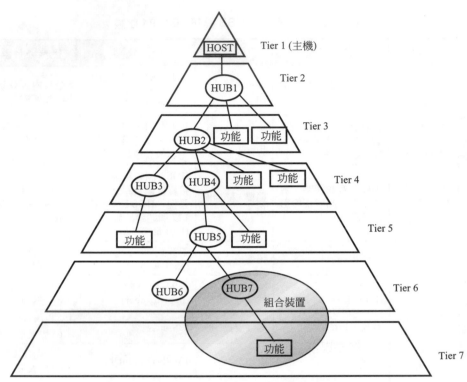

圖 1-28 USB 2.0 採用 7 層的星狀組織，HUB 的架構僅能串接到 5 層 HUB
之一種個案

USB HUB 的外觀如圖 1-29 所示。

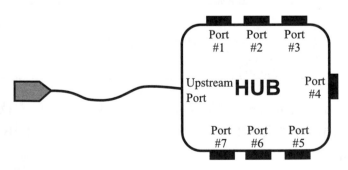

圖 1-29 一個 HUB 可外接 7 個 I/O 埠裝置，上傳埠(Up Stream Port)被用
來接到 HOST 端裝置，如 HOST PC 等

　　USB 之連接器有二類：一為上傳埠、另一為下載埠(Down Stream Port)，無論是上傳或下載之連接器又分為公頭與母頭兩種，其結構可分 A、B、C、D四種接頭。A型接頭被用來連接下游之裝置，通常在USB主機與HUB可發現該類扁平之下傳埠，正方形之B接頭與A型之功能相反，單純化桌上型或筆記型電腦背後USB面板之設計與規劃，如圖1-30所示。

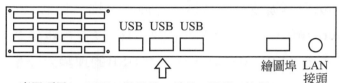

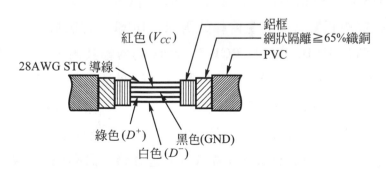

圖 1-30　個人電腦或 NB USB 面板應用例

　　USB之纜線之規則如圖1-31示，每一條之纜線內一定有4條信號線，且用隔離線包裝，4 條信號線顏色分別為：紅(V_{cc})、黑(GND)、綠(D^+)及白(D^-)。

圖 1-31　USB 電纜線之結構，主機 USB 提供 4 個"A"型接點，外接的電纜線中幾乎都以美規AWG28 為準，纜線線長與傳輸延遲之大小成反比關係

Chapter

1-9-1　USB 3.0

　　如前所述，1991 年USB標準規格應用於鍵盤和滑鼠的USB1.1之傳輸速度最高僅止於 12Mbps，同期使用於攝錄影機之 IEEE1394(Firewire)規格其傳輸速率可達 100Mbps以上。Intel為了超越Firewire將USB2.0標準提升至480Mbps且推廣成為一項標準介面匯流排。及至 2007 年， Intel宣佈與HP、Microsoft、NEC、NXP(恩智浦)和TI進行新標準的訂定，藉由多家業者合作討論USB 3.0最終規格，把USB的理論吞吐量(Throughput)訂於4Gbps以上，同時USB3.0將可以向下相容USB2.0，增加到5條線以提高效能，正式開啓了電腦周邊設備實務應用的新紀元。

　　新一代 USB3.0介面標準其傳輸速率較現有 USB 2.0標準快 10 倍(註一)，成為 PC 平台所需頻寬的關鍵之一。USB 3.0 設計之目標是：讓應用層之可用速率保證 300Mbytes/秒以上，並增加新的服務品質性能，如USB3.0 實體層之設計將兩個通道把數據傳輸(Transmission)和確認(Acknowledgement)過程分離以提升速度。

　　新的 USB3.0 規格中曾提出所謂 Super-speed USB 觀念，此乃因應裝置之間多媒體視訊影音高容量傳輸的需求。Intel 工程師於設計 USB3.0 之初，結合了傳統 USB2.0 以及 PCI-Express 的傳輸技術，透過軟體模擬以5Gbps 和 25Gbps 的速率對新協議的版本進行測試，因為連結標準具有無媒介限制(Media Agnostic)特性，而且未來擬於銅線和光纖上執行傳輸資料，亦基於為快閃記憶體的設備提供功能性服務，這種被稱為Super-speedUSB 的互連標準，設計目標是：讓 USB 隨身碟、攝影機以及媒體播放器的傳輸速度跟上快閃記憶體晶片。

　　為了取代目前 USB2.0 所採用的交替檢測(Polling)和廣播(Broadcast)機制，USB3.0 的規格亦將採用另一種封包路由(Packet-routing)新技術，避免 USB 成為系統中的瓶頸，其特色為：

1. **終端設備資料傳輸機制**：採用封包路由(Packet-routing)技術，僅容許任一終端設備有資料要發送時才進行傳輸。

2. **分離式優先權資料流(Separate Priority Levels Data Stream)**：新的連結標準讓每一個元件可以支援多種資料流，每一個資料流都能夠具有分離式優先權也就是獨立的優先權之功能，目的是在視訊傳輸過程中降低抖動的干擾(註二)。為達到預期的高速率，該技術需要兩個通道的新實體層將資料傳輸分流，該規格並支援單設備的多個資料流，並可為每個資料流保留各自的優先權。

3. **硬碟的資料傳輸最佳化**：新資料流的傳輸機制讓固有的指令佇列(Native Command Queuing)技術成真，而使硬碟的資料傳輸達到最佳化。

4. **遠端喚醒(Remote Wake-up)功能**：USB3.0 的標穩規格主機板可允許使用者透過網路電話，喚醒休眠狀態下的 PC。

USB3.0 規格說明如下：

1. 為了向下相容 USB 2.0 版，USB 3.0 連結器採用 9 針結構，其中四支腳針與 USB 2.0 的形狀或定義完全相同，類似 Combo 另外 5 根是 USB 3.0 接腳。

2. USB 3.0 纜線(Cable)之編織線(Braid)除外，一共是 8 根，值得注意的是，在纜線中，USB 2.0 和 3.0 的電源線(Power)是共用的。

3. USB 3.0 公頭插座的腳位定義，白色部分是 USB 2.0 連結器專用腳位，而紅色部分為 USB3.0 連結器專用腳位。

4. 母插座的針腳定義，標準 USB 3.0 母插頭的腳位定義，紫色腳位為 USB 2.0 專用，紅色為 USB 3.0 專用。

Chapter

註一：關於 USB3.0 與 USB2.0 的計算速度比較，若以內建 BD(Blu-ray) 光碟機的筆記型電腦，雙層 BD 碟片儲存容量可達 50GB，為目前 DVD 儲存容量的 5 倍，也可儲存長達兩小時的高畫質影片。單層 BD 碟片光碟 25GB 的資料量為例，USB2.0 需要 13.89 分鐘，而 USB 3.0 僅需 1.11 分鐘左右來傳送資料。因此 USB 3.0 大約 2.0 版的 10 倍速率(4.8G bps) 進行計算，亦高於 eSATA 的 3Gbps 能力。BD 光碟機的 PS3 遊戲機為 BD 規格的應用。BD 的容量計算如下所示：

已知 CD、DVD 及 BD 光碟之每一個 Sector 大小為 2,048B(bytes) 一個叢簇(Cluster) 有 32Sectors，因此，每一個 Cluster=32*2048B =65,536B

BD-R 或 BD-RE 之容量為 381,856 Clusters ：

381,856*65,536B=25,025,315,816B(bytes)

可得，DVD(單層)=4.7GB，BD(單層)=25GB

註二：參考本書第 5 章類比／數位轉換器 5-3-1 節取樣與量化之相關內容。

註三：目前標準的光碟(Compact Disk，CD) 通常直徑都做成 $4^3/4$ 英吋 (約 12 公分)，表面處理的不同，資料處理之方式可分為(一)僅可讀取資料的 CD-ROM、(二)可燒錄一次的 CD-R 稱為 CD record able、(三)可重複燒錄 1000 次以上讀寫的稱為 CD-RW、(四)不限次數讀寫的 MO 稱為 magnetic optical disk 等。最早光學儲存技術起源於音響工程中的語音或音樂儲存，現在則成為 pc 電腦工業最具標準化的產品，換言之印入門檻很低，只要有設備，製造技術已不是問題，光碟儲存容量大、不受磁波干擾、攜帶方便、可以長久保存壽命長是它最大的優點。CD 光碟的格式與硬碟不同，因為整片光碟只有一條光軌，則可以採用相同長度劃分為許多分區段(block)，每個區段可儲存 2048 個位元組，12 公分通用的光碟片總共有 330240 個區段，換算可儲存 645M 位元組的資料。

PC/AT 電腦使用之 CD-ROM 與 CD-R 光碟片可以互相交換光碟機讀取資料，至於 CD-ROM 的 DVD-ROM、DVD-RW、DVD-RAM，也逐漸的被應用於資料儲存。可以向下相容 DVD 原是數位影像光碟(Digital Video Disc) 的縮寫，它也是一種儲存影片的光碟，如果應用於儲存電腦資料則稱為數位萬用光碟(Digital Versatile Disc)。DVD 的規格種類很多，分為單面、雙面之外還有單層、雙層、混合層之分，所謂「雙層」是指 DVD 單面中儲存資料的方式分為高、低間隔的兩層，資料容量是單層的 1. 8 倍(單面為 8.54 GB)。而「混合層」是指 DVD 一面是單層，而另一面是雙層。以 12 公分單面/單層的 DVD-ROM、DVD-R、DVD-RW 而言都是 4.7GB，其餘的規格可以自行計算出容量的大小。而 DVD-RAM 目前的規格一律為雙面/單層，故容量為 9.4 GB。

光碟讀取資料的原理很簡單，光碟機讀取資料結構如圖所示，當雷射光經由光柵控制進入聚光鏡後，所產生的平行光投射至水平偏光鏡時只允許水平光線(水平分量)透過，反之垂直光線則被阻擋，水平光線經由四分波平板、反射鏡、反射至投射鏡在光碟的表面產生反射，若可以產生反射光至光電晶體即為資料 "1" 的信號，反之未產生反射光，電晶體未感應信號則為資料 "0" 的信號。

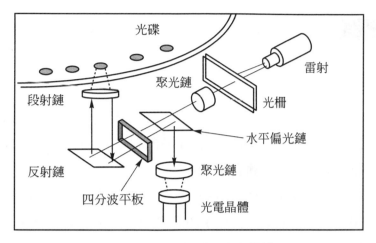

圖 1-32　光碟機讀取資料結構

至於光碟寫入資料CD-RW的寫入方式，首先以高功率的短脈衝雷射光在光碟片上射出一序列的水泡(blister)，然後再以低功率的長脈衝雷射光依資料內容清除不需要的水泡，當光碟讀取資料時就可以依水泡的反射狀態分辨資料是 "0" 或是 "1"。CD-ROM及CR-R而言光碟的讀取資料的速度有別於硬碟，為了要正確的拾取資料，無論靠近光碟內側或外側，雷射頭都必須維持相同時間讀取等長度的區段資料，此種方式稱為常數線性速度(constant linear velocity , CLV)。而 CD-RW 與 MO 光碟機卻與硬碟相同，亦即內側或外側的轉速不變，也就是各軌角速度相同，稱為常數角速度 (constant angular velocity , CAV)。

圖 1-33　常數線性速度與常數角速度差異

光碟機 CD-ROM 的資料存取速度通常以 "倍速" 表示，所謂 6R4W 的 CD-R，其中 6R 表示讀取資料為 6 倍速，4W 表示寫入資料為 4 倍速，1 倍速大小為 150KB/S(位元組／每秒)。DVD-ROM 的資料轉移速率也是以多少倍速率稱之，但是它的 1 倍速為為 CD-ROM 的 9 倍約為 1.32MB/S。

隨堂練習

一、選擇題

( ) 1. 下列哪一單元不包含在中央處理器(CPU)的基本結構中？
(A)算術、邏輯運算單元　(B)控制單元(control unit)　(C)暫存器單元　(D)光耦合單元。

( ) 2. 組合語言需經過何種程式轉換成機器語言？　(A)作業系統 OS　(B)編譯程式(compiler)　(C)組譯程式(assembler)　(D)解壓縮程式(rar)。

( ) 3. 下列何者可以記錄 CPU 執行時的狀態值？　(A)程式記數器　(B)狀態(旗標)暫存器　(C)堆疊器　(D)累加器。

( ) 4. 當電源消失後，下列何種元件中的資料會消失？【複選題】
(A)Flash　(B)SRAM　(C)SDRAM　(D)DRAM。

( ) 5. TTL元件編號 74373 之功能，該IC可以被用來設計哪一種應用電路？　(A)解碼器　(B)編碼器　(C)資料栓鎖器　(D)多工器。

( ) 6. 下列有關CPU執行中斷的敘述，何者正確？　(A)CPU會暫停目前的程式進行　(B)CPU會將旗標狀態推入堆疊　(C)CPU會將程式計數器的內容推入堆疊　(D)CPU會對中斷服務程式(ISR)進行變數參數傳入的動作。

( ) 7. 有關Flash記憶體的敘述，何者正確？【複選題】　(A)寫入可以以頁(page)為單位　(B)快取(cache)記憶體必須由Flash組成　(C)可以重複寫入　(D)為非揮發性記憶體。

( ) 8. 某 SRAM 記憶体電路含 13 條地址線其容量(size)為何？
(A)2 K×8 bits　(B)4 K×8 bits　(C)8 K×8 bits　(D)16 K×8 bits。

( ) 9. 同上一題，若 SRAM 記憶体元件中腳位(OE)的作用為何？
(A)晶片致能　(B)D7～D0 輸出端致能　(C)A12～A0 輸入致能
(D)讀取致能。

( ) 10. 欲開發以 Z80(Z：log 公司 8 位元 CPU)為控制核心的微算機應
用系統，若其軟體程式發展中常需進行程式的修改時，則應配
合下列哪一種儀器較為適當？【複選題】　(A)邏輯分析器
(B)唯讀記憶(ROM)模擬器(C)示波器　(D)線上實體模擬器(ICE)。

( ) 11. 若執行 8088 微處理機之指令：「OUT DX, AX」後，其暫存
器 DX 與 AX 之存放內容各為何？　(A)輸出資料、I/O 位址
(B)I/O 位址、堆疊指標位址　(C)中斷向量位址、輸出資料
(D)I/O 位址、輸出資料。

( ) 12. 一 8086 微處理機之中央處理單元(CPU)，若執行組合語言指
令：「IN AX, BX」後，則可定義幾個埠？　(A)256　(B)1024
(C)65536　(D)1048576。

( ) 13. 一 8088 微處理機之指令：「ADD[1234H, AX]」後，其指令運
結果將存入下列何處？【複選題】　(A)記憶體　(B)累積器
(C)堆疊器　(D)暫存器。

( ) 14. 一般巨集(Macrb)指令，經常被用於程式語言之設計。下列對
巨集之敘述何者錯誤？　(A)可彌補程式之語言功能　(B)可提
高程式之運算速度　(C)具有類似副程式功能　(D)佔用較少之
記憶體空間。

( ) 15. 已知某一單晶片，其中央處理單元(CPU)有 32 條位址線，則其
內部唯讀記憶體(ROM)之最大記憶容量為何？　(A)4.2GB
(B)64KB　(C)32KB　(D)16KB。

( ) 16. 在 8088/8086 微處理機中，若碼段(CS)暫存器＝FF25H，則最
高與最低的實際位址各為何？　(A)0F24FH、FF250H　(B)
10F24FH、FF250H　(C)0F24FH、FF25H　(D)10F24FH、FF25H。

Chapter

( ) 17. 在 8088 微處理機中央處理單元(CPU)中，當 IF 旗號為 0 時，下列敘述何者正確？ (A)不允許 CPU 工作 (B)不允許 $\overline{INT}$ 中斷 (C)不允許 NMI 中斷 (D)不允許軟體中斷。

( ) 18. 積體電路(IC)編號 6264，是一個 8K×8 的靜態隨機存取記憶體(SRAM)，則其具有： (A)10 條位址線、4 條資料線 (B)12 條位址線、8 條資料線 (C)13 條位址線、8 條資料線 (D)14 條位址線、4 條資料線。

( ) 19. 試求下圖的定址(addressing)範圍？
(A)60000H～67FFFH (B)98000H～9FFFFH
(C)68000H～6FFFFH (D)90000H～97FFFH。

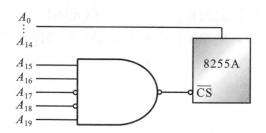

( ) 20. 8-bit 暫存器：AL 與 BL，其內容分別為 AL = 3BH、BL = 0FH。若將這兩個暫存器進行 NAND 之邏輯處理處，則其結果為何？ (A)C0H (B)3BH (C)F4H (D)0BH。

( ) 21. 若將一個 16 位元的位址資料推入堆疊器，則其堆指標(SP)之值有何變化？ (A)減 1 (B)減 2 (C)增 1 (D)增 2。

( ) 22. 中央處理單元(CPU)處理插斷(interrupt)時，通常採用下列何種方式來暫存資料？ (A)表列(list) (B)指標(pointer) (C)佇列(queue) (D)堆疊(stack)。

（　）23. 一台有具 32 個磁頭的硬式磁碟機，若每個磁片有 6256 個磁軌，每一磁軌有 63 個扇形區，且每一扇形區可儲存 512 個位元組，試問此磁碟機容量約為多少位元組(byte)？　(A)1.5G　(B)3.0G　(C)6.0G　(D)12.0G。

（　）24. 在 80x86 系統中，使用邏輯電路作為定址解碼，則該 16KB 容量 ROM 的位址解碼範圍為何？　(A)00000H～04FFFH　(B)04000H～08FFFH　(C)08000H～0BFFFH　(D)0C000H～0EFFFH。

（　）25. 關於 80x86 中控制單元(control unit)的描述功能，下列何者不正確？　(A)指令暫存器(IR)內的命令解釋　(B)對記憶器輸出讀／寫信號　(C)算術及邏輯之運算　(D)判斷狀態旗號之輸入。

（　）26. 在 80x86 中，算術邏輯單元(ALU)之執行輸出結果通常放置於何處？　(A)指令暫存器(IR)　(B)指令指標暫存器(IP)　(C)資料暫存器(data register)　(D)控制單元(CU)。

（　）27. 片段程式 MOV AL , 75H MOV BL , 28H A DD AL , BL DAA 上述為 80x86 的組合語言，請問該程式執行後，AL 暫存器的值為何？　(A)03H　(B)90H　(C)93H　(D)0DH。

（　）28. 若要能提供虛擬記憶器系統，微處理機 80286 須操作於何種模式？　(A)實址模式　(B)保護模式　(C)中斷模式　(D)低功率模式。

（　）29. 在 80x86 中，指令 MOV AX , [BX+3]是屬於下列何種定址方式？　(A)暫存器相對定址　(B)暫存器間接定址　(C)暫存器定址　(D)基底指標定址。

（　）30. 下列四種匯流排，何者屬於並列 I/O 匯流排？
① SCSI　② USB　③ IEEE1394　④ PCMCIA
(A)①、③　(B)②、④　(C)②、③　(D)①、④。

Chapter

( ) 31. 有關巨集(macro)與副程式(subroutine)兩者之間比較，下列敘述何者正確？ (A)副程式的執行速度較快 (B)呼叫巨集執行時，需做控制權轉移 (C)巨集較節省記憶器空間 (D)兩者皆可節省程式設計空間。

( ) 32. 副程式執行中再呼叫其他副程式的情況，稱之為巢路副程式(nested subroutine)，請問巢路深度是取決於下列何者之大小？ (A)控制單元(CU) (B)堆疊(stack) (C)匯流排(bus) (D)算數邏輯單元(ALU)。

( ) 33. 執行REP(repeat)指令後，何時會正確停止？ (A)當中斷發生 (B)當記體器空間不足 (C)當溢位發生 (D)當暫存器CX遞減為 0。

( ) 34. 若80x86之記憶器位置暫存器(memory address register)是 20位元，記憶器緩衝暫存器(memory buffer register)是 16位元，試問該微處理器可存取的記憶器空間有多大？ (A)1 M位元組 (B)2 M位元組 (C)4 M位元組 (D)8 M位元組。

( ) 35. 關於 DRAM 晶片與 SRAM 晶片之特性比較，下列敘述何者不正確？ (A)DRAM晶片之電路密度高 (B)DRAM晶片控制電路較簡單 (C)DRAM晶片需作資料更新(refresh) (D)DRAM晶片讀／寫速度較慢。

( ) 36. 某8086系統核心時脈為10MHz，每次的匯流排週期(4個clock)，皆會加入一個等待狀態(1個clock)，下列何者為匯流排理論上的最大頻寬？ (A)2M bytes／sec (B)4M bytes／sec (C)8M bytes／sec (D)32M bytes／sec。

（　）37. 若暫存器 AX 為 0356H、BX 為 7A93H、CX 為 1F87H，執行
前 SS 暫存器內容為 F6A8H、SP 暫存器為 0329H，則執行完下
列程式片段後，下列選項何者為 AX 的內容？

PUSH AX

PUSH BX

PUSH CX

POP BX

POP AX

(A)0327H　(B)0356H　(C)1F87H　(D)7A93H。

（　）38. 承上題，執行後下列何者為堆疊指標暫存器 SP 的內容？
(A)0327H　(B)0329H　(C)0F6A8H　(D)0F6AAH。

（　）39. 下列有關 CPU 的敘述，何者正確？　(A)MBR 為記憶器緩衝暫
存器，為存取記憶體時的資料緩衝區　(B)IP 為指令指標暫存
器，用來存放目前執行中的指令位址　(C)ALU 為算術邏輯單
元，副程式呼叫時常用來存放返回位址　(D)DS 為資料區段暫
存器，直接與運算元有效位址相加得到實際位址。

（　）40. 請依照下列裝置的存取速度，由快到慢依序排列
甲：快取記憶體　乙：硬碟　丙：暫存器　丁：主記憶體
(A)丙丁乙甲　(B)甲丙丁乙　(C)甲丁丙乙　(D)丙甲丁乙。

（　）41. 某 DRAM 記憶體晶片，具有 10 條位址線及 4 條資料線，下列
何者為記憶體晶片的容量？　(A)1K×4　(B)256K×4
(C)512K×4　(D)1M×4。

（　）42. 下列程式片段屬於哪一種記憶體定址模式？
DATA DB 23H
MOV AX, DATA
(A)暫存器間接定址　(B)直接定址　(C)索引定址　(D)立即定址。

Chapter

( ) 43. 下列爲軟體延遲功能的片段程式，若 CPU 時脈爲 10MHz，則其延遲時間約爲何？

```
N EQU 50
DELAY PROC NEAR
MOV CX, N
START : NOP
NOP
LOOP START
RET
DELAY ENDP
```

(A)115s (B)115.9s (C)116.1s (D)116.2s。

( ) 44. 下列有關副程式(subroutine)與巨集(Macro)的描述，何者正確？ (A)副程式會降低程式的可讀性 (B)副程式較巨集更浪費記憶體空間 (C)副程式執行速度較巨集爲快 (D)副程式涉及執行階段時控制權的轉移。

( ) 45. 以下哪種 80x86 的操作模式可以同時執行多個程式，每個執行中的程式均可分配到獨立的記憶體空間，且程式彼此具有防止互相存取的功能？ (A)保護模式(protected mode) (B)使用者模式 (C)實址模式(real-address mode) (D)多功能模式。

( ) 46. 下列哪一種CPU信號線，只擔任輸入功能？ (A)位址線 (B)資料線 (C)讀寫記憶控制線(RD, WR) (D)中斷要求線(INTR)。

( ) 47. 在 8086 指令讀取(instruction fetch)階段，最後一步的動作是什麼？ (A)MAR ← CS × 16 + IP (B)IR ← MBR (C)IP ← IP + 1 (D)MBR ← Mem(MAR)。

( ) 48. MOV AX, 13H SHL AX, 2 MOV CX, AX SAR CX, 1 ADD AX, CX 執行上述 80 x 86 指令後，AX 的值應是多少？
(A)32 H (B)72 H (C)78 H (D)85 H。

( ) 49. 32 位元 CPU 具有 20 條位址線、32 條資料線。若欲讀取 4 位元組的資料時，則該資料放在哪 4 個連續位址，可以有最少的記憶體讀取週期？ (A)51239H～5123CH (B)5123AH～5123DH (C)5123BH～5123EH (D)5123CH～5123FH。

( ) 50. 若使用迴圈(LOOPING)設計，欲依序存取連續 20 位元組的記憶體資料時，最好使用下列哪一種定址法？
(A)暫存器直接定址法(register direct addressing mode)
(B)暫存器間接定址法(register indirect addressing mode)
(C)記憶體直接定址法(memory direct addressing mode)
(D)立即定址法(immediate addressing mode)。

( ) 51. 已知暫存器 A，B，C 初始值分別為 30，20，10，執行下列程式後
PUSH A，
PUSH B
PUSH C
POP A
POP B
POP C
暫存器 A，B，C 的內容為何？
(A)10，20，30 (B)20，10，30 (C)20，30，10 (D)30，10，20。

Chapter

( ) 52. 下列哪一類指令不具有除二的效果？【複選題】 (A)邏輯或指令(logical OR) (B)邏輯及指令(logical AND) (C)右移指令 (D)左移指令。

( ) 53. 80 x 86 執行下列程式後，AX 的內容為何？

MOV AX, 0

MOV CX, 10

KKK1:

MOV BX, 10

PPP2:

INC AX

DEC BX

JNZ PPP2

LOOP KKK1

(A)100 (B)10 (C)550 (D)55。

( ) 54. MOV AX, 48H

MOV BX, AX

NEG BX

ADD AX, BX

若旗標SF(sign)，ZF(zero)，OF(overflow)，CF(carry)初始值均為0，則執行下列80x86指令後，(SF，ZF，OF，CF)為何？

(A)(0，0，0，0) (B)(0，1，0，1) (C)(1，0，1，1) (D)(1，0，0，1)。

( ) 55. 80x86 執行 8 位元的相加運算，下列哪一種運算結果將使溢位旗標(overflow flag, OF)被設定成0？【複選題】 (A)7FH + FFH (B)7FH + B9H (C)72H + 55H (D)BFH + CFH。

( ) 56. 下列有關快閃(flash)記憶體之敘述，何者正確？【複選題】
(A)具有浮動(floating)閘極 (B)以紫外線清除資料 (C)具有控制閘極 (D)常用來儲存 PC 系統中的 BIOS 程式。

( ) 57. 80286(具 24 條位址線)於保護模式下，可以存取的虛擬記憶體(virtual memory)空間最大為多少個位元組？ (A)1 MB (B)16 MB (C)1 GB (D)16 GB。

( ) 58. 利用 80x86 的 MASM.EXE 組譯程式來定義 32 位元的資料，並且要使此資料能夠對齊 32 位元資料的位址，則在此定義資料前應加上之符號為： (A)DB 4 (B)Align 4 (C)EQU 4 (D)Model 4。

( ) 59. 一般所謂 32 位元或 64 位元之微處理機是依據下列何者來區分的？ (A)位址匯流排 (B)ALU 之位元數 (C)控制匯流排 (D)暫存器數目。

( ) 60. Pentium CPU 的快取(cache)記憶體的取代演算法名稱為何？
(A)FIFO(First In First Out) (B)LIFO(Last In First Out) (C)LRU(Least Recently Used) (D)FILO(First In Last Out)。

( ) 61. 下列有關閃脈(strobe)控制之敘述，何者錯誤？ (A)資料以非同步方式傳輸 (B)可以由 8255 元件實現 (C)可以由標的(destination)裝置啟動 (D)可以得知標的裝置已經收到資料。

( ) 62. 由於 80486 具有下列何者特徵，使得其每一工作(task)不需佔用連續的實際(physical)記憶體位址區域，下列敘述何者錯誤？【複選題】 (A)分頁(paging)記憶體管理 (B)中斷 I/O (C)直接記憶存取(DMA) (D)管線式(pipelined)執行單元。

Chapter

( ) 63. 下列關於巨集(macro)與副程式(subroutine)之敘述，何者正確？
【複選題】 (A)兩者皆只需定義一次 (B)兩者皆可在程式中不同的地方引用 (C)巨集指令能力的提供完全取決於 CPU 指令集，與組譯程式無關 (D)程式與副程式之間的連繫，通常使用堆疊(stack)來完成。

( ) 64. 下列關於微處理器之定址方式(addressing)之敘述，何者為錯誤？ (A)任何微處理器均具有單一位址定址方式(single-component addressing) (B)指令在各種不同的定址方式下，其執行時所需的時脈週期數通常不會一樣 (C)定址方式就是指令獲取運算碼(op code)的方法 (D)合成定址方式(composite addressing)之目的是為了方便存取某些特殊資料結構。

( ) 65. 已知某一 24 倍速 CD-ROM，則其最大資料轉移速率為何？
(A)600 KB/sec (B)1200 KB/sec (C)2400 KB/sec (D)3600 KB/sec。

( ) 66. 執行以下列 x86 指令，指令中[BX]的定址方式？
MOV AX, [BX]
(A)暫存器間接定址法 (B)立即資料定址法 (C)基底指標定址法 (D)暫存器定址法。

( ) 67. 下列哪一種數碼(numeric code)其任兩個相鄰的碼語(code word)之間，均只有一個位元不同？ (A)二進制(8,4,2,1)碼 (B)格雷碼(gray code) (C)加三碼 (D)BCD 碼。

( ) 68. 已知基底暫存器 BX = 0468H，指標暫存器 SI = 0A8EH，節區暫存器 DS = 0900H，則在基底指標定址方式下的運算元有效位址(effective address)為何？ (A)00E4H (B)0EF6H (C)9EF6H (D)A0BCH。

(　) 69. 執行以下列 x86 指令後，BX 暫存器值為何？

MOV CX, 10

MOV BX, 0

KKK：

ADD BX, CX

LOOP

END KKK

NOP

(A)0FH　(B)13H　(C)25H　(D)37H。

(　) 70. 執行以下列 x86 指令後，AX 暫存器值為何？

MOV AX, 5

SHL AX, 3

MOV BX, AX

SHL AX, 2

ADD AX, BX

(A)160　(B)180　(C)200　(D)240。

(　) 71. 執行以下 x86 指令後，AX 暫存器值為何？

MOV AX, 0FF7EH

NOT AX CBW

(A)FF81H　(B)0081H　(C)8100H　(D)817EH。

(　) 72. 下列哪一種儲存裝置具有最短的平均存取時間(access time)？
(A)快閃記憶卡(Compact Flash memory card)　(B)50 倍速CD-
ROM　(C)DVD 光碟機　(D)SCSI 硬碟機。

(　) 73. 對主機板上PENTIUM CPU而言，下列何種具有最快的存取速
度？　(A)L2 Cache　(B)AX 暫存器　(C)DDR SDRAM　(D)
L1 Cache。

( ) 74. 在真實模式下，x86 目前的堆疊指標(Stack Pointer, SP)值為 2002H，請問 CPU 在執行遠程 RET(far RET)指令後的 SP 值為 何？ (A)1FFEH (B)2000H (C)2004H (D)2006H。

( ) 75. 利用 x86 指令，執行下列指令會搬動多少位元組(byte)的資料？

MOV CX,256

REP MOVSW

(A)128 (B)256 (C)512 (D)1024。

( ) 76. x86 中暫存器 AL 的最低位元為 Bit 0；而最高位元為 Bit 7，請 問要測試 AL Bit 5 位元 0 或 1，應使用下列那個指令？

(A)TEST AL,10H (B)TEST AL,20H (C)TEST AL,40H

(D)TEST AL,80H。

( ) 77. 執行下列 x86 指令所設計的 KKK 副程式，是使用何種 I/O 技巧？

KKK：

IN AH,65H

TEST AH,80H

JZ OUT_CHAR

OUT 64H,AL

RET

(A)中斷式 I/O (B)查詢式 I/O (C)DMA I/O (D)非同步 I/O。

( ) 78. 執行下列 x86 指令後，AL 暫存器的值為何？

MOV AL,55H

XOR AL,AL

(A)55H (B)AAH (C)0H (D)FFH。

( ) 79. PC-100 64-bit SDRAM 模組的瞬間最大傳輸速率(Burst Transfer Rate)為何？ (A)64M byte/sec (B)100M byte/sec (C)800M byte/sec (D)1600M byte/sec。

( ) 80. 下列有關 x86 中斷處理的敘述，何者有誤？ (A)當 CPU 執行 STI 指令後，便不再重複接收 INTR 的中斷 (B)當 CPU 回應中斷認知後，中斷控制器應回送 8 位元的中斷向量 (C)CPU 利用中斷向量找到中斷處理常式的進入點 (D)中斷服務副常式不可任意改寫暫存器內涵。

( ) 81. 超純量(Super Scalar)的 CPU 是指： (A)超頻使用的 CPU (B)利用超導體製成的電腦 (C)多重多核心 CPU 的系統 (D)至少可以執行有兩個以上指令之執行管線(pipeline)的 CPU。

二、問答題：

1. 在 AX 暫存器中最高為位元 15，而最低為位元 0，請問要將 AX 中的排行位元 10、位元 3 及位元 2 的值設為 1 而不改變其它位元的值時，應使用何種指令？

2. 執行以下 x86 指令後，AX 暫存器值為何？
   ```
   MOV  AX,0AH
   SHL  AX,1
   MOV  CX,AX
   SHL  AX,2
   ADD  AX,CX
   ```

3. 執行以上 x86 指令後，AX 暫存器值為何？
   ```
   MOV  AL,83H
   SAR  AL,1
   ```

Chapter

習題

1. 何謂完全解碼？用 74LS138 設計一位址解碼器滿足下表所示位址。

元件型號	起始住址	A19~A16	A15A14A13A12	A11~A 0
EPROM1	A 0 0 0 0	1 0 1 0	0 0 0 0	0 ~ 0
EPROM2	A 2 0 0 0	1 0 1 0	0 0 1 0	0 ~ 0
EPROM3	A 4 0 0 0	1 0 1 0	0 1 0 0	0 ~ 0
EPROM4	A 6 0 0 0	1 0 1 0	0 1 1 0	0 ~ 0
EPROM5	A 8 0 0 0	1 0 1 0	1 0 0 0	0 ~ 0
EPROM6	AA 0 0 0	1 0 1 0	1 0 1 0	0 ~ 0
EPROM7	AC 0 0 0	1 0 1 0	1 1 0 0	0 ~ 0
EPROM8	AE 0 0 0	1 0 1 0	1 1 1 0	0 ~ 0

2. (1)由圖(一)(a)欲使 74LS688 的輸出 Low，則指撥開關應如何切換？
   (2)何謂不完全解碼？下圖(一)(b)為不完全的記憶體位址解碼器，寫出每一個 EPROM 之起始與結束位址。

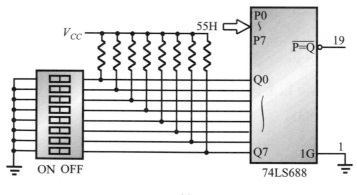

(a)

圖(一)

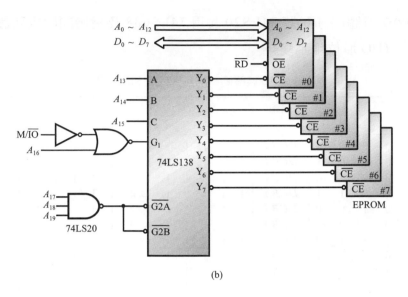

(b)

圖(一)　(續)

3. 用 74LS138 做八進位轉換十進位的轉換解碼，當輸入為 $(101)_2$ 時解碼器啟動那一條輸出線 Y_i ？

4. (1)圖(二)為 74LS154，4 線對 16 線的解碼器，設計一個 6 位元二進位解碼器，需要幾個 74LS154 ？

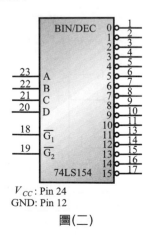

圖(二)

(2)參考圖(一)(b)將 74LS20 改用 74LS688 及指撥開關重新設計電路 (I/O 埠位址不變)。

4 線對 16 線解碼器的解碼函數和真值表

十進位數字	二進位輸入				邏輯函數	輸出															
	D	C	B	A		0	1	2	3	4	5	6	7	8	9	10	11	12	13	14	15
0	0	0	0	0	$\overline{D}\,\overline{C}\,\overline{B}\,\overline{A}$	0	1	1	1	1	1	1	1	1	1	1	1	1	1	1	1
1	0	0	0	1	$\overline{D}\,\overline{C}\,\overline{B}\,A$	1	0	1	1	1	1	1	1	1	1	1	1	1	1	1	1
2	0	0	1	0	$\overline{D}\,\overline{C}\,B\,\overline{A}$	1	1	0	1	1	1	1	1	1	1	1	1	1	1	1	1
3	0	0	1	1	$\overline{D}\,\overline{C}\,B\,A$	1	1	1	0	1	1	1	1	1	1	1	1	1	1	1	1
4	0	1	0	0	$\overline{D}\,C\,\overline{B}\,\overline{A}$	1	1	1	1	0	1	1	1	1	1	1	1	1	1	1	1
5	0	1	0	1	$\overline{D}\,C\,\overline{B}\,A$	1	1	1	1	1	0	1	1	1	1	1	1	1	1	1	1
6	0	1	1	0	$\overline{D}\,C\,B\,\overline{A}$	1	1	1	1	1	1	0	1	1	1	1	1	1	1	1	1
7	0	1	1	1	$\overline{D}\,C\,B\,A$	1	1	1	1	1	1	1	0	1	1	1	1	1	1	1	1
8	1	0	0	0	$D\,\overline{C}\,\overline{B}\,\overline{A}$	1	1	1	1	1	1	1	1	0	1	1	1	1	1	1	1
9	1	0	0	1	$D\,\overline{C}\,\overline{B}\,A$	1	1	1	1	1	1	1	1	1	0	1	1	1	1	1	1
10	1	0	1	0	$D\,\overline{C}\,B\,\overline{A}$	1	1	1	1	1	1	1	1	1	1	0	1	1	1	1	1
11	1	0	1	1	$D\,\overline{C}\,B\,A$	1	1	1	1	1	1	1	1	1	1	1	0	1	1	1	1
12	1	1	0	0	$D\,C\,\overline{B}\,\overline{A}$	1	1	1	1	1	1	1	1	1	1	1	1	0	1	1	1
13	1	1	0	1	$D\,C\,\overline{B}\,A$	1	1	1	1	1	1	1	1	1	1	1	1	1	0	1	1
14	1	1	1	0	$D\,C\,B\,\overline{A}$	1	1	1	1	1	1	1	1	1	1	1	1	1	1	0	1
15	1	1	1	1	$D\,C\,B\,A$	1	1	1	1	1	1	1	1	1	1	1	1	1	1	1	0

5. 寫出圖(三)I/O 位址解碼電路 $\overline{CS0}$ 至 $\overline{CS7}$ 的位址值

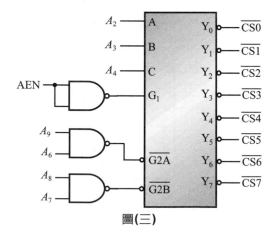

圖(三)

6. (1)說明80×86之M/$\overline{\text{IO}}$、$\overline{\text{RD}}$、$\overline{\text{WR}}$、ALE 及 AEN 接腳的功能？

　　(2)為何80×86的最大記憶體空間只有1M位元組？PC/AT Pentium II 最大記憶體空間多少？PC/AT 之 P4 最大記憶體空間多少？

7. (1)圖(四)74LS138的輸出線連接 2 個8255A、2 個8254 及一個8259A 共 5 個元件，寫出各元件 I/O 埠位址的解碼範圍？

　　(2)參考圖(四)，欲規劃#1 8255A 之 I/O 埠位址由300H 至303H 止#2 8255A 之 I/O 位址由304H 起至307H 止，#1 8254 由308H 至30BH 止，#2 8254 由30CH 至30FH 止，8259A 由310H 至313H 止，則其電路圖應如何修正？

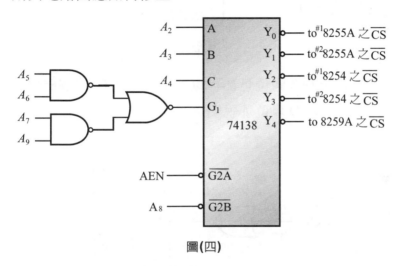

圖(四)

8. 80×86 CPU RESET 後，各暫存器內含為何？

9. 圖(五)為 SRAM 之完全解碼電路，寫出$\overline{Y_0}$ 至$\overline{Y_3}$ 記憶體位址範圍？

10. 74LS138的 3 個選擇輸入和系統的位址A_{12}、A_{13}和A_{14}連接，同時$\overline{\text{G2A}}$ 和A_{15}連接，$\overline{\text{G2B}}$接$\overline{\text{RD}}$，設計一位址解碼表格說明解碼器所連接 8 個 ROM 的位址範圍？位址A_0~A_{11}接 ROM，A_{16}~A_{19} 4 線經 AND 閘後，AND 之輸出接G_1。

Chapter

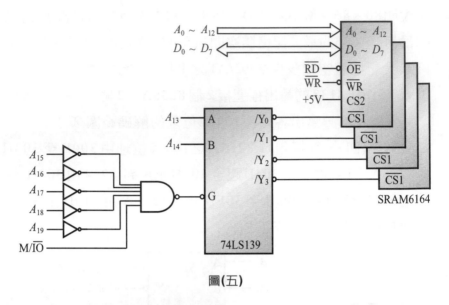

圖(五)

11. 圖(六)實際上許多的位址都可以選取圖上 I/O 埠解碼器的任一個輸
出，試以 Y_0 的 I/O 埠位址說明之。

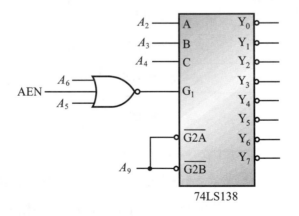

圖(六)

12. 簡述下列名詞

    (1) PCI Bus

    (2) AGP Bus

13. PCI 為 Local Bus 的一種標準，說明其廣泛被使用的原因？

14. Local Bus 是一種標榜與 CPU 同為 32 位元匯流排架構，試證明其效率為 ISA Bus 的 8 倍。

15. 不管任何一種匯流排，其傳輸的內容有那些？

16. (1) PCMCIA 的英文全名為何？

    (2) 新 PC 卡 Card Bus 主要的特色有那些？

17. AGP 介面 Frame_Buffer 將 Texture Data 移到主記憶中有何優點？

18. Ture_Color，解析度為 800*600 的 3D 影像，匯流排的尖峰傳輸速度多少？

19. 同上題，如果將 True_Color 改為 256 色則尖峰傳輸速度為何？

20. 何謂 PCMCIA 之點對點連接？作用為何？

21. 已知 MMX 在 CPU 內追加了 57 個新的指令，8 個 64 位元暫存器和 4 個新的資料型態，並以平行處理 SIMD 的技術來增加多媒體的處理速度，試比較 AGP 與 MMX 的優劣。

22. 試比較 PCI Bus 與 VL_Bus 的優劣？

23. 電腦運算從早期 8 位元、16 位元、32 位元發展至現今的 64 位元，如 Intel PII、PIII、P4 等僅為兩個 32 位元的結構，何謂 64 位元處理器？真正的 64 位元 CPU 速度會大於兩個 32 位元的 CPU？試比較 64 位元與 32 位元之差異？

24. 試舉出 AMD 與 Intel 各有哪些 64 位元 CPU 處理器？

25. 搭配了 64 位元的作業系統之 64 位元的硬體運算架構的確是提高了運算效能,所以 64 位元解決方案的需求者一開始來自大量資料運算的企業,如使用 ERP (企業資源規劃) 與大型資料庫以及同一時間面臨客戶進行多筆交易的狀況,例如線上下單與大型入口網站等,這些運算皆能受惠於 64 位元運算平台所帶來的記憶體定址能力,當然生物科技業、數位多媒體繪圖、學術單位也是使用 64 位元平臺解決方案的對象,試另外舉出三種需求 64 位元平臺來解決方案之相關企業?(排除個人使用者)

26. (a)何謂超頻?(b)台灣個人採購電腦的文化跟國外有一項最大的特色就是:組裝。品牌在台灣的個人電腦市場上,有時會變成享有絕對的弱勢。你同意這樣的論點?請闡述您的看法。(c)你有買過電腦?採購經驗為何?

27. AMD ATHLON64 的 X2 系列從 X2 3800+到 X2 4800+ & FX-60 都是雙核心,而 INTEL 的 8XX 系列 & 9XX 系列也都是雙核心處理器。但是未使用 MICROSOFT 的 64 位元作業系統或 WINDOWS VISTA 之前,單核心 64 位元 CPU 只能在 64 位元的處理器上使用 32 位元的作業系統而已,試比較雙核心處理器與單核心 64 位元 CPU 之特色?

28. 微處理機系統記憶體容量的需求,平均以每 2～3 年提升一倍的速度成長,記憶體將扮演運算架構轉換的推手顯而易見。目前的 DVD 影片即便是 DVD5 規格中單面雙層的碟片容量也有 4.7GB 以上,因此不論剪輯還是播放,受限於 Windows XP 的 2GB 定址,應如何處理。

29. 首款 32 位元個人電腦於 1985 年問世時，當時不論是作業系統還是應用程式均處於 16 位元，等到 Windows XP 的出現，才算是真正解除 16 位元軟體之羈絆，第一顆 64 位元處理平台單晶片的目標是：縮短晶片間的內部連線，全面減少系統延遲，並將兩顆晶片合而為一，節省主機板空間以保障未來硬體升級。但是 64 位元的整體發展，不能只靠 CPU 來推動，還需要聯合更多的因素，其內容為何？

30. 32 位元移轉到 64 位元平台的優缺點為何？如何由 32 位元順利地過渡到 64 位元平台？

31. AMD 64 位元 CPU 到底分哪幾種等級？

Chapter

2

8255A

2-1　8255A 結構

2-2　控制字組(命令字組)

2-3　MOD-0

2-4　MOD-1

　　8255A 為一可程式規劃的週邊介面晶片，簡稱可程式週邊介面 PPI，是一只通用之 I/O 元件，作為傳送匯流排與週邊裝置並列資料之介面 IC。

　　8255A 目前有三種型式：8255A 工作頻率為 4MHz，8255A-5 工作頻率為 5MHz 及 82C55A 工作頻率最高為 8MHz。

　　8255A 為美商 Intel 公司開發之並列 I/O 介面元件，同類型目前市面上廣泛被使用的尚有：摩托羅拉之 MC6821、ZILOG 公司的 Z80PIO。8255A 使用容易且價格便宜，與其他 Intel 元件相容性高，被用來支援微電腦系統與週邊設備並列資料的傳送。

2-1　8255A 結構

　　如圖 2-1 所示，8255A 是一個 40 支腳 DIP 包裝的 LSI 晶片，可藉著軟體規劃各項功能。圖 2-2 為 8255A 之內部結構，PPI 資料傳遞是透過內部 8 位元資料匯流排來完成，工作電壓 V_{cc} 為 5 伏特

1. **資料匯流排緩衝器：$D_0 \sim D_7$**

　　此介面為 8 位元雙向資料匯流排，是 CPU 與 8255A 間傳送資料之資料線，CPU 透過此緩衝器可以讀寫 8255A 中的資料，以及將控制字組寫入 8255A 相關的暫存器。

2. **A 埠資料線：雙向 $PA_0 \sim PA_7$**

　　PA，8 位元為 8255A 與週邊界面的資料傳輸線，內含 8 位元的資料輸出栓鎖／緩衝器及 8 位元的資料輸入鎖住器，當 8255A 被重置時 PA (A埠)被設定為輸入模式。

3. **B 埠資料線：$PB_0 \sim PB_7$**

　　PB，8 位元為 8255A 與週邊界面的資料傳輸線，內含 8 位元的資料輸出栓鎖器與 8 位元的資料輸入緩衝器，當 8255A 被重置時，

B埠為輸入模式。

　　$PA_0 \sim PA_7$與$PB_0 \sim PB_7$各自獨立，由內部結構我們可以看出，內部 8 位元的資料匯流排由A、B、C埠配合A組、B組控制器進行資料傳輸並透過資料匯流排緩衝器與 CPU 溝通。

4. C埠資料線：雙向 $PC_0 \sim PC_7$

　　PC，8 位元為 8255A 與週邊界面的資料傳輸線，內含 8 位元的資料輸出栓鎖／緩衝器，以及 8 位元的資料輸入緩衝器。C埠除了作為 I/O 線外，可規劃為兩個 4 位元之 I/O 線，或另可規劃為A埠與B埠的交握信號控制線。當 8255A 被重置，則C埠被設定為輸入模式。

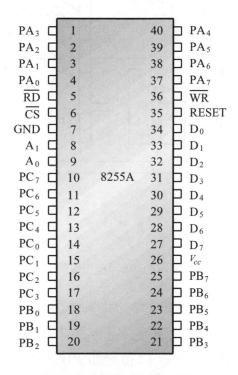

圖 2-1　8255A/8255A 接腳

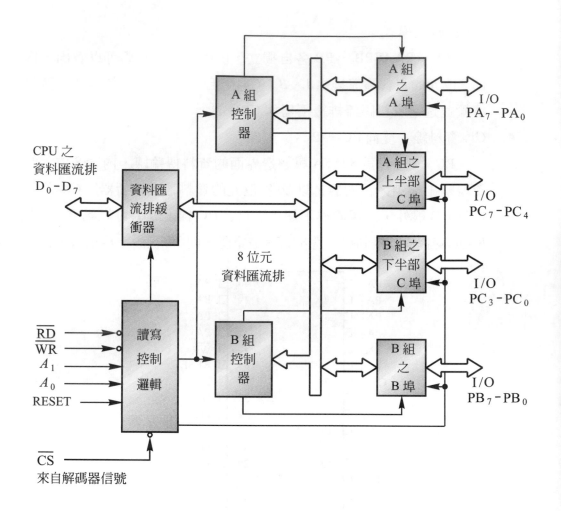

圖 2-2　8255A 方塊圖

　　PPI 可程式規劃的 I/O 埠一共 24 個位元，分為三個 8 位元的 I/O 埠，即 A、B、C 埠，此三埠又可分為 2 組，即 A 組 12 位元即 PA_0～PA_7 加上 PC_4～PC_7，B 組 12 位元即 PB_0～PB_7 加上 PC_0～PC_3。不管是 A 組或 B 組，皆要透過控制暫存器之控制字組來規劃。A、B、C 埠可單獨使用或分成 A、B 兩組混合使用，依工作模式而定。

5. A、B組控制單元：

　　A、B組控制單元用來設定A、B、C埠之操作，在模式設定時，控制字組的最高位元為 1，在設定或清除C埠位元時，控制字組的最高位元為 0(於後說明之)，此兩種控制字組之 I/O 埠位址均相同。

6. 讀寫控制邏輯單元：

　　本單元包含 6 條控制輸入線，分別是：

(1) RESET 重置：高準位動作，RESET 時A、B、C埠及控制字組暫存器均被清除，此時A、B、C三埠均為輸入模式。當 RESET 保持高電位，則 8255A 應維持在 RESET 狀態。

(2) A_0、A_1位址線：A_0、A_1輸入用來選取A、B、C其中之一，再加上控制字組共 4 種選擇($2^2 = 4$)。

(3) $\overline{CS}$晶片選取線：低準位動作之輸入線，此信號來自解碼器電路。$\overline{CS} = 1$，8255A 除能，無法與 CPU 或週邊進行資料傳輸。$\overline{CS} = 0$，8255A 致能，晶片被啟動，還要再配合A_0、A_1、$\overline{WR}$、$\overline{RD}$等控制信號線，才能完成正確之操作。

(4) $\overline{WR}$、$\overline{RD}$寫入／讀取：均低準位動作，CPU 對A、B、C三埠進行資料的傳輸或 CPU 對 8255A 下達命令的控制線。

　　8255A 讀寫控制邏輯單元之基本操作，如表 2-1 所示。

　　值得注意的是：CPU 讀寫A埠的資料時，I/O 埠位址線的$A_0 = 0$，$A_1 = 0$，CPU 讀寫B埠的資料時，I/O 位址線的$A_0 = 1$，$A_1 = 0$，同樣的 CPU 讀寫C埠的資料時，I/O 埠位址線$A_0 = 0$，$A_1 = 1$，而 CPU 將控制字組寫入控制暫存器，進行規劃或設定時，I/O 埠位址線為$A_0 = 1$，$A_1 = 1$，因此 CPU 可讀寫 3 埠的資料，但僅能將控制字組寫入控制暫存器，唯 8255A 另提供狀態字組供 CPU 讀取。

Chapter **2**

表 2-1　8255A 內的暫存器位址分配與功能說明

A_1	A_0	$\overline{RD}$	$\overline{WR}$	$\overline{CS}$	操作情況
0	0	0	1	0	CPU 讀取 A 埠的資料
0	1	0	1	0	CPU 讀取 B 埠的資料
1	0	0	1	0	CPU 讀取 C 埠的資料
0	0	1	0	0	CPU 資料寫入 A 埠
0	1	1	0	0	CPU 資料寫入 B 埠
1	0	1	0	0	CPU 資料寫入 C 埠
1	1	1	0	0	CPU 控制字碼寫入控制暫存器
×	×	×	×	1	資料匯流排浮接，8255A 不動作
1	1	0	1	0	操作錯誤
×	×	1	1	0	資料匯流排浮接

範例 1　(a)已知某線路接 8255A $\overline{CS}$ 之 I/O 埠位址解碼器值為 2E0～2E3H，
　　　求 PA、PB、PC 及控制字組之位址值？

　　(b)何謂栓鎖器？何謂緩衝器？

解　(a)已知 8255A 之 $\overline{CS}$ 控制信號由 2E0 起至 2E3H 必須由外接之線路產
生，因為 I/O 埠控制字組位址匯流排之位址線 $A_0 = 1$，$A_1 = 1$，則
對應之位址值為 2E3H，PC I/O 埠位址值的 $A_0 = 0$，$A_1 = 1$ 故 2E3H
－ 1 = 2E2H，其次 PB 之位址值為 2E1H，PA 之位址值為 2E0H，
此時 $A_0 = 0$，$A_1 = 0$。

　　(b)栓鎖器可視為正反器，8255A 內部之輸出端或輸入端如果用正反
器(D 型)作資料之 I/O，其資料位元有儲存的作用表示具有栓鎖功
能，所有資料必須用 CLK 同步，故一旦資料進入栓鎖器(Latch)，
此時輸入信號之改變不會影響到輸出端，除非有 CLK 進行觸發。

反之，緩衝(Buffer)只是單純I/O端點，輸入資料有變動，輸出端隨即跟著變化，沒有記憶的功能，也不會有儲存之作用，電子電路之緩衝器一般都是採用簡單之邏輯元件，其目的只是匹配，以提昇電流或電壓，僅稍能作波整形而已。

註 8255A介面元件之應用設計程式中，凡是於程式指令之執行過程中，如果操作是被用來當"規劃"、"設定"、"下達命令"或"控制字組"等之該指令一定是控制字組。

範例 2 在微電腦系統中，I/O埠的位址空間結構有兩種，即獨立式I/O(Isolated I/O)與記憶體映對 I/O(Memory mapped I/O)，以 8255A 為應用例，說明獨立式 I/O 及記憶體映對 I/O 結構的差異。

解 獨立式I/O之每一個裝置與CPU之溝通都必須透過I/O匯流排，I/O裝置與記憶體是分開的，如圖(a)，反之記憶體映對其記憶體與 I/O使用同一個位址空間，CPU 不必去分辨何者為記憶體何者為 I/O，如圖(b)。

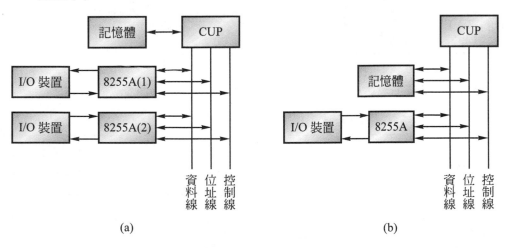

(a)　　　　　　　　　　　　　　　(b)

Chapter **2**

範例 3 讀／寫控制邏輯單元(1)當$\overline{RD}=1$，$\overline{WR}=0$，$\overline{CS}=0$，$A_1=1$，$A_0=0$，作用爲何？(2)當$\overline{RD}=\times$，$\overline{WR}=\times$，$\overline{CS}=1$，$A_1=\times$，$A_0=\times$時，作用爲何？表示任意，即 don't care。

解 由表2-1可得，$A_1=1$，$A_0=0$，選C埠，也就是CPU對8255A之C埠寫入資料($\overline{WR}=0$)。

參考表2-1，$\overline{CS}=1$，其餘之信號無意義，此時資料匯流排爲三態，0、1不確定，因爲資料匯流排位元介於0～1之間，爲浮接之高阻抗。

⋯⋯⋯⋯⋯⋯⋯⋯⋯⋯⋯⋯⋯⋯⋯⋯⋯⋯⋯⋯⋯⋯⋯⋯⋯⋯⋯⋯⋯⋯⋯⋯

注意：由表2-1我們可以看出CPU無法讀取8255A控制暫存器控制字組的命令值($\overline{RD}=0$，$A_1=A_0=1$，且$\overline{CS}=0$)

練習 1 8255A爲Intel開發之I/O介面元件，其結構爲

(A)工作電壓5V (B)24支腳位DIP包裝 (C)VLSI晶片，有3個I/O埠，每埠12個位元 (D)爲一可程式規劃之串列介面晶片

解 (A)

⋯⋯⋯⋯⋯⋯⋯⋯⋯⋯⋯⋯⋯⋯⋯⋯⋯⋯⋯⋯⋯⋯⋯⋯⋯⋯⋯⋯⋯⋯⋯⋯

練習 2 8255A之工作模式有

(A)二種 (B)三種 (C)四種 (D)五種

解 (B)

⋯⋯⋯⋯⋯⋯⋯⋯⋯⋯⋯⋯⋯⋯⋯⋯⋯⋯⋯⋯⋯⋯⋯⋯⋯⋯⋯⋯⋯⋯⋯⋯

練習 3　下列有關 8255A 之敘述何者有誤?

(A)在模式設定時,控制字組最高位元為 1

(B)8255A RESET 時,PA(A 埠)為輸出模式

(C)$\overline{CS}$晶片選擇線為 LOW,8255A 致能

(D)$\overline{WR}$及$\overline{RD}$ 讀取寫入控制信號線均為低準位動作。

解　(B)

練習 4　8255A 讀寫控制邏輯單元之操作中,當 CPU 欲寫入 A 埠的資料時

(A)$A_0 = 1$　(B)$A_1 = 1$　(C)$\overline{WR} = 0$　(D)$\overline{CS} = 1$。

解　(C)

練習 5　8255A RESET 後 B 埠 PB3 位元及 PC3 位元腳位值為

(A)$PB_3 = 0$,$PC_3 = 0$　(B)$PB_3 = 0$,$PC_3 = 1$　(C)$PB_3 = 1$,$PC_3 = 0$

(D)$PB_3 = 1$,$PC_3 = 1$。

解　(A)

練習 6　下列哪一種是 I/O 與記憶體間傳輸資料不必經過 CPU 的 I/O 方法?

(A)查詢式 I/O　(B)中斷式 I/O　(C)DMA I/O　(D)以上皆非。

解　(C)

Chapter **2**

2-2 控制字組(命令字組)

本節為 8255A 之重心。如前所述 A、B 組控制單元下命令時其 "控制字組" 之功能有兩種：一為模式設定，也就是透過 A、B 組控制單元設定 A、B、C 三埠之作業模式，一為 C 埠位元設定或清除。

8255A 定義之作業模式有三種：

1. MOD-0：基本輸入／輸出模式

2. MOD-1：觸動式(Strobed)輸入／輸出模式

3. MOD-2：觸動式雙向匯流排輸入／輸出模式

要選用作業模式，必須根據控制字組格式，如圖 2-3 所示。

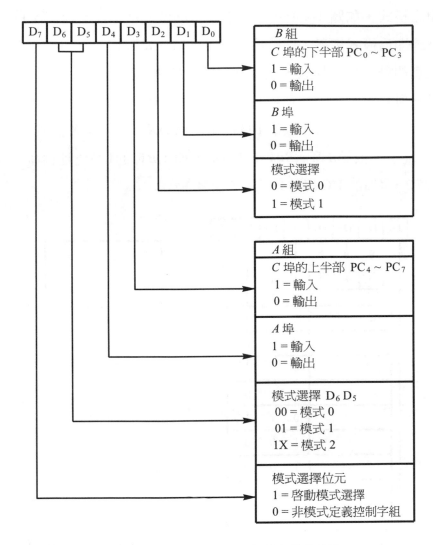

圖 2-3　控制字組的第一種格式即模式定義

　　控制字組暫存器的第二種格式為：直接設定或清除 C 埠內的位元，此種用法將 C 埠當作"狀態／控制位元"來用甚為方便，例如應用在列表機介面控制。如果控制字組中 D_7 位元為 0 就屬於致能 C 埠的位元設定／清除控

Chapter **2**

制字組之格式，如圖 2-4 所示。反之，當 D_7 位元為 1 時，8255A 的控制字組的格式即為模式定義，此時控制字組被用來當設定 8255A 的作業模式。值得注意的是：作業模式未定義之前就對 C 埠下達位元設定／清除控制命令不具任何意義，以上二種控制字組的 I/O 埠位址均相同。在應用的程式片段中，如果已知命令字組的 I/O 埠位址為 DX 值，則 DX 值減 1 就是 C 埠的 I/O 位址了，至於 A 埠、B 埠可以類推，如：B 埠的 I/O 位址為命令字組的 DX 值減 2，A 埠的 I/O 埠位址為 DX 值減 3。

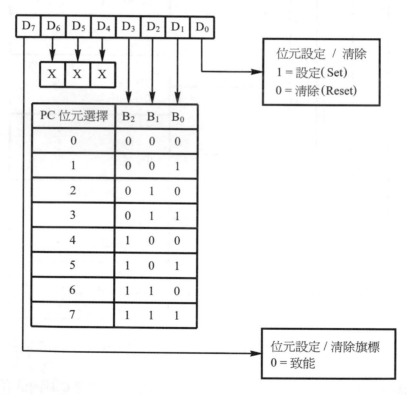

圖 2-4　　C 埠位元設定／清除控制字組之格式，X 表示任意值，平常設為 0，此為控制字組之第二種格式

2-3　MOD-0

　　8255A最基本的I/O模式，此時資料的傳送無需作交握控制(Handshaking)，當三埠被設定為輸出組態時，PA、B、C 具栓鎖功能，反之A、B、C埠被設定為輸入組態則只僅能當緩衝器。MOD-0的 I/O 組態共有16種，如表2-2 所示。圖2-5、2-6為8255A基本I/O之時序圖。

表 2-2　模式 0 的控制命令種類

控制字組								十六進制	A 組		B 組	
D_7	D_6	D_5	D_4	D_3	D_2	D_1	D_0	十六進制	A 埠	C 埠 $PC_4 \sim PC_7$	C 埠 $PC_0 \sim PC_3$	B 埠
1	0	0	0	0	0	0	0	80	OUT	OUT	OUT	OUT
1	0	0	0	0	0	0	1	81	OUT	OUT	IN	OUT
1	0	0	0	0	0	1	0	82	OUT	OUT	OUT	IN
1	0	0	0	0	0	1	1	83	OUT	OUT	IN	IN
1	0	0	0	1	0	0	0	88	OUT	IN	OUT	OUT
1	0	0	0	1	0	0	1	89	OUT	IN	IN	OUT
1	0	0	0	1	0	1	0	8A	OUT	IN	OUT	IN
1	0	0	0	1	0	1	1	8B	OUT	IN	IN	IN
1	0	0	1	0	0	0	0	90	IN	OUT	OUT	OUT
1	0	0	1	0	0	0	1	91	IN	OUT	IN	OUT
1	0	0	1	0	0	1	0	92	IN	OUT	OUT	IN
1	0	0	1	0	0	1	1	93	IN	OUT	IN	IN
1	0	0	1	1	0	0	0	98	IN	IN	OUT	OUT
1	0	0	1	1	0	0	1	99	IN	IN	IN	OUT
1	0	0	1	1	0	1	0	9A	IN	IN	OUT	IN
1	0	0	1	1	0	1	1	9B	IN	IN	IN	IN

Chapter **2**

　　MOD_0 是 8255A 最簡單的模式，時序圖上所附註箭頭表示 CPU 對 8255A執行輸入輸出指令時其時間順序的轉折點，時間數值可參閱INTEL 的資料手冊。

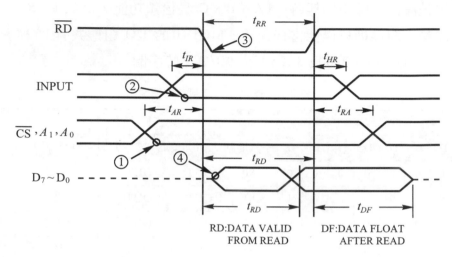

RD:DATA VALID
FROM READ

DF:DATA FLOAT
AFTER READ

圖 2-5　MOD-0 輸入時序，$\overline{\text{WR}}$ = Hi

　　MOD-0 基本I/O之輸入與輸出時序圖中所註明的序號由①至④，表示 控制信號互相影響的先後次序，所以CPU對8255A資料作讀取或寫入時， 會各依①至④的步驟完成操作。當CPU要由8255A讀取三埠8位元的資料 通常採用輸入指令(IN)，反過來，CPU欲將8位元的資料經由資料匯流排 傳至8255A內部，到達三埠PA～PC時，一般用OUT為輸出指令。$\overline{\text{RD}}$是 CPU讀取資料的控制信號線，一旦晶片選擇信號線$\overline{\text{CS}}$致能8255A之後， 來自週邊設備輸入8255A(IN)的8位元資料就備妥於匯流排上，等到$\overline{\text{RD}}$的 信號下降為Low，D_0～D_7的資料就被輸入至CPU內部的AL暫存器，圖2-5 所示D_0～D_7的信號表示 8255A 的資料匯流排緩衝器信號。反之，參考圖 2-6，當 CPU 要輸出資料，一旦 $\overline{\text{CS}}$ 致能8255A，$\overline{\text{WR}}$ 的控制信號下降為

Low，促使CPU的資料匯流排信號$D_0 \sim D_7$進入 8255A 的內部匯流排再到達 8255A 的三埠輸出(OUT)至週邊設備，順利完成一個輸出程序。

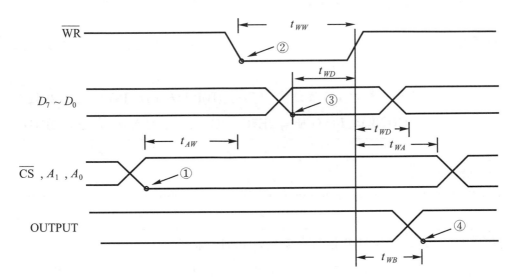

圖2-6 MOD-0輸出時序，$\overline{RD}$ = Hi

練習 7　已知 8255A 控制字組之命令碼為 83H，則表示

(A)命令碼D_7=1，表示C埠位元設定與清除　(B)A 組A埠為輸入

(C)B 組B埠為輸出　(D)A 組模式選擇為 0。

解 (D)

· ·

練習 8　已知 8255A 先經 RESET 後，C埠位元設定/清除控制字組格式 D7~ D0 值為 00000111B，則

(A)PC 位元選擇(C埠)之$PC_1 = 1$　(B)PC 位元選擇(C埠)之$PC_3 = 1$

(C)PC 位元選擇(C埠)之$PC_5 = 1$　(D)PC 位元選擇(C埠)之$PC_7 = 1$。

Chapter 2

解 (D)

練習 9 已知 8255A 晶片選擇控制信號來自 74LS138 且其 I/O 埠位址範圍
為 2E4~2E7H，則
(A)PA(A埠)之 I/O 位址為 2E7H　(B)PB(B埠)之 I/O 位址為 2E7H
(C)PC(C埠)之 I/O 位址為 2E7H　(D)控制字組之 I/O 位址為 2E7H。

解 (D)

練習 10 8255A MOD_0 控制命令碼為 83H，表示
(A)A 組 A 埠為輸入　(B)A 組 C 埠 PC_4~PC_7 為輸入　(C)B 組 B 埠為輸
入　(D)B 組 C 埠 PC_0~PC_3 為輸出

解 (C)

練習 11 8255A MOD_0 欲使 PA、PB、PC 均為輸入，則 CPU 下達之控制命
令字組為
(A)91H　(B)93H　(C)99H　(D)9BH

解 (D)

範例 4　已知 8255A 的控制字組為 80H，其意義為何？

解　80H = 10000000B，此為命令字組，參考圖 2-3 可得

$D_7 = 1$表示模式設定啟動(有動作)

D_6，$D_5 = 00$，表示 MOD-0

$D_4 = 0$表示A埠為輸出($PA_0 \sim PA_7$)且為 MOD-0

$D_3 = 0$表示C埠為輸出($PC_4 \sim PC_7$)且為 MOD-0

$D_2 = 0$表示 MOD-0

$D_1 = 0$表示B埠為輸出($PB_0 \sim PB_7$)且為 MOD-0

$D_0 = 0$表示C埠為輸出($PC_0 \sim PC_3$)且為 MOD-0

範例 5　如上題，已知控制字組之控制暫存器位址為 303H，欲令 PA 輸出 FFH，PB 輸出 55H，PC 輸出 AAH，其片段程式為何？

解　已知控制字組位址為 303H

```
MOV   DX, 303H  ;定址，命令字組的位址為A₀=A₁=1，一定用DX
MOV   AL, 80H   ;模式設定的控制字碼，PA，B，C為輸出模式
OUT   DX, AL    ;完成設定
MOV   DX, 300H  ;PA = 300H，A₀=0，A₁=0，PA I/O 埠位址
MOV   AL, 0FFH  ;FF 為 PA 輸出值，8 位元一定用 AL
OUT   DX, AL    ;完成輸出
INC   DX        ;PB =301H ，A₀=1，A₁=0，PB I/O 埠位址
MOV   AL, 55H   ;指定 PB 輸出值為 55H
OUT   DX, AL    ;執行輸出完畢
INC   DX        ;PC = 302H，A₀=0，A₁=1，PC I/O 埠位址
MOV   AL, 0AAH  ;指定由 PC I/O 埠輸出值
OUT   DX, AL    ;執行輸出
```

Chapter 2

注意：位址 303H，必須根據硬體線路解碼器位址線而定，其中 303H
之 $A_0 = 1$，$A_1 = 1$，由表 2-2 得知 AL ＝80H 必為命令字組內含。

範例 6　欲將 8255A 的 A 組作輸入，B 組作輸出，控制字組位址為 303H，片段程式為何？(已知為 MOD-0)

解　A 組為 12 位元為輸入，B 組 12 位元為輸出，其命令字組＝98H

MOV DX, 303H　；命令字組的 I/O 埠位址
MOV AL, 98H　　；可查表或由圖 2-3 之格式找出對應
OUT DX, AL

C 埠分為高 4 位元及低 4 位元，C 埠彈性比較大。

範例 7　欲由 PA 輸入，以時序圖說明程式之運作。8255A 為 MOD-0，控制字組位址為 303H。

解　MOV DX, 303H；DX 值為已知
MOV AL, 90H　；規劃 PA 為輸入，PB，PC 可不予理會
OUT DX, AL　；時序圖由此開始，參考圖 2-5
MOV DX, 300H；$A_0 = A_1 = 0$ 為 A 埠，此指令執行後，送出位址線，
　　　　　　　經解碼後 $\overline{CS}$ 為 0 啓動 8255A，如①位置。
IN AL, DX　；執行此指令前，PA 之資料已備妥於 PA 輸入緩衝內，如②所示。
　　　　　　　；執行此指令後，CPU 送出 $\overline{RD}$＝Low，如③所示，於④位置時 $\overline{RD}$ 由 Low 變為 Hi，CPU 將 8255A 之資料讀取後，DATA Bus 為 PA 之值。

範例 8 同上題 I/O 埠之相關條件，但欲使 PA 爲 MOD_1 輸入，PB 爲 MOD_1 輸出，試設計片段程式。

解 此題爲 MOD_1，其控制字組之命令碼爲

10110100 = B4H

MOV DX, 303H ；控制字組位址

MOV AL, 0B4H ；控制碼 B4H

OUT DX, AL ；C 埠 8 位元作用爲交握之控制訊號

控制字組之 I/O 埠位址不管是模式設定或 C 埠位元設定／清除其值相同。因此凡是在片段程式指令之註解當中如果看到：規劃、控制、設定、命令等字，必爲控制字組之 I/O 埠位址。

範例 9 欲使 PC_6 產生由 Hi 至 Low 之下降緣信號，已知 I/O 埠位址如下圖所示，其片段程式爲何？

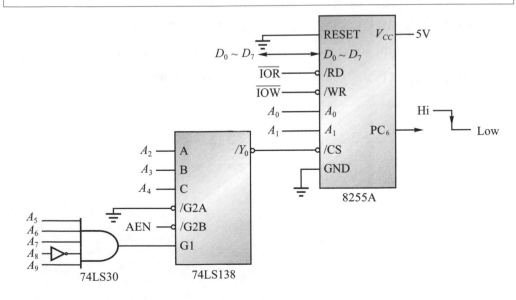

8255A

74LS30　74LS138

解 74LS138 解碼器/Y_0 的輸出位址範圍為 2E0～2E3H

片段程式為：

MOV DX, 2E3H ；命令字組的位址為 2E3H，PC 位址為 2E2H

MOV AL, 0DH ；0DH = 00001101B，先由 PC_6 產生 Hi pulse

OUT DX, AL

MOV AL, 0CH ；OCH = 00001100B，由 PC_6 產生 Low pulse

OUT DX, AL

註：0DH 展開後 0XXX1101 之 110 表示 PC_6 位元，當 D_0 = 1 表示 PC_6 輸出 Hi，0CH 展開後 0XXX1100 仍然選擇 PC_6 位元，但是 D_0 = 0 此時 PC_6 先由 Hi 瞬間降為 Low。

範例 10 使 PC_5 位元設定為 Hi，已知 I/O 埠位址為 303H，片段程式為何？

解 啟動位元設定／清除

MOV DX, 303H ；控制字組之 I/O 埠位址

MOV AL, 00001011B ；0B = 00001011 其中 101 表 PC_5，

OUT DX, AL 　　　　D0 = 1 表 Hi，參考圖 2-4

練習 12 8255A 欲由 PB 輸入且為 MOD-0 控制字組位址為 303H，將下列正

確答案填入空格內

ⓐ303H ⓑ302H ⓒ301H ⓓ300H

ⓔ80H ⓕ81H ⓖ90H ⓗ91H

MOV DX,＿＿＿＿＿(1)

MOV AL,＿＿＿＿＿(2)

OUT DX, AL

MOV DX,＿＿＿＿＿(3)

IN AL, DX

解 (1)ⓐ (2)ⓗ (3)ⓒ

....

2-4 MOD-1

MOD-1 之特徵為：

1. C埠分別作為A、B埠的交握信號控制線，A埠、B埠獨立只能作單向 I/O 均具栓鎖功能。

2. 規劃為輸出時，週邊裝置必須產生$\overline{ACK}$信號通知 8255A 作交握控 制。規劃為輸入時，週邊裝置需回應 $\overline{STB}$信號。圖 2-7、2-8 為 MOD-1 交握結構。

Chapter **2**

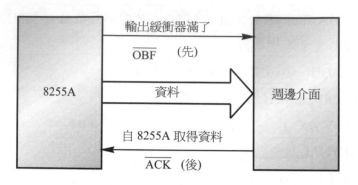

圖 2-7　8255A 輸出資料至週邊裝置

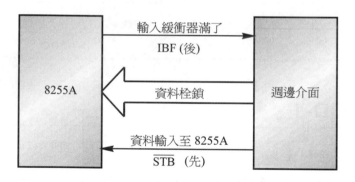

圖 2-8　8255A 讀取週邊裝置資料

3.　A埠為輸入，PC_3，PC_4，PC_5為A埠之交握信號，PC_6、PC_7為 I/O。A埠為輸出，PC_3、PC_6、PC_7為A埠之交握信號，PC_4、PC_5為 I/O。

4.　B埠為輸入或輸出時，PC_0、PC_1，PC_2為B埠之交握信號。

5.　C埠 8 位元之狀態值(0 或 1)可個別設定或清除，但一次只能設定或清除一個位元，操作時可採用控制字組暫存器中第二種功能之 C 埠位元設定／清除格式。

2-4-1　輸入功能

　　8255A MOD-1 輸入結構中有二種方法被應用來做接收資料：一為中斷法，另一為查詢法。中斷法之過程如下所述：

　　A埠、B埠輸入時參考圖 2-9，$\overline{STB}$為控制線，當$\overline{STB}$為 ⌐ 時，表示週邊之資料已將資料備妥在A埠或B埠的輸入緩衝器內，在 8255A 收到 $\overline{STB}=0$，經一小段足夠使 8255A 之輸入緩衝器由空至滿的時間後，則 8255A 自己送出IBF為 ⌐ 給週邊設備，告知對方現在輸入緩衝器已滿，不要再送資料過來。週邊設備測知 IBF 為 Hi 時，$\overline{STB}$由 Low 變 Hi，資料隨即栓鎖於 8255A 輸入緩衝器內，供 CPU 讀取。前一筆資料被栓鎖於 8255A內後，週邊設備即可準備送出下一筆資料。當$\overline{STB}$、IBF與INTE三者皆為高電位(三高信號)，INTR 則產生一高電位的中斷信號給 CPU，在 CPU 取得 INTR 中斷請求信號後，立即進入中斷服務程式，並讀取先前被栓鎖於 8255A內的資料。CPU執行IN指令時，$\overline{RD}$信號必由Hi降為Low，值得注意的是：INTR高電位會持續至$\overline{RD}$由Hi降為Low，也就是當 8255A 測知$\overline{RD}$為 Low 時，將自動清除PC_0或PC_3的中斷請求線 INTR，以結束中斷，至此才算完成了一次中斷程序，CPU要讀取一筆資料只能接受中斷一次。CPU抓取資料後，$\overline{RD}$由 Low 變為 Hi，8255A 自動令 IBF 降回至低電位，IBF 為 Low 表示8255A 告訴週邊設備，前一筆資料的傳輸作業已終了，可繼續送下一筆資料，時序可參考圖 2-10。

　　在查詢法中則並未真正使用 INTR 腳位信號線去中斷 CPU，所以程式必須不斷以迴圈來查詢INTR的旗標位元為Hi或Low再判斷是否可進行讀取資料之動作，程式中可使用IN指令讀取INTR是否為高電位。同時因為 IN 指令會產生 $\overline{RD}$ 信號，8255A 在 $\overline{RD}$ 信號為 Low 時 INTR 腳位信號就下

Chapter **2**

降為Low，也就是說在INTR旗標高電位時要立即讓PC₀腳位(INTR_B)或PC₃腳位(INTR_A)迅速回到低電位，以免發生重覆中斷的現象。當 $\overline{RD}$ 由 Low 變Hi，8255A之IBF接腳輸出Low，表示前一筆資料交易結束，可再以交握方式傳送新一筆資料。

在中斷法中欲使INTR為致能，必須先使INTE=1，否則INTR禁能，A埠為輸入時，INTR_A信號線即為PC₃，B埠為輸入時INTR_B信號即為PC₀，INTE_A 的狀態(0 或 1)由 PC₄決定，INTE_B 的狀態則必須參考 PC₂，C埠在MOD-1 輸入結構扮演狀態位元之格式如圖2-9(c)所示，值得注意的是：該格式的D_2位元與D_4位元指的是致能中斷輸出的控制信號狀態值，8255A硬體C埠接腳PC₄、PC₂則當作輸入接點，換言之它們被指定為來自週邊設備的$\overline{STB}_{A、B}$信號，而其餘的硬體腳位信號，如IBF、INTR或I/O等的信號位元亦可以對應於C埠的旗標位元上。

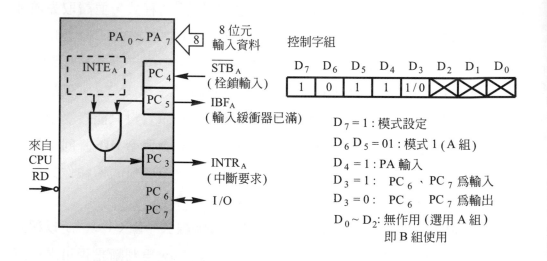

圖 2-9(a) 8255A MOD-1 PA 輸入架構

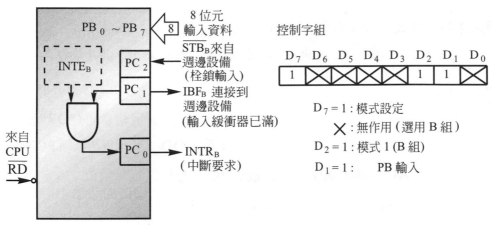

圖 2-9(b)　8255A MOD-1 PB 輸入架構

D₇	D₆	D₅	D₄	D₃	D₂	D₁	D₀
I/O	I/O	IBF_A	INTE_A	INTR_A	INTE_B	IBF_B	INTR_B

圖 2-9(c) 8255A MOD-1 輸入結構 PC 狀態字元格式亦稱旗標位元，硬體
　　　　腳位的電壓值會反應到狀態字元格式的對應位元，藉由設定狀
　　　　態字元中的部份位元就可以對 8255A 之內部旗標下達設定功能，
　　　　當然從 PC 狀態字元 D₀～D₇ 也就可以了解 8255A 內部或交握控
　　　　制信號的狀態

練習 13　8255A 之 A 埠以 MOD-1 讀取週邊裝置之資料時何者有誤？

(A)控制字組爲 B8H。

(B)下達控制字組 09H 可令 INTE_A 致解。

(C) C 埠中 PC₆ 及 PC₇ 爲輸出腳位。

(D)當 $\overline{STB_A}$，IBF_A 及 INTE_A 均爲高電位，INTE_A 就可以產生中斷信
　　號至 CPU。

解　(C)

範例 11 欲使 8255A 爲中斷 MOD-1 輸入模態，PA 及 PB 均爲輸入，PC_6 位元輸出 Hi，PC_7 輸出 0，二者皆要致能中斷請求，其片段程式爲何？

解 MOV　DX, 303H

MOV　AL, 1011011×B　　；將 2-9(a)，(b)控制字組合併("OR"整合)

OUT　DX, AL　　；PA、PB 爲 MOD-1 輸入，PC_6、PC_7 輸出

MOV　AL, 00001001B　　；要致能 PC_3，必須將 C 埠的 PC_4 設定爲 1，
　　　　　　　　　　　　　　可致能 $INTR_A$，PC_4 對應 $INTE_A$

OUT　DX, AL　　；IO 埠位址不變，完成 C 埠位元設定

MOV　AL, 00000101B　　；要致能 PC_0，必須將 C 埠的 PC_2 設定爲
　　　　　　　　　　　　　　1，可致能 $INTR_B$，PC_2 對應 $INTE_B$

OUT　DX, AL　　；I/O 埠位址不變，完成 C 埠位元設定

MOV　AL, 00001101B　　；1101 中的 110 爲 6 表示 PC_6，最後位元爲 1

OUT　DX, AL　　；欲使 PC_6＝1，可利用 C 埠位元

MOV　AL, 00001110B　　；設定控制字組控制之，參考圖 2-4

OUT　DX, AL　　；欲使 PC_7＝0，可利用 C 埠位元清除控制字
　　　　　　　　　　　　　組控制之

注意：要產生 $INTR_A$ 或 $INTR_B$ 必先使 $INTE_A$、$INTE_B$ 致能才能在 $\overline{STB}$＝1，及 IBF＝1 之條件下產生中斷請求，8255A 模式 1 輸入的時序如圖 2-10 所示。有中斷產生，CPU 才讀取 8255A 的資料。

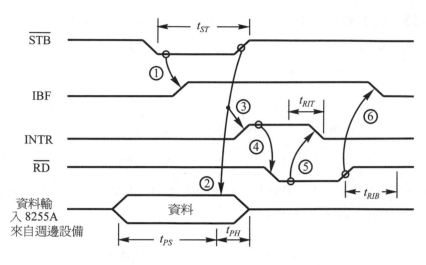

圖 **2-10** 8255A MOD-1 輸入，中斷模式

範例 12 欲在 8255A 之 PC_5 送出一個脈衝(⌐)，則片段程式爲何？控制字組位址爲 303H。

解 $D_7 = 0$ 時用來控制 $PC_0 \sim PC_7$ 各輸出接腳的輸出狀態，控制字組之位址爲 303H。

```
MOV  DX,303H
MOV  AL, 00001010B    ; 1010 之 101 表 PC5，Bit0 = 0爲清除
OUT  DX,AL            ; 令 PC5 = 0
MOV  AL, 00001011B    ; 1011 之 101 表 PC5，Bit0 = 1 爲設定
OUT  DX,AL            ; 令 PC5 = 1，脈衝由 Low 變 Hi
```

註：如果要產生一個 ⌐ 的脈衝，衹需將片段程式中之 AL 值先送出 0BH 然後再送出 0AH 即可。

Chapter 2

範例 13 試繪 8255A MOD-1 且 PA，B 均為輸入之基本作業匯流排的介面定義圖。

解

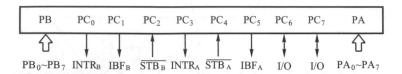

| PB | PC$_0$ | PC$_1$ | PC$_2$ | PC$_3$ | PC$_4$ | PC$_5$ | PC$_6$ | PC$_7$ | PA |

PB$_0$~PB$_7$ INTR$_B$ IBF$_B$ $\overline{STB_B}$ INTR$_A$ $\overline{STB_A}$ IBF$_A$ I/O   I/O   PA$_0$~PA$_7$

- - -

範例 14 試說明 8255A 觸動輸入 MOD-1 之 IC 接腳：(1)$\overline{STB}$，(2) IBF 及(3) INTR 信號之意義。

解 (1)$\overline{STB}$：稱為觸動輸入(Strobe Input)，$\overline{STB}$ 由 Hi 降為 Low 之後，表示來自週邊電路之輸入資料已經被載入且栓鎖於 8255A 之輸入埠內(如 A 埠或 B 埠)。

(2) IBF：稱為輸入緩衝器滿了(Input Buffer Full)，IBF 在 $\overline{STB}$ 信號降為低電位後立即變為高電位，換言之，IBF 為 Hi 表示輸入資料已完全載入至 A、B 埠之鎖位器內，而且 IBF 會持續為 Hi 直至程式指令啟動 IN 指令，當 CPU 執行 IN 時，其匯流排會釋出 $\overline{RD}$ 之 Low 信號至 8255A 之 Pin5，等到完成讀取操作，$\overline{RD}$ 信號回復並上升為 Hi，IBF 才又回到低電位。

(3) INTR：稱為中斷請求信號(INT errupt Request)，INTR 信號線接到 CPU 之中斷輸入以產生中斷請求，平時 INTR 為 Low，一旦 8255A 之 INTE、$\overline{STB}$ 及 IBF 三高信號出現，INTR 則上升為 Hi，且持續為 Hi 直到 $\overline{RD}$ 信號由 Hi 降為 Low，CPU 一讀完資料，表示 8255A 中斷請求信號之任務完成，則 INTR 立即降為 Low，INTR 可令 CPU 進入中斷服務副程式或以 INTR 之狀態位元當作查詢位元。

範例 15 8255A MOD-1 輸入結構中其狀態位元(1) IBF，(2) I/O，(3) INTR，(4) INTE 其意義為何？

解 狀態位元又稱旗標位元，僅反應 8255A 輸入模式交握控制之狀態：

(1) IBF 為 PC_1 或 PC_5 之輸出值所處之狀態(Hi 或 Low)。

(2) I/O 可反應 PC_6 及 PC_7 兩 I/O 位元之準位(Hi 或 Low)。

(3) INTR 表示 8255A 中斷請求信號之狀態值。

(4) INTE，中斷輸出 INTR 之致能控制，其 Hi，Low 無法由外接電路控制，但唯一能由 "C埠位元設定／清除" 控制字組下達軟體命令操作。

上述之各位元，可採讀取C埠之值得到狀態值，換言之，PC_0～PC_7 一對一反應到狀態字組之 D_0～D_7，使用指令為：IN AL, Portc_Address；則 PC_STATUS 為C埠之狀態值。

範例 16 8255A 作業模式為 MOD-1，且A埠為輸入，應如何設定 $INTE_A$？

解 A埠為 MOD-1 輸入模式並作交握式輸入控制，查詢法

```
            MOV DX,  303H
            MOV AL,  0B0H          ; PA 為 MOD_1 輸入
            OUT DX,  AL           ; 完成規劃
            MOV AL,  00001001B    ; 設定 PC4 = 1，使 INTEA = Hi
            OUT DX,  AL           ; 致能中斷
            MOV DX,  302H          ; C 埠作為狀態位元格式
IBF_HI :    IN   AL,  DX
            TEST AL, 00100000B    ; 測試 IBFA 是否為 Hi，即比
                                    較 PC5 是否為 Hi，圖 2-9(c)
            JZ    IBF_HI
              ⋮
```

Chapter 2

注意：INTR 為 Hi 之前題：$\overline{STB}_A$ 為 Hi，且 IBF$_A$ 為 Hi，同時 PC$_4$ 為 Hi 表示 INTE$_A$ = 1，此題以輪詢方式直到 IBF = 1，PA 才結束讀取。

2-4-2　輸出功能

　　8255A MOD-1 輸出結構也有二種方法被用來處理資料，一為查詢法，另一為中斷法。在交握式的查詢法應用電路中，我們使用查詢輸出狀態字組之 INTR 旗標來判斷是要傳送資料，也就是說程式不斷以迴圈偵測 INTR 旗標位元是否為高電位，如果為高電位時，要立即讓該位元降為低電位，以免程式迴圈重覆判斷而產生重覆中斷現象，所以程式設計師要在迴圈偵測到 INTR 旗標 Hi 時，令 CPU 執行 OUT 指令產生 $\overline{WR}$ 低電位信號，$\overline{WR}$ 為 Low，INTR 旗標就下降到 Low，而在 $\overline{WR}$ 由 Low 回至 Hi 邊緣時，8255A INTR 腳位信號線與 $\overline{OBF}$ 腳位將由高電位變低電位，則 CPU 之資料即可寫入 8255A 栓鎖緩衝器中，且 $\overline{OBF}$ 將一直保持低電位直到來自週邊設備的 $\overline{ACK}$ 信號由 Hi 變 Low，才回至高電位，此時若 INTR 仍為低電位也就是交握式控制尚未完成，因為 $\overline{ACK}$ 仍為 Low，所謂一次“完整的交握”必須等 $\overline{ACK}$ 回到高電位，通常 $\overline{ACK}$ 要視週邊設備而定，$\overline{ACK}$ 不給 Hi，則無法進行下一筆資料的輸出。當 $\overline{ACK}$ 為高電位了，$\overline{OBF}$ 及 $\overline{WR}$ 為 Hi，所以 INTR 腳位信號線會產生中斷信號輸出，表示前一筆資料輸出完成，在查詢法中 INTR 腳位不必接至 CPU 之 INT 輸入端。而程式不去偵測 INTR 旗標就不會出現重覆中斷。

　　MOD-1 輸出結構的第二種方式為中斷法，圖 2-11A、B 埠為觸動(Strobe)輸出，A 埠、B 埠均具有栓鎖功能，當 CPU 資料寫入 8255A 的栓鎖 A 埠或 B 埠緩衝器內後，$\overline{WR}$ 由 Low 變為 Hi，$\overline{OBF}$ 接腳輸出一段低電位至週邊設備，表示 8255A 之輸出緩衝器已滿，且週邊設備可以讀取資料。週邊設備讀取資料時，輸出 $\overline{ACK}$ 為 Low 至 8255A，促使 $\overline{OBF}$ 為 Hi，一小段時間後，當週邊裝置完成資料之讀取後，$\overline{ACK}$ 由 Low 變為 Hi，8255A 偵測到 $\overline{ACK}$ = Hi、$\overline{OBF}$ = Hi、INTE = Hi，且 $\overline{WR}$ = Hi 時，8255A 將經由PC_0 或PC_3產生一高電位之中斷請求信號INTR給CPU，告之可以再傳送下一筆資料。模式 1 輸出時序如圖 2-12 所示，A埠或B埠為 MOD-1 輸出時，C埠之中斷腳：A埠為PC_3，B埠為PC_0，欲令中斷腳位致能，所需設定的C埠位元則為PC_6及PC_2，而PC_4及PC_5則為一般之I/O，$PC_{4,5}$可利用C埠位元設定／清除控制字組處理之。要致能$INTR_A$或$INTR_B$，必先使$INTE_A$及$INTE_B$致能，如前所示，INTE＝1時 INTR 致能，否則 INTR 禁能。$INTE_A$之狀態取決於PC_6，而$INTE_B$的狀態取決於PC_2，表 2-3 為 16 種可能命令之組合。

　　圖 2-11(a)、(b)所示為C埠硬體腳位連接到週邊設備與 CPU 或主機板所代表的意義。

　　PC埠作為 MOD-1 輸出結構狀態字元格式則必須參考圖 2-11(c)。

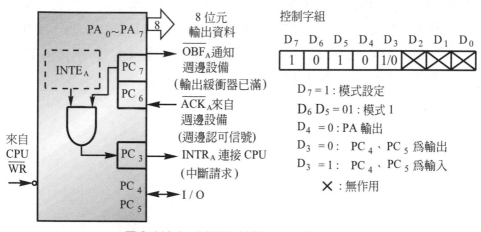

圖 2-11(a)　8255A MOD-1 PA 輸出架構

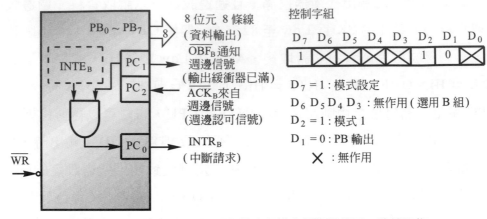

圖 2-11(b)　8255A MOD-1 PB 輸出架構也稱旗標位元，欲讀取旗
標位元要從 C 埠的位址進行讀取(續)

D_7	D_6	D_5	D_4	D_3	D_2	D_1	D_0
$\overline{OBF}_A$	$INTE_A$	I/O	I/O	$INTR_A$	$INTE_B$	$\overline{OBF}_B$	$INTR_B$

圖 2-11(c)　8255A MOD-1 輸出結構 PC 之狀態位元(續)

注意： 當 CPU 還未對 8255A 作寫入動作時，也就是說 CPU 當未執行 OUT
DX, AL 指令時，$\overline{ACK}$，$\overline{OBF}$ 及 INTR 皆為高電位，此即三高，尚
未有交握產生，一旦 CPU 執行 OUT DX, AL 指令之後，就開始有
互動，對 CPU 而言，這是一 $\overline{WR}$ 的動作，$\overline{WR}$ 由 Low 昇為 Hi 時，
$\overline{OBF}$ 與 INTR 就由 Hi 變為 Low。

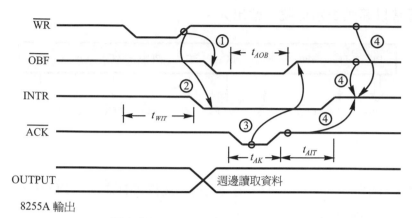

8255A 輸出

圖 2-12　8255A MOD-1 PA 輸出

表 2-3　模式 1 的控制命令

控制字組									A組						B組			
										C埠					C埠			
D_7	D_6	D_5	D_4	D_3	D_2	D_1	D_0	十六進制	A埠	PC_7	PC_6	PC_5	PC_4	PC_3	PC_2	PC_1	PC_0	A埠
1	0	1	0	0	1	0	×	A4 A5	OUT	$\overline{OBF_A}$	$\overline{ACK_A}$	OUT		$INTR_A$	$\overline{ACK_B}$	$\overline{OBF_B}$	$INTR_B$	OUT
1	0	1	0	0	1	1	×	A6 A7	OUT	$\overline{OBF_A}$	$\overline{ACK_A}$	OUT		$INTR_A$	$\overline{STB_B}$	IBF_B	$INTR_B$	IN
1	0	1	0	1	1	0	×	AC AD	OUT	$\overline{OBF_A}$	$\overline{ACK_A}$	IN		$INTR_A$	$\overline{ACK_B}$	$\overline{OBF_B}$	$INTR_B$	OUT
1	0	1	0	1	1	1	×	AE AF	OUT	$\overline{OBF_A}$	$\overline{ACK_A}$	IN		$INTR_A$	$\overline{STB_B}$	IBF_B	$INTR_B$	IN
1	0	1	1	0	1	0	×	B4 B5	IN	OUT		IBF_A	$\overline{STB_A}$	$INTR_A$	$\overline{ACK_B}$	$\overline{OBF_B}$	$INTR_B$	OUT
1	0	1	1	0	1	1	×	B6 B7	IN	OUT		IBF_A	$\overline{STB_A}$	$INTR_A$	$\overline{STB_B}$	IBF_B	$INTR_B$	IN
1	0	1	1	1	1	0	×	BC BD	IN	IN		IBF_A	$\overline{STB_A}$	$INTR_A$	$\overline{ACK_B}$	$\overline{OBF_B}$	$INTR_B$	OUT
1	0	1	1	1	1	1	×	BE BF	IN	IN		IBF_A	$\overline{STB_A}$	$INTR_A$	$\overline{STB_B}$	IBF_B	$INTR_B$	IN

範例 17　試繪 8255A MOD-1 且 PA、PB 均為輸出三埠匯流排介面定義基本
操作模式之方塊圖。

解　8255A MOD-1 輸出模式是以 PA 或 PB 被設定為輸出時之作業狀況，

通常以箭頭表示信號之輸出入。

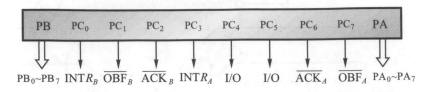

例題 18　試說明 8255A MOD-1 觸動式輸出交握控制信號；(1)$\overline{OBF}$，(2)$\overline{ACK}$，
(3) INTE 的定義。

解　8255A 規劃為 MOD-1 觸動輸出模式之控制信號，A埠、B埠均具栓鎖功能，C埠乃提供交握控制信號之接腳。

(1)$\overline{OBF}$稱為輸出緩衝器滿了(Output Buffer Full)，當 CPU 將資料寫入A埠或B埠之後$\overline{OBF}$為 Low，$\overline{OBF}$信號在$\overline{WR}$為上昇邊緣產生同時會變為低電位，但如果週邊介面電路所產生之$\overline{ACK}$信號變為低電位時，$\overline{OBF}$又由低電位回復到高電位。

(2)$\overline{ACK}$稱為認可信號(ACK nowledge)，當 8255A 之A埠或B埠之資料被週邊設備讀取之後週邊設備要回應$\overline{ACK}$信號的低電位給 8255A，且當$\overline{ACK}$信號由 Low 變為 Hi 加上$\overline{OBF}$為 Hi，則 8255A 會有中斷信號產生。

(3) INTE 稱為中斷致能(INTerrupt Enable)，此信號非硬體線路之接腳，它是 8255A 內部之控制位元，必須由控制字組中之C埠位設定／清除功能來控制，INTE 可控 INTR 輸出腳使 INTR 為致能，換言之當 INTE 為 Hi，INTR 為致能，如果 INTE 為 Low 則 INTR 無效或稱除能。

範例 19 8255A MOD-1 欲令中斷致能時，所需設定的 C 埠位元如何？

解 MOD-1 有觸控輸入與觸控輸出二種，觸控(Strobe)又稱閃控，8255A 啟動中斷致能接腳，才能使 8255A 產生中斷請求。

模式 1	中斷致能所須設定的 C 埠位元 非輸入或輸出接腳(INTE)	C 埠中代表中斷接腳 (INTR)
A 埠輸入 B 埠輸入	PC_4 PC_2	PC_3 PC_0
A 埠輸出 B 埠輸出	PC_6 PC_2	PC_3 PC_0

範例 20 解釋下圖 PB 為 MOD_1 輸入，PA 為 MOD_0 輸出應用電路之工作原理。

解 C 埠使用 PC_0，PC_1，PC_2，由上題可看出此電路必為 MOD-1，B 埠輸入，中斷操作，A 埠為 MOD-0 輸出。小黑豆 SW 未按下，7400#1 之輸出必為 0，$\overline{STB}$ 接腳恆為高電位，IBF 亦仍保持為低電位，LED 亮，此時尚未有交握動作產生，當 SW 接下後，$\overline{STB_B}$ 信號隨即由高電位變成低電位，一旦 8255A 測知 $\overline{STB_B}$ 為 Low，IBF_B 接腳則輸出高電位 LED OFF，此時符合三高($\overline{STB_B}=1$，$IBF_D=1$，$\overline{RD}=1$)，$\overline{PC_0}$ 輸出 Hi，$\times 86$ 組合指令執行 IN AL，DX，$\overline{RD}$ 降為 Low，$\overline{PC_0}$ 隨著為 Low，當 $\overline{RD}=1$ 恢復為 Hi，IBF_B 降為 Low，LED 又 ON，衹要 LED 每閃動一次，意即前一筆資料傳送完成，8255A 將指撥開 8 位元內容由 PB 讀取，PA 輸出，七段顯示器內容則視程式設計者之運用，或將指撥開關值由 PA 輸出(F2H)。

Chapter 2

我們建議讀者可以將 7400#3 之 NAND 閘以 7474 取代之。

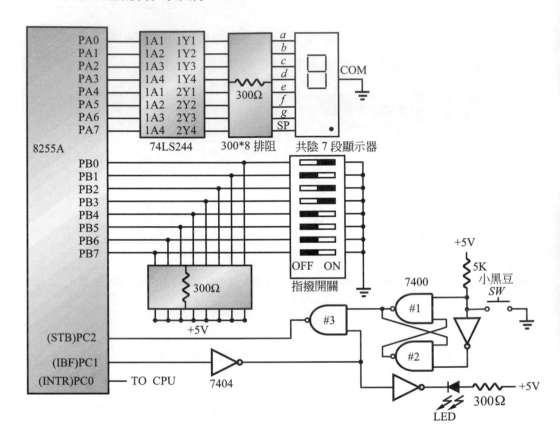

指撥開關切換的位置如上圖示，$PB_0 \sim PB_7$ 所輸入的二進碼為 11110010B，因 PA 為 MOD-0 輸出，意指 PB 值轉進至 PA 顯示，故其七段顯示器所出現之符號為 "H"，圖中 74LS244 為一緩衝器，所接之排阻為限流電阻，被用來保護 7 段顯示器及控制其亮度，圖中指撥開關所接的排阻為提昇電阻。

範例 21　8255A 採用 MOD-1 作交握輸出時，可以採用查詢方式來處理資料的傳送，當 CPU 以查詢方式將資料透過 B 埠輸出時，必須檢查 $\overline{OBF}_B$ 旗標是否為 0，或檢查 INTR$_B$ 旗標是否為 1，這二種方法以判斷 INTR$_B$ 的方式較可靠，採用後者時，要先令 INTE$_B$ 為 1，且 INTR$_B$ 為空腳，其控制字組為 1XXXX10XB，試設計一片段程式，假設 8255A 的命令字組位址為 CW，C 埠的 I/O 埠位址為 PC，B 埠的 I/O 埠位址為 PB，且參數緩衝器名稱分別為 $\overline{OBF}_B$ 已事先完成了設定。

解

```
          MOV     DX, CW
          MOV     AL, 9DH
          OUT     DX, AL
KKK :     MOV     DX, PC
          IN      AL, DX
          TEST    AL, 01H
          JZ      KKK
          MOV     DX, PB
          MOV     AL, 55H
          OUT     DX, AL
```

Chapter **2**

範例 22 填充，並回答問題，電路如下圖所示。

 MOV DX, ___(1)___ ；控制字組之 I/O 埠位址

 MOV AL, ___(2)___ ；PA為MOD-0 OUTPUT，PB為MOD-1 INPUT

 OUT DX, AL

 MOV DX, ___(3)___ ；PA I/O 埠位址

 MOV AL, ___(4)___ ；偶數列 LED 亮

 OUT DX, AL

 MOV DX, ___(5)___ ；設定 $PC_2 = 1$

 MOV AL, ___(6)___ ；令中斷接腳致能

 OUT DX, AL

；(A)程式執行至此，畫出B埠的工作時序圖

；(B)標出 IBF_B 信號的 LED 指示，在上述時序圖中，何時為亮？

；何時為暗？

KKK：

 MOV DX, ___(7)___ ；讀 PC 即C埠狀態字組，若 D_0

 IN AL, DX ；不為1，表示沒有中斷

 TEST AL, ___(8)___ ；

 JZ KKK ；中斷未產生持續測試

；(C)程式執行至此，以① → 標出在時序圖位置

 MOV DX, ___(9)___ ；PB I/O 埠位址，按下 SW

 IN AL, DX ；由 PB 讀取指撥開關值

；(D)程式執行至此，以② → 標出在時序圖位置

　　MOV DX, ___⑩___　　　；PA I/O 埠位址

　　OUT DX, AL　　　　　　；指撥開關值由 PA 輸出

；(E)程式執行至此，*A*埠推動的 LED 亮了那幾顆？

　　JMP KKK

解　(1) 0BBH　(2) 86H　(3) 0B8H　(4) 55H　(5) 0BBH　(6) 05H　(7) 0BAH

　　(8) 01H　(9) 0B9H　⑩ 0B8H

(A)參考圖 2-10

(B) IBF_B為 Hi，LED 暗，IBF_B為 Low，LED 亮

(C)　INTR _____①___⌐‾‾‾‾⌐_____

(D)　RD ‾‾‾‾⌐____⌐‾‾‾‾
　　　　　　　　②

(E) PA_0，PA_2，PA_3，PA_4對應的 LED 亮

注意：(1) 8255AMOD-1 輸入模式，8255A 可利用 INTR 線使 CPU 以
中斷方式來讀取 8255A 所接收到的資料，或者 CPU 以檢驗
IBF 旗標是否為 1，用查詢的方式來讀取資料　(2) 8255AMOD-1
輸出模式，8255A 可利用 INTR 線使 CPU 以中斷方式將資
料寫入 8255A，或者 CPU 改以檢查 $\overline{OBF}$ 旗標是否為 0 或 INTR
信號，用輪詢的方式，將資料寫入 8255A。

Chapter 2

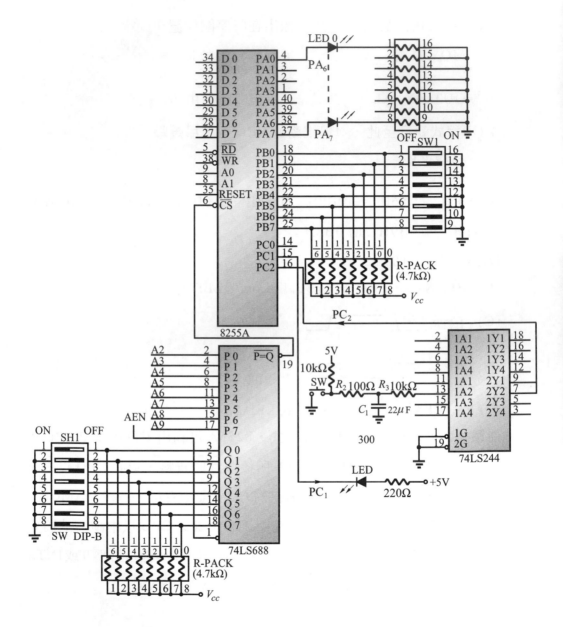

隨堂練習

一、選擇題：

( ) 1. 如下圖所示，74138 的作用為何？　(A)解碼器　(B)緩衝器(C)編碼器　(D)暫存器。

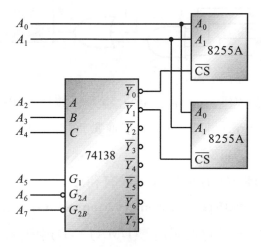

( ) 2. 8255A 應用電路，在 A 埠 PA1.0 端作輸出 10kHz 的方波(50 % duty cycle)，多久時間就要切換 PA1.0 電位一次？　(A)25μs (B)50μs　(C)75μs　(D)100μs。

( ) 3. 8255A 應用電路，在 A 埠 PA1.0 端作輸出，下列何種指令可以一次點亮 8 顆 LED，(OUT 為輸出指令)？　(A)OUT　PA1,0F F H(B)OUT　PA1,0AA H　(C)OUT　PA1,0F 0 H　(D)OUT PA1,0 F H。

( ) 4. 並列控制元件 8255A 的 I/O 定址範圍何者正確？　(A)2CH～2FH (B)35H～38H　(C)24H～27H　(D)32H～35H。

Chapter 2

( ) 5. 如下圖所示之8255A介面晶片電路，為一CPU I/O的位址匯流排。試求此8255A介面晶片所佔之I/O空間範圍？　(A)F0H～F3H　(B)FCH～F3H　(C)00H～03H　(D)00H～0FH。

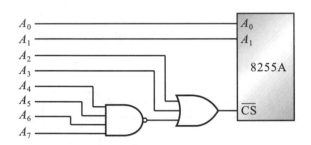

( ) 6. 有一可變磁阻式步進馬達，輸入脈波為600Hz，經測得其轉速為 300rpm，則其每卷之步進數為多少步？　(A)30　(B)60　(C)90　(D)120。

( ) 7. 下列何種 IO 存取方式，最有利於連續存取大量的記憶體？
(A)記憶體映射式IO(Memory Mapped IO)　(B)輪詢式IO(Polling IO)　(C)直接存取記憶體(DMA)　(D)中斷式IO(Interrupt IO)。

( ) 8. 下列有關快閃(flash)記憶體的敘述，何者錯誤？　(A)在資料規劃與清除方面，快閃記憶體具有EPROM與EEPROM的優點　(B)為揮發性(volatile)記憶體　(C)常用於隨身碟中　(D)以電氣方式清除資料。

( ) 9. 一8位元微處理機具有界接64 K 位元組的 ROM、64 K 位元組的 RAM、64 K 位元組的輸入埠及 64 K 位元組的輸出埠，若此微處理機採用記憶體對應I/O(memory mapped I/O)，試問其位址線至少需幾條？　(A)16 條　(B)17 條　(C)18 條　(D)19 條。

( ) 10. 以下何者是 I/O 資料轉移的正確敘述？　(A)中斷 I/O 是由 I/O
設備來啓動CPU作資料轉移　(B)DMA資料轉移可完全利用軟
體之方式來完成　(C)程式 I/O 是由 I/O 設備觸發中斷要求線來
啓動 CPU 作資料轉移　(D)80 x 86 CPU 不支援程式 I/O。

( ) 11. 某電路排列成 5 * 4 之 20 個按鍵鍵盤，在最少之解碼器或多工
器電路下，試問掃描鍵盤的微處理機合計最少總共需要使用多
少條輸入線及輸出線？　(A)4 條　(B)5 條　(C)9 條　(D)20 條。

( ) 12. 假設一微處理機有 32 條位址線，其指令集共有 256 指令，則其
配合記憶體直接定址法的指令長度至少需要多少 bytes？
(A)4 bytes　(B)5 bytes　(C)6 bytes　(D)7 bytes。

( ) 13. 某一程式在記憶體內的位置是由位址 CEE2H 至 F102H，請問
該程式所佔之記憶體空間大小？　(A)5.57 KB　(B)6.42 KB
(C)8.53 KB　(D)9.31 KB。

( ) 14. 設有一CPU每執行一個記憶體讀取週期需 2 個時脈(clock)，而
其時脈爲 8 MHz，請問在不需加等待狀態(wait state)時，其
SRAM 的存取時間可以爲下列何者？　(A)400 ns　(B)300 ns
(C)200 ns　(D)100 ns。

( ) 15. 下列何者可以適合當作設計CPLD的硬體描述語言？【複選題】
(A)Java(B)VHDL　(C)ABEL　(D)Verilog。

( ) 16. 下列何者是採用並列式 I/O 匯流排？【複選題】　(A)EISA
(B)PCI　(C)SCSI　(D)USB。

( ) 17. 一個 16K × 1 DRAM 有 128 列(row)需要在 2 ms 之內更新
(refreshing)完畢，請問相鄰兩列的更新時間間隔不得大於多少
時間？　(A)7.812 μs　(B)15.625 μs　(C)31.250 μs
(D)62.500 μs。

Chapter **2**

( ) 18. 下列敘述何者錯誤？【複選題】 (A)不具有 I/O 映射(Mapped)位址空間的 CPU 需加裝 I/O 共同處理器，才可以進行 I/O (B)具有 I/O 映射位址空間的 CPU，只可以利用 I/O 指令存取資料 (C)80x86 的 I/O 映射位址空間比記憶體位址空間大 (D)不具 I/O 映射位址空間的 CPU，可以利用記憶體存取的指令來進行 I/O。

( ) 19. 下列哪一種元件不適合用來設計做位址解碼器？ (A)74374 (B)74138 (C)PLD (D)FPGA。

( ) 20. 記憶體位址範圍 E0000H～FFFFFH，共有多少 KB(K = 1024) 個位址？ (A)32KB (B)64KB (C)128KB (D)256KB。

二、問答題：

1. 在 8255A 的 PA 端接上 8 顆 LED，LED 的額定電流為 10 mA，電阻值為何？電路接法為何？

2. 256K×8bit 的 EPROM 最多可規劃的輸入變數多少？布林函數多少個？

習題

1. 8255A 欲規劃為 MOD-0，PA、PB 為輸入，PC 為輸出，已知控制字組之位址為 2E3H，寫出下達控制命令之程式片段。

2. 根據下列程式片段，回答問題。

```
MOV   DX, 2E3H
MOV   AL, 91H
OUT   DX, AL
MOV   DX, 2E0H
IN    AL, DX
MOV   DATA1, AL    ; ①
MOV   DX, 2E1H
MOV   AL, 0AAH
OUT   DX, AL       ; ②
```

(1) 91H 的意義為何？

(2) C埠(PC)的 I/O 埠位址為多少？

(3) $PB_0 \sim PB_7$ 是否具鎖住功能？

(4) 指令①目的為何？DATA1 變數的長度為 8 位元或 16 位元？

(5) 執行至②，B埠完成輸出指令後，PB_3 電位為 Hi 或 Low？

3. 8255A MOD_0，A組 12 位元為輸入，B組 12 位元為輸出，C埠的高 4 位元當輸入時，因 8255A 內部控制低 4 位元不會有動作，反過來 C埠低 4 位元當作輸出時，高 4 位元也不會有作用，PC 因為分組的關係，凡不動作 4 位元可以不理會，也不會對外接線路造成不利的影響，根據上述的規劃將 PC 高 4 位元讀取的資料存入 DATA1 低 4 位元，PC 低 4 位元要輸出 0XAH 8 位元的資料，請將下列程式片段，每一指令加註解。

```
MOV    DX, 303H

MOV    AL, 98H

OUT    DX, AL

MOV    DX, 302H

IN     AL, DX

SHR    AL, 1

SHR    AL, 1

SHR    AL, 1

SHR    AL, 1

MOV    DATA1, AL

MOV    AL, 0XAH    ：0XAH 低 4 位元 A 為有效值

OUT    DX, AL
```

4. 參考題 2-2，題中並未對 PC 作資料的傳輸，欲使 $PC_0 \sim PC_7$ 輸出 10101100B，試寫出完整的程式片段。

5. 8255A 規劃為 MOD_0，PA、PB、PC 均為輸入，擬將讀取的 PA 值存入 SAVE1，PB 值存入 SAVE2，PC 值存入 SAVE3，試寫出完整的程式片段，並且在時序圖的相關位置標記，說明程式的運作。

6. 如圖(一)所示，在MS_DOS，DEBUG作業模式下，回答下列問題。

   C:\>DEBUG

   ```
   -O 2E3 80

   -O 2E0 55        ；①指令

   -O 2E0 AA        ；②指令
   ```

   (1)完成①指令後，$PA_0 \sim PA_7$ 所接的 LED，何者亮？何者不亮？

   (2)完成②指令後，$PA_0 \sim PA_7$ 所接的 LED，何者亮？何者不亮？

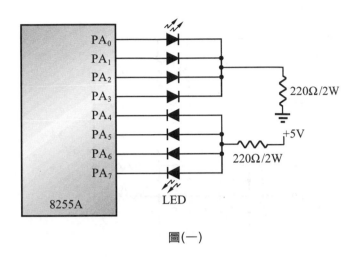

圖(一)

7. 8255A 作輸出時，其片段程式如下所示

    MOV　　DX, 2E3H

    MOV　　AL, 80H

    OUT　　DX, AL　　　；①指令

    MOV　　DX, 2E0H

    MOV　　AL, 55H

    OUT　　DX, AL　　　；②指令

    MOV　　DX, 2E1H

    MOV　　AL, 0AAH

    OUT　　DX, AL　　　；③指令

    (1)完成①指令後，對應時序圖相關位置。

    (2)完成②指令後，對應時序圖相關位置。

    (3)完成③指令後，對應時序圖相關位置。

8. 利用 8255A 設計一查詢法 4*4 鍵盤控制電路，0～F 按鍵碼的排列如圖(二)所示，寫一段程式將按鍵值(0～F)儲存於 DATA1 變數中。

Chapter **2**

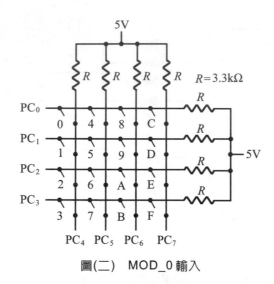

圖(二) MOD_0 輸入

9. 說明 8255A MOD_1 輸出架構 $\overline{OBF}$、$\overline{ACK}$、INTE、INTR 信號的工作原理。

10. 說明 8255A MOD_1 輸入架構 $\overline{STB}$、IBF、INTE、INTR 信號的工作原理。

11. 已知 8255A 規劃為 MOD_1 PA 為輸入，PB 為輸出，其程式片段為何？假設命令字組之 I/O 埠位址為 303H。

12. 同上題，說明 C 埠之 $PC_{6,7}$ 的意義。欲使 $PC_6=1$，$PC_7=0$，寫出設定的程式片段。

13. 8255A MOD_1，PA、PB 皆為輸入，欲致能 $INTR_A$ 及 $INTR_B$，寫出完整的程式片段。

14. 8255A MOD_1，PA、PB 皆為輸出，欲致能 $INTR_A$ 及 $INTR_B$，試設計完整的程式片段。

15. (1)寫出 8255A MOD_1 輸入狀態字組格式
　　(2)寫出 8255A MOD_1 輸出狀態字組格式

16. 圖(三)為 8255A、B 埠作業於 MOD_1 輸出的線路，回答下列問題。

(1) 8255A 之 I/O 埠位址範圍為何？

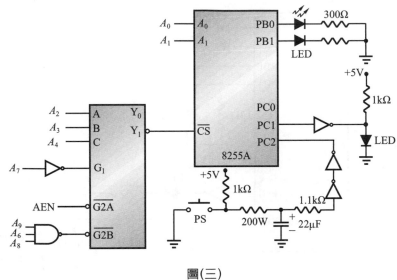

圖(三)

(2) C:\>DEBUG

  −O 303 84 ；84H 的意義為何？

  −O 301 0F ；完成此指令 $\overline{OBF_B}$＝? INTR$_B$＝?

  −O 303 05 ；PC$_2$＝? INTR$_B$ 是否致能？

  −I 302 ；302H 的意義為何？未按 PS 鍵

   04 ；04 代表的意義為何？

  −I 302 ；按住 PS 鍵

   06 ；06 代表的意義為何？

  −I 302 ；放開 PS 鍵

   07 ；07 代表的意義為何？

  −Q

17. 圖(四)為 8255A MOD_1 交握式資料輸入線路這是一種查詢法的架構，依 DEBUG 之操作回答下列問題。

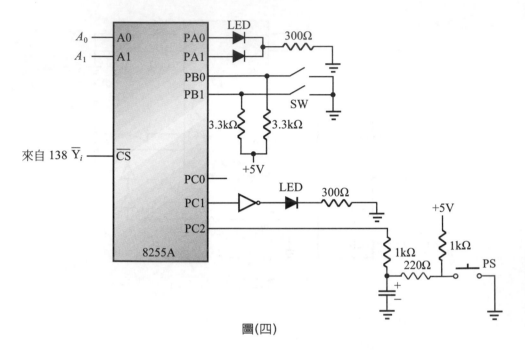

圖(四)

(1)已知 $\overline{CS}$ 來自 138 解碼器，其 I/O 埠位址由 2E0～2E3H 止，則 PA I/O 埠位址為何？PB I/O 埠位址為何？PC I/O 埠位址為何？

(2) C:>DOS\DEBUG

　　−O 2E3　87　　　;87H 的意義為何？

　　−O 2E0　AA　　;PA 之 LED 何者亮？何者不亮？

　　−O 2E0　11　　;PA 之 LED 何者亮？何者不亮？

　　−O 2E3　05　　;設定 $PC_2=1$ 其目的為何？

　　−I　2E2　　　　;未按 PS 鍵

　　　04　　　　　;此時 $INTE_B=?$　$IBF_B=?$　$INTR_B=?$

–I   2E2   ；未按 PS 鍵

06   ；此時INTE$_B$＝？ IBF$_B$＝？ INTR$_B$＝？

–I   2E2   ；鬆開 PS 鍵

07   ；此時INTR$_B$之狀態為何？

–I   2E1   ；讀取指撥開關值，目的為何？

00   ；SW 的位置為何？

–I   2E2   ；此時並未再按 PS 鍵

04   ；04 出現表示INTR$_B$＝？ INTE$_B$＝？

–Q

18. 回答下列問題

(1)下圖/Y$_0$，/Y$_1$，/Y$_2$，I/O 埠定址範圍為何？

(2) 8255A RESET 後，PA，PB，PC 工作模式各為何？

(3)規劃A組 12 位元為輸出，B組 12 位元為輸入，填空

MOV   DX, _____   ；8255A 命令字組 I/O 埠位址

MOV   AL, _____   ；PA, MOD_0, 輸出 , PB, MOD_0, 輸入

OUT   DX, AL

MOV   DX, _____   ；資料由 PB 輸入

IN   AL, DX

MOV   DX, _____   ；資料由 PA 輸出

(4)程式執行至此，PA 之 LED 何者亮？_____

(5)設計一片段程式讀 PC$_0$…PC$_3$再由 PC$_4$…PC$_7$輸出，PC 之 LED 何者亮？何者不亮？_____

Chapter 2

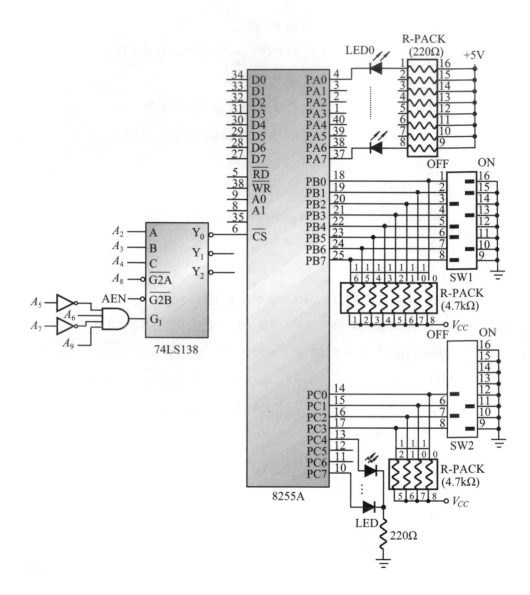

3

8254

3-1   8254 的結構

3-2   控制字組

3-3   8254 作業模式

3-4   8254 回讀命令

　　8254是一顆兼有計數與計時功能之LSI晶片，在微處理機系統常被應用於計時、計數或時序控制等電路。例如，某系統若有延時之必要，軟體的方式就是讓 CPU 去執行一些耗時之指令，但此種技巧會降低 CPU 之效率，而且延遲時間也不精確。反之，如果想要減輕CPU之負擔，提高CPU效率，又能準確控制時間，可以採用8254。

　　8254或8253全名均為可程式規劃計時／計數器，有人稱它為CTC元件(Counter/Timer Circuit)。8254及8253是Intel產品，兩者的IC接腳相同，其中之差異如下：

1. 8254工作頻率為8MHz，其中8254-2最高達10MHz，8253工作頻率2MHz，8253-2為2.6MHz，8253-5最高為5MHz。

2. 僅8254具有回讀之功能，使用者可以選取計數器，然後再讀取狀態及計數值，而8253欲讀取計數器內含必須利用鎖住命令，一次鎖住一個計數器，當然8254也可以使用鎖住命令，可是8253或8254一旦使用鎖住命令，則兩者皆無法讀取狀態值。8254為 Intel 公司開發之產品，同類型摩托羅拉公司的產品為 MC6840 或 MC68A40，而 Zilog 公司的產品則稱為 Z80CTC。

　　規劃8253及8254之方式完全一樣，使用之前均需以軟體將選擇到的計數器寫入控制碼及計數值，每個計數器都是獨立的，所載入控制碼的順序也是獨立的。8253 或 8254 中之每一個計數器都是以倒數計數的，當計數到最小時，系統將自行載入初始值或將導致一個計數的最大值。

　　8253與8254與微電腦系統之連接如下圖所示：

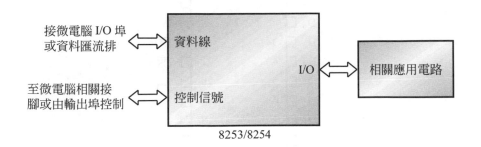

3-1　8254 的結構

圖 3-1 為 8254 晶片，共 24 支接腳，結構方塊圖如圖 3-2 所示：

1.　資料匯流排緩衝器

　　$D_0 \sim D_7$，此為雙向三態 8 位元緩衝器，接主機板之資料匯流排，8254 的功能是計時計數，使用時須先由 CPU 下達控制字組命令，也就是說用軟體先規劃好操作模式再啟動。

2.　8254 內部有三個 16 位元之倒數(遞減)計數器，這三組計數器 (#0、#1、#2)各自獨立，計數時可選擇 2 進位或 10 進位，因此凡是與時間或頻率有關之動作，均可以勝任，每一組計數器有三個控制端：CLK、GATE 和 OUT，其中 OUT 為輸出，CLK 和 GATE 為輸入。

　　CLK：時序輸入端。

　　GATE：計數器致能閘控輸入，隨工作模式不同其功能相異。

　　OUT：計數器輸出，隨模式之改變，其輸出方式不同。

CPU 欲將命令或計數值寫入計數器用 OUT 指令，讀取計數器內含或狀態用 IN 指令。

8254 有 6 種工作模式，由 MOD-0 至 MOD-5。

Chapter **3**

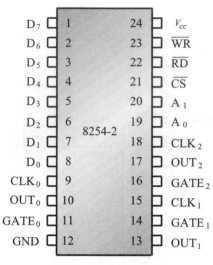

圖 3-1 8254 接腳

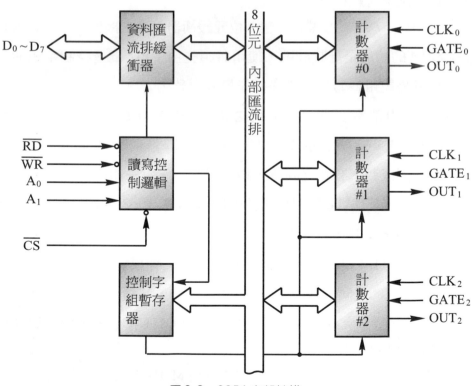

圖 3-2 8254 內部結構

3. 讀／寫邏輯

　　主機板可直接或間接提供 5 條控制信號線給 8254 晶片：A_0、A_1、$\overline{RD}$、$\overline{WR}$ 及 $\overline{CS}$，這些信號可按時序輸入至讀／寫邏輯單元，並在 8254 內部產生控制信號，值得一提的是：主機板匯流排如果沒解碼之功能，則 $\overline{CS}$ 信號應該由解碼電路提供。表 3-1 為 5 條信號線之基本操作，表中之 0 表示低電位，1 表示高電位，讀／寫時序由 CPU 監控並與操作模式有關。

　　A_0、A_1：選擇任一組計數器與控制字組。

4. 控制字組暫存器

　　控制字組只能由 CPU 寫入資料，不能讀取。其次，CPU 將計數值寫入計數器有分高低位元組，因為 $D_0 \sim D_7$ 僅 8 位元，但計數器計數值最多為 16 位元，所以在規劃載入初始值時可以設定為高位元組 8 位元之計數，低位元組 8 位元之計數或分二次透過 $D_0 \sim D_7$ 將 16 位元分別載入或進行讀取。

　　如表 3-1 所示，A_0 和 A_1 位址線用來選擇三個計數器與控制字組暫存器其中一個，$\overline{CS}$ 必須保持低電位否則 8254 無法正常工作。CPU 可讀取 8254 計數器內的資料或狀態，但僅能將資料(計數初值)或命令字組寫入 8254。換言之，8254 無法透過 CPU 讀取已下達過之命令字組，雖然其狀態值無法重新設定或做任何改變，但 CPU 卻可以讀取 8254 內部之狀態暫存器，狀態字組之內含除了顯現與該計數器被規劃之控制碼相關訊息外也能觀察到輸出腳位與計數值之狀態。

表 3-1　8254 讀寫邏輯單元之功能

A_1	A_0	$\overline{CS}$	$\overline{RD}$	$\overline{WR}$	功能說明
0	0	0	1	0	CPU 將資料寫入#0 計數器
0	1	0	1	0	CPU 將資料寫入#1 計數器
1	0	0	1	0	CPU 將資料寫入#2 計數器
1	1	0	1	0	CPU 將命令寫入控制字組暫存器
0	0	0	0	1	CPU 讀取#0 計數器內部的資料
0	1	0	0	1	CPU 讀取#1 計數器內部的資料
1	0	0	0	1	CPU 讀取#2 計數器內部的資料
1	1	0	0	1	無動作(三態)
×	×	1	×	×	無動作(三態)
×	×	0	1	1	無動作(三態)

練習 1　參考範例 23，已知$A_2=A_3=A_5=A_8=0$，$A_9=A_7=A_6=A_4=1$則 74LS138 之輸出$\overline{Y}_0$位址為何？

(A)2D0～2D3H　(B)2E0～2E3H　(C)2F0～2F3H　(D)300～303H

解　(A)

練習 2　參考範例 24，已知$A_2=A_3=A_5=A_8=0$，且$A_9=A_7=A_6=A_4=1$，則 74LS138 之輸出$\overline{Y}_0$位址為何？

(A)2A0～2A3H　(B)2B0～2B3H　(C)2D0～2D3H　(D)2E0～2E3H

解 (C)

....

練習 3 參考圖 1-19 及表 1-6，若 74LS688 之輸入腳位P_0～P_7=0FFH，則欲
使 Pin19 輸出 Low，Q_0～Q_7爲何？
(A)0H (B)55H (C)0AAH (D)0FFH

解 (D)

....

3-2 控制字組

8254 POWER ON 時處於未定義狀態，各計數器計數值，作業模式皆
不可預測。因此要先下達控制字組命令，8254 才能正常運作，控制字組格
式如圖 3-3 所示。8254 運作當中，所有的計數值，在輸入時脈(CLK)轉態
時往下遞減，CPU 將命令字組寫入控制字組暫存器時所需之控制邏輯信號
爲

$$A_1 \cdot A_0 = 1 , \overline{CS} = 0 , \overline{RD} = 1 , \overline{WR} = 0$$

D_7	D_6	D_5	D_4	D_3	D_2	D_1	D_0
SC_1	SC_0	RW_1	RW_0	M_2	M_1	M_0	BCD

圖 3-3 8254 命令字組或控制字組的格式

SC_1、SC_0：計數器選擇位元有 2 個位元，共 4 種組合，如表 3-2 所示。

RW_1、RW_0：用來決定 CPU 寫入資料時高低位元組次序及栓鎖計數值。
如表 3-3 所示。

Chapter 3

表 3-2 SC_1、SC_0選擇位元之功能

SC_1	SC_0	功能說明
0	0	選擇 0 號計數器
0	1	選擇 1 號計數器
1	0	選擇 2 號計數器
1	1	回讀命令專用(8253 無)

表 3-3 讀寫計數值順序表

RW_1	RW_0	功能說明
0	0	鎖住命令專用,鎖住計數器,CPU 可讀取計數值
0	1	僅讀/寫計數器低位元組(8 位元)
1	0	僅讀/寫計數器高位元組(8 位元)
1	1	先讀寫計數器低位元組,再讀寫高位元組資料,高低位元組共 16 位元

RW表示 Read/Write 即讀取/寫入計數值

M_2、M_1、M_0:計數器之工作模式,共有 6 種,如表 3-4 所示。

BCD:用來設定寫入計數器之資料是以二進制或十進制,如表 3-5 所示。在各種模式下計數器初值設定範圍如表 3-6:最小計數值指 8254 在計數終了,OUT 腳位輸出有改變狀態情況即最小的載入初始值。

表 3-4　操作模式功能

M_2	M_1	M_0	說明
0	0	0	模式 0
0	0	1	模式 1
×	1	0	模式 2
×	1	1	模式 3
1	0	0	模式 4
1	0	1	模式 5

×：表任意值

表 3-5　計數值單位

BCD	說　　　明
0	二進位計數，最多可提供 16 位元
1	十進位計數，最多可提供 4 位數

二進制：輸入初值由 0～FFFFH
十進制：輸入初值由 0～9999

表 3-6

模式	最小計數初始值
0	1
1	1
2	2
3	2
4	1
5	1

範例 1　　試舉出個案，説明設定計數器計數值規劃順序。

解　規劃計數器有六個原則：

⑴先寫入控制字組再寫入起始計數值。

⑵要按控制字組所規劃的高低順序寫入計數值。

⑶二個計數值間不可再插入與該計數器有關之控制字組，其餘之順序沒有限制。

⑷三個計數器可各自獨立作業於不同模式，及配合閘控制信號之準位變化來啓動或停止計數。

⑸不用之計數器可以不予理會。

⑹計數器可以串接，前一個 OUT 接一下個之 CLK 接腳。

\multicolumn{2}{c}{步驟}		功能	
A_1	A_0		
1	1	控制字組	#0 號計數器
0	0	計數值的 LSB	#0 號計數器
0	0	計數值的 MSB	#0 號計數器
1	1	控制字組	#1 號計數器
0	1	計數值的 LSB	#1 號計數器
0	1	計數值的 MSB	#1 號計數器
1	1	控制字組	#2 號計數器
1	0	計數值的 LSB	#2 號計數器
1	0	計數值的 MSB	#2 號計數器

3-3　8254 作業模式

如前表 3-4 所示 8254 共有 6 種不同操作模式，詳述於後：

模式 0

計數終了中斷，其應用例之時序如圖 3-4 所示。CW 表示控制字組，當 CW 寫入後，OUT 腳位輸出立即為 Low，且一保持為 Low，直到計數器內含遞減至 0，OUT 腳位才改變為 Hi，此時計數器因 CLK 持續輸入，計數值由 0 遞減至 FFFF 繼續往下數。GATE 必為 Hi，使計數器致能，其計數過程有效，否則計數器內含不會因為 CLK 輸入而遞減。時序圖中之 LSB 為載入(寫入)的計數初始值。因圖 3-4 之 CW＝10H，僅用低 8 位元計數。

模式 1

硬體可重覆觸發，又稱"可規劃單擊"，若閘控輸入 GATE 腳位為 Low，則計數器禁能，反之，當 GATE 有單擊(One Shot)脈衝輸入時，計數器在下一個 CLK 來到時開始計數，此時 OUT 接腳為 Low，且一直保持 Low 直到計數值遞減為 0，OUT 才上升為 Hi，此時若因 CLK 持續輸入，則計數初始值又自動載入然後在下一個 CLK 到達又開始計數，其應用例可參考圖 3-5。

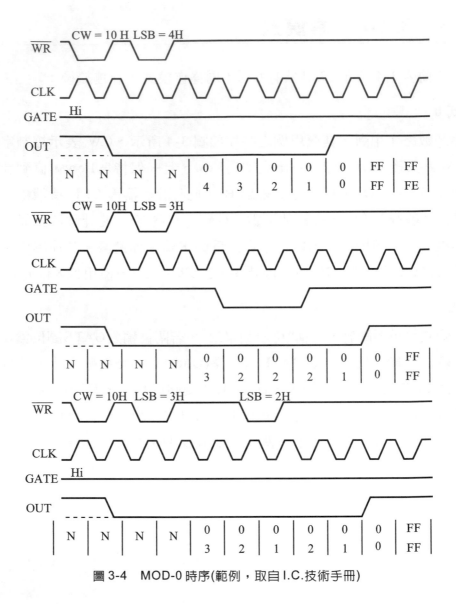

圖 3-4　MOD-0 時序(範例，取自 I.C.技術手冊)

註：CW下達後LSB載入之前計數值內含為任意值，以N示之，
　　不具任何意義。

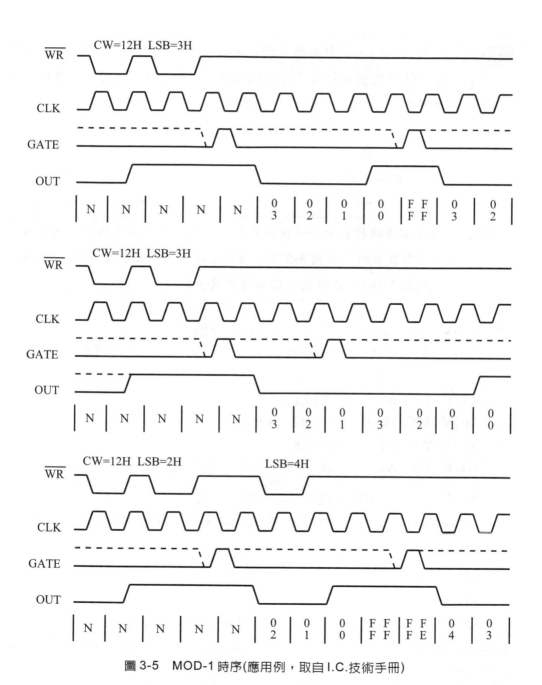

圖 3-5　MOD-1 時序(應用例，取自 I.C.技術手冊)

範例 2　如果 MOD-1，單擊脈衝不斷在計數器遞減至 0 前輸入至 GATE 接腳，OUT 輸出應持續保持為低電位，以上之特性可應用之實例有那些？

解　(1)可用於保全系統
　　(2)可用於不斷電系統

範例 3　8254 欲下達控制命令，使計數器#0 功能如圖 3-4 中第一種個案所示，計數器#1，如圖 3-5 第一種個案所示，已知控制字組 I/O 埠位址為 30BH，其程式片段為何？圖 3-4、3-5 只取一種個案

解　MOV　DX, 30BH　　;控制字組 I/O 埠位址
　　MOV　AL, 10H　　　;#0 計數器，MOD-0，十六進位計數，低 8 位元計數器
　　OUT　DX, AL　　　;完成設定
　　MOV　DX, 308H　　;#0 計數器 I/O 埠位址
　　MOV　AL, 4H　　　;初始值
　　OUT　DX, AL　　　;載入完成，#0 計數器開始計數

　　MOV　DX, 30BH　　;控制字組 I/O 埠位址
　　MOV　AL, 52H　　　;#1 計數器 MOD-1，十六進制，8 位元計數器
　　OUT　DX, AL　　　;完成設定
　　MOV　DX, 309H　　;#1 計數器 I/O 埠位址
　　MOV　AL, 3H　　　;初始值
　　OUT　DX, AL　　　;完成載入，#1 計數器開始計數

範例 4　已知 8254 控制字組內含爲 91H 其意義爲何？

解　91H 展開得 10010001B，則 $D_7 D_6 = 10$，表示 #2 計數器，$D_5 D_4 = R W_1$
$R W_0 = 01$ ＝僅讀寫低位元組，此時 #2 計數器必爲 8 位元計數器，
$D_3 D_2 D_1 = 000$ 表示 MOD-0，$D_0 = 1$ 爲十進位計數，此題計數值最大
99，最小 00。

範例 5　已知 8254 控制字組之 I/O 埠位址爲 307H，則計數器 #0、#1 及 #2
　　　　之 I/O 埠位址各爲何？

解　8254 控制字組 I/O 埠位址爲 307H，其位址線 $A_0 = A_1 = 1$，可得
　　計數器 #0 之 $A_0 = 0$、$A_1 = 0$，故位址值爲 304H
　　計數器 #1 之 $A_0 = 1$、$A_1 = 0$，故位址值爲 305H
　　計數器 #2 之 $A_0 = 0$、$A_1 = 1$，故位址值爲 306H

範例 6　已知 8254 控制字組設定值爲 80H，其意義爲何？

解　控制字組位元組爲 80H，展開得 10000000B
　　$SC_1 SC_0 = 10$，表示選擇 #2 計數器
　　$RW_1 RW_0 = 00$，即鎖住計數器，利用鎖住命令將計數器 #2 之計數值
　　鎖住，以備 CPU 讀取資料，至於計數值資料是 8 位元或 16 位元，因
　　本題並未提供，故無法預知，在執行程式過程中，如果 CPU 曾對
　　8254 下達該鎖住命令則接下來的指令一定要有作出讀取資料之動
　　作，否則 8254 之計數器將被栓鎖住無法再繼續往下數，有關鎖住命
　　令之格式可參考 3-4-1 節之內容。

範例7 8254 控制字組 I/O 埠位址為 307H，且控制碼為 FCH，其意義為何？如何下達指令完成設定？

解 控制碼也就是CPU下達的指令碼為FCH，展開可得 11111100B。
因為$D_7 D_6 = 11$ 表示回讀命令，則意味CPU欲以回讀命令之方法來讀取計數器內部之相關資料。如果是回讀命令則規定$D_7 D_6 = 11$，而D_5至D_0共 6 位元則顯示相關資料之規劃，有關$D_5 \sim D_0$之規劃參考 3-4-2 回讀命令之格式。

執行下達指令片段程式為：

    MOV DX, 307H
    MOV AL, 0FCH
    OUT DX, AL

範例8 某 8254 欲規劃計數器#1 及#2 皆為 16 位元 MOD_1 之十進制計數，其控制字組各為何？

解 欲規劃二個獨立的計數器#1 及#2，則應分開處理控制碼。

計數器#1：$SC_1 SC_0 = 01$，表示#1 計數器

　　　　　　$RW_1 RW_0 = 11$ 表示，16 位元計數，故以先低位元組後高位元組之次序來讀寫計數值

　　　　　　$M_2 M_1 M_0 = 001$，表示 MOD-1

　　　　　　BCD = 1，表示以十進位計數

綜合上述可得控制碼為 01110011B = 73H，同理可得

計數器#2：$SC_1 SC_0 = 10$，表示#2 計數器

　　　　　　$RW_1 RW_0 = 11$，表示 16 位元計數。故需先以低位元

組再高位元組之次序來讀寫計數值

$M_2\,M_1\,M_0 = 001$，表示 MOD-1

綜合上述可得控制碼爲 10110011B = B3H

注意： 在片段程式中之註解，凡是提到'設定'、'命令'、'控制'、'規劃'等
字，該行指令必爲控制字組，其格式爲控制命令 8 位元之位元組。

模式 2

　　MOD-2 爲脈波產生器，其功能類似除N的除頻器，其應用例如圖 3-6
之時序圖，當控制字組寫入後，OUT 接腳變爲 Hi 且一直保持 Hi 直到計數
器的內含遞減至 1 爲止，當計數器值爲 1 時，OUT接腳由Hi變爲Low，然
後在下一個CLK之下降邊緣到達後OUT又由Low變爲Hi，並且將計數器
的初始值重新載入，重覆開始計數，若計數器的初指值爲N，則在第N個時
序脈衝(CLK)，OUT輸出一個時序週期寬度的低電位，也就是說在一秒時
間內，應有f_{CLK}/N個OUT輸出(Low脈波)，如前所述CW爲命令字組，LSB
爲載入計數器初始值，計數器內含最小爲 1 非 0，若閘控(GATE)在計數過
程由 Hi 變 Low，則無視 CLK 輸入，計數器被禁能且其值不變，值得注意
的是：GATE 由 Low 變 Hi 時，在隨後的 CLK 下降緣來到時會將計數值重
新載入計數器中，然後又重頭計數。計數器於 MOD-2 欲保持正常計數必
須令其 GATE 之信號維持於高電位，GATE 信號之狀態影響其動作有二方
面，如下表所示：

模式 ＼ GATE 信號	低電位或負緣 ⌐↓	上昇緣 ⌐
MOD-2	(1)停止計數 (2)輸出腳設定爲高電位	(1)重新載入計數值 (2)啟動計數

Chapter 3

在時序圖中所有輸出波(OUT波形)之變化與計數值之更新都是在CLK之下降緣改變狀態,同時每次8254下達CW控制字組與載入計數值前之計數值內含'N'為任意,不具任何意義。

模式3

模式3為一方波產生器大多應用來產生鮑率參考圖3-7。當控制字組寫入控制字組暫存器後,OUT接腳由Low變Hi,並於計數值N寫入計數器後的下一個 CLK 開始計數,每次遞減2,如果計數器值N為偶數,則計數值達最小值時,OUT接腳電壓會改變狀態並同時重新載入初始值至計數器,再開始計數,每次計數值到達最小時,OUT電壓值必須改變狀態一次,週而復始,OUT 接腳輸出方波信號。週期大小為:

$$\text{Hi 時間} = \frac{T_{CLK} * N}{2}$$

其中,T_{CLK}為時序週期時間

$$\text{任務週期} = \frac{N/2}{N} * 100\% = 50\%$$

N為偶數,任務週期一定 50%。計數器輸出腳位信號之頻率為$\frac{1}{T_{CLK} * N}$

當計數器初始值為奇數,則輸出波之高電位應比低電位時間多了一個CLK,且計數器在遞減至最小值時才促使 OUT 接腳改變狀態。總之,計數值是奇數,OUT接腳會保持$(N+1)/2$個計數器的高電壓,以及$(N-1)/2$的低電壓。

當閘控 GATE 接腳,由 Hi 變 Low,計數器禁能,且在下一個 CLK 進來後,重新計數,奇數初始值輸出信號之時間公式為:

$$\text{Hi 時間} = \frac{T_{CLK'} \, (N+1)}{2}$$

$$\text{Low 時間} = \frac{T_{CLK'} \, (N-1)}{2}$$

其中，T_{CLK} 為時序週期時間。

$$\text{任務週期} = \frac{(N+1)}{2N} * 100\%$$

注意：最小初始載入值偶數 $N \geq 2$，且奇數 $N \geq 3$。

範例 9　8254 MOD-3 計數值為奇數，其動作為何？

解　如果計數值為奇數且OUT接腳為高電壓，將計數值載入後的第一個 CLK 時，計數值只遞減 1，而下一個 CLK 才遞減 2。計數結束後，OUT接腳則變為低電壓，並將原始值重新載入計數，接著下一個脈衝輸入後，計數器立即減 3，下一個 CLK 才減 2，一直到計數值為最小值，OUT改變狀態，同時更新計數值，又重覆計數動作，從計數值減 1 開始，週而復始，因此圖 3-7 第二個案計數值成為 05，04，02，05，02，05，04，02…。

MOD-3 奇數計數的任務週期一定大於 50％。

練習 4　8254 之控制字組命令內容為 10H 表示
(A)8254 為 MOD-0　(B)8254 啟動#1 號計數器　(C)鎖住命令　(D) 8254 為十進位計數。

Chapter 3

解 (A)

練習 5 8254 有關 MOD-3 之敘述何者有誤？

(A)計數器內計數值每改遞減 2

(B)MOD-3 為方波產生器

(C)當載入的計數初始值 N=9，則輸出信號波形任務週期為 50%

(D)MOD-3 表示控制字組中 $M_2 M_1 M_0$=011。

解 (C)

練習 6 8254 I/O 埠位址為 304H～307H，則下列選項何者正確？

(A)選擇#0 計數器位址為 306H　(B)選擇#1 計數器位址為 305H

(C)選擇#2 計數器位址為 304H　(D)以上皆非。

解 (B)

練習 7 若 8254 設定 MOD-3 選擇#0 計數器，載入初始值 1000，十進位計數，已知輸入頻率(CLK)為 600KHZ，則#0 計數器輸出頻率為何？

(A)600HZ　(B)1000HZ　(C)600KHZ　(D)以上皆非。

解 (A)

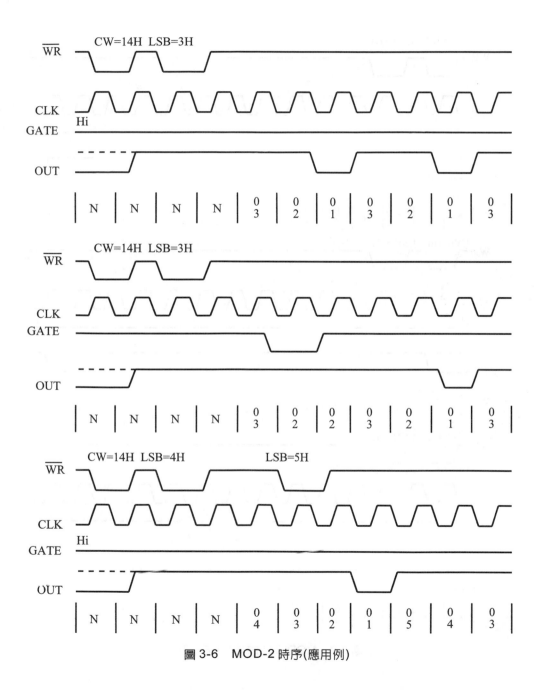

圖 3-6 MOD-2 時序(應用例)

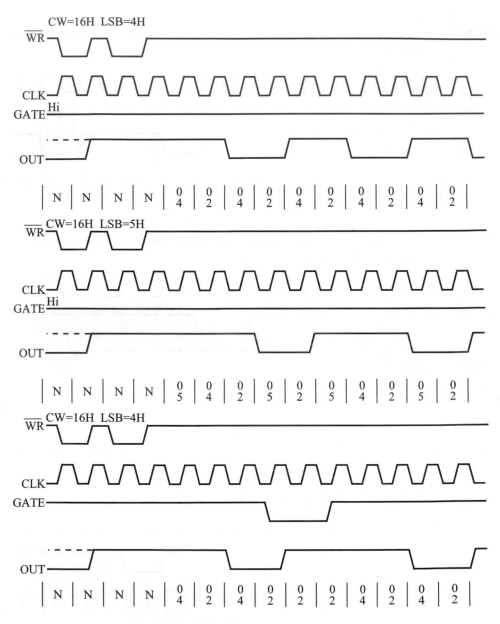

圖 3-7　MOD-3 時序波形(應用例)

範例 10 說明圖 3-5，第三組個案之操作原理。

解 計數值遞減至 0 時，若有新的計數值再載入，則新的計數值必須等
到閘控(GATE)單擊脈衝信號輸入時才能生效，並開始計數。

注意：圖 3-5 的第二組時序單擊脈衝持續不斷在計數器爲 0 前輸入至
閘控接腳，則於下一個 CLK 來到時，計數器會自動載入原始
計數值，如果能夠控制在不使計數器減至 0，則OUT接腳會一
直保持爲 Low。

範例 11 8254 控制字組 CW = 92H，根據 LSB 值與 CLK，GATE 時序，繪
出 OUT 之波形。

解

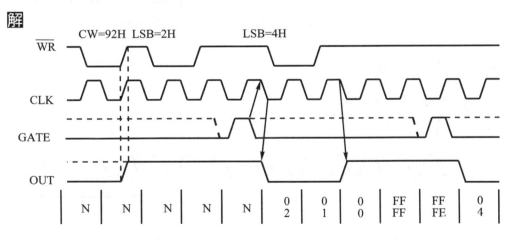

92H＝10010010B 表示$SC_1 = 1$，$SC_0 = 0$爲#2 計數器，$RW_1 = 0$，RW_0
＝1 表示僅讀/寫計數器低位元組，必爲 8 位元計數器，$M_2 = 0$，M_1
＝0，$M_0 = 1$ 表示MOD-1，BCD＝0 必爲二進位計數，OUT信號在計
數器爲 1 的下一個CLK 的下降緣改變狀態。

範例 12 考慮 8254 之基本操作，根據圖 3-6，由 ISA 匯流排輸入 8254 的 CLK 為 8MHz，如何採用 MOD-2 產生一秒鐘的即時時鐘的中斷信號？

解 ISA 匯流排可提供 8M 之 CLK，若 8254 無法在 2MHz 以上之高時序下運作。欲藉由產生 1 秒的時鐘中斷信號方法如下：

(1)任一計數器最大計數值 N 為 65536(FFFFH 含 0)所以吾人可將二個計數器串接先除 N_1 再除 N_2 產生 1Hz 的輸出(OUT 接腳)，而 $N_1 * N_2 = 8 * 10^6$ 即可。

(2)先接硬體電路，以硬體 74LS93 降頻再取一個計數器除 N。

範例 13 8254 之命令字組 CW＝56H，根據 LSB 初值、GATE 及 CLK 時序，繪出 OUT 波形，MOD-3 可不予理會計數值內含。

解 MOD-3，計數器#1，僅寫入／讀取 Low Byte，16 進制

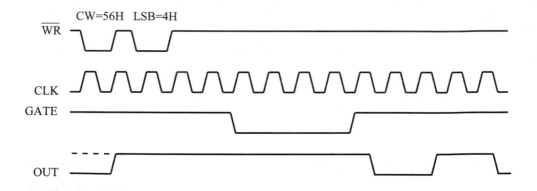

若 CLK 為輸入頻率，則 MOD-3 OUT 輸出信號的頻率公式為：CLK/N Hz。

模式 4

圖 3-8 為軟體觸發激勵模式，在控制命令下達後，OUT 輸出腳必定為 Hi，載入計數值 N 值後的下一個 CLK，開始遞減(減1)，直至計數值為 0，OUT 接腳由 Hi 輸出 Low，計數值持續遞減，由 0→FFFF→FFFE→…，在閘控為 Hi 之前題下，每當計數器變為 0，OUT 接腳必為 Low(一個 CLK 寬度)，計數器不為 0，OUT 必為 Hi。

模式 5

此模式為硬體觸發，MOD-5 之功能類似 MOD-4，其個案範例見圖 3-9，二者是具有相當差異的。注意：MOD-4 是一計數完畢，OUT 便輸出一個負向脈衝的軟體觸發選通產生器。反之，MOD-5 在計數值載入後不立即計數，須等到閘控發生正向轉態時，才開始計數，故稱硬體觸發。

範例 14 說明圖 3-8 第二組與第三組個案的特徵。

解 第二組中，當控制字組寫入控制字組暫存器中或載入計數值時，GATE 為 Low，計數暫停，在 GATE 為 Hi，才恢復計數。第三組中，要載入新計數值，新值必須在下一個 CLK 到達時才能輸入至計數器中。

範例 15 說明 8254 MOD-5 的特點？

解 當控制命令寫入控制字組暫存器時，OUT 接腳之即為 Hi，計數值在 GATE 為 Hi 之下一個 CLK 才啟動遞減，如果載入計數值為 N，GATE 由 LOW 變 Hi 後第 Nth CLK 週期才會使 OUT 接腳為 Low，此一負向波寬為一個 CLK 週期。吾人可以比較 MOD-1 第 2 組個案與 MOD-5 第 2 組波形之差異。

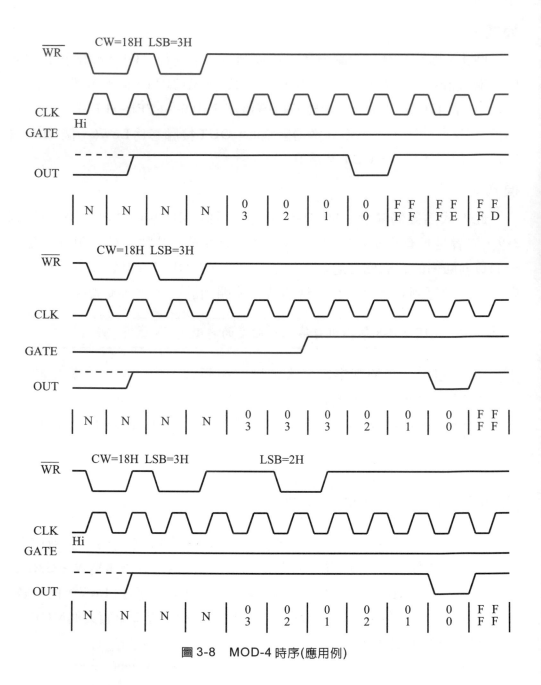

圖 3-8　MOD-4 時序(應用例)

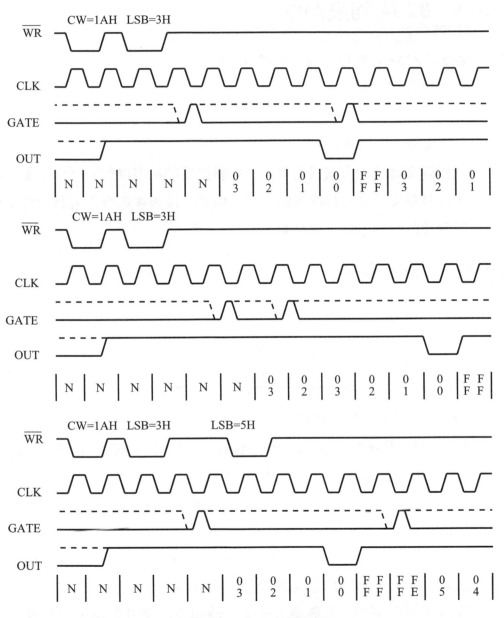

圖 3-9　MOD-5 時序(應用例)

3-4   8254 回讀命令

8253 / 8254 計數器的讀取方式有三種：

1. 外部電路控制。

2. 計數器栓鎖，即鎖住命令。

3. 回讀命令，僅 8254 才有。

使用外部電路的方式最簡單：利用閘控接腳由 Hi 變為 Low 去鎖住計數值，缺點是要設計外接的電路。第二種是下達鎖住命令便可將計數值鎖住於計數器的栓鎖器內，這是 8253 之唯一選擇。

3-4-1   鎖住命令

控制字組鎖住命令功能之格式如下：

D_7	D_6	D_5	D_4	D_3	D_2	D_1	D_0
SC_1	SC_0	0	0	×	×	×	×

適用於 8253 及 8254 兩種元件。

SC_1，SC_0 為計數器選擇位元，例如 $SC_1 = 1$、$SC_0 = 0$ 表示計數器 #2。

RW_1、RW_0 均為 0，表示鎖住命令。

控制字組命令中之 M_2、M_1、M_0、BCD 均無意義，本格式以 "X" 符號示之。

上述之格式又稱計數器鎖住命令格式，其 I/O 埠位址與控制字組相同，D_4 與 D_5 皆為 0 之 2 位元被用來區別是鎖住命令或控制字組命令。

以鎖住命令來栓鎖計數值，一次只能鎖住一個計數器，一旦宣告鎖住，則一定要讀取計數值，否則無法再啟動繼續計數。

範例 16 欲鎖住計數器#2 的計數值，已知計數器控制字組位址為 30BH，
則其片段程式為何？

解
MOV	DX, 30BH	;設定控制暫存器字組位址
MOV	AL, 80H	;鎖定#2
OUT	DX, AL	;完成下達命令
MOV	DX, 30AH	;#2 的 I/O 位址
IN	AL, DX	;讀取#2 之 Low Byte
MOV	AH, AL	;AH←AL 暫存
IN	AL, DX	;讀取#2 之 High Byte
XCHG	AH, AL	;AX 為計數器#2 之計數值

如前述，下達命令後，計數器內含保持不變，直到計數值完全被讀
取為止，計數值讀取後，計數器才又繼續計數。

如果計數器規劃為 16 位元，則必須分二次讀取，在讀取 Low Byte
資料後，可以不必立即讀取 High Byte，也就是說上述二個 IN 指令
間可以加入其他指令，但以不影響目前被鎖住之計數器為準。

完成二次之讀取，計數器打開又開始計數。

....

範例 17 已知8254輸入頻率為1MHz，控制暫存器命令字組之位址為307H，
欲使計數器#0 以BCD計數，並載入 2000H，產生方波，其片段程
式為何？輸出頻率為何？

解
MOV	DX, 307H	;規劃之I/O埠位址，欲產生方波可規劃為 MOD-3
MOV	AL, 00110111B	;計數器#0, MOD-3，先寫入

```
OUT    DX, AL              ；低位元組，再寫入高位元組，BCD計數
MOV    AX, 2000H
MOV    DX, 304H
OUT    DX, AL              ；載入低位元組 00H
MOV    AL, AH
OUT    DX, AL              ；載入高位元組 20H，輸出頻率 CLK/2000
```

$$輸出頻率(Out\ 腳位)=\frac{1\,MHz}{2000}=500Hz$$

3-4-2　回讀命令

控制字組中 D_7 與 D_6 位元均為 1 之情況即所謂回讀命令。回讀命令為 8254 專用的第三種命令，其格式如下：

D_7	D_6	D_5	D_4	D_3	D_2	D_1	D_0
1	1	$\overline{COUNT}$	$\overline{STATUS}$	CNT_2	CNT_1	CNT_0	0

$CNT_0 = 1$　　選取計數器 #0

　　　 $= 0$　　不選

$CNT_1 = 1$　　選取計數器 #1

　　　 $= 0$　　不選

$CNT_2 = 1$　　選取計數器 #2

　　　 $= 0$　　不選

$\overline{STATUS} = 0$　鎖住被選取計數器之狀態值

$\overline{COUNT} = 0$　鎖住被選取計數器之計數值

練習 8　有關 8253/8254 回讀節令及鎖住命令之敘述何者正確？

(A)回讀命令適用於 8253。

(B)鎖住命令 SC_1SC_0=10 表示選擇鎖住#2 計數器。

(C)鎖住命令中 D_5D_4 位元為任意值。

(D)鎖住命令一次可用同時鎖位 3 個計數器。

解　(B)

練習 9　同上題，

(A)回讀命令格式中，D_7D_6=11。

(B)回讀命令格式中，$D_3 \sim D_1$=000 表示計數器編號#0。

(C)回讀命令格式中，D_0 為任意值。

(D)以上皆非。

解　(A)

3-4-3　狀態字組格式

8253/8254 狀態字組即狀態值格式如下：

D_7	D_6	D_5	D_4	D_3	D_2	D_1	D_0
Output	Null Count	RW_1	RW_0	M_2	M_1	M_0	BCD

$D_0 \sim D_5$ 其意義同前表 3-3、3-4 及 3-5 之規定。

Chapter **3**

Null Count = 1　　計數器尚未有計數值，無法讀取，如 N

　　　　 = 0　　計數值已載入計數器，可以回讀

Output　 = 1　　Output 接腳爲高電位

　　　　 = 0　　Output 接腳爲低電位

利用回讀命令，則三個計數器可以逐一鎖住，亦可同時鎖住，鎖住功能包括計數值與狀態值，回讀命令的組合，有下列幾種範例：

控制字組即回饋命令								功能說明
D_7	D_6	D_5	D_4	D_3	D_2	D_1	D_0	
1	1	0	0	0	0	1	0	回讀#0 計數器的計數值與狀態
1	1	1	0	0	1	0	0	回讀#1 計數器的狀態
1	1	1	0	1	1	0	0	回讀#1、#2 計數器的狀態
1	1	0	1	1	0	0	0	回讀#2 計數器的計數值
1	1	0	0	0	1	0	0	回讀#1 計數器的計數值及狀態
1	1	1	0	0	0	1	0	回讀#0 計數器的狀態

規則：

1. 若狀態值與計數值同時被鎖住，必須先讀取其狀態值，再讀取計數值。

2. 下達回讀命令後，如果未將計數值或狀態值回讀完畢，而對同一頻道再下達回讀命令，第二次的回讀命令無效，所以一旦鎖住一定要讀取，讀取之後，才能啓動再繼續計數。

練習 10 8254 有關狀態字組格式何者正確？

(A)狀態字組格式 D_7 位元對應到 8254 輸出腳位。

(B)狀態字組格式中 $D_3D_2D_1$=011 表示計數器#3。

(C)狀態字組格式中 D_0=1 表示 2 進位計數。

(D)狀態字組格式中 D_0=0 表示計數值尚未載入計數器中，必須等待
啓動之控制信號。

解 (A)

練習 11 8254 下達四讀命令控制字組 11010110B 之後，CPU 程式第一次讀
取值爲 43H，第二次讀取值爲 21H，

(A)43H 爲狀態值，21H 爲計數值。

(B)21H 爲狀態值，43H 爲計數值。

(C)43H 與 21H 均爲計數值，表示計數器內含爲 2143H。

(D)43H 與 21H 均爲計數值，表示計數器計數值爲 4321H。

解 (C)

範例 18 要鎖住#0，將計數值載入 CX 暫存器，狀態值存入 BL 暫存器，I/
O 位址分別是 30BH 與 308H，設計其片段程式？

Chapter 3

解

```
MOV   AL, 11000010B      ; 選#0 計數器鎖住 COUNT 及 STATUS
MOV   DX, 30BH           ; A₀=1、A₁=1 為控制字組之 I/O 位址
OUT   DX, AL
MOV   DX, 308H           ; 設定#0 計數器 I/O 位址
IN    AL, DX
MOV   BL, AL             ; 先讀狀態值，並儲存至 BL 暫存器
IN    AL, DX             ; 讀取計數器#0 之 Low Byte
MOV   CL, AL
IN    AL, DX             ; 讀取計數器#0 之 High Byte
MOV   CH, AL             ; 存入 CX 內
```

第二行註解：$A_0=1$、$A_1=1$ 為控制字組之 I/O 位址

範例 19 已知 8254 I/O 位址 2E0～2E3H，#2 為 8 位元、二進位、MOD-2 計數先載入 99H，再讀取計數值於 Data 內，其片段程式為何？

解

```
MOV  DX, 2E3H
MOV  AL, 94H
OUT  DX, AL
MOV  DX, 2E2H            ; #2 計數器
MOV  AL, 99H            ; 載入初始值
OUT  DX, AL            ; 設定完成，開始計數
MOV  DX, 2E3H
MOV  AL, 80H            ; 鎖住命令
OUT  DX, AL
MOV  DX, 2E2H            ; #2 計數器
IN   AL, DX            ; 讀取計數值
MOV  Data, AL
```

範例 20 已知 IN 指令回讀狀態值內含為 10000101B 其意義為何？

解 1：Output 接腳為 Hi

0：計數值允許讀取

0
0 ⎫：計數器鎖住

0
1 ⎫：脈波產生器 MOD-2
0

1：十進制(BCD)碼計數器

範例 21 欲鎖住三個計數器(皆 16 位元)，並將計數值分別存入 CX、BX、AX，用 SYMDEB 來執行測試，片段程式為何？已知 I/O 埠位址 300H～303H。

解 SYMDEB

－A
－××××：××××　　　MOV　DX, 303H
　　　　　　　　　　　　MOV　AL, DEH
　　　　　　　　　　　　OUT　DX, AL
　　　　　　　　　　　　MOV　DX, 300H
　　　　　　　　　　　　IN　　AL, DX
　　　　　　　　　　　　MOV　AH, AL
　　　　　　　　　　　　IN　　AL, DX
　　　　　　　　　　　　X　　 AH, AL
　　　　　　　　　　　　MOV　CX, AX
　　　　　　　　　　　　INC　DX
　　　　　　　　　　　　IN　　AL, DX

Chapter 3

```
MOV   AH, AL
IN    AL, DX
X     AH, AL
MOV   BX, AX
INC   DX
IN    AL, DX
MOV   AH, AL
IN    AL, DX
X     AH, AL
```

範例 22　8254 用#0 計數器產生週期 0.02 秒方波，CLK_0外加脈波為 1.0000 MHz，其程式片段程式為何？設命令字組 I/O 埠位址為 2EBH。

解　8254，#0 計數器，MOD-3 產生 0.02 秒方波(計時用)，可用查詢法 檢驗計數器是否計數了 10000 個脈波，MOD-3 每計數一次計數值減 2，計數初始值應載入 20000，使輸出信號的週期為 50Hz。

```
Loop0 : MOV   AL, 0H      ; 鎖住命令，鎖住計數器#0
        MOV   DX, 2EBH    ; 假設已知 8254 I/O 埠位址由 2E8H 至 2EBH
        OUT   DX, AL      ; I/O 埠命令字組位址為 2EBH
        MOV   DX, 2E8H    ; 讀取計數#0 計數值，I/O 埠位址
        IN    AL, DX      ; 先讀 Low Byte
        MOV   BL, AL
        IN    AL, DX      ; 讀取 High Byte
        MOV   BH, AL      ; 鎖住期間暫停計數，讀取結束恢復計數
        MOV   DATA, BX    ; DATA 為自訂之暫存器變數名稱
```

```
Loop1 : MOV   AL, 0H
        MOV   DX, 2EBH   ;鎖住命令，鎖住計數器#0
        OUT   DX, AL
        MOV   DX, 2E8H   ;
        IN    AL, DX
        MOV   BL, AL
        IN    AL, DX     ;讀取期間，計數值不變
        MOV   BH, AL
        MOV   AX, DATA
        SUB   AX, BX     ;兩次鎖住期間 CLK 差值
        CMP   AX, 20000
        JNZ   Loop1
        JMP   Loop0      ;再度回去鎖住，將 DATA 值當做基數
```

如果本片段程式不採用無窮迴圈，亦可改為計數器計數 10000 個脈波，因為外加脈波為 1MHz 不受 CPU 之執行時間影響，因此 8254 當作延時計時，時間可以準確控制。

範例 23　8253 之脈波輸入為 8MHz，欲使 OUT₀ 產生 1KHz 的方波，用 BCD 計數，程式片段為何?設 I/O 埠位址由 2E8H 至 2EBH 止。

解
```
MOV DX, 2EBH   ;8MHz 並未由外加電路先除頻，假設 8254
               ;之工作頻率可達 8MHz 以上
MOV AL, 37H
OUT DX, AL
MOV DX, 2E8H
```

Chapter **3**

```
MOV AL, 0H      ；先載入低位元組
OUT  DX, AL
MOV AL, 80H     ；8M ÷ 8000 = 1K，注意 BCD 之設定初始值
OUT  DX, AL
```

範例 24　8254 CLK 輸入為 0.1MHz，欲用 #0 計數器計時 0.01 秒，並回讀 OUT_0 來判斷是否已過 0.01 秒，將 1000H 寫入#0 計數器，以 MOD-0 BCD 來下達回讀命令並以狀態字組來檢查OUT0 的電壓是否為Hi，程式片段為何？I/O 埠位址同上題。

解

```
            MOV    DX, 2EBH
            MOV    AL, 31H
            OUT    DX, AL
            MOV    DX, 2E8H
            MOV    AL, 0H        ；載入低位元組
            OUT    DX, AL
            MOV    AL, 10H       ；初始 BCD 值 1000
            OUT    DX, AL
Loop0 : MOV    DX, 2EBH
            MOV    AL, 0E2H
            OUT    DX, AL
            MOV    DX, 2E8H
            IN     AL, DX
            AND    AL, 80H       ；檢查 OUT₀
            JZ     Loop0
```

習題

1. 說明 8253 與 8254 的差異？

2. 8254 規劃的程式片段如下所示，並回答下列問題。

   MOV   DX, 2E7H   ；8254 控制字組暫存器位址

   MOV   AL, 37H

   MOV   DX, AL

   MOV   DX, 2E4H

   MOV   AL, 50H

   OUT   DX, AL   ；①指令

   MOV   AL, 2

   OUT   DX, AL   ；②指令

   (1) 8254 控制字組暫存器位址線 A_0，A_1 狀態爲何？

   (2) 37H 表示的意義爲何？

   (3) 2E4H 表示那一個計數器的 I/O 位址值？

   (4) 執行①指令、②指令的作用爲何？

3. 試比較 8254 MOD-0 與 MOD-1 工作模式的差異。

4. 試比較 8254 MOD-4 與 MOD-5 工作模式的差異。

5. 參考課文圖 3-7 的 MOD-3 時序波形中的第一組個案，若相關指令改爲，CW = 16H、LSB = 6H、GATE 腳位保持 Hi，重繪時序圖。

6. 參考課文圖 3-8 MOD-4 時序波形中的第一組個案，若相關的指令改爲，CW = 18H、LSB = 5H、GATE 腳位保持 Hi，重繪時序圖。

7. 已知 8254 作業模式爲 MOD-3，欲以 OUT0 產生 1Hz 的方波，如果 CLK0 接腳輸入頻率爲 1MHz，且 GATE0 一直保持 Hi，寫出完整的程式片段，假設控制字組暫存器位址爲 307H。

8. 8254欲規劃如下：計數器#0，工作模式 MOD-0，16位元 BCD 計數初始值為 1000，計數器#1，工作模式 MOD-1，8 位元二進制計數，初始值為 20H，計數器#2，工作模式 MOD-2，16位元BCD計數，初始值為 9999，假設控制字組暫存器位址為 2E7H，試寫出完整的程式片段。

9. 寫出三種可以正確讀取 8254 計數器之計數值的方法。

10. 8254可使用計數器鎖住命令來讀取計數器的計數值，根據下列程式片段回答問題，已知控制字組的位址為 2E7H，且 8254 規劃為MOD-0，8位元BCD計數，欲鎖住計數器#1。

```
MOV    DX, 2E7H    ；計數器鎖住命令位址
MOV    AL, 40H
OUT    DX, AL      ；①指令
MOV    DX, 2E5H
IN     AL, DX      ；②指令執行完畢，AL=61H
```

   (1)完成①指令後，計數器#1的狀態為何？
   (2) MOV AL, 40H指令，40H的意義為何？
   (3)執行②指令之後，計數器#1的狀態為何？61H之意義為何？

11. 8254如何分辨命令字組與計數器鎖住命令的格式？

12. 回讀命令為8254所專用，說明8254回讀命令的格式中各位元的功能。

13. 說明8254狀態字組格式中各位元的功能。

14. 如何分辨8254命令字組與回讀命令的格式？

15. 已知307H 為8254控制字組之 I/O 位址，欲用回讀命令同時鎖住3個計數器，3個計數器均為16位元計數值，試設計一片段程式將回讀的計數值分別載入 DATA1，DATA2 及 DATA3 三個緩衝器(皆16位元)內。

16. (1) 8254 狀態字組 D_6 位元為 Null Count，$D_6=1$ 其意義為何？

　　(2) 8254 被選取的計數器可以被同時鎖住其計數器與狀態值，則隨後的讀取指令必須先讀取狀態值還是要先讀取計數器的計數值？

17. 在 8254 的應用線路中，如果沒有示波器等工具，如何利用軟體程式，來判斷計數器#i 的 Out 接腳信號為 Hi 或 Low？

18. 8254 可以利用 MD-DOS 的 DEBUG 作簡單的控制，根據下列指令，回答問題，控制字組的 I/O 位址為 2E7H。

```
C:\>DEBUG
  -O   2E7   B6   ；①指令
  -O   2E6   FF   ；②指令
  -O   2E6   FF   ；③指令
  -
  -
  -
  -O   2E7   C8   ；④指令
  -I   2E6        ；先回讀狀態
  06 或 36         ：⑤指令
  -I   2E6        ；回讀計數器
  34              ；
  -I   2E6
  12              ；
  -Q
```

　(1) ①指令，B6H 內容為何？

　(2) ②，③指令其意義為何？

　(3) ④指令 C8H 作用是什麼？

Chapter 3

(4)⑤指令狀態值為06H，說明計數器作業模式？

(5)寫出回讀計數器的計數值大小？

19. 參考下圖，填空並回答相關問題。

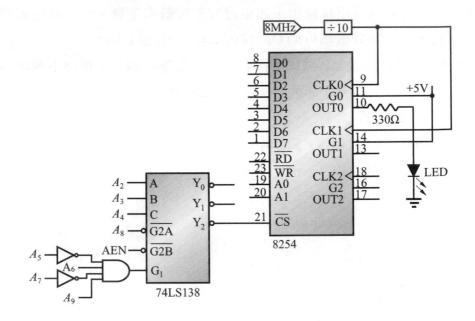

```
MOV    DX, _____        ; 8254 命令字組 I/O 埠位址
MOV    AL, _____        ; 規劃 8254，計數器#0，MOD-3，BCD
                            計數
OUT    DX, AL              ; 16 位元計數，產生 4KHz 之頻率
MOV    AX, _____        ; 載入初始值
MOV    DX, _____        ; 計數器#0，I/O 埠位址
OUT    DX, AL              ; 先載入 Low Byte
MOV    AL, AH
OUT    DX, AL              ; 載入 High Byte
```

(1)程式執行至此 OUT0 波形爲？＿＿＿＿頻率爲？＿＿＿＿

　　MOV　　DX, ＿＿＿＿　　；設定爲回讀命令，鎖住計數器#0 的計
　　　　　　　　　　　　　　　　　　數器

　　MOV　　AL, ＿＿＿＿　　；及狀態值

　　OUT　　DX, AL

　　MOV　　DX, ＿＿＿＿　　；先欲讀取狀態值

　　IN　　　AL, DX　　　　　；執行指令後 AL=10110111

(2)執行至此後，LED 亮或不亮？＿＿＿＿

(3)計數器#0 爲 8 位元或 16 位元？＿＿＿＿

(4)計數器#0 爲二進位或十進位計數？＿＿＿＿

　　IN　　　AL, DX

　　MOV　　AH, AL

　　IN　　　AL, DX　　　　　　；讀取計數值啓動計數器

　　XCHG　AL, AH

；以下規劃 8254，計數器#1 並以鎖住命令判斷是否時間已過 0.01 秒

　　　　　MOV　　DX, ＿＿＿＿　　；8254 命令字組 I/O 埠位址

　　　　　MOV　　AL, ＿＿＿＿　　；規劃 8254，計數器#1，MOD-0

　　　　　OUT　　DX, AL　　　　　；16 位元計數，二進位計數

　　　　　MOV　　DX, ＿＿＿＿　　；計數器#1，I/O 埠位址

　　　　　MOV　　AL, ＿＿＿＿　　；先載入 Low Byte

　　　　　OUT　　DX, AL

　　　　　MOV　　AL, ＿＿＿＿　　；載入 High Byte

　　　　　OUT　　DX, AL

KKK:　　MOV　　DX, ＿＿＿＿　　；鎖住命令

　　　　　MOV　　AL, ＿＿＿＿

Chapter **3**

```
OUT    DX, AL
MOV    DX, _____    ；計數器#1，I/O 埠位址
IN     AL, DX
MOV    AH, AL
IN     AL, DX          ；讀取計數值啟動計數器
OR     AX, _____    ；判斷計數器內含，是否為計數
                          終了
JNZ    KKK
NOP
```

4

D/A 轉換器

4-1   DAC 特性

4-2   轉換原理

4-3   DAC 0808 應用電路

　　D/A轉換器全名是數位至類比轉換器，又稱DAC，因為日常生活中我們所接觸的訊息大多與類比信號有關，而微處理機又只能處理數位信號，所以要將微處理機輸出的數位信號轉換成類比信號，DAC應是最方便的選擇。換句話說，想要把微處理機的演算結果拿來控制週邊類比元件時，必須以DAC作為兩者間的橋樑，轉換速度與解析度是使用DAC要注意之重點，DAC元件與微處理機及週邊介面三者間之關係如下列方塊圖所示，注意此系統僅為一開迴路結構。

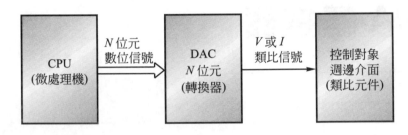

4-1　DAC 特性

　　因數位信號內之各個位元均為有效的加權值，所以要獲得對應之電流或電壓輸出時必須透過 DAC，換言之，DAC 可以將數位信號的二進位制資料轉換成電壓或電流，其特性如下：

1.　解析度

　　解析度是DAC能處理的最小類比輸出增量，解析度取決於數位輸入之 LSB 權值。

$$解析度百分比 = \frac{1}{2^N} \times 100\ \%$$

其中 N 為 DAC 數位輸入位元。

範例1 8位元之DAC，參考電壓爲5V，則解析度爲何？解析度百分比爲何？1個 LSB 電壓增量爲何？

解 解析度 $= 1 / 2^N$

解析度百分比 $= 0.39$ ％，其中 $N = 8$

解析度的最小電壓增量(1 LSB)和參考電壓 V_{REF} 大小成正比關係，可得

$$1 \text{ LSB 電壓增量} = \frac{V_{REF}}{2^N}$$

如 $V_{REF} = 5$ 伏特，代入公式，以電壓增量之大小視爲解析度的另一種參考值，得

$$電壓增量 = \frac{5 \text{ 伏特}}{2^8} = 0.0195 \text{ 伏特，其中} N = 8$$

N 值爲數位輸入端的位元，市面上產品只有 8 位元(Bits)、10 位元或 12 位元，而且

$$0 \le V_{REF} \le V_{CC}$$

所以，N 愈大解析度愈高，綜合上述所言，解析度總共有三種表示法。

2. 精確度

　　這是很重要的參數，可分二種：絕對準確度與相對精確度。一般資料手冊只列出相對精確度。

(1) 絕對準確度：

　　實際輸出電壓值與理想值之最大誤差，通常以百分比或LSB表示。影響絕對準確度的因素爲：晶片內部電阻、電容、電晶

Chapter 4

體、放大器特性加上轉換誤差等,絕對準確度強調的是最大誤差。

(2) 相對精確度:

實際每一階梯輸出值與理想的滿刻度輸出值接近的程度。

範例 2　8 位元之轉換器,其理想之滿刻度輸出比值多少?

解　理想滿刻度輸出比值為,$i/2^N$

其中,$i = 0 \sim 255$,N 為數位輸入位元。

故比值為:

　0, 1/256, 2/256, 3/256, ……255/256

因此一般所謂精確度即所謂相對精確度,取決於 DAC 之特性(DAC 內部結構及誤差)且與解析度無關,8 位元之 DAC 相對精確度為:±0.19 %,精確度的單位是以百分比來表示,該值由廠商提供。

範例 3　已知 DAC0808 的滿刻度輸出電壓為 5V,規格表指出相對精確度為±0.19 %,則最大輸出誤差多少?

解　$5 \times 0.19 \% = 9.5\text{mV}$

最大輸出誤差值為:±9.5mV

---

3. 安定時間

當數位資料輸入至DAC後,由開始轉換至穩定輸出所需的時間稱為安定時間。安定時間愈小愈好,表示其響應佳。故DAC做數位／類比轉換時,連續資料受制於轉換速度,資料輸入間隔不可太短。

一般而言,DAC典型之安定時間為 150ns (Typical Value),如果 8 個輸入位元全部由 0 至 1 時,其安定時間最大將會高於 150ns,

8 個輸入位元全部由 1 變爲 0 時，其安定時間較小，低於 100ns，安定時間由廠商提供，時間長短取決於雜散電容，飽和延遲和開關型式等。

4. 線性度

　　所謂線性度，即當 DAC 的開關從全部 OFF 狀態，逐漸一步步變成全部導通，其輸出的斜坡信號與直線值的偏離程度，在理想狀況下，線性度應小於 ± 1/2 LSB。

範例 4　8 位元 DAC 在轉換過程中，某數轉換其 LSB 位元由 0 變爲 1，另一數轉換，其最高位元 MSB 由 0 變爲 1，何者安定時間較小？

解　前者安定時間小於後者之安定時間。

範例 5　所謂安定時間就是當數位值輸入後，DAC0808 開始轉換一直到穩定值輸出所需的時間，穩定值是以理論值 $\pm\frac{1}{2}$ LSB 爲準，只要輸出值落於該區間內，我們就認爲響應已達穩定。一般來說，安定時間愈短響應愈佳，轉換速度愈快，表示 DAC0808 品質愈好，因爲 CPU 之速度愈快，指令週期時間縮短，我們在處理 DAC 轉換時，如果前一筆資料輸入與後一筆資料輸入的時間間隔小於 DAC0808 的安定時間時，類比電壓輸出會出現何種狀況？應該如何解決？

解　如果 CPU 之 $\overline{\text{WR}}$ 控制信號太快，且 DAC 之頻寬太小時，因爲轉換響應時間太短，則輸出電壓爲無法預測，因此調降 $\overline{\text{WR}}$ 之信號頻率 ($\overline{\text{WR}}$ 與 X86 之 OUT 指令有關) 爲最佳策略。

Chapter 4

範例 6 安定時間的長短與資料輸入位元有關，以 DAC0808 為例，試比較(a)、(b)安定時間的快慢，(a)、(b)的條件如下所示

(a)輸入資料位元由 11111111 的狀態切換為 00000000。

(b)輸入資料位元由 00000000 的狀態切換為 11111111。

(提示：輸入位元由高電位狀態輸至低電位狀態時間比較短，改變的位元數愈多時間愈長，最長的時間應為全由 00 變為 FF 時發生)。

解 前者(a)之轉換時間比較快。

範例 7 同上題，改變(a)輸入資料位元由 10000000 的狀態切換為 00000000。(b)輸入資料位元由 00000001 的狀態切換為 00000000 時，試以開關控制電路ON/OFF的特性及位元比重(Weighting)的因素考量，重新比較(a)、(b)安定時間的快慢。

解 (b)的 LSB 資料由 1 變為 0，因此(b)的轉換時間比較快。

範例 8 8 位元 DAC 線性度為 $\pm\frac{1}{2}$ LSB，試以轉換曲線圖說明之。

解 8 位元 DAC 如 DAC08 為一互補式輸出電流如圖所示誤差最大為 $\pm$1LSB，消耗功率只有 33mW(5V 之電源下)，凡實驗值落於斜直線 $\pm$1/2 LSB 之範圍均為可被接受，斜直線為理想值，電流或電壓都可一致看待。

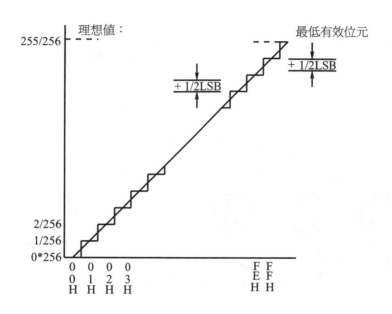

4-2 轉換原理

　　DAC有二大類，一為多位元式，即可與各該有效加權對應之電子電路元件分別加總後再轉換為類比值輸出者，第二類則為採用數位訊號處理，電路簡單，基本上無需一連串之加權電子元件，依1位元執行 DA 轉換，後者於學術界稱為1位元DAC，數位輸入訊號經轉換成類比輸出，通常含有高諧波成分，因此在應用上需透過濾波器才能獲得正確之輸出電壓波形，濾波器之相關知識非本節之重點，本章將不予討論。

　　多位元式 DAC 通常皆有加權之電路元件，轉換之精確度易受電阻及電子開關影響，常見之架構有：加權電阻式DAC，梯型R-2R電阻式DAC，並聯式DAC。

　　1位元式DAC有積分式DAC及分時式DAC，圖4-1為上述各DAC之內部結構圖，本節乃以R-2R之基本原理來介紹DAC之操作。

Chapter 4

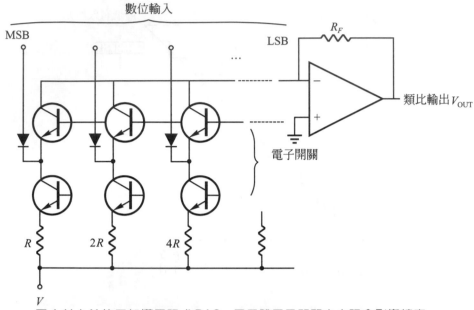

圖 4-1(a)　N 位元加權電阻式 DAC，電晶體電子開關之內阻會影響精度，
　　　　　其次 R、2R、4R、8R 等特性應一致

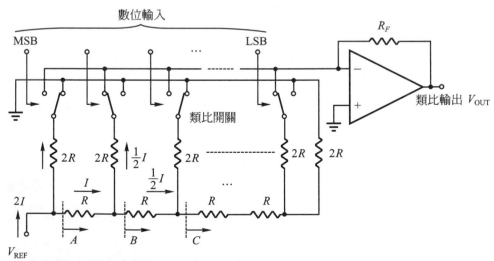

圖 4-1(b)　R-2R 梯型電阻式 DAC 以梯形連接得名，其精確度仍以 R-2R 電
　　　　　阻對之精度來論，通常 R_F = R

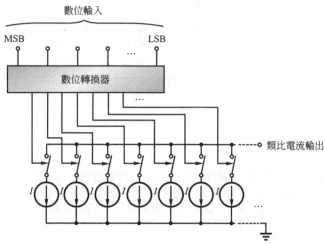

圖 4-1(c) 並聯式 DAC，主要是提昇精確度，重點是電流源之誤差可以降
至最低，但 N 位元轉換器要 2^N-1 個相同龐大之電流源為缺點

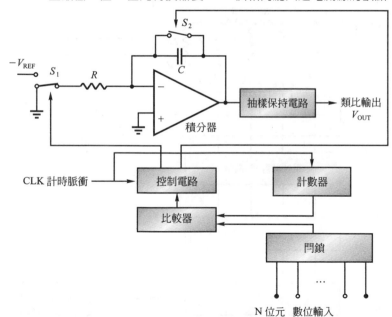

圖 4-1(d) 積分式 DAC，當 S_1 接地 S_2 導通，C 放電後立即將 S_2 OFF，S_1 導通
接到 $-V_{REF}$ 上改向 C 充電，積分器輸出電壓開始上昇，並開始計
數，若計數器之輸出與 N 位元數位輸入相等，積分器則停止積
分，並利用保持電路保證 V_{OUT} 可獲得穩定輸出電壓

Chapter 4

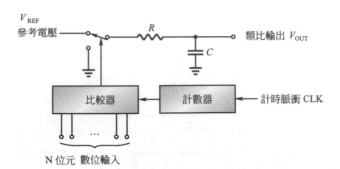

圖 4-1(e) 分時式 DAC 可提昇積分式 DAC 之轉換時間，在正常情況下計
數器執行計數 CLK 輸入直到與 N 位元數位輸入相等時，開始由
V_{REF} 向 RC 充電，V_{OUT} 就可以獲得輸出平均值電壓，此架構之 V_{OUT}
正此於 CLK 數，故可稱為分時式 DAC

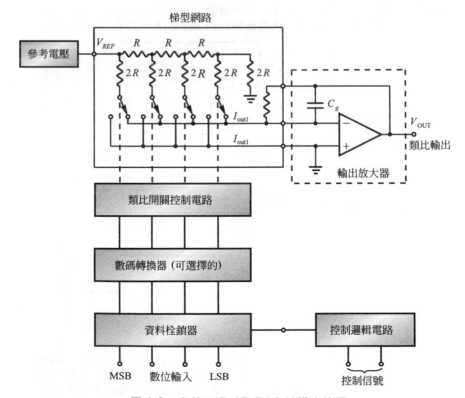

圖 4-2 多位元 R-2R DAC 結構方塊圖

圖 4-2 為 R-2R DAC 之基本結構，由 6 個方塊組成：

1. 參考電壓。
2. R-2R 梯型網路與類比開關電路。
3. 輸出放大器。
4. 數碼轉換器。
5. 控制邏輯電路。
6. 資料栓鎖器。

範例 9　　下圖為一將圖 4-2 改良之 R-2R 電流源 DAC，已知負載為 R_L 求輸出 V_o？

解　此為圖 4-2 之應用例，且只以 3 個位元來示範使用電流源推動之優點：轉態時間加快，電路僅工作於作用區(Active Region)與截止區(Cutoff Region)，其次為輸出並未反向，電路之開關不直接連在 V_{in} 電壓端，所以在開關切換時所承受電壓比較小，DAC 之壽命可以延長，但又因有電阻網路寄生使電容變小。

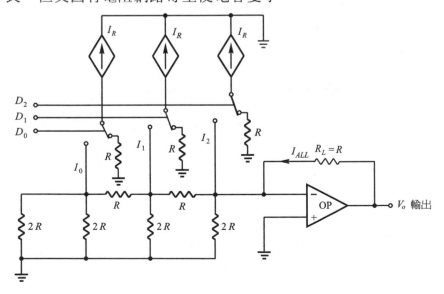

利用重疊定理,將三個電源單獨作用,依諾頓等效電路,可得(A)、(B)、(C)三電路。

$D_0 = 1$,可得(A)電路為:

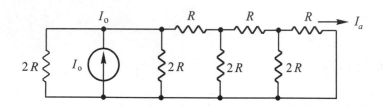

注意:I_0、I_1、I_2分別與I_R反向,輸入電壓$V_{in} = R\,I_R$

$\quad$ D_0、D_1、D_2控制信號為數位輸入其值為 0 或 1

(A)電路之化簡分 7 個步驟如下所示:

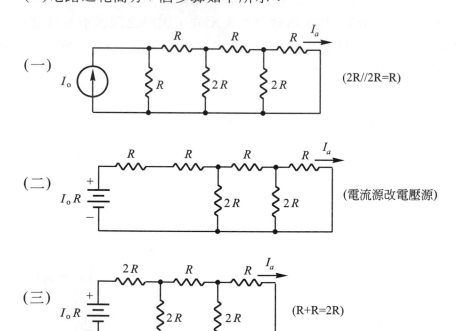

(四) 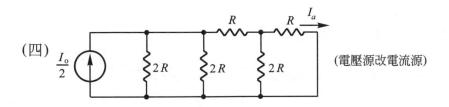 (電壓源改電流源)

(五) 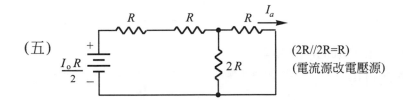 (2R//2R=R)
(電流源改電壓源)

(六) 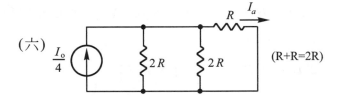 (R+R=2R)

(七) 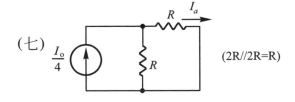 (2R//2R=R)

分流可得 $I_a = I_0/8$

當 $D_1 = 1$，得(B)電路為：

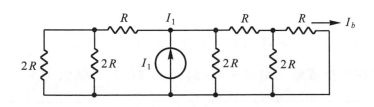

分流法得$I_b = I_1/4$

當$D_2 = 1$，得(C)電路為：

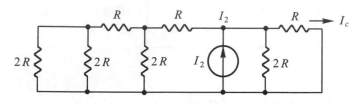

同樣的，採用分流的$I_c = I_2/2$

由重疊定理可得

$- I_{ALL} = I_a + I_b + I_c = I_0/8 + I_1/4 + I_2/2$

因為$I_0 = -I_R$，$I_1 = -I_R$，且$I_2 = -I_R$，代入上式，整理後並加入開關
位元D_i的通式為：

$$I_{ALL} = \frac{I_R}{2^3}(D_0 + 2^1 D_1 + 2^2 D_2) = \frac{V_{in}/R}{2^3}\left(\sum_{i=0}^{2} D_i\, 2^i\right)$$

其中$I_R = V_{in}/R$

已知

$$V_O = R_L\, I_{ALL}，且 R_L = R$$

代入上式得

$$V_O = V_{in}/2^3 \sum_{i=0}^{2} D_i\, 2^i$$

若擴充為n位元，其通式為

$$V_O = \frac{V_{in}}{2^n} \sum_{i=0}^{n-1} D_i\, 2^i$$

展開可得公式

$$V_O = \frac{V_{in}}{2^n}(D_{n-1}\, 2^{n-1} + D_{n-2}\, 2^{n-2} + \cdots\cdots + D_1\, 2^1 + D_0\, 2^0)$$

式中V_{in}為參考電壓或輸入電壓，n為輸入二進位位元個數。

範例 10 已知V_{REF}爲 5V 之 8 位元之加權 DAC，當輸入資料由D_0至D_7爲 00000001 時，V_{OUT}多少？

解 $D_7 \sim D_0 = 10000000 = 128$

$V_{OUT} = (5/2^8) \times 128 = 2.5V$

注意：(1)當$D_0 \sim D_7 =$ FFH時，$V_{OUT} = 4.9805V$，轉換誤差爲 0.0195V。

(2) DAC 其位元數目愈大，其轉換誤差愈小，通常用於精密的控制與實習課程。

(3) 8位元之 DAC 可以有 256 種輸入組合，也就是可產生 256 個階梯式的輸出波形，每一個階梯等於一個 LSB 的增量，其電壓值爲V_{OUT}的 1/256。

範例 11 8 位元 DAC，求

(1)解析度。

(2)精確度的規格爲±0.19 ％，求最大誤差。

(3)安定時間。

(4)一個 LSB 的增量。

解 (1)解析度$= 1 / 2^8$

(2)如滿刻度電壓爲 5V，則$5 \times \pm 0.19 \% = \pm 9.5 \, mV$

(3)$t_s = 150ns$，參考手冊

(4)$V_{in} \times (1 / 256) = V_{in} / 256$

Chapter 4

4-2-1 DAC 0800 簡介

DAC0800又稱為DAC08，圖4-3(a)為DAC08之接腳圖，其功能說明如下：

DAC08的腳2及腳4其電流之方向均是流向IC內部，其滿刻度電流不等於I_{REF}。

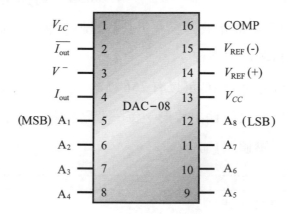

圖 4-3(a)　DAC08 腳位圖(NS 公司手冊)

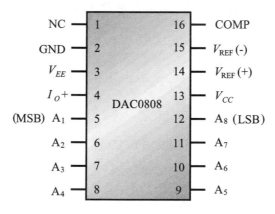

圖 4-3(b)　DAC0808 腳位圖

注意： 1. DAC08 為一通稱。一般常用的 DAC0800 即為 DAC-08，而
DAC0802 則稱為 DAC08A，DAC0800C 即所謂 DAC-08C，
DAC0801C則為DAC-08E，而DAC0802C則被稱為DAC-08H。

2. DAC0808 或 MC1408、MC1508，則為另一款轉換器，
見圖 4-3(b)，使用者要注意腳位 1、腳位 2 之不同點。至於腳位 3
與腳位 13 只是名稱不同，應用電路之接法則不變。

1. $A_1 \sim A_8$

雙向 I/O，接 CPU 的 $D_0 \sim D_7$，其中 A_1 為 MSB，A_8 為 LSB。

2. $V_{REF(+)}$、$V_{REF(-)}$

轉換器的參考電壓輸入，計算公式為

$$V_{REF} = (V_{REF(+)}) - (V_{REF(-)}) \tag{1}$$

$$I_{REF} = V_{REF}/R_{REF} \tag{2}$$

其中 R_{REF} 為輸入電阻，或稱參考電阻，由(2)式

$$I_{FS} = I_{REF} \cdot \frac{255}{256} \tag{3}$$

其中 I_{FS} 稱為滿刻度電流，也就是最大轉換電流，DAC08 的 I_{REF} 限定
範圍查 DATA BOOK 可得

$$0.2\text{mA} \le I_{REF} \le 4\text{mA}$$

3. I_{OUT}，$\overline{I_{OUT}}$

DAC 的轉換輸出電流，$0 \le I_{OUT} \le I_{FS}$，I_{OUT} 最大不會超過滿刻度
電流，且滿足 $\overline{I_{OUT}} = I_{FS} - I_{OUT}$，$\overline{I_{OUT}}$ 稱為共軛輸出電流，DAC0800 之
$\overline{I_{OUT}}$ 如果接地則 I_{OUT} 值就等於 DAC0808 的 I_o^+。

Chapter 4

4. COMP

   DAC內部運算放大器之頻率補償輸入端，目的是防止高頻振盪。

5. V_{CC}

   正電源輸入，範圍為$4.5V \le V_{CC} \le 18V$。

6. V_{LC}

   用來調整數位輸入信號準位的輸入端。當輸入至DAC之數位來源為TTL、DTL等邏輯IC時V_{LC}接地，但DAC0808的腳位1為NC空腳。

7. V^-

   DAC08之負電源輸入，範圍為$-18V \le V^- \le -4.5V$，在應用方面V^-最好小於$-10V$，至於DAC0808的V_{EE}範圍與V^-相同，平常可令$V_{EE} = -12V$。

4-3　DAC 0808 應用電路

　　圖4-4為NS公司DAC0808典型的應用電路，圖中$R_1 = R_2 = R_3 = 2.5K$，參考電壓V_{REF}或又稱V_{in}之限制電壓為

$$0 \le V_{REF} \le V_{CC}$$

V_{CC}為正電源電壓，且$I_{REF} = 2mA$，參考電流之大小隨R_1或V_{REF}電壓而變，稱為輸出電阻或負載電阻，用來調整輸出電壓，例如

$$R_3 = 2.5K\Omega , \quad D_0 \sim D_7 = FFH , \quad V_{OUT} = 4.9805 \text{ 伏特}$$

$$R_3 = 5K\Omega , \quad D_0 \sim D_7 = FFH , \quad V_{OUT} = 9.961 \text{ 伏特}$$

R_1值用來調整補償電容大小，根據經驗值可得R_1與C_1二者之間之關係如下所示。在外觀上DAC0800與DAC0808接腳的差異是：DAC0808之腳位 1 爲空腳，腳位 2 爲 GND，腳位 3 爲V_{EE}，V_{EE}爲負電源輸入即DAC08的V^-。

$$R_1 = 1\mathrm{K}\Omega \quad , \quad C_1 = 15\mathrm{pF}$$

或

$$R_1 = 2.5\mathrm{K}\Omega , \quad C_1 = 37\mathrm{pF}$$

或

$$R_1 = 5\mathrm{K}\Omega \quad , \quad C_1 = 75\mathrm{pF}$$

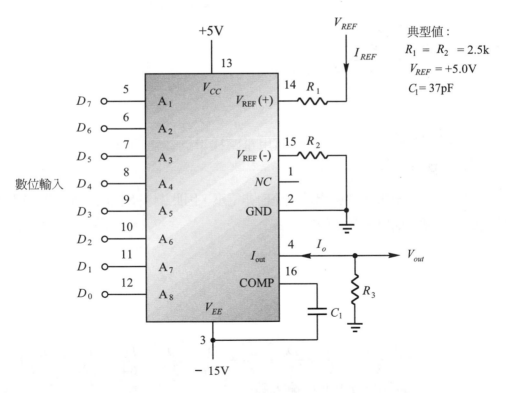

圖 4-4　DAC0808之應用，$I_{REF} = \dfrac{V_{REF}}{R_1} = 2\mathrm{mA}$，$V_{REF(-)}$爲接地

Chapter 4

其中 $I_0 = \dfrac{V_{REF}}{R_1}\left(\dfrac{D_7}{2} + \dfrac{D_6}{4} + \dfrac{D_5}{8} + \dfrac{D_4}{16} + \dfrac{D_3}{32} + \dfrac{D_2}{64} + \dfrac{D_1}{128} + \dfrac{D_0}{256}\right)$

$\qquad = \dfrac{V_{REF}}{R_1}\left(\dfrac{\text{十進位輸入碼}}{256}\right)$

式中V_{REF}及R_1爲固定值,因此 DAC08 數位輸入與類比電流輸出的關係式又可改寫爲:

$$I_0 = K\left(\dfrac{A_1}{2} + \dfrac{A_2}{4} + \dfrac{A_3}{8} + \dfrac{A_4}{16} + \dfrac{A_5}{32} + \dfrac{A_6}{64} + \dfrac{A_7}{128} + \dfrac{A_8}{256}\right)$$

其中,$K = V_{REF}/R_1$。

範例 12 參考圖 4-3,如$R_1 = 3K\Omega$,則C_1應設計多少?

解 $\qquad \dfrac{3K - 2.5K}{1K - 2.5K} = \dfrac{X - 37pF}{15pF - 37pF}$

可得

$\qquad X = 44.33pF$

則C_1建議值爲 44pF,實際應用電路採用近似值即可。

··

DAC 0808 轉換器的輸出爲電流而非電壓,因此圖 4-5 採用一個OP μA741 將其轉換爲電壓輸出,公式如下:

$\qquad V_{OUT} = I_o R_3$

其中,R_3爲輸出電阻

輸出電壓的公式爲

$$V_{OUT} = \dfrac{V_{REF}\, R_3}{R_1}\left(\dfrac{D_7}{2} + \dfrac{D_6}{4} + \dfrac{D_5}{8} + \dfrac{D_4}{16} + \dfrac{D_3}{32} + \dfrac{D_2}{64} + \dfrac{D_1}{128} + \dfrac{D_0}{256}\right)$$

$$= \dfrac{V_{REF}\, R_3}{R_1}\left(\dfrac{\text{十進位輸入碼}}{256}\right)$$

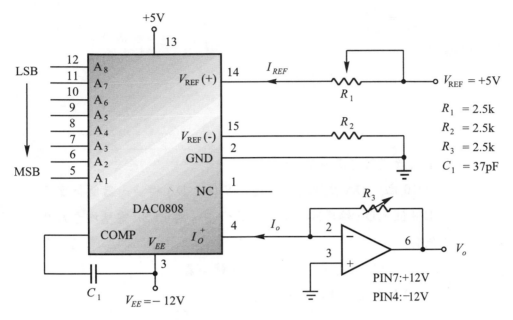

圖 4-5　DAC0808 的應用

範例 13　參考圖 4-5，$R_1 = R_2 = R_3 = 2.5\text{K}\Omega$，且參考電壓爲 5V，欲使$V_{OUT}$爲 3 伏特，則$D_0 \sim D_7$，8 位元應爲何？

解　8 位元之 DAC 應有 256 階，0 算第一階，雖然只有 255 個區間 (Interval)，解析度爲 1/256，每一階之增量爲$V_{REF} / 256$伏特。

根據上述線性之敘述：

$$\frac{X}{256} = \frac{V_0}{V_{in}}$$

V_{REF}爲參考電壓$= 5\text{V}$

$$\frac{X}{256} = \frac{3\,\text{V}}{5\,\text{V}}$$

可得

$$X = 153.6 \approx 154 (十進位)$$

$$D_7 \sim D_0 = 9\text{AH} = 10011010\text{B}$$

練習 1　下列敘述何者正確？

(A)10 位元 DA 轉換器解析度比 8 位元 DA 轉換，器解析度高 2 倍

(B)8 位元 DA 轉換器參考電壓 5 伏特，則 1 LSB 電壓增量爲 0.0195 伏特

(C)DA 轉換器輸入爲電流到電壓轉換器

(D)10 位元 DA 轉換器解析度爲 0.1%

解 (B)

練習 2　參考圖 4-5，$\mu\text{A}741$ 之作用爲何？

(A)濾波器　(B)電流轉換成電壓　(C)放大器　(D)波形整形電路

解 (B)

練習 3　參考圖 4-5，若 $A_8 \sim A_1 = 10101010$，則 V_{out} 電壓爲何？

(A)3.5 伏特　(B)2.5 伏特　(C)1.5 伏特　(D)以上皆非

解 (D)

練習 4 參考圖 4-4，$A_8 \sim A_1 = 00000101B$，下列敘述何者有錯？

(A)$I_{REF} = 2mA$　(B)$I_{FS} = 1.98mA$　(C)$I_{out} = 1.5625mA$　(D)$\overline{I_{out}} = 0$

解 (D)

範例 14 已知下圖 DAC 為 8 位元轉換器的模組，其輸入信號A_1為最高位元，A_8為最低位元，輸出為V_{out}，若 CPU 之輸出為 FEH，求V_{out1} / V_{out2}的百分比？

DAC 模組的輸出為電壓，三角形內的電路參考圖 4-3 所示。

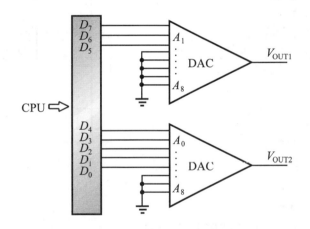

解 V_{out1} 輸入位元對應 CPU 之$D_7 D_6 D_5$，因此輸入值為 11100000B

V_{out2} 輸入位元對應 CPU 的$D_4 D_3 D_2 D_1 D_0$，因此輸入值為 11110000B

故其百分比為V_{out1} / V_{out2} = E0H / F0H = 93.33 %

注意：A_1為最高位元，A_8為最低位元，CPU 之D_7為最高位元，D_0為最低位元。

Chapter 4

範例 15 SVGA 之 Hi_Color 與 Ture_Color 之 DAC 輸出轉換如下圖所示，若 CPU Hi_Color 的輸出為 FEFEH，True_Color 的輸出為 FFEEFEH，求 V_Hi_B / V_Tr_B 百分比？已知 SVGA 卡 Hi_Color 為 16 位元模式，色彩數有 2^{16} 種，Hi_Color 俗稱高彩，True_Color 稱為真實色彩為全彩 24 位元的模式，色彩數有 2^{24} 種，DAC 為一 8 位元轉換器模組。

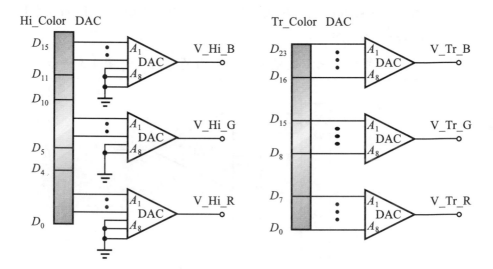

解 參考上題，得

$$\frac{V\_Hi\_B}{V\_Tr\_B} = \frac{11111000B}{11111111B} = \frac{F8H}{FFH} = 97.25\ \%$$

範例 16 參考下圖，回答下列問題，已知 $A_1 \sim A_8$ 來自 8255A 之 PA 其 I/O 埠位址為 300H。

(a)輸入二進位碼為 11111111B 時，V_{OUT} 為何？

(b)輸入二進位碼為 00000000B 時，$\overline{V}_{OUT}$ 為何？

(c)同(a)，試設計其程式片段。

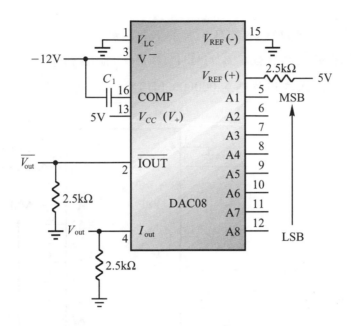

解 (a)當輸入值為 0FFH 時，$V_{OUT} = -4.98$ 伏特

(b)當輸入值為 00H 時，$\overline{V}_{OUT} = -4.98$ 伏特

本題使用 DAC08 元件，因 $\overline{I_{out}} = I_{FS} - I_{out}$，當輸入值為 00H 時 $I_{out} = 0$，故 $\overline{I_{out}} = I_{FS}$，因 I_{out} 及 $\overline{I_{out}}$ 的電流方向均向內，故可得 V_{out} 及 $\overline{V}_{OUT}$ 均為負值。

(c)MOV DX, 303H

　　MOV AL, 80H

　　OUT　 DX, AL

　　MOV DX, 300H

　　MOV AL, 0FFH

　　OUT　 DX, AL

執行至此用電錶量 DAC08 之腳位 4 可得 -4.98 伏特

Chapter 4

範例 17　參考下圖 DAC08 電路，回答下列問題。

(a)當輸入二進位碼為 11111111B 時，V_{OUT} 為何？

(b)當輸入二進位碼為 00000000B 時，$\overline{V}_{OUT}$ 為何？

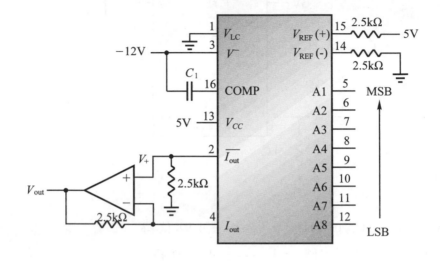

解 (a)當輸入值為 0FFH 時，$V_{OUT} = 4.98$ 伏特

(b)當輸入值為 00H 時，$\overline{V}_{OUT} = -4.98$ 伏特

此元件亦為 DAC08，考慮(a)時，OP 正端為地，則 $(V_{out} - 0)/2.5k = (5/2.5k)(255/256)$，可得 $V_{out} = 4.98$ 伏特，反之於(b)時，則＋端電壓為 -4.98 伏特，其中，OP ＋端考慮對應至負端，且 $I_{out} = 0$，故 $V_{out} - V_+ = 0 \times 2.5k$，所以 $V_{out} = V_+ = -4.98$ 伏特。

範例 18　下圖為一 DAC0808 轉換電路，試設計片段程式，使 V_{OUT} 輸出正向鋸齒波，假設 8255A 之 I/O 埠位址為 300H～303H。

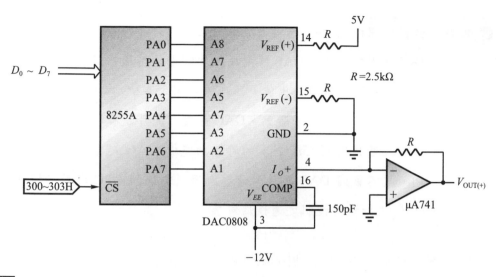

解

		MOV	DX, 303H	; 規劃 8255A 控制暫存器 I/O 埠位址
		MOV	AL, 80H	; 8255A MOD-0，PA，B，C 均為輸出
		OUT	DX, AL	; 完成設定
PPP :		MOV	AL, 0	; 鋸齒波起點為 0 伏特
		MOV	DX, 300H	; 8255A 之 PA I/O 埠位址
KKK :				
		OUT	DX, AL	; 輸出 PA 值到 DAC08
		CALL	DELAY	; 延遲時間 $\approx T_s$ 秒
		ADD	AL, 11H	; 累加值
		CMP	AL, 0FFH	; FFH 為鋸齒波之最高點
		JNZ	KKK	; 未達最大值 < JMP PPP
		JMP	PPP	

注意：①本題所呈現鋸齒波形為正向，如下圖所示。

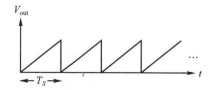

②延遲時間之 DELAY 副程式可自行設計調整週期 T_s。

Chapter 4

> **範例 19** 於微處理機之 DAC 應用電路中，經由資料並傳輸元件如 8255A 元件將待測資料透過 DAC 轉換成類比電壓的這樣一個過程，其目的是為了獲得穩定的輸出值，因為導入 8255A I/O 埠中栓鎖輸出值，所以就可以用程式來驅動，DAC 並沒有晶片選擇控制信號線，但是吾人可利用 8255A 特有的時序功能讓 DAC 確實的啟動轉換週期，就不會因 DAC 元件的速度太慢而影響到 CPU 之執行操作，DAC 執行資料控制之過程為何？

解

```
MOV    DX, 8255A_控制字組位址
MOV    AL, 80H
OUT    DX, AL              ；規劃 8255A 只做一次即可
MOV    DX, PA_A 埠位址
MOV    AL, DAC0800 轉換值
OUT    DX, AL              ；輸出一筆資料執行轉換
```

習題

1. 參考課文圖 4-5 的線路，計算

   (1)解析度。

   (2)LSB 的增量(電流及電壓)

   (3)導出 $R_1 = f(C_1)$ 的關係式，其中 R_1 的單位為 K 歐姆 C_1 的單位為 p 法拉。

   (4)寫出此轉換電路的輸出電壓的公式，使

   $V_{out} = f(R_1，R_3)$

2. 同上題的線路，計算

   (1)參考電流 I_{REF} 的大小。

   (2)最小增量電流，即一個 LSB 的電流增量大小。

   (3)寫出 I_{out} 與 I_{REF} 的關係式。

3. 參考課文圖 4-5，μA741 的作用為何？

4. 根據圖 4-5 的應用電路，如果數位輸入二進位碼為 11001010，則輸出電壓 V_{out} 大小為多少伏特？

5. 圖(一)為一簡單 DAC 電路，因為 V_{REF} 參考電壓為負的，所以當開關接上後，所得的輸出是正電壓，試導出 V_{out} 與 V_{REF} 的關係式。

6. 試計算圖(一)簡單 DAC 滿刻度輸出電壓，假設 $R = 10K\Omega$，$R_F = 10K\Omega$。

7. 12 位元的 DAC 的解析度為何？如果它的滿刻度輸出電壓為 10.000 伏特，則每一個 LSB 所代表的電壓的變化量是多少？

8. DAC 的精確度就是指 DAC 實際輸出與理想輸出二者間的一種比較，精確度是以相對於滿刻度輸出電壓的百分比形式來表示，試問 DAC08 廠商提供的精確為 ± 0.2％，則滿刻度輸出電壓為 5 伏特時，在任何情況下輸出之最大誤差應為多少伏特？此項最大誤差有沒有超過 LSB 值的 ± 50％之外？

Chapter 4

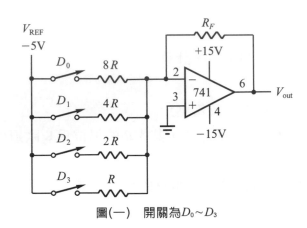

圖(一)　開關為 $D_0 \sim D_3$

9. NS 公司 DAC1020 的直線性規格為 0.05％，DAC1021 的直線性為 0.01％，DAC1022 的直線性為 0.02％，三個元件均為 10 位元的轉換器，何者最佳？根據直線性的定義：當 DAC 的開關從全部 OFF 一步步變成全部為 ON 時，從斜波輸出電壓與一直線之偏離程度來衡量，以上三種元件是否有超出 LSB 的 ±50％範圍之外？

10. 參考課文範例 9 之改良型 R-2R 之結構，如果 $R_L \neq R$，試證明：輸出電壓 $V_0 = \dfrac{R_L}{R+R_L} \dfrac{V_{in}}{2^2}(D_0 + 2^1 D_1 + 2^2 D_2)$，式中 $D_0 \sim D_2$ 為二進位碼。

11. 參考課文圖 4-5 已知數位輸入 $A_1 \sim A_8 = 11010100$，

(1)當 $R_1 = 2.5\text{K}\Omega$，$R_2 = 2.5\text{K}\Omega$，$R_3 = 5\text{K}\Omega$ 時 V_0 為何？

(2)當 $R_1 = 2.5\text{K}\Omega$，$R_2 = 2.5\text{K}\Omega$，$R_3 = 10\text{K}\Omega$ 時 I_0 大小為何？

12. SVGA 的 Hi_Color 與 True_Color 與 DAC 的輸出格式如圖(二)，若 Hi_Color 16 位元輸出至 DAC 之值為 FFEEH，True_Color 24 位元的輸出至 DAC 值為 FEFEFEH，回答下列問題，式中 V_Hi_R, G, B 或 V_Tr_R, G, B 皆為 DAC 之電壓輸出。

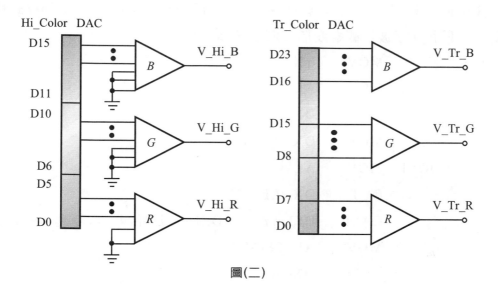

圖(二)

(1)求 V_Hi_R/V_Tr_R 的比值

(2)求 V_Hi_B/V_Tr_B 的比值

(3)求 V_Hi_G/V_Tr_G 的比值

13. 參考課文圖 4-5，已知 $A_1 \sim A_8$ 輸入值取自 8255A 之 A 埠，根據下列的 DEBUG 指令，試繪 V_0 的波形。

C:\>DEBUG

－O　2E3　80；8255A MOD_0，PA 為輸出，I/O 埠位址 PA 為 2E0H

－O　2E0　0　；①8255A 開始對 DAC08 輸出資料

－O　2E0　33

－O　2E0　66

－O　2E0　99

－O　2E0　CC

－O　2E0　FF

－O　2E0　0　；②執行至此為一週期，又回①指令重覆動作

Chapter 4

14. 同 4-13 題，已知 DELAY 副程式延遲時間為 4ms，執行下列程式片段後，示波器觀察波形及週期各為何？

```
            MOV     DX, 2E3H
            MOV     AL, 80H
            OUT     DX, AL
            MOV     DX, 2E0H
LOOP1 :     MOV     AL, 0
            OUT     DX, AL
            CALL    DELAY       ; DELAY 每呼叫一次延遲 4ms
            MOV     AL, 0FFH
            OUT     DX, AL
            CALL    DELAY
            JMP     LOOP1
```

15. 同 13. 題，欲由示波器觀察到如下的波形，其程式片段為何？

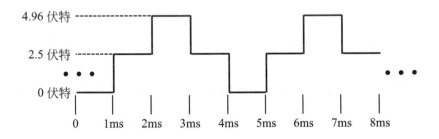

16. 修改 4-14 題的指令，使接腳 V_0 可以輸出正弦波。

17. 參考下圖(三)回答問題。

　(1)圖(三)中 $R_a = R_b = 250\Omega$，求 V_1？參考電流 I_{REF} 為何？

　(2)如 8255A 之 PA0～PA7 為 11110000，則 V_{out} 為何？假設 R_f 為 5kΩ，$R_a = R_b = 250\Omega$。

(3)圖(三)DAC08 之 B1 至 B8 並無法作數位輸入資料的栓鎖,圖中以 8255A 之 PA 提供具有栓鎖之介面電路,V_{out}的最大輸出電壓為何?R_f、R_a及R_b同題(2)。

(4)設計一程式片段使V_{out}產生三角波,以(3)最大輸出電壓為峰值。

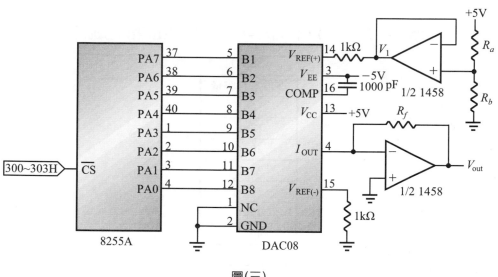

圖(三)

18. (1)參考圖 4-4,試證 DAC08 的滿刻度電流為$I_{FS} = 255I_{REF}/256$,已知一個 LSB 的電流增量為$I_{REF}/256$。

(2)試繪出 DAC0808 的腳位圖,並比較與 DAC08 之差異。

19. 已知 DAC08 電路$R_1 = R_2 = R_3 = 2.5k\Omega$,輸出電壓$V_o$為 3 伏特時,數位輸入為 9AH,回答下列問題。

(1)當R_3改變為 4kΩ時,仍欲維持輸出電壓為 3 伏特數位輸入為何?

(2)同(1),R_3改為 2kΩ時,其他條件不變,數位輸入為何?

(3)$R_1 = R_2 = R_3 = 2.5k\Omega$,數位輸入為 55H 時,$V_o$為何?

(4)如果$V_{REF} = 4V$,I_{REF}大小為何?

(5)如果$V_{REF} = 4V$,數位輸入為 55H 時,I_{OUT}為何?

20. (1)簡述 DAC 的 4 個特性，並寫出 DAC08 的規格表中有關 4 個特性的典型值(Typical Value)。

(2) DAC08，V_{EE} 電流輸入之範圍為何？

(3) DAC08，V_{CC} 電流輸入之範圍為何？

(4) DAC08 參考電流之範圍為何？

21. 參考圖 4-3 與表(一)，已知 $R_1 = 2.2\text{k}\Omega$，試由表(一)挑選適當的 C_1。

表(一)

市售電容容量
15pF
18pF
20pF
25pF
30pF
35pF
40pF
45pF

22. 根據下圖，證明 $I_a = I_o/4$，其中 $R_L = R$。

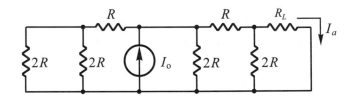

23. 可見光的三原色由 R、G、B 三色光所組成，所以任何顏色的光都是由三種原色依不同之亮度所構成。如果將 RGB 看成直角座標的 X、Y、Z 軸，如圖(四)所示，回答下列問題。

(1)座標 "O" 點之顏色為何？

⑵座標"*A*"點之顏色爲何？

⑶座標"*P*"如爲紫色，則"C"點之顏色爲何？

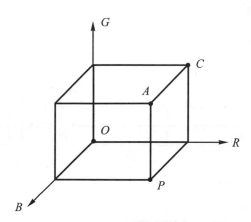

圖(四)　DAC 之 RGB 三色輸出成份

24. 根據 21.題，如果黑色光的值以(0,0,0)表之，VGA 卡將每一原色的亮度分爲 64 等份，一共用 $3 \times 6 = 18$Bits 來表示，如下圖所示，回答下列問題。

R	*G*	*B*
6 位元	6 位元	6 位元

⑴既然(0,0,0)爲黑色，則(63,63,63)爲何種顏色？

⑵由上圖之方法共可顯現多少種顏色？

25. 一般 VGA 之 RAM DAC 主要的功能是負責處理顏色之輸出，如圖(五)所示，RAM DAC 將 8Bits 之資料經過一個顏色對照表及 DAC 之轉換產生 *R*、*G*、*B* 三類比信號，再傳送至 CRT 上，回答下列問題：

⑴如果數位信號爲 00101010，則顏色對照表所提供的 *R* ＝？ *G* ＝？ *B* ＝？數位信號爲索引值。

Chapter 4

(2)說明為何顏色對照表僅有 256 組(欄位)？

(3)由(1)，R 的 6 位元二進碼為何？

(4)由(1)，計算 V_R/V_B、V_G/V_B？

(5)一般 VGA 用之 DAC 為多少位元？

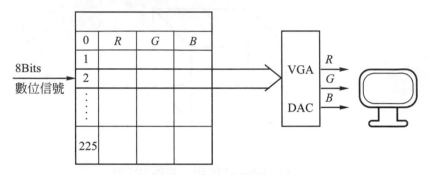

圖(五)　索引編號 0～255，RGB 內含如下表所示

色彩暫存器的預設值(十進位)DAC DRAM 索引值

索引編號	R	G	B	R	G	B	R	G	B	R	G	B
0	0	0	0	0	0	42	0	42	0	0	42	42
4	42	0	0	42	0	42	42	21	0	42	42	42
8	21	21	21	21	21	63	24	63	21	21	63	63
12	63	21	21	63	21	63	63	63	21	63	63	63
16	0	0	0	5	5	5	8	8	8	11	11	11
20	14	14	14	17	17	17	20	20	20	24	24	24
24	28	28	28	32	32	32	36	36	36	40	40	40
28	45	45	45	50	50	50	56	56	56	63	63	63
32	0	0	63	16	0	63	31	0	63	47	0	63
36	63	0	63	63	0	47	63	0	31	63	0	16
40	63	0	0	63	16	0	63	31	0	63	47	0
44	63	63	0	47	63	0	31	63	0	16	63	0
48	0	63	0	0	63	16	0	63	31	0	63	47
52	0	63	63	0	47	63	0	31	63	0	16	63
56	31	31	63	39	31	63	47	31	63	55	31	63
60	63	31	63	63	31	55	63	31	47	63	31	39
64	63	31	31	63	39	31	63	47	31	63	55	31
68	63	63	31	55	63	31	47	63	31	39	63	31
72	31	63	31	31	63	39	31	63	47	31	63	55

色彩暫存器的預設值(十進位)DAC DRAM 索引值(續)

索引編號	R	G	B	R	G	B	R	G	B	R	G	B
76	31	63	63	31	55	63	31	47	63	31	39	63
80	45	45	63	49	45	63	54	45	63	58	45	63
84	63	45	63	63	45	58	63	45	54	63	45	49
88	63	45	45	63	49	45	63	54	45	63	58	45
92	63	63	45	58	63	45	54	63	45	49	63	45
96	45	63	45	45	63	49	45	63	54	45	63	58
100	45	63	63	45	58	63	45	54	63	45	49	63
104	0	0	28	7	0	28	14	0	28	21	0	28
108	28	0	28	28	0	21	28	0	14	28	0	7
112	28	0	0	28	7	0	28	14	0	28	21	0
116	28	28	0	21	28	0	14	28	0	7	28	0
120	0	28	0	0	28	7	0	28	14	0	28	21
124	0	28	28	0	21	28	0	14	28	0	7	28
128	14	14	28	17	14	28	21	14	28	24	14	28
132	28	14	28	28	14	24	28	14	21	28	14	17
136	28	14	14	28	17	14	28	21	14	28	24	14
140	28	28	14	24	28	14	21	28	14	17	28	14
144	14	28	14	14	28	17	14	28	21	14	28	24
148	14	28	28	14	24	28	14	21	28	14	17	28
152	20	20	28	22	20	28	24	20	28	26	20	28
156	28	20	28	28	20	26	28	20	24	28	20	22
160	28	20	20	28	22	20	28	24	20	28	26	20
164	28	28	20	26	28	20	24	28	20	22	28	20
168	20	24	26	26	28	28	20	24	28	22	22	28
172	20	28	28	20	26	28	20	24	28	20	22	28
176	0	0	16	4	0	16	8	0	16	12	0	16
180	16	0	16	16	0	12	16	0	8	16	0	4
184	16	0	0	16	4	0	16	8	0	16	12	0
188	16	16	0	12	16	0	8	16	0	4	16	0
192	0	16	0	0	16	4	0	16	8	0	16	12
196	0	16	16	0	12	16	0	8	16	0	4	16
200	8	8	16	10	8	16	12	8	16	14	8	16
204	16	8	16	16	8	14	16	8	12	16	8	10
208	16	8	8	16	10	8	16	12	8	16	14	8
212	16	16	8	14	16	8	12	16	8	10	16	8
216	8	16	8	8	16	10	8	16	12	8	16	14
220	8	16	16	8	14	16	8	12	16	8	10	16
224	11	11	16	12	11	16	13	11	16	15	11	16

Chapter **4**

色彩暫存器的預設值(十進位)DAC DRAM 索引值(續)

索引編號	R	G	B	R	G	B	R	G	B	R	G	B
228	16	11	16	16	11	15	16	11	13	16	11	12
232	16	11	11	16	12	11	16	13	11	16	15	11
236	16	16	11	15	16	11	13	16	11	12	16	11
240	11	16	11	11	16	12	11	16	13	11	16	15
244	11	16	16	11	15	16	11	13	16	11	12	16
248	0	0	0	0	0	0	0	0	0	0	0	0
252	0	0	0	0	0	0	0	0	0	0	0	0

26. (1)參考圖(六)完成下列表格。

(2)同(1)證明 $V_{\text{OUT}} = V_{\text{REF}} \left(\dfrac{255}{256} + \dfrac{2X}{256} \right)$，式中 X 為輸入二進位碼。

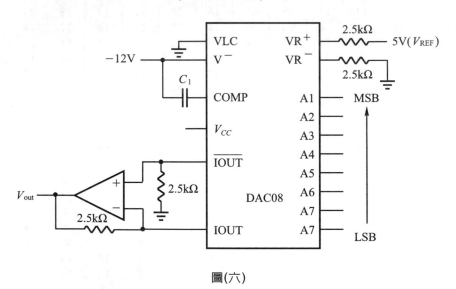

圖(六)

	A_1	A_2	A_3	A_4	A_5	A_6	A_7	A_8	I_{OUT}	$\overline{I_{\text{OUT}}}$ mA	V_{OUT}	$\overline{V_{\text{OUT}}}$
Full Scale	1	1	1	1	1	1	1	1	—	—	—	—
Full Scale − LSB	1	1	1	1	1	1	1	0	—	—	—	—
Half Scale + LSB	1	0	0	0	0	0	0	1	—	—	—	—
Half Scale −	1	0	0	0	0	0	0	0	—	—	—	—
Half Scale − LSB	0	1	1	1	1	1	1	1	—	—	—	—
Zero Scale + LSB	0	0	0	0	0	0	0	1	—	—	—	—
Zero Scale	0	0	0	0	0	0	0	0	—	—	—	—

27. 參考圖(七)，回答下列問題。

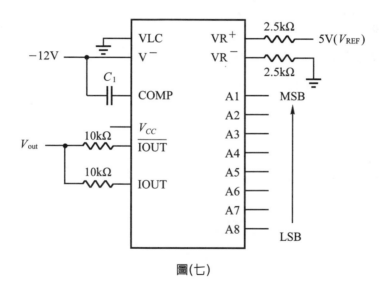

圖(七)

(1)正 Full Scale 時，當 $A_1 \sim A_8 =$ FFH，求 I_{OUT}、V_{OUT}？

(2)零值(Zero Scale)時，即 $A_1 \sim A_8 =$ 10000000，求 V_{OUT}、$\overline{V_{\text{OUT}}}$？

(3)負 Full Scale 時，即 $A_1 \sim A_8 =$ 00000000，求 V_{OUT}、$\overline{V_{\text{OUT}}}$？

(4)當輸入為 $A_1 \sim A_8 =$ 00000001 時，求 V_{OUT}？

Chapter 4

5

類比／數位轉換器

5-1　ADC 原理

5-2　ADC 0804 應用

5-3　輸入電壓與共模互斥

　　ADC是類比至數位轉換器的簡稱。凡是週邊設備或應用電路，欲由微處理機監控類比量，幾乎都需要ADC元件，如圖5-1所示，輸入至感測器的物理量一般為溫度、電壓、位移、壓力、重量或流量等，因為類比電路之輸入不外是電流或電壓等，如果來自感測器之信號太微弱，那麼我們適當給予前置放大(Pre-Amplification)，經過濾波及多工器，最後再輸入ADC，產生數位信號直接輸入CPU。當前宇宙現象之變化量絕大多數都屬於類比量，吾人肉眼所見一切之宏觀狀態也離不開類比量之範疇，故長久以來人類智慧之演進多少仍以宇宙中類比量之型態而持續著，至於在訊號處理及顯示之方式上，則早已進入數位之領域了，由下列類比數位比較表5-1當中，一定可預期以數位化處理類比量將成為電子綜合技術中不可欠缺之一環，更進一步如欲以微處理機來傳輸類比訊號時其輸出入埠必須具備有由類比轉換成數位化處理之功能也就是 ADC 之過程，所以類比信號一旦被轉換為數位後即可便於執行處理及應用。因此 ADC 可視為一種抽樣量化及編碼裝置，主要的任務就是：將類比信號轉換為CPU可以接受的數位信號。

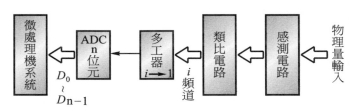

圖 5-1　ADC 應用原理

表 5-1　數位類比信號特性比較表

訊號源	雜訊	動態範圍	功率	應用電路	訊號
數位	不易受干擾	與抽樣及量化有依存關係	小	簡單	重現性高
類比	易受干擾	與電源同性質	大	複雜	重現性不佳

5-1 ADC 原理

ADC基本上可分二大類：比較式與積分式。比較式中常用的有：並列式ADC、漸近式ADC及計數式ADC三種，積分式中常用為雙斜率式ADC。

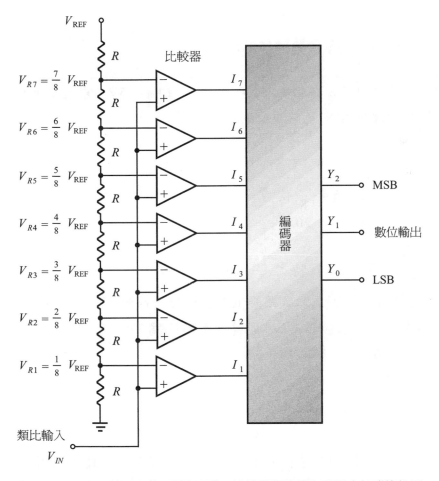

圖 5-2   3位元並列式A/D轉換電路，比較器負端輸入電壓大於或等於正端輸入電壓時，輸出電壓必為 Hi，否則輸出電壓為 Low；編碼器被用來計算I_1到I_7 Hi("1")輸入位元的個數。

5-1-1　並列式 ADC

　　圖 5-2 為三位元並列式，又稱為瞬間型 ADC。N 位元並列式 ADC 需要 2^N 個精密電阻，$2^N - 1$ 個比較器加上一組優先編碼器。並列式 ADC 的優點是：轉換速度快，原理簡單，解析度高而且隨位元數增加而增加；缺點是：位元數增加時，需大量的比較器，成本提高，IC 晶片變大。並列式 ADC 的轉換時間約為 $10\mu s \sim 150\mu s$。

範例 1　　參考圖 5-2 類比輸入電壓為 3V，且 $V_{REF} = 5V$，求數位輸出？並繪出理想 ADC 之轉換曲線。

解　　$V_{REF} = 5\,V$

$$V_{R5} = \frac{5}{8} \times 5 = \frac{25}{8}\text{伏特}$$

$$V_{R4} = \frac{4}{8} \times 5 = \frac{20}{8}\text{伏特}$$

$$\frac{20}{8}\text{伏特} < 3\text{ 伏特} < \frac{25}{8}\text{伏特}$$

由線路分析，因為輸入電壓低於臨界參考電壓 V_{Ri} 時，比較器的輸出 I 值為 0，否則 I 值為 1，本題輸入電壓 V_{in} 為 3V，所以

　　$I_5 = 0$，$I_4 = 1$

可得，$Y_2 Y_1 Y_0 = 100$

注意：①I_6、I_7 均為 0。

　　　　②$I_1 \sim I_3$ 均為 1，總共有 4 個 1。

　　　　③在轉換之過程當中，由 V_{R1} 之端電壓與 V_{in} 比較可得 $I_1 = 1$，其次為 V_{R2} 之端電壓再與 V_{in} 比較得知 $I_2 = 1$，依序由 V_{R3} 至 V_{R4} 皆可得 I_3 至 I_4 為 1，至於 V_{R5} 與 V_{in} 比較得知 $I_5 = 1$，自此之後 I_6、I_7 均為 0，因此比對之過程由 I_1 至 I_7 共 4 次。

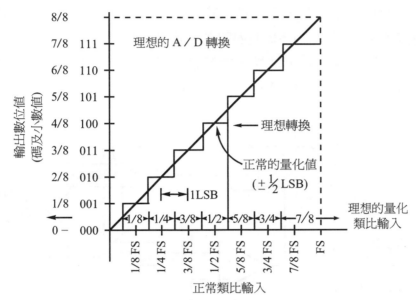

注意：實際上 ADC 的轉換關係如上圖所示，有 1/2LSB 的偏移。

5-1-2　計數式 ADC

典型之計數式ADC如圖 5-3 所示。當類比輸入電壓V_{in}大於V_c比較電壓時，則比較器輸出為Hi，CLK脈衝持續輸入二進位計數器，計數器向上計數直到V_c大於或等於V_{in}時，計數器才停止計數，值得注意的是：二進位計數器為向上計數器，目的是為縮短轉換時間。計數式 ADC 之缺點是：轉換速度慢，一般約為$100\mu s$，而且當V_c接近V_{in}時，計數值不斷在 1 個 LSB 範圍內振盪。每次轉換時，要由$\overline{\text{START}}$將計數器清除一次。

> **範例 2**　計數式 ADC 之缺點如何改進？

> **解**　因為圖 5-3 之二進位計數器無下數之功能，如果新輸入的類比輸入比舊V_c值小，則數位輸出在 CLR 清除二進位計數器之前不會被更

Chapter 5

新，所以改進之方法之一是：將計數器改為上下計數器，同時要避免該 ADC 會有 ±1 LSB 振盪誤差。因此，除非 V_c 比 V_{in} 低 1/2 LSB 以上，否則比較器的上數端不會為高電位，反之，除非 V_c 比 V_{in} 高 1/2 LSB 以上，否則比較器的下數端不會為高電位，如圖 5-4 所示。

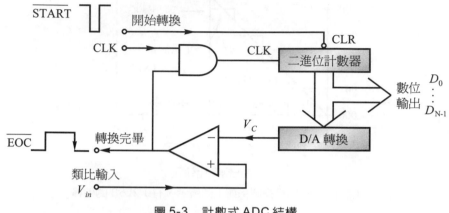

圖 5-3　計數式 ADC 結構

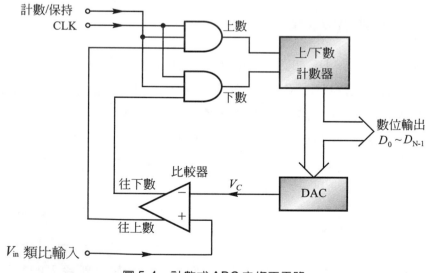

圖 5-4　計數式 ADC 之修正電路

5-1-3 漸近式 ADC

　　漸近式 ADC 要求之目標是：速度快、轉換電路簡單，如圖 5-5 方塊圖，一開始將 MSB 設定為 1，其他位元為 0，然後依比較器的輸出來決定 MSB 應保持為 1 或清除為 0，相同之方法依序決定下一個位元，直到 LSB 為止，若 LSB 已決定則表示轉換結束，因此每一次之轉換所需之時間相同。每決定一個位元均花費一個週期 CLK 時間，8 位元之 ADC 則需要 8 個 CLK 週期時間來轉換。市面上常用的 ADC 0804、MC 0804 或 MC 14594 都是此種結構之轉換器。

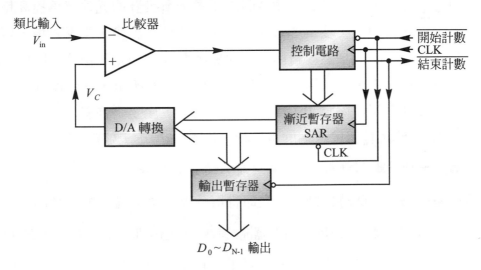

圖 5-5　漸近式 ADC 結構

範例 3　如圖 5-5，已知輸出 8 位元 ADC，時序電路之 CLK 信號為 2MHz，當輸入電壓 V_{in} 為 2.5 伏特，求

(1) 轉換時間。

(2) 輸出信號 (設參考電壓為 5V)。

解 一個 CLK 時間為 $0.5\mu s$，轉換時間為 8 個 CLK = $4\mu s$。

數位輸出 $D_7 \sim D_0$ 共 8 位元，假設參考電壓為 5V，可得：

$$\frac{2.5\ 伏特}{5\ 伏特} = \frac{X}{256}$$

$X = 128$（十進位）

$D_7 \sim D_0 = 10000000$

5-1-4 雙斜率式 ADC

前述幾種轉換器是針對轉換時間的要求下所設計的元件，為提高精確度可以考慮雙斜率式，雙斜率式 ADC 利用積分法將輸入電壓對積分器充電測量其充電之時間，然後再與已知的參考電壓按一定比例放電時所需時間相比較，以測出輸入電壓的二進位值。如圖 5-6 所示，當類比輸入 V_{in} 為正，一開始計數器清除為 0，積分器開始充電，產生負向斜坡，V_c 為負電壓，當 $|V_c|$ 大於比較器輸入端的電位時，V_g' 輸出為正，啟動 AND，使 CLK 開始輸入。當計數器計數到 t_1 時間之前，積分器的輸出電壓為 $\left(\dfrac{-V_{in}}{RC}\right)t_1$，計數器仍保持為 0，此時控制電路立即將積分器的輸入端切換到負的參考電壓 V_{REF} 上，使積分器反向積分，計數器開始計數，經過 t_2 時間後，$V_c = \left(\dfrac{V_{REF}}{RC}\right)t_2$，當積分器 V_c 電壓高於零伏特時，V_g' 電壓變為低電位，因此禁能 AND 閘，計數器停止計數。

在 t_2 時間內 V_c 之斜率為 V_{REF}/RC，在 t_1 時間內，V_c 之斜率為 $-V_{in}/RC$，t_2 隨 V_{in} 大小改變，因此

$$\left(\frac{-V_{in}}{RC}\right)t_1 = \left(\frac{V_{REF}}{RC}\right)t_2$$

$$V_{in} = - V_{REF} \ t_2/t_1$$

等號兩邊取絕對值，得

$$|V_{in}| = |V_{REF} \ t_2 / t_1|$$

輸入電壓V_{in}與V_{REF}極性相反，所以V_{in}與t_2成正比，也就是說，可以用t_2來量V_{in}的大小，只要 CLK 頻率加大，即可提昇轉換速度，而且，不會因RC值影響精確度，充電過程中，t_1時間固定與V_{in}電壓無關。

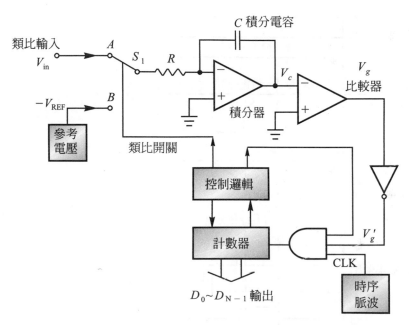

圖 5-6　以電容當成抽樣保持電路之雙斜率式 ADC 結構

範例 4　雙斜率式 ADC 之優缺點爲何？

解　優點：便宜，對抗雜訊佳。

缺點：轉換速度慢，一般 100ms 才能轉換一次。常用在數位電表線路中，如果應用在電腦介面電路上，可以加延遲軟體指令克服。

範例 5 已知圖 5-6 中之 $R = 10K$，$C = 0.2\mu F$，$f = 2MHz$，如輸入電壓 $V_{in} = 2.5$ 伏特，參考電壓 5 伏特，求 t_2 時間？在 t_2 時間內計數器值應多少？ 轉換過程為何？

解

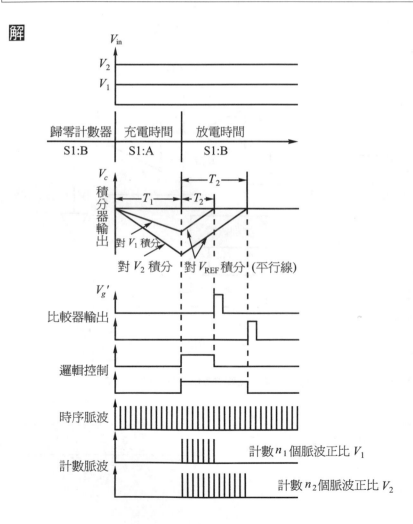

$$V_{in} = -\frac{t_2}{t_1} V_{REF}$$

其中 $t_1 = RC = 10K \times 0.2\mu F = 2ms$，代入上式可得

$\quad$ $t_2 = 1ms$

因為 $f = 2MHz$ 換算 t_2 ($= 1\,ms$)CLK 數為 2000 次，可得計數器值=2000。ADC 的解析度為 $1/2^N$，其中 N 為位元數，若參考電壓取絕對值為 5V，則每一準位，即一個 LSB 之變化量為 5/256 伏特，約 0.0195 伏特。雙斜率式之轉換過程如上圖所示。圖中 V_2 電壓大於 V_1，雖然 t_1 時間固定，但可預期 t_2 時間隨轉換電壓大小而異，圖示放電時間之斜率是一樣的，因此不同之輸入轉換電壓可得 N 值不同，此例題之 $N_2 > N_1$。

5-2　ADC 0804 應用

ADC 0804 為 NS 公司所產的 8 位元漸近式轉換器，其規格如下：

1. 8 位元三態栓鎖輸出。

2. 轉換時間 $100\mu s$。

3. 解析度 1/256。

4. 誤差最大 ±1 LSB。

5. 時脈(CLK)輸入由外接 RC 決定。

ADC 0804 之接腳，如圖 5-7 所示，其功能分述如下：

1. $\overline{CS}$：

$\quad$ 晶片選擇輸入，配合 $\overline{WR}$、$\overline{RD}$ 使用。

2. CLK IN：

$\quad$ 轉換器的時脈(又稱脈衝)輸入不可超過 1460KHz。

$\quad$ 內部振盪器產生的振盪頻率公式為

$f = \dfrac{1}{1.1RC}$，其接線圖說明如下

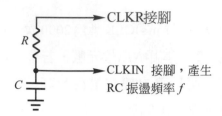

其中 $10\mathrm{K}\Omega \le R \le 50\mathrm{K}\Omega$。

3. CLKR：

CLK 接腳之反相輸出。

4. $\overline{\mathrm{INTR}}$：

中斷請求輸出腳，當 $\overline{\mathrm{WR}}$ 啟動一轉換週期時，$\overline{\mathrm{INTR}}$ 被設定為 1，而在轉換結束之後，$\overline{\mathrm{INTR}}$ 由 Hi 變為 Low，中斷產生通知 CPU 讀取 ADC 之輸出二進位碼，當 CPU 開始讀取時 $\overline{\mathrm{INTR}}$ 又由 Low 變為 Hi。

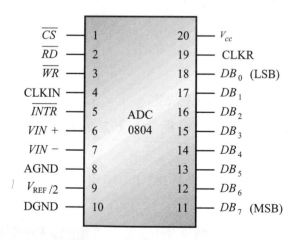

圖 5-7　ADC0804 接腳示意圖

5. V_{cc}：

　　電源輸入，一般有 0～5V 或 5V、10V 等各種規格，通常使用 5V。

6. $V_{REF}/2$：

　　參考電壓規定 $V_{REF}/2 \leq V_{cc}/2$，也就是說 $V_{cc} \geq V_{REF}$，這是 ADC 能正常轉換之上限，此接腳若空腳，表示 V_{REF} 最大(等於 V_{cc})。

7. VIN⁺，VIN⁻：

　　VIN⁺，VIN⁻：V_{in} 輸入端，正負表示差動輸入，正確之計算值為

$$V_{in} = (VIN^+) - (VIN^-)$$

V_{in} 之上限由參考電壓 V_{REF} 決定，而下限由 VIN⁻ 決定，所以類比輸入不會大於 V_{cc}。

8. AGND、DGND：

　　類比信號與數位信號之接地，一般而言，此二接腳接在一起。

　　ADC 除了它特殊之接腳圖外，值得一提的是時序圖，圖 5-8 說明 $\overline{WR}$ 啟動轉換與資料輸出時序。

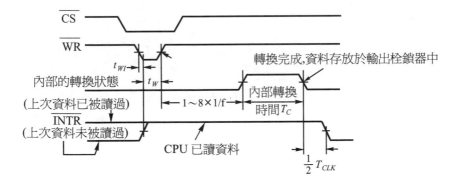

圖 5-8　ADC0804 的時序圖，欲啟動轉換週期，常用 OUT 指令，其目的僅是啟動元件之轉換功能以利產生 $\overline{WR}$ 信號，至於 $\overline{WR}$ 出現時送的資料可為任意，但 $\overline{CS}$ 值必須取自解碼器

Chapter **5**

練習 1　下列敘述何者有誤？

(A)計數式 AD 轉換器採用比較式原理設計。

(B)8 位元並列式 AD 轉換器需 256 個比較器及 256 個精密電阻。

(C)8 位元的計數式 AD 轉換器時間只需 8 個 CLK 時間。

(D)ADC0804 爲一漸近式轉換器。

解　(C)

練習 2　參考圖 5-7 有關 ADC0804 何者有誤？

(A)ADC0804 之解析度爲 1/256。

(B)若 ADC0804 之電源供應V_{cc}=5V，則最大參考電壓不超過。V_{REF}=2.5 伏特。

(C)ADC0804 轉換器的時脈大小爲$\frac{1}{1.1RC}$。

(D)若 ADC0804 之輸入電壓爲 2.5 伏特，則書子位輸出爲 80H。

解　(B)

範例 6　參考下圖，求(1) CLK 多少 KHz？(2)V_{REF}電壓多少？(3)V_{in}爲何？(4)轉換誤差電壓？(5)轉換時間。(已知 640KHz 的轉換時間爲 $100\mu s$)

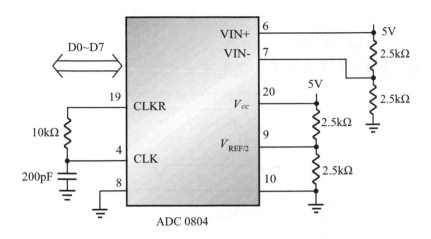

ADC 0804

解 (1)代入公式

$$f = \frac{1}{1.1RC} = 455\text{KHz}$$

(2) $V_{REF}/2 = 2.50\text{V}$

可得 $V_{REF} = 5\text{V}$

(3) $V_{in} = (\text{VIN}^+) - (\text{VIN}^-) = 2.5\text{V}$

(4)轉換誤差 ± 1 LSB $= \pm 5$ 伏特/256 $= \pm 0.0195\text{V}$

(5) 640KHz 時轉換時間為 $100\mu\text{s}$，

455KHz 時需 $141\mu\text{s}$

範例 7 某 10 位元 ADC 輸入信號 0～5V，(1)解析度多少？(2)應為 8 位元 ADC 解析度的幾倍？已知參考電壓均為 5 伏特。

解 10 位元 ADC 可劃分為 1024 種輸出準位，每一準位電壓為 5V× 1 / 1024 = 0.05V

(1)解析度 1/1024。

Chapter **5**

⑵ 2 種規格差 2 位元，在相同規格條件下，解析度相差$2^2 = 4$倍，10 位元有較高解析度。

所謂輸出準位電壓即為最小電壓增量。

範例 8 　下圖為 ADC 轉換時序，說明之？

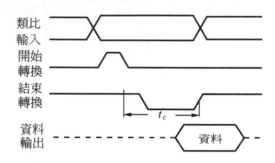

解 在實用線路中 $\overline{WR}$ 接腳有時可以不接任何線路，即由 CPU 透過 $\overline{RD}$ 直接讀取轉換值。而 $\overline{WR}$ 之作用是：ADC0804 於轉換前先由 CPU 進行寫入動作以啟動 ADC0804。

當開始轉換的信號啟動時，ADC 就開始轉換類比電壓，並在轉換結束的信號上升緣出現(即轉換終了)，就可以得到穩定的數位輸出，資料備妥即可由微處理機來讀取，t_c 即為轉換時間，此項參數應由廠商提供。所以微處理機僅能在適當時機來讀取資料，只要利用轉換開始，轉換結束信號與 CPU 做交握控制，CPU 一定可讀取到穩定值。

範例 9　ADC0804 不同之 RC 值可產生不同之轉換頻率，其頻率範圍爲何？

解　ADC0804 內部轉換頻率計算公式爲：

$f = \dfrac{1}{1.1RC}$，改爲外部輸入頻率可由 $CLKIN$ 輸入，$CLKR$ 則空腳

根據技術手冊，得知頻率範圍爲

$100k \leq f \leq 1460kHz$

否則無法正常工作。

範例 10　以 ADC0804 爲例，已知輸入電壓爲 0 伏特時，其相對的二進位輸出資料爲 00H，當輸入電壓爲 4.98 伏特時，輸出資料爲 FFH，當輸入電壓爲 1.1 伏特，數位資料 N 多少？

解　由公式

$$\dfrac{V_{in}}{N} = \dfrac{4.98\ 伏特}{255}$$

得　$N = \dfrac{255}{4.98} \times 1.1 = 56.33$

取四拾五入

$N = 56 = 38H$

範例 11　如下圖所示，CPU 欲讀取 ADC0804 之資料存入 data 矩陣內，試設計其片段程式。

解

```
MOV   AL, 0H        ; AL 爲任意值
MOV   DX, 300H      ; ADC0804 I/O 埠位址
OUT   DX, AL        ; WR 信號爲 0 啓動 ADC0804
```

Chapter 5

```
          MOV    CL, 6
KKK :     IN     AL, DX
          MOV    CH, 0
          MOV    DI, CX
          MOV    data[DI], AL
          CALL   DATA
          DEC    CL
          JNZ    KKK              ；總共存入 6 筆轉換資料
```

R 值不影響輸入電壓值，但可以改變 I_{REF} 的大小，$\overline{CS}$ 之 I/O 埠可設計為 300H～303H 之任一值即可，且每隔一段時間讀資料一次。

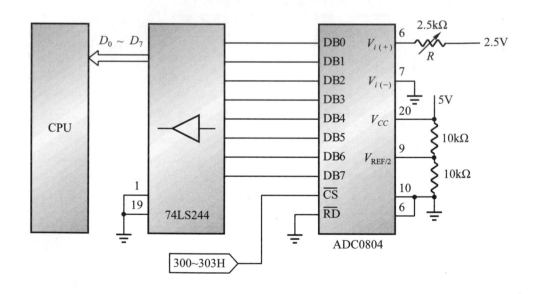

> **範例 12** 並列資料控制元件 8255A 之 I/O 埠位址範圍為 300H～303H，
> ADC0804 元件之 I/O 埠位址則為 304H～307H 任選一即可，由圖
> 5-8 得知 CPU 要先輸出 $\overline{WR}$ 之啟動信號才能促使 ADC0804 執行轉
> 換之操作，欲令 CPU 讀取之轉換值為 AL 8 位元值，其驅動程式
> 片段為何？

解

MOV	DX, 304H	
MOV	AL, 0H	; AL 為任意值
OUT	DX, AL	; AL 為任意值
MOV	DX, 300H	; PA 之 I/O 埠位址
IN	AL, DX	; 產生 $\overline{RD}$ 信號

5-3 輸入電壓與共模互斥

　　ADC0804 為一差動輸入的轉換器，它可以自動將 VIN$^+$ 的輸入端電壓
直接減去由 VIN$^-$ 輸入的某一固定值，因為 ADC0804 採用了這種差動輸入
共模結構，所以輸入雜訊可以得到排除，其次再以取樣的方式將輸入電壓
VIN$^+$ 及 VIN$^-$ 差值進行轉換，取樣 VIN$^+$ 與 VIN$^-$ 兩電壓的時間間隔約為
4.5 個 CLK 週期，ADC0804 雖然被設計成共模輸入模式，但因為取樣輸入
信號電壓有時間差，所以實際取樣的差動輸入電壓與理論差動輸入電壓會
有誤差，輸入誤差一定會影響 ADC 的精確度，共模輸入電壓差為

$$\Delta V_{e(\max)} = 2\pi f_{cm} V_p \frac{4.5}{f_{CLK}}$$

式中　　$\Delta V_{e(\max)}$ ：取樣延遲所造成的電壓差，單位伏特

　　　　f_{cm} ：共模輸入信號頻率，單位為 Hz

Chapter 5

f_{CLK} ：ADC 的轉換頻率，單位為 Hz

V_p ：共模電壓的尖峰電壓，伏特

結論是如果f_{cm}、V_p、f_{CLK} 均為已知，則可輕易計算得$\varDelta V_{e(\max)}$值，公式的推導省略。

5-3-1　取樣與量化

　　如前所述，ADC 元件轉換過程有三個步驟，(1)取樣，(2)量化，(3)編碼。

　　所謂取樣(Sampling)係指以某一週期信號間歇對連續之類比量進行抽樣之過程，而量化乃是取間歇值作四捨五入，使其準位成為階梯狀脈衝之波形。在理論上欲遞次執行類比量之抽樣，其取樣快速之程度則應依取樣頻率而定，如取樣頻率為 1kHz 則表示每秒抽樣 1000 次，抽樣週期為 1/1000，例如：雷射光碟片 CD，每秒應取樣 44100 次表示抽樣頻率為 44.1kHz，取樣週期為 22.7μs，1949 年夏儂(Shannon)曾提出：若待轉換之類比信號當中最高頻率成份為f，則取樣頻率應大於或等於$2f$，若取樣頻率小於 2 倍待轉換最高頻以內時，則將無法復原成原有類比波形，甚至呈現原有電路中所無之低頻率成份輪廓，此即稱為重疊(Alias)誤差，這些於原始信號中沒有之低頻率之成份可視為失真或雜訊，故稱為折疊失真或折疊雜訊，如圖 5-9 所示，圖 5-9(a)及 5-9(b)時即可執行 2kHz 原訊號的重現，若為 5-9(c)則將呈現原訊號內未有較低的虛輪廓，此即折疊誤差。

　　所謂量化係指使已取樣後之抽樣值或振幅應在既定之時間內採四捨五入，再化簡為數位化的整數值，圖 5-10 為抽樣再量化之過程，ADC 之最終目的也就是取得量化值。

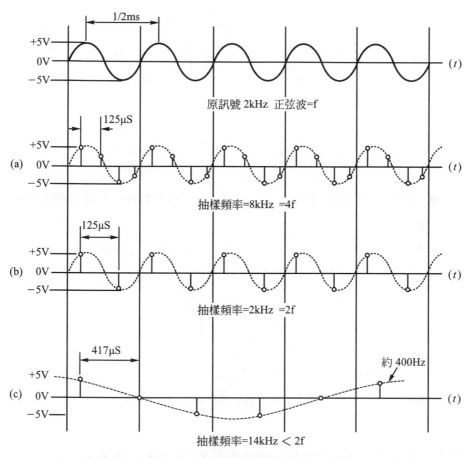

圖 5-9　規劃為(a)或(b)時，原訊號 2kHz 可獲得重現，若為(c)時，則可
呈現原訊號內並無頻率成分之較低的 400Hz 虛輪廓，此即稱之
為折疊誤差，即其頻率為 400Hz

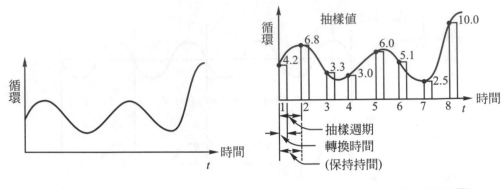

圖 5-10(a)　原始類比訊號

圖 5-10(b)　抽樣之過程(續)

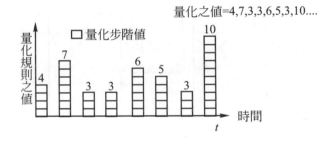

圖 5-10(c)　量化值，抽樣取四捨五入(續)

範例 12　CD 雷射光碟之取樣取頻率規劃為 44.1kHz，其意義為何？

解　抽樣頻率為 44.1kHz 表示聲頻頻率約 22kHz 為最高上限，此與人類耳之聽覺頻率範圍有關，每個人之聽覺官能敏銳度並不一致，有關聽覺頻率範圍之探討不是本例題要討論之內容。

範例 13 下圖為一 A_D 鍵盤之應用電路，圖中R_1～R_{17}為精密電阻且S_1～S_{16}
為按鍵，試說明其工作原理，按鍵代碼 "S_1" 之十進值為何？本
電路最多可識別多少個按鍵？(考慮單鍵)

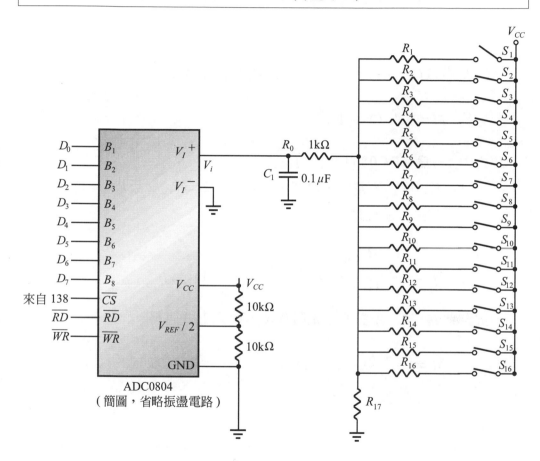

解 　0.1μF 與 1kΩ為一充電電壓保持電路，每當有按鍵時由R_1～R_{17}之分壓
電路所得類比電壓經 ADC 轉換為D_0～D_7共 8 位元 2 進碼，藉 CPU 執
行程式(軟體比對解碼)即可判斷按鍵值，本電路亦適用於多重按鍵
(組合鍵)，唯需詳細計數加法電路之電壓總和，圖中V_i之電壓值為

$$V_i = \frac{R_{17} + R_i}{R_{17}} \cdot V_{CC}$$

其中R_i為對應按鍵S_i之串聯電阻

$$R_1 < R_i < R_{16}$$

CPU 讀取$D_0 \sim D_7$之十進位值之公式如下所示

$$M = \frac{V_i}{V_{REF}} (2^N - 1)$$

式中：N為 ADC0804 之轉換位元，$N = 8$

V_{REF}為參考電壓，由圖中可得$V_{REF}/2 = V_{CC}/2$ 故 $V_{REF} = V_{CC}$

M為十進位值

$$M = \frac{\frac{R_{17} + R_i}{R_{17}} \cdot V_{CC}}{V_{CC}} = \frac{R_{17} + R_i}{R_{17}} \cdot (2^N - 1)$$

按鍵代碼 "0" 所對應之電阻為R_1，代入上式可得

$$M = \frac{R_{17} + R_1}{R_{17}} \cdot (2^N - 1)$$

$$= \frac{R_{17} + R_1}{R_{17}} \cdot 255$$

若因為經過一段時間未按任何鍵，則0.1μF之充電電壓經 1kΩ及R_f放電，則$V_I = 0$，此時V_i經 ADC0804 之轉換後得$D_0 \sim D_7 = 00000000$，雖然 ADC0804 可以轉換 256 階($0 \sim$FF)，但實際最多可並接之按鍵則只能有 255 個單鍵(扣除組合鍵產生之效應)。

範例 14 若上例R_1～R_{17}之電阻值如下表所示,則列出按鍵S_1～S_{16}對應之二進位碼

R_1	200Ω	R_7	800Ω	R_{13}	1400Ω
R_2	300Ω	R_8	900Ω	R_{14}	1500Ω
R_3	400Ω	R_9	1000Ω	R_{15}	1600Ω
R_4	500Ω	R_{10}	1100Ω	R_{16}	1700Ω
R_5	600Ω	R_{11}	1200Ω	R_{17}	2kΩ
R_6	700Ω	R_{12}	1300Ω	R_0	1kΩ

解 不考慮$R_0 = 1$kΩ造成之瞬間效應,分別計算

$V_1 = 0.5$ 伏特, $V_5 = 1.5$ 伏特, $V_9 = 2.5$ 伏特, $V_{13} = 3.5$ 伏特,

$V_2 = 0.75$ 伏特, $V_6 = 1.75$ 伏特, $V_{10} = 2.75$ 伏特, $V_{14} = 3.75$ 伏特,

$V_3 = 1$ 伏特, $V_7 = 2$ 伏特, $V_{11} = 3$ 伏特, $V_{15} = 4$ 伏特,

$V_4 = 1.25$ 伏特, $V_8 = 2.25$ 伏特, $V_{12} = 3.25$ 伏特, $V_{16} = 4.25$ 伏特,

十進值以四捨五入轉換,可得

按鍵代號	二進位碼	按鍵代號	二進位碼
S_1	1AH	S_9	80H
S_2	26H	S_{10}	8CH
S_3	33H	S_{11}	99H
S_4	40H	S_{12}	A6H
S_5	4DH	S_{13}	B3H
S_6	59H	S_{14}	BFH
S_7	66H	S_{15}	CCH
S_8	73H	S_{16}	D9H

Chapter **5**

隨堂練習

( ) 1. 某電路含記憶體 ROM 中存有數位語音資料，若使用微處理機進行播放(類比輸出)，則設計電路時至少要包含哪些元件，此元件名稱為何？ (A)A/D轉換器 (B)D/A轉換器 (C)光耦合器 (D)多工器。

習題

1. ADC0804 為一 8 位元漸近式的 ADC，回答下列問題：

   (1)解析度。

   (2)轉換誤差為何？

   (3)如果 V_{CC} ＝＋5 伏特，則 V_{REF} 最大不可超過多少？

   (4)如果 V_{CC} ＝5 伏特，$V_{REF} \leq 5$ 伏特，則允許的類比輸入電壓(V_I^+)－(V_I^-)的範圍為何？

2. 圖(一)為 ADC0804 的應用電路，回答下列問題：

   (1)計算 f_{CLK} 。

   (2)轉換最大誤差值。

   (3)若輸入電壓 V_{in} 為 3.2 伏特，經轉換後 CPU 之讀取值為多少？

   (4)欲使 CPU 預期值為 55H，則 V_{in} 應調整多少？

   (5)欲使 CPU 預期值為 0AAH，則 V_{in} 值為何？

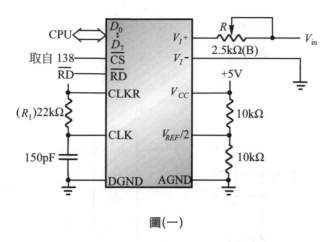

圖(一)

3. 圖(二)為平行比較器的 ADC 線路，回答下列問題，V_{REF}為參考電壓設定值為 4 伏特：

(1)V_{in}為 2.5 伏特時二進制碼輸出$(D_1，D_0)$為何？

(2)如果V_{REF}改為 8 伏特，則重做 1.題。

(3)由圖中可看出 2 位元的 ADC，需要 2 個比較器，如果是 N 位元的 ADC 則需要幾個比較器？

(4)圖中編碼器為一個 3 輸入、2 輸出的邏輯閘方塊圖，其詳細的線路為何？

Chapter **5**

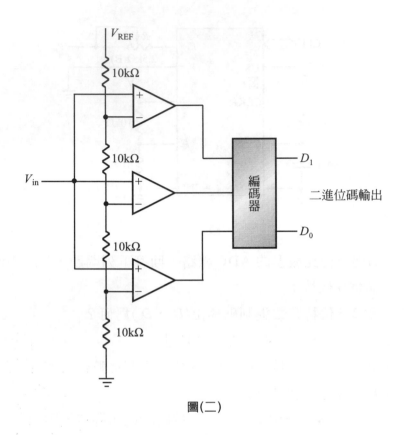

圖(二)

4. ADC0804根據技術手冊,轉換頻率的範圍為$100KHz \le f_{CLK} \le 1460KHz$,參考5-2題的圖(一),如果電容值改為180pF,則使ADC0804能正常工作的電阻R_1合理範圍。

5. 參考雙斜率ADC的方塊圖,積分器的波形如圖(三)所示,試計算斜率值。

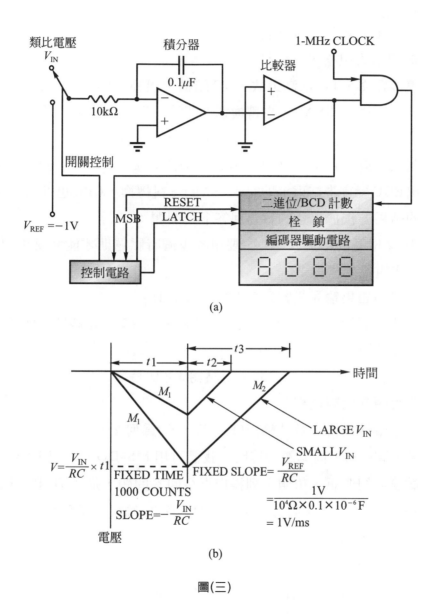

(a)

(b)

圖(三)

(1)$R = 10K\Omega$，$C = 0.1\mu F$，且V_{IN}為 2 伏特，V值為何？$t1$時間為何是 1000 個 COUNTS？

(2)同(1)的規格，求 m_1 斜率。

(3)同(1)的規格，求 m_2 斜率。

6. 根據課文 5-1-3 節漸近式 ADC 結構，這種 ADC 的核心部份是一個漸近式暫存器SAR，自轉換週期開始，第一個時脈週期會使SAR決定 MSB 位元的狀態，第二個週期 SAR 又會決定次最高有效位元的狀態，以下類推一直到 LSB 位元被決定後，ADC 的輸出在 SAR 送出EOC後宣告結束，即完成一次的資料轉換，CPU 也可以讀取 ADC 的結果，根據上述的敘述回答下列問題：

(1) 12 位元的漸近式 ADC 要用多少個時脈週期才能完成 0.1 伏特輸入電壓的轉換？

(2)同(1)如果輸入訊號是 5 伏特，重做(1)。

(3)連續漸近式 12 位元轉換器與雙斜率式 12 位元轉換器何者轉換時間較短？

7. 參考課文圖 5-2，如果輸入電壓為 3.8 伏特

(1)說明其比對過程？

(2)電壓轉換後，數位輸出 (Y_2, Y_1, Y_0) 為何？

8. 參考圖(一)，同 2.題的線路，我們可用 MS-DOS 的 DEBUG 功能，做簡易的測試，依照下列操作指令回答問題，進入 DEBUG 之前先調整 R (2.5KΩ)電阻最大至2.5KΩ，使 V_{1+} 輸入電壓為 5.0 V。

　　C:\>DEBUG

　　−I　2E8　　　；①指令

　　??　　執行至此再將 R(2.5KΩ)電阻調整至 1/2 位置

　　−I　2E8　　　；②指令

　　??

　　再將 R(2.5K)電阻調整至最末端使 V_{1+} = 0伏特

　　−I　2E8　　　；③指令

　　??

⑴完成①指令後，螢幕出現資料為何？

⑵完成②指令後，螢幕出現資料為何？

⑶完成③指令後，螢幕出現資料為何？

9. 參考圖 5-8 ADC 轉換時序，已知 ADC0804 在資料輸出時的時脈如下圖所示，試說明 $\overline{INTR}$，$\overline{CS}$ 及 $\overline{RD}$ 三者互動的關係，並以 OUT 指令產生 $\overline{WR}$ 時序，啟動 ADC0804，其片段程式為何？I/O 埠為 300H。

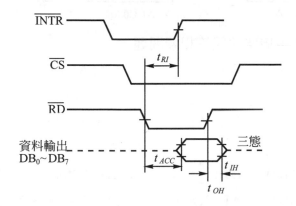

10. 參考下圖，回答問題

⑴如果 $V_{REF}/2$ 為 2.55V，則 $R_X = 500\Omega$ 時 V_1 為何？

⑵圖中 8255A 讀取資料後 PA0～PA7 為何？

⑶圖中 PC0 與 PC7 之作用為何？

⑷圖中 R_X 為待測電阻，且 $V_{REF}/2$ 為 2.55V，試證每一 LSB 的增量代表 4Ω。

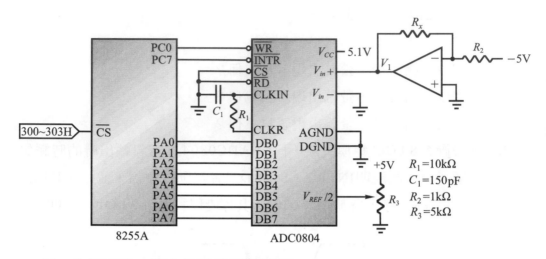

11. 參考下圖，填空並回答相關問題。

MOV	DX, _____	；8255A 命令字組 I/O 埠位址
MOV	AL, _____	；規劃 8255A，MOD-0，PA 為輸出
OUT	DX, AL	；DAC08 的參考電流 I_{REF} 為何？I_{out} 為多少？
MOV	DX, _____	；ADC0804 的 I/O 埠位址
MOV	AL, XXH	；調整 R_a = 2K，輸入 AL 為任意值
OUT	DX, AL	；產生 $\overline{WR}$ 信號啟動 ADC0804
QQQ: MOV	DX, _____	；ADC0804 的 I/O 埠位址
IN	AL, DX	；執行指令後 AL = _____ H
KKK: MOV	DX, _____	；8255A，PA 之 I/O 埠位址
OUT	DX, AL	；執行指令後用電錶量 V_{out} = _____ Volt
PUSH	AX	
CALL	DELAY	；延遲 0.01 秒
POP	AX	

ADD　　AL, 40H　　　　;第一次執行 ADD 指令後

AL = ＿＿＿＿＿

CMP　　AL, 0　　　　　;第二次執行 ADD 指令後

AL = ＿＿＿＿＿

JNZ　　KKK

JMP　　QQQ　　　　　;經過一段時間由示波器觀察 V_{out} 波

形爲？＿＿＿＿＿

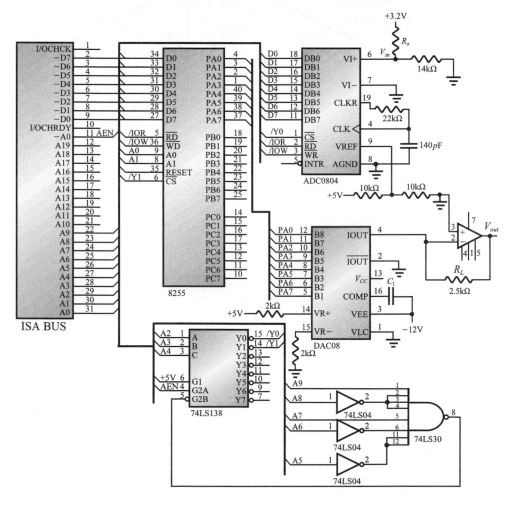

12. 參考下圖回答問題

(1)當電子開關 ON 時電路之作用是抽樣或保持？

(2)當電子開關 OFF 時電路之作用是抽樣或保持？

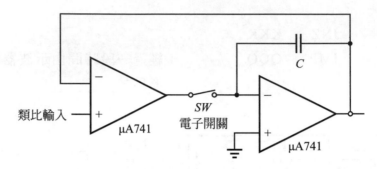

6

8237A

6-1   DMA 概念

6-2   8237A 的結構

6-3   接腳說明

6-4   內部暫存器

6-5   命令字組

6-6   模式暫存器

6-7   請求暫存器

6-8   遮罩暫存器

6-9   狀態暫存器

6-10 8237A 之傳輸模式

　　近年來一般用途的微電腦系統已與吾人之日常生活息息相關，譬如從文書編輯、資料處理到設計、研發等。一般用途的微電腦應用包括以CPU為主軸的數位系統和一些週邊裝置的控制器等等，這些週邊裝置幾乎都是藉由匯流排連接在一起，藉此存取公用資料包括記憶體、指令或程式等。因為每一個裝置之控制器皆負責某些特殊功能的之週邊設備，例如：資料儲存裝置、列表機、磁碟機或語音裝置之控制等亦與CPU同時執行與互相競爭記憶體週期和 I/O 週期，這當中為了確保系統有秩序的能存取共用記憶體內容，且更進一步使記憶體的存取能同步，業界通常就必須採用特殊的記憶體控制器。

6-1　DMA 概念

　　8237A為Intel研發之可程式直接記憶體存取控制器，俗稱DMA(Direct Memory Access)控制器，微處理機系統可藉由該晶片來提升I/O裝置與記憶體資料之傳輸效率或擔任記憶體間進行資料傳送時的控制元件。8273A晶片有 4 個獨立之傳輸通道且能自動偵測記憶體之位址而直接進行記憶體對記憶體資料區塊的傳輸，一旦資料傳送完畢就以 EOP(End of Process)信號來結束操作。DMA 控制器任一通道最多有 64K 字組之位址區塊，在DMA 族群中欲以 DMA 硬體方式讓 I/O 快速直接與主記憶體作資料傳送之最常用元件為震盪頻率為 5MHz 之控制器即 8237A-5，8237A-5 具 8 位元資料栓鎖，其資料傳送率最低為 1.6MB/秒，8273A除了上述基本的 4 個通道外尚可以任意擴充通道數，提供更多之通道予週邊介面裝置使用。

　　8237A的設計理念就是要讓外部週邊裝置可以避開CPU而直接從記憶體傳輸資料之方式來改進系統的效率，Intel8237A 被用來控制 DMA 之操作，包括位址信號的配置及傳輸時序的產生。值得注意的是 8237A與前述

8254 或 8255A 類似，均提供可程式規劃資料傳輸之控制，換言之，爲了避免 CPU 浪費時間在處理慢速的 I/O 週邊裝置之資料傳輸，目前相當多的消費性產品的晶片中亦廣泛採用 DMA 之架構，雖然執行 CPU 與記憶體間資料移轉之效率比起與採用 DMA 模式進行記憶體搬移能力的差異不大，但是一旦切換到記憶體對 I/O 裝置，CPU 執行效率的差異就非常可觀，所以本章之說明重點將以記憶體對記憶體或記憶體與 I/O 裝置之 DMA 操作爲主。

　　當電腦開機或重新啓動，該系統需要一個初始化的程式來執行，此程式就稱爲靴帶式程式(Bootstrap Program)，所以一開始 CPU 先自我內部檢查包括暫存器等，然後於 ROM 中取得跳躍(Jump)指令開始執行 BIOS，逐步從記憶體內容到週邊裝置之控制器，然後進入作業系統核心程式。因此靴帶式程式必須知道如何載入作業系統(Boot Loader OS)，並使作業系統開始執行第一個行程(Procedure)，由載入記憶體中的作業系統之 init 核心程式再進行事件程序之處理，例如由軟體或硬體產生中斷信號，這些中斷信號即表示事件之發生，當然軟體在任何時間都隨時可送出觸發之中斷信號給 CPU，並藉由執行系統呼叫(System Call)產生觸發中斷。如上所述，任一中斷之架構可以由許多不同之事件來產生，而且對每一種不同之中斷都提供一個對應的中斷服務副程式，所以當 CPU 被中斷時，CPU 就應立即停止它正在進行之工作而轉換到另一個固定的起始位址，以 I/O 裝置爲例其資料操作的時序圖如圖 6-1 所示。

練習 1　可程式記憶體存取控制器 IC 編號爲
　　　　(A)8255A　(B)8254　(C)8251A　(D)8237A

解　(D)

Chapter **6**

練習 2 下列敘述何者有誤？

(A)8237A 晶片有 4 個獨立的傳輸通道。

(B)CPU 執行功能中，8237A 一定處於閒態(Idle)。

(C)可用來設計 Combo 機 8237A 為 Intel 研發，俗稱 DMA 控制晶片(註一)。

(D)DMA 資料傳送完畢，以 EOP 信號來結束操作。

解 (B)

練習 3 DMA 的特性是

(A)DMA 可以提昇記憶體對記憶或記憶體與邊 I/O 裝置資料傳輸時的效率。

(B)CPU 被中斷後，CPU 停止所有操作改由 DMA 執行資料傳輸。

(C)DMA 之控制品 8237A 無需經過可程式規劃。

(D)8237A 為一南橋晶片(註二)。

解 (A)

註一： 於 3C 消費性市場俗稱之 Combo 機即為複合機，Combo 機可以燒錄 VCD 與讀取 VCD，也可以讀取 DVD 資料，但是 Combo 機不能用來燒錄 DVD。

註二： 南橋與北橋差異為：南橋晶片(South Bridge Chip)負責與週邊裝置溝通的晶片。至於北橋晶片(North Bridge Chip)則負責與 CPU 或系統溝通。這 2 顆晶片通常是以和中央處理器的相對位置來命名，例如：比較靠近中央處理器的稱為北橋晶片，反之距離稍遠則是南橋晶片。主機板上的晶片組用於控制所有的元件，絕大多數包含兩個晶片稱之為北橋與南橋。例如北橋管理 CPU、主記憶體與 AGP 間的資料傳輸。而南橋負責 I/O 埠(平行埠／串列埠)、USB、鍵盤控制器、AC97 音效卡、磁碟控制器與 IDE 控制器等。

靴帶式下載 Bootstrap Loader 又稱為 Boot Loader，即為開機管理員 (Boot Manager)，主要是負責開機程式的工作，一般的個人電腦開機過程中，大部分都是透過 BIOS 與開機管理員這兩段程式來完成，在 Bootstrap Loader 程序中，首先利用 Boot Manager 載入 kernel 核心控制程式後，作業系統 OS 就可以開始做一連串的初始動作，直到系統正常開機完畢，使用者就可以順利開始操作。在此期間的一連串動作其實大部分是設定與載入參數等，所以開機管理員也稱為靴帶式下載 Boot Loader。

Boot Loader 觀念之應用非常廣泛，尤其是嵌入式 SOC 應用系統之設計，其功能包括網際網路、記憶體管理模組、I/O 控制模組、顯示器控制模組、JTAG、驅動程式介面和工作排程等，都是屬於作業系統的核心。Bootstrap Loader 的運作原理簡單，採內建的硬體功能，一開始使用非常簡短的 ROM 程式將某一固定長度的記錄區塊從某一裝置移至記憶體中的指定位置，此特定位置通常可以由控制台來選擇。在讀完這個記錄區塊後，控制權則自動轉移至儲存此記錄的記憶體控間之位址，該記錄內含乃與用來載入程式的機器指令碼有關。若載入程序中所需的指令超過一個記錄所能容納者，則第一個記錄就會讀取另外其他的記錄，因為後者可以啟動載入(Bootstrap loader)，啟動程式的目的就是讓 Bootstrap 程序被載入至記憶體空間或閒置系統，使用者可以把載入程式永遠儲存在 ROM 中，一但硬體開機訊號出現時便開始執行。

BIOS 全名為 Basic Input Output System，意義為基本輸入輸出系統，

Chapter **6**

BIOS 是電腦未載入 Windows 或 Linux 作業系統時用來提供電腦基本功能的內建程式，在電腦開機時，首先會出現顯示卡 BIOS 的畫面，其次是主機板的BIOS訊息，此訊息將可以顯示BIOS的廠牌、序號及版本等。因爲BIOS 監控主機板上所有的輸出及輸入的訊號與控制：例如硬碟、鍵盤、滑鼠等。BIOS 的主要功能有三項：

1. 系統組態分析及設定：自行讀取CPU的型號，記憶體大小，硬碟機型號與數量等，加上一些硬體基本設定與識別，並提供可設定的介面。

2. 開機時自我測試：測試記憶體、部分晶片組及週邊設備，若有錯誤狀況時，例如螢幕未接時，則回報訊息給使用者。

3. 載入作業系統：系統自動搜尋存在硬碟 Partition 的啓動磁區之 Bootstrap Loader 的程式，由此程式再進一步去讀取存放在記憶體與作業系統相關的程式，全部載入後，控制權就交由作業系統。

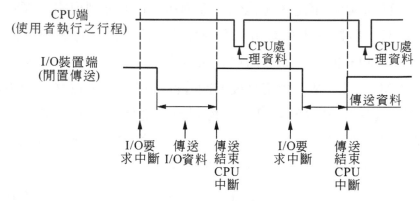

圖 6-1　I/O 中斷處理

練習 4 下列關於中斷之說明，下列何者有誤？

(A)當中斷發生，CPU立即停止其正在執行的工作，並且轉換到中斷服務副程式的起始位址。

(B)中斷服務副程式的起始位址是儲存在 1 k 中斷向量表中。

(C)中斷向量表可隨機儲存在主記憶體的任何位置。

(D)中斷服務副程式執行完畢後，CPU便會向歸至原先被中斷前的程式運算繼續執行。

解 (C)

練習 5 關於系統載入(boot loader)，下列何者有誤？

(A)系統載入是指將作業系統的核心程式載入到記憶體後，開始執行核心程式。

(B)靴帶式程式負責將作業系統的核心程式庫入到記憶體中。

(C)靴帶式程式通常是儲存在隨機記憶體 RAM 中。

(D)所謂的韌體如 bios 即所有形式的唯讀記憶體及ROM中程式內容。

解 (C)

練習 6 關於直接記憶體存取 DMA，下列何者有誤？

(A)使用 DMA 來移動大量資料，以避免增加 CPU 的負擔。

(B)避免 CPU 干涉 DMA 之裝置控制器，可將資料區段(Block)從其緩衝區直接傳送進或出記憶體。

Chapter 6

(C)每一區段只產生一次中斷。

(D)鍵般的 I/O 操作可以使用直接記憶存取。

解 (C)

練習 7 關於靴帶式程式(Bootstrap Program)，下列何者有誤？

(A)靴帶式程式稱為靴帶式載入品(Bootstrap Loader)或系統之初始程式。

(B)當電腦開機或重新啟動時，靴帶式程式會開始執行並初始設定系統各項內容。

(C)靴帶式程式從第一個行程開始會找到作業系統的核心(Operation-System Kernel)並且將其載入記憶體。

(D)靴帶式程式被儲存於硬碟中。

解 (D)

練習 8 關於主記憶體(Main Memory)，下列何者有誤？

(A)又稱為唯讀記憶體 ROM。

(B)是處理器 CPU 唯一能直接存取的大型儲存體。

(C)由字元組(Word)陣列所組成，而每一個字元組儲存時都經過定址。

(D)程式執行前必須先將程式放入主記憶體之中。

解 (A)

範例 1　個人電腦欲將一個字元輸出到鮑率為 9600bps 之終端機，每字元需時 4 微秒，若與每一個中斷操作反應CPU需時 4 微秒的通訊網路比較，則 CPU 如何處理？已知中斷服務副程式需時 4 微秒。

解　將一個字元資料由終端機讀取之過程必須透過一個終端機之驅動程式，當字元進入CPU時由終端機所連接的非同步串列通訊控制器列應先中斷CPU，在CPU完成目前正在執行中之指令前，該中斷就會被擱置，等到中斷副程式之起始位址及相關之暫存器內含儲存完畢，而且前一筆輸入作業無誤之情況下，就可以將該字元取出而存入緩衝器，在執行當中，中斷服務副程式亦必須調整指標與計數之暫存器，將字元存入緩衝器的下一個位元組位址，並且在記憶體設定旗標值，表示該新字元資料已經被收到，最後中斷服務副程式就可以恢復原先被儲存的暫存器內含並將控制權歸還中斷指令，在上述處理資料 I/O 過程中，終端機之非同步通訊鮑率9600bps即每1.04毫秒才能傳送一個字元，再加上I/O中斷副程式來載入字元到緩衝區，每個字元之處理過程不會超過4微秒，則表示在1004微秒的CPU運算時間多出1000微秒。通訊網路的中斷每隔4微秒到達一次，表示通訊網路能夠用與記憶體相差不遠的速度傳送資料，所以CPU規劃時應將非同步的 I/O 中斷指定到較低的優先次序，解決此問題之根本之道為:將直接記憶體存取(DMA)架構納入高速之輸出入裝置中，所以在 I/O 裝置的緩衝區，完成設定指標暫存器及計數器等之後，便可以將整個資料區段從來源緩衝區直接進出目標記憶體而避開CPU之運作，採用一個區段產生一次中斷取代低速傳輸架構裝置每個位元組均要產生一次的中斷模式。

Chapter 6

微電腦從開機後的一切操作，除了應用程式與資料需保持正確外，作業系統亦不容許被錯誤的應用程式之干擾，各系統軟體廠商因應之道便是憑藉硬體支援不同的模式來運作。第一種保護方式就是使用者模式與監督模式，監督模式又稱為系統模式或特權模式。基本原理就是設計一個位元(又稱模式位元)加到硬體架構上，例如：硬碟當中若採用使用者模式下則該模式位元為Hi，反之，監督模式則該模式位元為Low，如此一來系統就可因模式位元而將一個應用程式的執行區分為二：作業系統與使用者兩部分。問題的重點是：硬碟系統啟動後如何增強解決在執行中出現的狀況，說明如下：

1. 系統啟動時，硬碟由監督模式開始進入作業系統，然後使用者模式開始執行使用者模式的行程。

2. 中斷出現時，電腦系統之操作可將硬碟由使用者模式轉換到監督模式，此時模式位元由Hi變Low，而常駐的監督程式就取得電腦系統的控制權，等到一切正常或中斷結束，電腦又回到使用者模式。

3. 作業系統進入維持控制，因為使用者進入一個無窮迴圈，電腦就無法取得監督模式之控制權，所以如果使用計數器就可以於到達設定的時間後強制中斷電腦，系統工程師可以將此時的時間設計為固定週期或可變時段兩種方式，固定週期可以是1/60秒一次，而可變時段則為計時器及計數器各設一定值，所謂可變時段計時器就是某一個固定的時脈產生，再加一個計數器之行程，因為計數器由作業系統規劃之，每次隨計數器之時間一到就可以產生一個硬碟中斷，計數器內涵會遞減，當計數器遞減為 0，作業系統則因使用者程式超過時間控制就終止使用者程式。並將控制權自動移轉到監督程式，監督程式也可以用來設定計時器以防止使用者程式執行太久或無窮迴圈。**1.**及 **2.**的雙模式運作可提供作業系統免於使用者程式的破壞，使用者程式也可以避免相互排斥。所以 CPU 與 I/O 在運作之下，對於硬體資源的保護若基於雙模式下就可以利用監督模式使用特權指令來執行。

截至目前為止 CPU 與 I/O 裝置資料傳輸的運作方式共有三種，分別是：

1. 詢問式 I/O：又稱為 Busy Waiting I/O 或可程式化 I/O，這是早期 I/O 裝置資料傳輸模式，前先由 I/O 提出中斷向 OS 提出請求，並由 OS 透過 CPU 對暫存器設定 I/O 指令，其次系統執行 I/O 的運作，CPU 會不斷詢問 I/O 裝置是否 I/O 資料傳輸運作已經結束，等到 I/O 結束，CPU 確認後系統則回到主程式，CPU 在對暫存器設定完 I/O 指令後雖然 CPU 會將程序(Process)轉移出去，但不斷監控之過程對程序的產能率即 throughput 是無益的。

2. 中斷式 I/O：如前所述由 CPU 以外之週邊設備所引發的外部中斷如裝置錯誤等皆屬之，I/O 結束就屬於 I/O 中斷。但為使用者程式於執行中，若需要作業系統提供服務時，使用者程式就可以藉由各種方式發出中斷通知作業系統及提供中斷服務程式即俗稱的陷阱(Trap)，所以 Trap 是由軟體產生出來的中斷訊息，最典型的範例就是錯誤的數學演算(除 0 之溢位)，反之硬體中斷就是由 I/O 裝置所產生之 I/O 請求中斷。

3. DMA 模式：通常用在 I/O 裝置高速的資料區塊傳輸，如硬碟等，此時 CPU 有更多的時間可以投入在程序的執行上，所以 CPU 的利用率增加，唯系統的效能也獲得提昇，DMA 也會發出中斷，但其發出的時間與中斷 I/O 不同。

在本節之另一個重點就是微處理機針對中斷之處理方式與內容之探討將於後說明。

6-2　8237A 的結構

8237A為Intel於1990年研發之直接記憶體資料存取控制器，DMA控制器之應用如圖6-2所示。

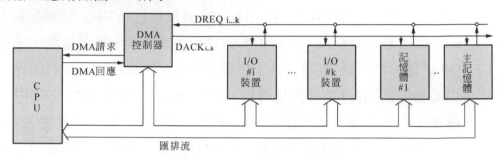

圖 6-2　DMA 傳輸的系統方塊

舉凡以 CPU 為主控權之系統其 I/O 或記憶體間資料的傳送，都經由CPU以軟體方式完成，而每傳送一筆資料都需要若干的指令來操作，故將花費相當的時間執行，反之，如圖6-2就是在無需CPU參與之下以硬體方式由DMA傳送將系統匯流排的主控權交給DMA控制器，使I/O直接與主記憶體或記憶體間做大量資料快速的傳輸，因為DMA可以使CPU從實際資料傳輸過程中擺脫，因此系統的效率及產能率(Throughput)可以提高。圖6-3為8237A內部結構方塊圖，圖6-4為40支接腳的LSI晶片的DIP包裝，因為8237A為一多通道多傳輸模式之直接記憶體存取控制器，所有的操作模式可以在執行中重新被規劃。

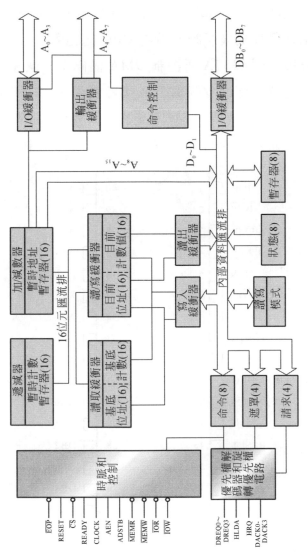

圖 6-3　8237A　IC 接腳圖

Chapter 6

　　基本上屬於硬體控制之 8237A 可控制 4 個頻道的 DMA 操作，4 個頻道的優先次序可由軟體程式來規劃，因為 CPU 記憶體位址線如果以 16 位元作為一區塊之分段，則 8237A 所控制 DMA 操作每一個頻道就以 64KB 之容量為一單位，當然也可以多個 8237A 串接提供更多的 DMA 通道數，而且一次的 DMA 操作最多可傳送 64KB 資料。DMA 通常與硬體及週邊之匯流排技術相關，例如 ISA 卡的 DMA 與 PCI 的 DMA 機制就有所差異。

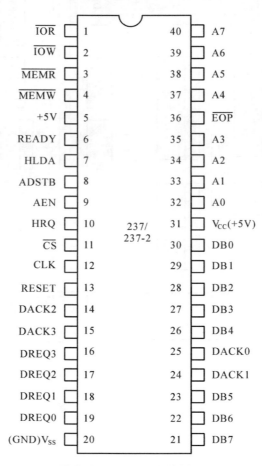

圖 6-4　8237A IC 接腳圖

　　ISA 卡的 DMA 資料傳輸乃透過 ISA 匯流排控制晶片中的二個串聯的 8237A 來達到目的，此即所謂標準的 DMA，ISA 卡亦可經由第三方 DMA (Third-party DMA)之操作，所謂 Third-party 的意思是：系統資料的傳輸是由DMA來完成，對DMA控制晶片而言它就是資料傳送器與接收器的第二方，標準DMA的優點是結構簡單，缺點為:(1)8237A傳送資料的速度太慢，不能與高速的匯流排配合，(2)2個8237A僅提供8個傳輸通道。另一種匯流排體系的 DMA 機制為 PCI DMA 結構，又稱為第一方 DMA(First-party DMA)，換言之，此架構必須在PCI已取得系統匯流排的主控制權後才能作 DMA 之資料傳輸，目的就是讓 PCI 外掛的週邊取得所需的頻寬，當然執行之程序由嵌入在PCI卡中DMA電路來控制。DMA控制器與CPU間對記憶體的運作都是以交替的方式來進行，因此當 CPU 在機器指令 (Machine Instruction)執行之過程中，即部分之時序週期階段內，CPU 有可能不會對記憶體進行存取的動作，甚至有部分的機器指令完全不會進行記憶體存取，則DMA控制器可以使用開放的時間進行記憶體或I/O間的資料傳輸，且不會影響到對記憶體的存取與相關指令之執行，採用此種指令技術的DMA模式就稱為週期竊取(Cycle Stealing)。CPU 執行指令的過程中對記憶體的使用量相當頻繁，萬一CPU 與DMA控制器欲同時需求記憶體單元時就會產生記憶體碰撞(Memory Conflict)現象，作業系統在規劃及分配資源之原則下會針對平均等待時間較少的行程或資源服務要求較少的程序給予較高的優先權，因為 DMA 對記憶體請求次數不多，尤其是當有需求時才進行，所以作業系統評量時可以給 DMA 控制器較高的優先權。

Chapter 6

6 -3   接腳說明

一、時脈和控制單元：

8237A 之時脈和控制總共有 12 支控制腳位說明如下：

1. $\overline{\text{EOP}}$(I/O):低態作用之雙向控制，$\overline{\text{EOP}}$為結束程序縮寫，EOP=0 表示DMA已結束資料傳輸操作，8237A 允許外加訊號為終止DMA之運作，當任一通道計數值達到預定值時，8257A 就會發出低態脈衝，狀態暫存器中遮罩位元及 TC 位元可用未規劃 $\overline{\text{EOP}}$之操作，如果$\overline{\text{EOP}}$腳位為空腳(未連接到微處理機端)，則使用者必須使用提升(Pull High)電阻。

2. RESET(I)：重置腳位為高態作用，當RESET為Hi則所有暫存器包括：命令暫存器、狀態暫存器及遮罩暫存器全部歸零。

3. $\overline{\text{CS}}$(I):晶片選擇控制線，此信號來自解碼器為低態作用。

4. CLK(I):脈波輸入，8237A-5 之輸入 CLOCK 為 5MHZ。

5. READY(I):備妥信號來調整慢速之記憶體元件及 I/O 裝置，如果READY 信號為 Low，則8237A 會自動將讀寫信號延長，換言之，加入等待週期直到READY 恢復為 Hi。

6. AEN(O):位址致能信號，AEN＝Hi輸出時可將8位元位址位元栓鎖於系統位址匯流排中高8位元位址，AEN 在 DMA 傳輸期間可以將其他系統匯流排驅動器除能。

7. ADSTB(O)：位址閃動(Address Strobe)，ADSTB＝Hi可以將位址線之高8位元鎖住於外部之栓鎖器內。

8. MEMR(O)：記憶體取控制信號為Low，於DMA或記憶體間被用來驅動被選擇記憶體內部之資料讀取。

9. MEMW(O):記憶體寫入控制信號Low表示於DMA或記憶體間,將資料寫入選擇記憶體位址裝置。

10. PIN5(I):應保持 Hi 準位模式,浮接時先外加-提升電阻再加 Vcc。

11. IOR(I/O):雙向低態啟動之之I/O讀取控制信號在閒置狀態下,當輸入信號,表示CPU欲讀取控制暫存器之內含,當IOR為低態時序為讀取狀態,表示在8237A DMA 週期讀取欲 I/O 元件的資料。

12. IOW(I/O):雙向低態啟動之I/O寫入控制信號線,在閒置狀態下為輸入信號,表示 CPU 欲將資料載入 8237A,當 IOW 時序為低態表示在 DMA 週期8237A 可將資料寫入週邊設備。

二、優先權編碼器與旋轉優先權控制電路:

8237A 有兩種可用軟體來選擇來設定的優先權的編碼模式,一為固定優先權編碼,凡是通道之優先次序依編號次序固定其優先次序者稱之,另一為循環優先權。編號為 0 者之頻道優先次序最高,依序為 1、2、3,所以編號愈高其優先次序與權位愈低,在固定優先權之處理過程中,除非較高優先之頻道服務結束,否則低優先權之頻道無法插斷或中斷高優先權之頻道。

1. HRQ(0):8237A在完成任一通道之服務後,HRQ信號會降為Low且8237A 將於 HLDA 降為 Low 後才又重新啟動 HRQ,並由其他頻道處理 DMA 資料傳輸。上述另一種優先模式為旋轉優先權,旋轉意義為前一個通道服務完成後該頻道則變成最低優先次序,次高之優先權通道立即開始DMA服務,執行資料傳輸。圖 6-5 為一旋轉優先權之個案,圖中#1 通道之DMA服務完成後,#2 通道成為最高優先次序,在此當中#3 之通道產生DMA控制請求(Request),#2 通道成為最低優先次序,#3 通道則進入DMA服務。HRQ為Hold Request

的簡稱，也就是對 CPU 要求保持系統匯流排之控制信號。

2. HLDA(I)：即 Hold Acknowledge 的簡稱，CPU 送出 HLDA 為 Hi 表示 CPU 欲讓出系統匯流排的控制權。

3. DREQ0～DREQ3(I)：DREQ 指的是 DMA Request，此乃針對非同步通道由週邊裝置提出 DMA 服務請求之輸入控制信號線，DREQ0 之優先權最高，反之 DREQ3 之優先權最低，一但週邊裝置對 8237A 提出 DREQ 則 8237A 應回應 DACK 信號。

4. DACK0～DAK3(O)：DMA Acknowledge 被用來通知個別將取得 DMA 週期的週邊裝置，DACK0～DAK3(O)可以用程式控制。RESET 信號使 DACK 控制線降為低態，DREQ 信號將保持為 Hi 直到 DACK 輸出為 Hi。

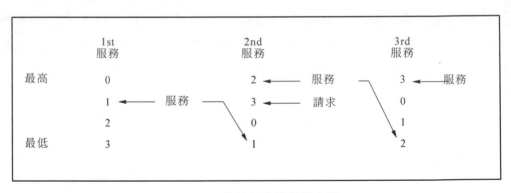

圖 6-5　旋轉優先權結構案例

三、 位址匯流排

8237A 的位址匯流排可分成二區，一為 I/O 緩衝區，即使用 A_0～A_3，此 4 個最低有效位元的作用在閒置階段為輸入位址線，且由 CPU 規劃暫存器群為載入或讀取，反之在啟動週期$A_0 \sim A_3$即為輸出訊號，即位址匯流排的低 4 位元，值得注意的是：$A_0 \sim A_3$為雙向三態。第二種作用為將$A_4 \sim A_7$僅設計成三態輸出位址線，$A_4 \sim A_7$僅處於 DMA 服務時才啟動。

四、DB0～DB7(I/O)：

DMA 之資料匯流排為雙向三態，當 8237A 處於程式執行 I/O 讀取週期時可輸出位址匯流排、狀態暫存器或字組計數暫存器等之內含到CPU之系統匯流排，反之在 I/O 寫入週期，DB0～DB7 則改成輸入信號線，在DMA週期最高有效 8 位元的位址線輸出資料匯流排，而且閃動(Strobe)之作用由 ADSTB 提供，最普通之情況，如記憶體對記憶資料之傳輸，資料先由記憶體送到8237A(透過 DB0～DB7)再傳送到目的地，反之在寫入週期，資料欲寫入記憶體則資料先輸出到資料匯流排再載入新的記憶體位址。

五、暫存器群組：

8237A 有 16 個I/O埠，16 個位址原指定之內部暫存器作用如下表 6-1 所示。

表 6-1　8237A 的內部暫存器

位址 A$_3$～A$_0$	I/O(輸入／輸出)	功能說明
0H	輸入(註 1)	讀取通道#0 的目前位址
	輸出(註 2)	寫入通道#0 的基底和目前位址
1H	輸　入	讀取通道#0 的目前計數
	輸　出	寫入通道#0 的基底和目前計數
2H	輸　入	讀取通道#1 的目前位址
	輸　出	寫入通道#1 的基底和目前位址
3H	輸　入	讀取通道#1 的目前計數
	輸　出	寫入通道#1 的基底和目前計數
4H	輸　入	讀取通道#2 的目前位址
	輸　出	寫入通道#2 的基底和目前位址
5H	輸　入	讀取通道#2 的目前計數
	輸　出	寫入通道#3 的基底和目前計數
6H	輸　入	讀取通道#3 的目前位址
	輸　出	寫入通道#3 的基底和目前位址
7H	輸　入	讀取通道#3 的目前計數
	輸　出	寫入通道#3 的基底和目前計數
8H	輸　入	讀取狀態暫存器
	輸　出	寫入命令暫存器
9H	輸　入	
	輸　出	寫入請求暫存器
AH	輸　入	
	輸　出	寫入單一遮罩位元
BH	輸　入	
	輸　出	寫入模式暫存器
CH	輸　入	
	輸　出	清除位元組指標暫存器
DH	輸　入	讀取暫時暫存器
	輸　出	軟體重置
EH	輸　入	
	輸　出	清除遮罩暫存器
FH	輸　入	
	輸　出	寫入遮罩暫存器

註 1：IOR-在低準位
註 2：IOW-在低準位

8237A之方塊圖由3個控制電路12種內部暫存器組成，值得注意的是8237A之27個暫存器乃由344位元所組合而成，如表6-2所示。

表6-2　8237A內部暫存器的種類

暫存器名稱	位元數	個數
基底暫存器	16位元	4
基底字組計數暫存器	16位元	4
目前之位址暫存器	16位元	4
目前字組位址暫存器	16位元	4
暫時位址暫存器	16位元	1
暫時字組位址暫存器	16位元	1
狀態暫存器	8位元	1
命令暫存器	8位元	1
暫時暫存器	8位元	1
模式暫存器	6位元	4
遮罩暫存器	4位元	1
請求暫存器	4位元	1

DMA 操作的主要目的在搬移資料，換言之，將資料由來源位址搬到目的地位址，所以來源暫存器、目的地暫存器都要提供位址給系統使用，8237A內部共設計4個通道，每一個通道佔用4組位址，即目前計數(Current Count)，目前位址(Current Address)暫存器及暫時位址(Temporary Address)暫存器，暫時暫存器分別對應到來源暫存器及目的地暫存器。另外有基底暫存器及計數暫存器，則被用來儲存系統規劃時的初始值，其原理就是當重複進行DMA操作時，位址暫存器及計數器之內含(初始值)可能在資料傳輸過程中被改寫，為了讓使用者免於重新規劃，最好的方式就是找 2 個暫

存器來保存初始值。至於規劃 DMA 之操作模式就必須安排命令暫存器
(Command Register)及模式暫存器(Mode Register)，欲了解DMA控制器
運作之狀況必須採用狀態暫存器，8237A方塊圖中另外提供關閉通道功能
的暫存器稱為遮罩暫存器，DMA 請求暫存器則可以對 8237A 的通道進行
控制。

　　8237A內部暫存器與IOW、IOR等訊號有7種定址操作模式，如命令
寫入、模式寫入、請求信號寫入、遮罩設定／清除及遮罩寫入、暫時暫存
器讀取及狀態讀取等，其軟體指令碼如表 6-3 所示。

表 6-3　軟體指令碼

Singnals						Operation
A_3	A_2	A_1	A_0	$\overline{IOR}$	$\overline{IOW}$	
1	0	0	0	0	1	讀取狀態暫存器
1	0	0	0	1	0	寫入命令暫存器
1	0	0	1	0	1	不合法
1	0	0	1	1	0	寫入請求暫存器
1	0	1	0	0	1	不合法
1	0	1	0	1	0	寫入單一遮罩暫存器位元
1	0	1	1	0	1	不合法
1	0	1	1	1	0	寫入模式暫存器
1	1	0	0	0	1	不合法
1	1	0	0	1	0	清除位元組指標正反器
1	1	0	1	0	1	讀取暫時暫存器
1	1	0	1	1	0	清除主控制器
1	1	1	0	0	1	不合法
1	1	1	0	1	0	清除遮罩暫存器
1	1	1	1	0	1	不合法
1	1	1	1	1	0	寫入所有遮罩暫存器位元

　　表 6-2 中個數的欄位表示對應該暫存器種類的數目，至於控制電路方塊則可分為:時序控制器、程式命令控制器及優先權控制器。 時序控制器電路用來產生內部時序信號及 8237A 對外的控制信號。程式命令控制器之方塊較複雜，除了擔任將送到 8237A 的命令(Command)解碼外，並應向提供命令之微處理機發出 DMA 請求信號(DMA REQ)，8237A 之模式控制字組經解碼後便可用來選擇 DMA 之型態，優先權控制方塊之作用就是處理 DMA 通道同時出現 DMA 請求時的優先權次序等問題。8237A 之 CLK 信號即取自 8254 之晶片所產生以任務週期為 33% 之方波，使用者可以利用反向器將任務週期調整為 67% 來符合 8237A 時脈之要求。

　　DMA 有二種操作週期，一為閒置週期，另一為執行週期，每一種週期需數個階段才能操作完成，各階段之內容說明如下：

　　S0(階段 0)為 DMA 的第一個階段，DMA 先收到 DMA 之請求，但尚未回應。其次為 S1(階段 1)，此乃非執行階段所以 DMA 控制器尚未開始傳送資料，在 S2～S4 階段，8237A 將 HOLD 信號送達外部的微處理機;等到微處理機完成匯流排週期後，將回應 DMA 之請求送出高電位的 HLDA 信號，並允許 DMA 控制器使用系統之資料匯流排、位址匯流排及控制匯流排等。DMA 控制器亦將送出 DMA 認可信號信號到提出 DMA 請求之介面 I/O 或記憶體上，此時位址值及讀寫控制信號會送到記憶體裝置及 I/O 週邊介面，讓記憶體與 I/O 週邊元件間直接作資料的傳輸，期間之控制信號為 IOR 及 MEMW，或 MEMR 及 IOW，至於記憶體與記憶體間資料的傳輸無控制信號則為 MEMR 及 MEMW，總共需要 8 個時序週期，如圖 6-6、6-7 所示，如果 DMA 之控制程序無法在預定時序週期內完成就必須加入更多的等待時序，延長更多資料傳輸之階段。另一值得注意的主題就是：閒置週期，當週邊裝置未提出 DMA 之服務請求時，則 8237A 應進入閒置週期，如時序圖中 S1 狀態，在 8237A 之每一時序週期當中，DREQ 腳位通常會

Chapter 6

測試是否有外界之週邊裝置有提出DMA之服務請求，同樣的8237A也會查詢$\overline{CS}$腳位，判斷是否發生CPU欲讀寫8237A內部暫存器之請求，當$\overline{CS}$為Low且HLDA腳位為為低電位時，8237A則進入程式狀態，則CPU可任意對8237A內部暫存器進行讀寫之操作，位址線A0～A3則連接到8237A之位址線上，作為暫存器之選擇線，對8237A-5而言，16種 I/O 埠(合法與不合法)之位址配置如表6-3所示。

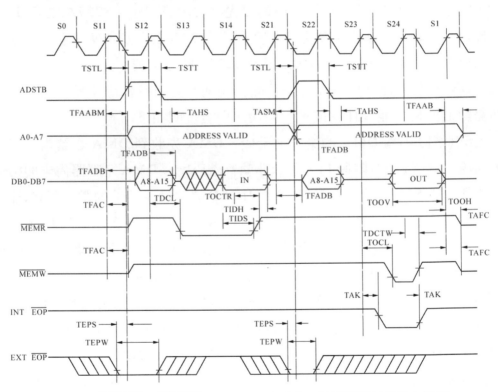

圖6-6　$\overline{MEMR}$ 及 $\overline{MEMW}$ 時序作為記憶體與記憶體間資料傳輸之操作

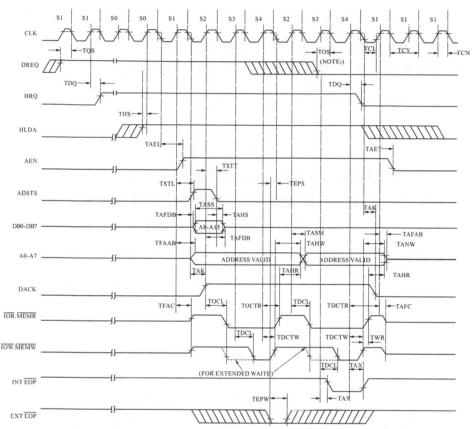

圖 6-7　記憶體對 I/O 裝置資料之傳輸時序，DREQ 信號必須保持在作
用之狀態下直到 DACK 信號出現回應之後 DREQ 才能降為 0

　　任一 8237A 可控 4 個通道的 DMA 操作，通常都是透過命令字組來決
定處理各 DMA 通道的優先次序，8273A 允許串接的方式無限擴充 DMA 之
通道數，因為 8237A-5 所接用的 DMA 操作之最高速度為 1.6MB/秒，如前
所示每個通道可處理一次最多 64KB 之資料，4 個通道的 DMA 請求信號分
別送達 DREQ0、DREQ1、DREQ2 及 DREQ3 等 4 隻腳位後，8237A 由
HRQ 腳位輸出高電位向週邊之微處理機系統提出回應，一旦微處理機系統
回傳認可之 HLDA 信號，則 8237A 將由 DACK0、DACK1、DACK2 及

DACK3 分別送出認可信號到發出 DMA 要求中具有最高優先權之週邊裝置上，至於 DMA 之請求及 8237A 回應信號之電壓準位基本上可由微處理機透過控制字組下達命令決定。8237A-5 之 AEN 腳位如果保持在高電位，則表示該控制器已送出位址線信號，同時 $\overline{EOP}$ 腳位則在 8273A 完成一次 DMA 之操作後送出一個低電位之脈波，其目的通常是用來向週邊裝置之微處理機提出中斷請求，表示處理機與 8237A 間之資料傳輸已經完成。如前述 8237A 每一次之資料傳輸量為 64KB(位址線僅 $A_0 \sim A_7$)主要的操作就是讓 DB0～DB7 等 8 條資料匯流排與 $A_0 \sim A_7$ 等 8 條位址共同合併成 $A_0 \sim A_{15}$ 共 16 位元，8237A 中之 ADSTB 腳位稱為位址閂鎖，ADSTB 的電壓信號在下降邊緣可以將位址線位元載入閂鎖暫存器，所以 AEN 腳位之高電壓信號就可以將位址位元由三態閂鎖暫存器載入位址匯流排，圖 6-7 所示為 CLK，AEN，ADSTB 及 DB0～DB7，配合 $A_0 \sim A_7$ 的時序關係。位址位元中 $A_0 \sim A_3$(雙向)另外可接受來自外接之微處理機之 I/O 埠選擇信號，所呈現之作用就可以選擇內部 16 個暫存器。

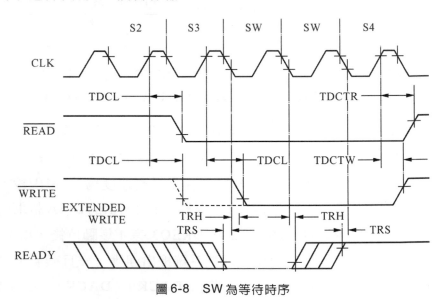

圖 6-8 SW 為等待時序

在DMA操作中，記憶體裝置與週邊介面I/O資料乃透過資料匯流排進行資料的傳輸或交換，因此必有兩種控制信號即I/O的IOR或IOW與記憶體的MEMW或MEMR，此時位址信號線可以選擇某一個記憶裝置，而I/O之輸出入埠其選擇信號則應對應到DMA通道中DACK0～DACK3之認可信號。

範例2 試以三個8237A以串接之方式組成之DMA系統，其控制原理爲何？

解 以兩層架構擴充之簡圖如下：

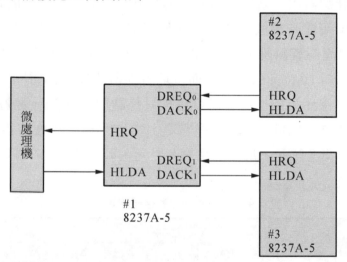

#2及#3兩個8237A之HRQ及HLDA信號線可連接到#1個8237A之DREQ及DACK接腳上，#1個8237A只擔任控制#2#3裝置之優先次序，所以#1不會輸出任何位址線或控制信號到自己元件上，但#18237A只允許DREQ及DACK有作用，至於HRQ就應該加以禁能。如果有更多的8237A預加到此擴充DMA系統，則新的8237A可以加在新的#1個8237A也可以附加在#2、#3個元件上。

6-4　內部暫存器

8237A 內部暫存器的定址方式如表 6-5 所示，這是表 6-4 的另一表示法，如前所示，8237A 有一個 16 位元的基底位址暫存器，目的就是用來存放 DMA 操作時有關記憶體資料的第一個位址，至於全部欲傳送之資料量則以基底計數暫存器之內涵視之，當某一個通道的 DMA 操作啓動後，微處理機就將資料緩衝區的起始位址直接載入基底位址暫存器，並將基底計數器內儲存的內含減一，換言之，每傳輸一筆資料基底位址暫存器內含遞增，而基底計數器內含遞減，直到計數器 0，表示一個完整的 DMA 程序執行完畢，CPU 可隨時讀取位址值及計數值來了解資料傳輸的進度與狀況，在 DMA 之過程中資料匯流排 DB0～DB7 僅爲 8 位元，所以系統必須分兩次才能傳送一組 16 位元的資料，而位址暫存器的操作則雷同，8237A 之內部另外有一個位元組指標暫存器可用來只是讀取位址及計數暫存器之來源及目的是高 8 位元或低 8 位元，換言之，當位元組指標暫存器爲 0 時讀寫之內含是指到低 8 位元，反之則爲高 8 位元，8237A 命令字組格式如圖 6-9 所示。

表 6-4　8237A 內部暫存器的定址方式

暫存器名稱	位址信號							操作模式
	$\overline{CS}$	$\overline{IOR}$	$\overline{IOW}$	A_3	A_2	A_1	A_0	
命令	0	1	0	1	0	0	0	寫入
模式	0	1	0	1	0	1	1	寫入
請求	0	1	0	1	0	0	1	寫入
遮罩	0	1	0	1	0	1	0	設定／清除
遮罩	0	1	0	1	1	1	1	寫入
暫時	0	0	1	1	1	0	1	讀取
狀態	0	0	1	1	0	0	0	讀取

表 6-5 8237A 內部暫存器定址方式

Channel	Register	Operation	Signals							Internal	Data Bus
			CS	IOR	IOW	A_3	A_2	A_1	A_0	Flip-Flop	$DB_0 \sim DB_7$
0	基底及目前暫存器	Write	0	1	0	0	0	0	0	0	A0-A7
			0	1	0	0	0	0	0	1	A8-A15
	目前暫存器	Read	0	0	1	0	0	0	0	0	A0-A7
			0	0	1	0	0	0	0	1	A8-A15
	基底及目前字組計數	Write	0	1	0	0	0	0	1	0	W0-W7
			0	1	0	0	0	0	1	1	W8-W15
	目前字組計數	Read	0	0	1	0	0	0	1	0	W0-W7
			0	0	1	0	0	0	1	1	W8-W15
1	基底及目前暫存器	Write	0	1	0	0	0	1	0	0	A0-A7
			0	1	0	0	0	1	0	1	A8-A15
	目前暫存器	Read	0	0	1	0	0	1	0	0	A0-A7
			0	0	1	0	0	1	0	1	A8-A15
	基底及目前字組計數	Write	0	1	0	0	0	1	1	0	W0-W7
			0	1	0	0	0	1	1	1	W8-W15
	目前字組計數	Read	0	0	1	0	0	1	1	0	W0-W7
			0	0	1	0	0	1	1	1	W8-W15
2	基底及目前暫存器	Write	0	1	0	0	1	0	0	0	A0-A7
			0	1	0	0	1	0	0	1	A8-A15
	目前暫存器	Read	0	0	1	0	1	0	0	0	A0-A7
			0	0	1	0	1	0	0	1	A8-A15
	基底及目前字組計數	Write	0	1	0	0	1	0	1	0	W0-W7
			0	1	0	0	1	0	1	1	W8-W15
	目前字組計數	Read	0	0	1	0	1	0	1	0	W0-W7
			0	0	1	0	1	0	1	1	W8-W15
3	基底及目前暫存器	Write	0	1	0	0	1	1	0	0	A0-A7
			0	1	0	0	1	1	0	1	A8-A15
	目前暫存器	Read	0	0	1	0	1	1	0	0	A0-A7
			0	0	1	0	1	1	0	1	A8-A15
	基底及目前字組計數	Write	0	1	0	0	1	1	1	0	W0-W7
			0	1	0	0	1	1	1	1	W8-W15
	目前字組計數	Read	0	0	1	0	1	1	1	0	W0-W7
			0	0	1	0	1	1	1	1	W8-W15

Chapter **6**

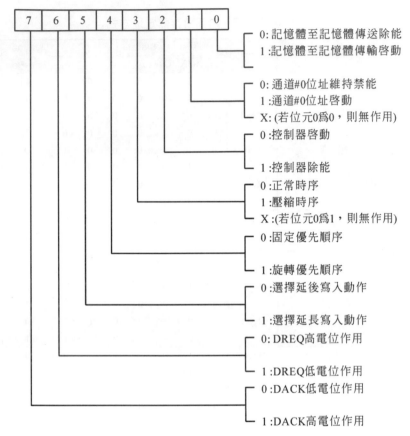

圖6-9　8237A命令字組暫存器各位元的意義

範例 3　欲規劃命令字組暫存器使 8237A 以正常時序操作令通道#0 作記憶體至記憶體傳送，選擇固定優先權，並且延長寫入動作，令DREQ及 DACK 均為高電位作用，其片段程式為何？

解　MOV　DX, 8H
　　　MOV　AL, 11100011B
　　　OUT　DX, AL

> **範例 4** 主機板 DMA8237A 之各個暫存器位址皆有其 I/O 埠位址之配置，部份 I/O 埠位址對於 I/O 之讀寫操作皆有不同的意義，試寫出主、副二個 8237A 之各暫存器 I/O 埠位址。

解

主 DAM 位址	副 DMA 位址	暫存器名稱(DMA#i ／副)
000H	0C0H	#0/#4 位址暫存器
001H	0C1H	#0/#4 計數暫存器
002H	0C2H	#1/#5 位址暫存器
003H	0C3H	#1/#5 計數暫存器
004H	0C4H	#2/#6 位址暫存器
005H	0C5H	#2/#6 計數暫存器
006H	0C6H	#3/#7 位址暫存器
007H	0C7H	#3/#7 計數暫存器
008H	0D0H	主狀態暫存器／副命令暫存器
009H	0D2H	主請求暫存器／副請求暫存器
00AH	0D4H	主副單通道遮罩暫存器
00BH	0D6H	主副模式暫存器
00CH	0D8H	主副清除正反器暫存器
00DH	0DAH	主副暫時暫存器重置 DMA 控制器
00EH	0DCH	主副清除所有通道遮罩
00FH	0DEH	主副遮罩所有通道暫存器

#0 基底暫存器：0X087H

#1 基底暫存器：0X083H

#2 基底暫存器：0X081H

#3 基底暫存器：0X082H

#4 基底暫存器：0X08FH

#5 基底暫存器：0X08BH

#6 基底暫存器：0X089H

I/O 埠位址與計數兩暫存器為 16 位元，但針對 8 位元寬的位址線就需先送低 8 位元再送出高 8 位元。

6-5　命令字組

專為 8237A 命令字組所設計之命令暫存器位元 0，被用來決定 8237A 是否可進行記憶體間的 DMA 操作，當記憶體彼此間欲以 DMA 作資料傳輸時，必須以通道#0 指向資料的來源位址，而通道#1 則指向資料的目的位址，其中表示資料量的計數值則儲存在通道#1 的計數暫存器內，以這種方式來傳送記憶體資料的過程就是：首先由通道#0 所指向的記憶體位址讀取第一個位元組的資料，並儲存在 8237A 之暫時暫存器中，其次，再由暫時暫存器中取出資料存放至通道#1 指定的位址內。命令暫存器位元 1 用來決定 8237A 作記憶體間資料傳輸控制時，通道#0 位址暫存器內含是否應該保留之依據，命令暫存器位元 2 則可用來控制整個 DMA 控制器之啟動，位元 3 則可決定完成一組資料的傳輸工作必需使用之時脈週期數，正常之下，如果使用 4 個週期數，則吾人可以使用位元 5 下達延長寫入控制，以提早一個時脈週期送出寫入控制信號來延長寫入的時間，若命令暫存器的位元 4 為 0，則通道#0 具有最高優先權，而通道#3 之優先權必為最低，所以命令暫存器中之位元 4 為 Hi，則最慢才作完 DMA 操作的通道之優先權最低，8237A 之 DREQ 及 DACK 電位之極性分別由命令暫存器之位元 6 及位元 7 決定。

6-6　模式暫存器

　　8237A 有4種操作模式，換言之，模式暫存器可用來決定通道0至通道3中每個通道之操作模式。模式暫存器之格式如圖6-10所示。位元0及位元1用來選擇模式的通道，即通道#0到通道#3，其次，位元2與位元3則表示資料傳遞之方向。位元 4 為 Hi，表示在完成一個 DMA 操作後則8237A會自動開始下一個DMA程序，反之，該位元為0則不會自動開始，位元5可決定DMA操作時記憶體位址是遞減或遞增。位元6與位元7則為設定8237A之DMA模式。DMA資料傳送方式有三種：分別是記憶體資料的寫入、讀取或檢驗，同樣的，DMA 之操作模式有 3 種：指定模式的選擇、單一模式與區塊模式。串接模式、指定模式的選擇功能在DREQ信號輸入後才有作用，至於DREQ之信號應採用高電位或低電位，則取決於控制字組位元6之設定1或0，值得注意的是，傳送資料時計數暫存器內含未遞減到 0 之前，資料傳輸之操作不會停止，單一模式表示只對每個週邊發出 DMA 請求之要求僅作一筆資料之傳送，反之區塊模式則允許一個請求脈波訊號產生後，即可啟動整個區塊資料之傳輸作業。當然8237A之控制過程一定讓區塊的資料完整的傳送完畢才結束一次的 DMA 操作。

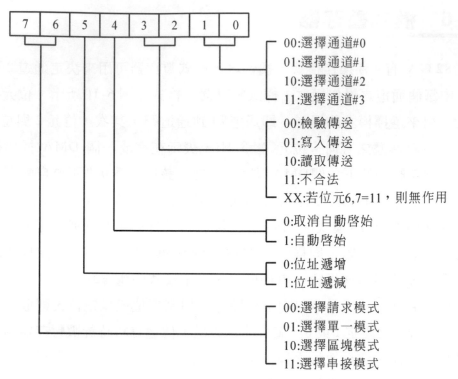

圖 6-10　8237A 模式暫存器各位元的意義

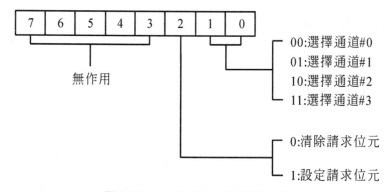

圖 6-11　8237A 請求暫存器格式

6-7　請求暫存器

　　圖6-11為8237A內部請求暫存器之作用就是：啟動DMA之操作，啟動時，必須先下達命令碼至請求暫存器後，才能進行記憶體與記憶體間資料傳送。通常DMA執行時之請求信號乃來自週邊界面之電路信號，因為記憶體與記憶體間並無法產生信號，所以使用者僅能以設定請求暫存器之方法，啟動DMA操作，請求暫存器模式之位元0和位元1可用來選擇傳送通道。

範例5　　8237-A欲設定請求暫存器利用通道#0，作記憶體與記憶體傳送，已知基底位址為0H，片段程式為何？

解　　已知DMA控制基底位址為0H，根據表6-4可得請求暫存器為9H，欲啟動DMA，首先應將插斷禁能或除能，再下達控制指令

```
CLI                        ;中斷除能
OUT  0CH, AL               ;清除位元組指標正反器
MOV  AL, XXXXX100B         ;請求暫存器內含
OUT  9H, AL
```

6-8　遮罩暫存器

　　DMA操作中8237A之每一個通道都有一個對應的遮罩位元，該位元被用來決定被指定的通道，是否能接收外界的要求，換言之，當遮罩位元為Hi，DMA之操作就會因遮罩功能啟動而失效，反之遮罩位元為Low，則8237A就可以接受外界輸入之DMA請求，值得注意的是，設定DMA

通道遮罩功能必須先決定設定或清除遮罩暫存器之單一位元或採用一次可設定或清除多個通道之方式,圖6-12為單一通道之遮罩位元設定／清除暫存器的格式。

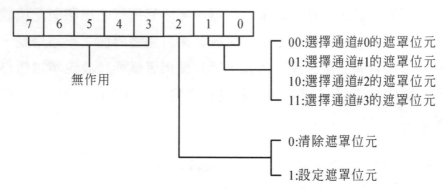

圖6-12　8237A單一通道遮罩位元設定和清除命令的格式

範例 6　欲使用單一通道位元設定命令之格式,使8237A之通道#0遮罩,其片段程式為何?已知基底位址為0H。

解　使通道#0之單一通道遮罩必須將命令寫入位址為低階四位元之8237A內部暫存器內,已知低階位元位址為1010,其片段程式如下所示:

　　MOV　AL,0H;

　　MOV　DX,XXXX1010B　;低階4位元當位址值

　　OUT　DX,AL

其次如圖6-13所示欲使多個通道在同一時刻,及四個通道同時被遮罩,則應考慮低階位址值為0FH的遮罩暫存器。

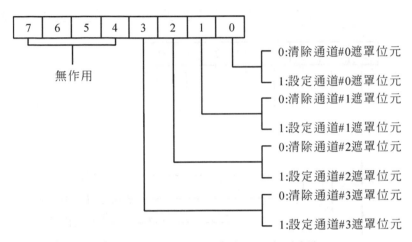

圖 6-13 8237A 遮罩暫存器設定／清除

範例 7 欲使 8237A 有三個頻道#0～2 同時設定爲遮罩，則其片段程式爲何？已知基底位址爲 0FH。

解 基底位址爲 0H，則寫入遮罩暫存器的位址爲 0FH

MOV DX，0FH　　　;參考表 6-3，A_3～A_0=1111

MOV AL，XXXX0111B　;設定#0～2 通道遮罩

MOV DX，AL

6-9 狀態暫存器

8237A 之狀態暫存器可供使用者查看目前的操作狀況，狀態之內容有兩項，一爲通道終止計數，另一爲通道提出請求。狀態暫存器的格式如圖 6-14 所示，其低四位元表示 DMA 通道是否已經完成資料傳輸操作，即計

數終止，另外高四位元則表示8237A的四個通道是否已經提出DMA請求。

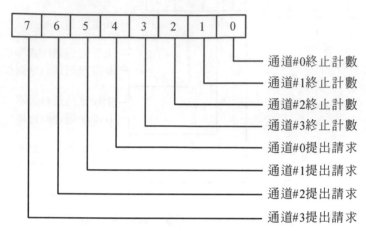

圖 6-14　8237A 的狀態暫存器

範例 8　試說明下列片段程式之意義？基底位址為 0H。

　　　MOV　DX，8H

　　　IN　　AL，DX　;AL=96H

解　狀態暫存器(讀取)為 8H，96H為讀取狀態值，96H=10010110B，表示通道#3、#0為 Hi，即有發生請求，通道#1、#2為 Hi 此二通道已停止計數。

6-10　8237A 之傳輸模式

　　DMA 有四種傳輸模式，可由使用者依系統架構之需求及實務操作之狀態對8237A下達指令，進行設定轉換操作及啟動等功能，其說明如下：

1. 單一位元組傳輸即所謂 SBT(Single Byte Transfer)模式，每一次啟動 DMA 動作僅能傳達一個位元組資料由來源位址到目的地位址，因此每傳送一個位元組後就產生 EOP(End Of Process)信號，等到下一個位元組又需要傳送，則應重新啓動 DMA 控制器，對一次傳一個位元組的功能而言，在實務上該模式實在沒有什麼應用價值。但如果對測試DMA之功能或實驗室之模擬DMA過程之檢測作業，則SBT可以保持在備妥的狀態下，而可能長時間才傳送一筆位元組的資料的功能也是一種有利的選擇。

2. 需求傳輸(Demand Transfer)模式，此模式完全依據I/O週邊裝置或I/O 元件之請求(Request)來操作，換言之，當 I/O 元件有傳輸請求時，DMA控制器就立即啓動，因爲DMA控制器平時就處於備妥狀態，所以在EOP信號未產生之前，若I/O元件速度太慢就可以先取消請求，而在下一筆資料到達後，再發出DMA的請求(Requst)，所以在預設傳輸的總資料量未結束之前，DMA 將保持傳輸過程中的狀態及相關資料，等到新資料到達再繼續作 DMA 傳輸，這種可間歇性傳輸送資料之操作爲需求傳輸之特徵之一。

3. 區塊傳輸(Block Transfer)之模式，此模式應用在記憶體與記憶體間區塊資料的傳輸操作，因爲預設的搬移資料量爲一固定值，每次傳送資料就必須一次做完，所以此模式適合大筆資料之操作等到全部傳送完畢才提出 EOP 信號。區塊傳輸不適合於記憶體單元與I/O週邊裝置之元件資料傳輸。

4. 串接(Cascade)模式，串接 8237A 之作用僅爲擴充DMA控制器之通道數，也可以使每次傳送 8 位元資料擴充爲以資料位元組倍數爲傳輸模式。

Chapter 6

範例 9　試以實例說明 DMA 控制器需求傳輸模式的過程。

解　間歇性傳送資料為其處理部份特殊 I/O 裝置及系統作業在針對應用程式在排程上配置，假設某具主動性功能之 I/O 裝置欲傳送 20 個位元組的資料則 I/O 元件可以先送出 2 個位元組後，間歇再送出 10 個位元組及 8 個位元組等，任意依 I/O 元件之狀況，直到 20 個位元組全部傳送完畢，再重新初始化 DMA 控制器內之暫存器。

範例 10　下圖目前個人電腦主機系統架構之簡圖，IDE 硬碟裝置欲將資料不透過 CPU 傳送程序直接送到記憶體單元，試簡述其 DMA 傳輸步驟。

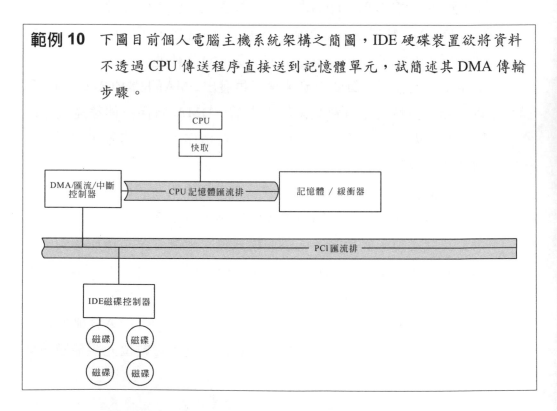

解　在個人電腦系統以 DMA 控制器處理資料傳輸之實例為：

1. 週邊裝置驅動器下達指令通知 IDE 控制器，告知將大筆資料送達記憶單元，並設定資料量為 C 位元組，記憶單元內之緩衝器之位置為 X。

2. IDE 磁碟控制器進行初始化 DMA 傳送之設定及規劃。

3. IDE 磁碟控制器將每筆單元位元組資料送達 DMA 控制器。

4. DMA 將來自 IDE 磁碟控制器之位元組資料傳到記憶體緩衝器 X，並將 X 值加一，同時 C 值減一。

5. 重複 3.、4. 之操作直到 C 值為零。

6. 當 C=0，DMA 控制器中斷 CPU 告知 "DMA 傳輸操作" 結束。

DMA 控制之另一個主要課題就是 DMA8237A 晶片如何與 CPU 進行溝通，換言之，8237A 如何與 CPU 共同工作。當外部週邊的 I/O 元件想與系統記憶體做 DMA 之資料傳輸時，其操作程序如下所示：

STEP 1： I/O 週邊元件輸出 DREQ 向 8237A 之通道提出 DMA 請求。

STEP 2： DMA 收到 DREQ 後如果該通道沒有被遮罩則 8237A 就可以經由 HRQ 向 CPU 提出系統匯流排的控制權。

STEP 3： CPU 釋出系統匯流排的控制權後，將輸出 HLDA 信號給 8237A，回應 HRQ 之匯流排請求信號。

STEP 4： 8237A 獲得系統匯流排控制權後，由 DACK 向 I/O 週邊元件回應同意的訊號。

STEP 5： CPU 時脈控制晶片取消對位址及資料匯流排緩衝器的控制權，並且停止讀寫控制信號的輸出緩衝，所以 CPU 之匯流排訊號不會連接到系統匯流排。

STEP 6： (a)若 DMA 控制器規劃為記憶體與記憶體間資料的傳輸，則資料應先進入 DMA 控制器，再由 DMA 控制器流向目的地。

Chapter **6**

(b)若DMA控制器規劃為記憶體與I/O週邊元件間之資料傳輸，則DMA控制器將同時發出讀寫的信號給來源及目的地元件則資料也可以由系統匯流排之接傳送到對方。

STEP 7： 傳輸程序結束，DMA 的 REQ 消失，HRQ 再由 Hi 變 Low，CPU 重新取得系統匯流排使用權。

範例 11 欲由 8237A 的通道#0(來源)及通道#1(目的地)做記憶體對記憶體資料的傳輸，試寫出規劃步驟，由重置命令字組開始。

解 1. 重置請求暫存器。

2. 設定命令暫存器。

3. 設定通道#0 的模式暫存器。

4. 設定通道#0 之來源位址。

5. 通道#0 之計數暫存器。

6. 設定通道#1 之模式暫存器。

7. 設定通道#1 之目的位址。

8. 設定基底位址之位址暫存器。

9. 設定遮罩暫存器。

10. 設定請求暫存器(啓動 8237A)。

範例 12 填充，下列電路爲一利用 ADC(數位至類比轉換器)，將類比信號轉換爲數位碼，透過DMA控制器，直接擷取資料作輸入之控制，(註：$\overline{CS}$ 來自解碼器)。

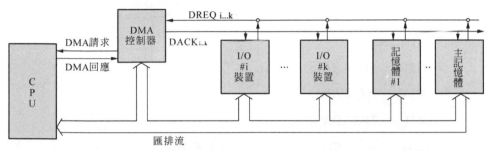

已知DMA控制器基底位址爲0H，其變數名稱爲DMABASE

XOR	AX	;
MOV	DMABASE，0	;清除旗標暫存器位元組內容
OUT	DX+12，AL	;設定 DMA 通道#1，記憶體
MOV	AL，01010101B	;寫入單一模式，位置遞增
OUT	DMABASE+11，AL	;自動啓動
LEA	SI，3	;3 位數資料，即 adc 轉
		;換一筆類比電壓可得 3 筆
		;數位資料(即 3 位數值)
MOV	AX ，DS	;
MOV	BL，AH	
MOV	CL，2	
SHL	AX，CL	
SHR	BL，CL	

Chapter 6

```
ADD      AX，SI
JNC      DATAOUTPUT
INC      BL


DATAOUTPUT:
OUT      DMABASE+2，AL      ;將寫入基底位置
MOV      AL，AH             ;
OUT      DMABASE+2，AL
MOV      AL，BL             ;分頁號碼
OUT      83H，AL            ;分頁號碼暫存器
MOV      AL，2
OUT      DMABASE+3，AL      ;寫入通道#1 的基底和
MOV      AL，0              ;目前計數值
OUT      DMABASE+3，AL      ;預計數暫存器內含
```

解 本電路以直接記憶體擷取(DMA)之控制來做資料之輸入操作,所以在 DMA 傳送之前就會先做好設定的工作,換言之,ADC 資料的讀取須先透過 8255A,就由 PC3 送出信號,當作 DMA 知 DRQ1 請求信號,一旦 8237A 收到 DRQ1 後就向 CPU 送出信號,微處理機認可後就送出 DACK1,DACK1 就可以讓 8255A 啟動,電路中之 DRQ1 信號來自 8255A 之 PC3,ADC 送出之資料有 5 條資料線 B0,B1,B2,B3,B4 等。

微處理機的中斷來源有三種:(1)為 NMI 不可遮罩中斷,信號由 NMI 接腳輸入。(2)為 INTR 中斷請求輸入,允許外來中斷信號輸入 INTR 接腳。

(3)為CPU執行中斷指令。(1)(2)皆為硬體中斷,(3)則為軟體中斷。以軟體中斷為例:指令試圖將某一數除以0,CPU 執行至此會自動產生中斷,這是一種依狀態旗標的中斷,屬於CPU內部除算錯誤產生的中斷。

　　每個指令週期結束之後,CPU 會自動檢查是否有中斷請求,如果確定,則CPU必須分6個步驟回應中斷:

1.　堆疊器指標減2,同時把旗標暫存器推入堆疊。

2.　旗標暫存器之中斷旗標被清除,使INTR中斷輸入禁能。

3.　旗標暫存器之陷阱(單步)旗標(trap)重置(reset)。

4.　堆疊器指標減2,將碼段(CS)暫存器的內容推入堆疊暫存器。

5.　堆疊器指標減2,將目前指令指標(IP)內容推入堆疊暫存器。

6.　執行遠程跳躍,直接由中斷副程式開始。

　　CPU 處理中斷副程式後必須依 IRET 指令返回至原來被中斷的程式。X86CPU 處理中斷,對中斷反應的順序如圖 6-17 所示。

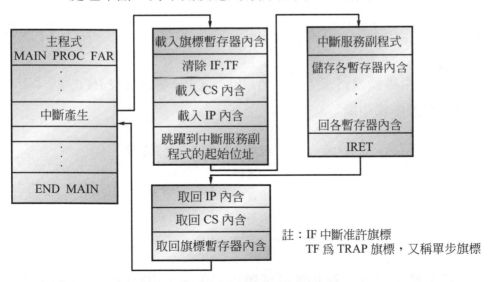

圖 6-17　中斷處理之流程圖

範例 13 80×86 系統中斷類型為何？

解 中斷分硬體中斷、軟體中斷二大類，微處理機在執行指令時，進行
有條件之內部中斷即屬於軟體中斷。

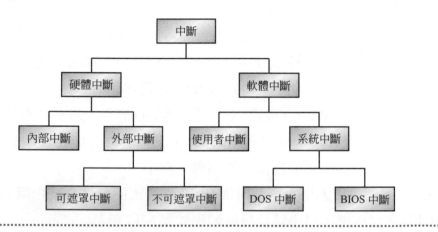

範例 14 解釋軟硬體中斷的內容為何？

解 硬體中斷由硬體電路產生信號給CPU，CPU 將它轉成 INT N。
(1) PC 硬體內部中斷

INT	功能	種類	向量位置初值
0	除 0	CPU(邏輯)	
1	單步	CPU(邏輯)	
3	中斷點	CPU(邏輯)	
4	溢位	CPU(邏輯)	

INT0 即 Type0(型態 0)屬於硬體內部中斷，中斷時首先堆疊減 2，
再將旗標暫存器載入堆疊暫存器，然後清除 IF 和 TF，再將 SP 減

2，並將 CS 內含推入堆疊中，SP 內值又減 2，接著將 IP 內含推入堆疊中，最後微處理機自中斷向量表。提取Type0 中斷程式的啓始位址，CPU 必須將位址 00002H 與 00003H 記憶體內含載入CS 碼段暫存器中，位址 00000H 與 00001H 記憶體內含載入 IP 暫存器內。

(2)硬體外部中斷:不可遮罩

INT	功能	種類	向量位置初值
2	不可遮罩	CPU(邏輯)	FE2C3H

(3)　硬體外部中斷：可遮罩

INT	功能	種類	向量位置初值
5	超越邊界(286, 386)		
6	保留		
7	保留		
8	系統時間 CLOCK	IRQ_0	FFEA5H
9	鍵盤介面	IRQ_1	FE987H
A	保留	IRQ_2	
B	COM_1	IRQ_3	
C	COM_2	IRQ_4	
D	印表機介面 2(LPT2)	IRQ_5	
E	磁碟機介面	IRQ_6	FEF57H
F	印表機介面 1(LPT1)	IRQ_7	
70	時脈(僅適用於 AT)	IRQ_8	F5124H
71	保留(僅適用於 AT)	IRQ_9	F5266H
72	保留(僅適用於 AT)	IRQ_{10}	
73	保留(僅適用於 AT)	IRQ_{11}	
74	保留(僅適用於 AT)	IRQ_{12}	F4910H
75	80287NMI(僅適用於 AT)	IRQ_{13}	F5257H
76	硬碟(僅適用於 AT)	IRQ_{14}	FE2C3H
77	保留(僅適用於 AT)		

Chapter **6**

(4)軟體使用者中斷

INT	功能	種類	向量位置初值
1C	時脈(適於使用者)CLOCK	使用者	FFF53H
1F	視訊繪圖字元	使用者	F7F67H
43	視訊繪圖字元	使用者	
4A	使用者鬧鈴	使用者	
75	80287 故障	使用者	F5257H
60～66	保留給使用者程式的插斷使用	使用者	
F1～FF	保留給使用者程式的插斷使用	使用者	

(5)軟體系統 BIOS 中斷

INT	功能	種類	初始位址
10	影像功能	BIOS	FF065H
11	設備檢查	BIOS	FF84DH
12	記憶體容量	BIOS	FF841H
13	磁碟 I/O	BIOS	FE3FEH
14	通訊 I/O	BIOS	FE739H
15	卡帶 I/O	BIOS	FF859H
16	鍵盤 I/O	BIOS	FE84EH
17	印表機 I/O	BIOS	FEFD2H
18	ROM BASIC 載入	BIOS	F1C90H
19	DOS 啟動程式	BIOS	FE6F2H
1A	每日時間/日期	BIOS	FFE6EH
1B	鍵盤中斷	BIOS	FFF53H
1D	視訊參考表	BIOS 表格	FF0A4H
1E	軟式磁碟參考表	BIOS 表格	FEFC7H

(續前表)

INT	功能	種類	初始位址
40	軟式磁碟 BIOS 重定向量	BIOS	FEC59H
41	固定磁碟參數表	BIOS 表格	FE401H
42	EGA 預設視訊驅動程式	BIOS 表格	
44-45	保留		
46	固定磁碟參考表	BIOS 表格	FE401H
47-49	保留		
4B-59	保留		
5A	介面卡		
5B-5F	保留		
67	LIM EMS 驅動程式		
68-6F	保留		
78-7F	保留		
86-F0	保留給 BASIC 使用		

⑹軟體系統 DOS 中斷

INT	功能	種類	向量初始位址
20	DOS 程式結束	DOS	
21	DOS 功能呼就叫	DOS	
22	DOS 結束位址	DOS	
23	DOS CTRL-C 處理常式位址	DOS	
24	DOS 錯誤處理常式位址	DOS	
25	DOS 絕對磁碟讀取	DOS	
26	DOS 絕對磁碟寫入	DOS	
27	DOS 常駐程式	DOS	
28-3F	保留給 DOS		

Chapter **6**

範例 15 説明單步中斷與中斷點中斷之異同。

解 單步中斷即單步執行，當 TF＝1，則 CPU 每執行一道指令即自動引發 Type1(INT1)之中斷一次，其位址 00006H 與 00007H 之記憶體內含存入 CS，00004 及 00005 內含存入 IP。中斷點中斷為型態 3(INT 3)所引起，目的是要在系統中設定中斷點，有利於程式偵錯，INT 3 不似 INT 2，它可以在執行一段程式遇中斷點才產生中斷。

X86 微處理機的系統，每一種中斷服務程式的起始位址均存於中斷向量表中。表中共有 256 種中斷型態，儲存中斷型態的中斷向量需 4 個位元組，總共 1024 位元組。中斷向量之排列由 00000H 起至 0003FFH 止，占記憶體最前面 1K 位址，見圖 6-18。

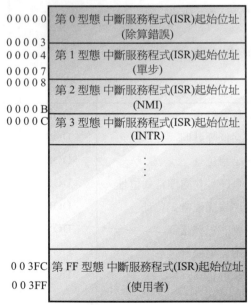

00000 00003	第 0 型態 中斷服務程式(ISR)起始位址 (除算錯誤)
00004 00007	第 1 型態 中斷服務程式(ISR)起始位址 (單步)
00008 0000B	第 2 型態 中斷服務程式(ISR)起始位址 (NMI)
0000C	第 3 型態 中斷服務程式(ISR)起始位址 (INTR)
	⋮
003FC 003FF	第 FF 型態 中斷服務程式(ISR)起始位址 (使用者)

圖 6-18　PC/AT 系統 I/O 位址：0～1FFH 止
　　　　　PC/AT 擴充槽 I/O 位址：200H～3FFH 止

注意：每一型態的 ISR 的啟始位址值儲存於 4 個位元組當中(指內含)

其中，i ＝ 4N

　　因為每一組中斷佔 4 個位元組，其中高位元字組儲存於 CS 暫存器內，低位元字組儲存 IP 暫存器內。CPU 就是根據 CS：IP 的位址值跳躍至中斷副程式，如圖 6-19 所示。

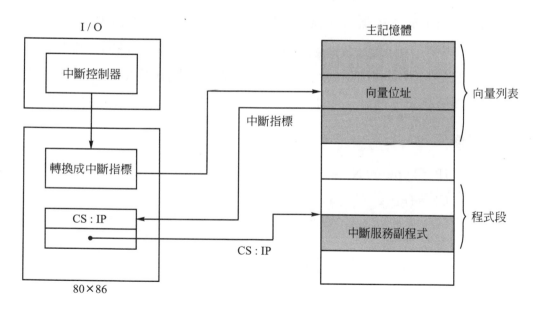

圖 6-19　中斷控制向量轉移過程

Chapter 6

範例 16　80×86 之 INTR 輸入端如何致能,如何除能?

解　80×86 透過 INTR 輸入端允許外界來中斷 CPU,INTR 可被遮罩,雖然INTR已經被啟動,但IF若保持為0則INTR仍然無效,要清除IF可以使用CLI指令,反之要致能INTR可以利用STI指令使IF=1,INTR信號一旦被CPU承認,則中斷一定有效。CPU被RESET時,IF=0至於那一種週邊設備元件可以產生 INTR 信號?基本上最常用8259A 等晶片。

中斷服務副程式啟始位址之計算方式有三種:

1. 非向量中斷:中斷服務程式之開始位址是固定之記憶體位址。

2. 向量中斷:中斷服務程式之開始位址由 I/O 裝置提供的中斷向量計算取得。CPU 根據向量計算公式,取得中斷副程式啟始位址(儲存向量值之記憶體就是所謂中斷向量表),向量表每一型態占4個位元組。

$$IP = Type\ 的\ N * 4$$
$$CS = IP + 2$$

其中　CS:段址
　　　IP　:有效值或相對位址

3. 自動向量中斷:中斷服務程式的開始位址是存於CPU所指定之記憶體位址中,也就是特定之向量指標,如 8086 之 NMI,中斷向量位址存放於 8H～BH 位址中。

範例 17 列出 PC/AT 256 個中斷部份向量表的內含？

解 不同之主機板中斷向量表因 BIOS 而有所差異：

PC/AT 中斷向量表(部份)

```
-d 0:0 ff

0000:0000   C4 C4 C4 C4 F4 06 70 00-16 00 51 04 F4 06 70 00    ......p...Q...p.
0000:0010   F4 06 70 00 54 FF 00 F0-4C E1 00 F0 6F EF 00 F0    ..p.T...L...o...
0000:0020   75 18 5E C9 23 19 5E C9-6F EF 00 F0 6F EF 00 F0    u.^.#.^.o...o...
0000:0030   53 3A 6D D0 6F EF 00 F0-B7 00 51 04 F4 06 70 00    S:m.o.....Q...p.
0000:0040   77 3F 6D D0 4D F8 00 F0-41 F8 00 F0 C5 18 5E C9    w?m.M...A.....^.
0000:0050   39 E7 00 F0 A0 19 5E C9-2E E8 00 F0 D2 EF 00 F0    9.....^.........
0000:0060   D4 E3 00 F0 90 19 5E C9-6E FE 00 F0 EE 06 70 00    ......^.n.....p.
0000:0070   53 FF 00 F0 A4 F0 00 F0-22 05 00 00 16 4E 00 C0    S.......".....N..
0000:0080   94 10 16 01 B4 16 5E C9-4F 03 A2 05 8A 03 A2 05    ......^.o.......
0000:0090   17 03 A2 05 DE 19 5E C9-27 1A 5E C9 BC 10 16 01    ......^.'.^.....
0000:00A0   68 16 5E C9 62 07 70 00-DA 10 16 01 DA 10 16 01    h.^.b.p.........
0000:00B0   DA 10 16 01 DA 10 16 01-3F 01 CB 04 85 02 98 D4    ........?.......
0000:00C0   EA D0 10 16 01 EF 00 F0-DA 10 16 01 89 22 6D D0    ............."m.
0000:00D0   DA 10 16 01 DA 10 16 01-DA 10 16 01 DA 10 16 01    ................
0000:00E0   DA 10 16 01 DA 10 16 01-DA 10 16 04 DA 10 16 01    ................
0000:00F0   DA 10 16 01 DA 10 16 01-DA 10 16 04 DA 10 16 01    ................
-q
```

範例 18 80×86 Type 9，其中斷服務副程式為何？

解 N = 9

IP = 9 * 4 = 24H

CS = IP + 2 = 26H

CS 段址由 27H，26H 內含查中斷向量表得　C9H，5EH

IP 位址由 25H，24H 內含查表得　19H，23H

因此中斷服務副程式起始位址為：

　　CS：IP＝C95EH：1923H

部份之該副程式僅列出主幹之 26 位元組，列印時可使用指令 L1A(L 為 List，1A 為長度表示共 26 位元組)長度，換言之相對位址由 1923H 至 193CH 止。

(部份中斷副程式)

```
-u c95e:1923 11a

C95E:1923 9C              PUSHF
C95E:1924 FA              CLI
C95E:1925 2E              CS:
C95E:1926 833EB02300      CMP     WORD PTR [23B0], +00
C95E:192B 7510            JNZ     193D
C95E:192D 2E              CS:
C95E:192E FE06BA23        INC     BYTE PTR [23BA]
C95E:1932 2E              CS:
C95E:1933 FF1EC823        CALL    FAR [23C8]
C95E:1937 2E              CS:
C95E:1938 FE0EBA23        DEC     BYTE PTR [23BA]
C95E:193C CF              IRET
```

範例 19 CPU 如何處理向量中斷起始位址？

解 通常產生中斷要求的裝置在收到 CPU 的中斷認知信號後，經由資料匯流排送回中斷向量(又稱識別碼)給 CPU，CPU 計算啟始位址後，再執行對應之中斷服務程式，其過程再參考圖 6-3。從微處理機應用之角度來看，外部的硬體中斷請求來源不只一個，而 × 86CPU 能接受外來中斷的接腳如前所述只有 NMI 及 INTR。使用者只能用 INTR 接腳來支援其它的硬體中斷，況且 NMI 在 CPU 之內部是不可遮罩的，原本 PC/AT 在 INTR 可遮罩的輸入接腳上，連接了一個可程式的中斷控制器 8259A，一舉將中斷源擴充為 8 個，此元件最靠近 CPU 故稱為主 8259A，在不敷使用情況下從主 8259A 之 IR_2 又串接另一個副 8259A 形成 15 個中斷點，PC/AT 主機板中斷控制器總共 15 種 I/O 中斷源如表 6-1 所示。

表 6-6　PC/AT 15 個硬體中斷

主副 8259 中斷接腳	中斷型態 N	用途說明
$IR_0(IRQ_0)$	8(08H)	8253-5 系統計時器通道 0 輸出
$IR_1(IRQ_1)$	9(09H)	鍵盤掃描碼中斷
$IR_2(IRQ_2)$	10(0AH)	連接從 8259A 的 INT 接腳重新指向 INT 10
$IR_3(IRQ_3)$	11(0BH)	串列埠(副)，#2 RS232C 傳送
$IR_4(IRQ_4)$	12(0CH)	串列埠(主)，#1 RS232C 傳送
$IR_5(IRQ_5)$	13(0DH)	並列埠(副)，#2 並列傳送
$IR_6(IRQ_6)$	14(0EH)	軟式磁碟機介面卡
$IR_7(IRQ_7)$	15(0FH)	並列埠(主)，#1 並列傳送
$IR_8(IRQ_8)$	112(70H)	即時計時器中斷
$IR_9(IRQ_9)$	113(71H)	保留未使用
$IR_{10}(IRQ_{10})$	114(72H)	保留未使用
$IR_{11}(IRQ_{11})$	115(73H)	保留未使用
$IR_{12}(IRQ_{12})$	116(74H)	保留未使用
$IR_{13}(IRQ_{13})$	117(75H)	80287 副微處理機
$IR_{14}(IRQ_{14})$	118(76H)	硬式磁碟機控制器，Primary IDE
$IR_{15}(IRQ_{15})$	119(77H)	硬式磁碟機控制器，Secondary IDE

NMI 之優先權最高無庸置疑。8259A 中斷控制器之 8 個 I/O 中斷要求之優先次序為 $IR_0 > IR_1 > IR_2 > IR_3 > IR_4 > IR_5 > IR_6 > IR_7$。PC/AT 的中斷來源有 16 個(PC/AT 主機板上有二個 8259A 串接)其優先次序如下圖所示。

中斷控制器 8259A 中斷通道表(資料來源：IBM PC/AT 技術)

硬體中斷請求來源	AT 功能及擴充槽訊號名稱	
CPU 之 NMI	無	優先權最高
主 8259A 之 IR_0	IRQ_0	優先權次高
主 8259A 之 IR_1	IRQ_1	
僕 8259A 之 IR_0	IRQ_8	
僕 8259A 之 IR_1	IRQ_9	
僕 8259A 之 IR_2	IRQ_{10}	
僕 8259A 之 IR_3	IRQ_{11}	
僕 8259A 之 IR_4	IRQ_{12}	
僕 8259A 之 IR_5	IRQ_{13}	
僕 8259A 之 IR_6	IRQ_{14}	
僕 8259A 之 IR_7	IRQ_{15}	
主 8259A 之 IR_3	IRQ_3	
主 8259A 之 IR_4	IRQ_4	
主 8259A 之 IR_5	IRQ_5	
主 8259A 之 IR_6	IRQ_6	
主 8259A 之 IR_7	IRQ_7	優先權最低

隨堂練習

( ) 1. 已知一微處理機，當CPU執行程式受輪詢中斷(Polled interrupt)時，其執行速度變慢的主要原因為何？　(A)硬體電路複雜　(B)記憶體太少　(C)週邊設備檢查　(D)資料太繁多。

( ) 2. 在同時擁有可遮罩式中斷與不可遮罩式中斷(NMI)的微處理機系統中，下列事件的發生，何者最適合使用NMI請求？　(A)硬碟資料傳送　(B)計時器計時終止　(C)停電　(D)RS-232資料發送完成。

( ) 3. 在80x86系統中，無論硬體中斷或軟體中斷發生時，下列何項動作不在CPU的處理過程中？　(A)將MBR暫存器內容存入堆疊　(B)將旗標暫存器內容存入堆疊　(C)將CS暫存器內容存入堆疊　(D)將IP暫存器內容存入堆疊。

( ) 4. 某計算機系統允許八個中斷要求(IR0～IR7)，且對於IO中斷採用循環式優先權，則完成IR7中斷服務後，下一次具有最高優先權的IO中斷為：　(A)IR0　(B)IR1　(C)IR6　(D)IR7。

( ) 5. x86處理中斷服務常式(Interrupt Service Routine)結束後要返回時，需執行下列那個指令？　(A)近程RET(near RET)　(B)遠程RET　(C)IRET　(D)遠程JMP。

習題

1. PCAT 之 80×86CPU 之中斷來源為何？各舉一例說明之。

2. 試比較 PCAT 80×86 CPU 的 NMI 與 INTR 中斷的特性。

3. 試計算中斷第 25 型的中斷向量。

4. ⑴ 80×86 的中斷向量表由 Type 0 起至 Type 255 止，使用記憶體空間多少？

   ⑵ 80×86 的中斷向量表，位址 0060H 之內含為 0E3D4H，位址 0062H 之內含為 0F000H，則此位址對應於那一中斷型態？

   ⑶ 同⑵ 中斷服務程式的起始位址為何？

5. 早期 PCAT 由二個 8259A 串聯，其 I/O 埠位址範圍各為何？

6. 何謂 **DMA**？試敘述 **DMA8237A** 之規劃步驟？

7. **DMA** 之傳輸模式有四種，其內容為何？

8. 解釋下列各詞，並簡述其功能

   (a)**EOP**

   (b)**DREQ**

   (c)**DACK**

   (d)**HRQ**

   (e)週期攝取(**Cycle Stealing**)

   (f)**SBT**

9. 試說明 **8237A** 狀態暫存器的內容？

10. **8237A** 遮罩暫存器有二種操作格式，簡述之。

11. **8237A** 命令暫存器之內容為何？

12. **8237A** 模式暫存器之格式為何？

13. 說明 **8237A** 位址暫存器與計數暫存器之互動，以區塊傳輸爲例。

14. **DMA** 控制器控制信號線 **HOLD** 及 **HLDA** 之作用爲何？

15. 已知 **8237A** 執行記憶體間之資料直接傳輸，這是傳統個人電腦除 DMA 或其他微處理機系統 **8051** 操作外之功能。若已知 **8237A** 之 CLK信號規格如(a)所示。若微電腦系統使用 210ns的時脈週期，但 其任務週期僅 33%，如(b)所示，應如何修正可使系統之 CLK 訊號 與 8237A配合(提示，參考圖(c)修電路)，說明其作用並繪出時序圖。

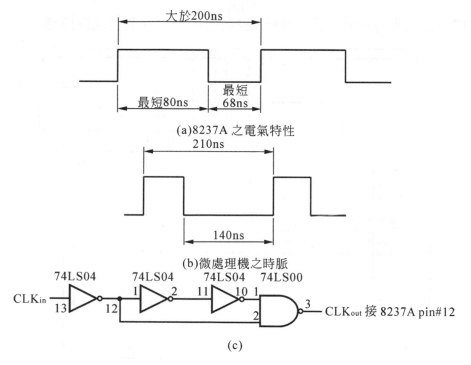

(a)8237A 之電氣特性

(b)微處理機之時脈

(c)

16. 下圖(d)爲 **DMA8237A** 基本之資料傳輸方塊圖，主要是做 I/O 元件 (週邊裝置)與記憶體之 DMA 操作，試簡述 DMA 之操作順序

Chapter 6

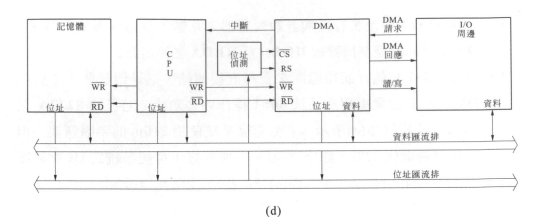

(d)

17. 如下圖(e)所示，爲一DMA控制電路，試說明其操作原理

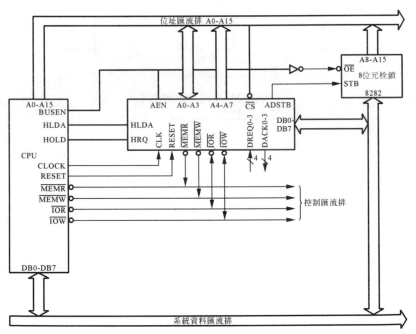

(e)

7

8251A

7-1　通訊資料的種類

7-2　8251A 簡介

7-3　8251A 結構

7-4　8251A 之規劃

7-5　8251A 模式設定控制字組

7-6　8251A 命令控制字組

7-7　8251A 狀態字組

7-8　錯誤檢驗

7-9　串並列界面

7-10　數據機(Modem)

　　近年來因為個人電腦PC/AT快速的發展,除了前述8255A,可利用來傳送並列 I/O 資料之裝置外,通訊技術與通訊用之 IC(半導體)元件也不斷的被開發出來,進而直接或間接改善了個人電腦單機之使用成效,以目前的技術而論,不僅可令PC/AT彼此間互相溝通,甚至也可規劃成具有區域性或遠端性之通訊網路,基本上此二者皆屬於電腦網路通訊之範疇,電腦網路之種類可略分為:

1. 本地區域網路(Local Area Network, LAN)含 WLL
2. 廣域網路(Wide Area Network, WAN)
3. 大都會區域網路(Metropolotan Area Network, MAN)
4. 無線電衛星網路(Radio Satellite Network, RSN)
5. 當地高速網路(High Speed Local Network, HSLN)
6. 高速光纖網路(High Speed Fiber Optics Network, HSFON)
7. 特殊目的網路(Special Purpose Network, SPN)

　　除此之外,PC網路尚可達成視訊會議、CAI、BBS、e-mail及電子商務如 B2B,B2C 等之應用,在這些以使用者為導向之通訊服務的主題當中,不論是資源的取得途徑,計費方式或使用者為對象的軟體開發等,則完全與終端機無關,所以在考量與 "主機無關" 之架構上,將電子資料透過通訊網路進行資料之傳送或進行線上交談已成為目前之熱門課題,換言之,當吾人有了高速高容量之儲存裝置,再加上無遠弗屆的無線通訊網路,不僅讓個人電腦之通訊應用工程更多元化,且使得大眾之日常生活明顯的進入了電腦資訊的 e 時代。

　　使用PC網路之優缺點如表 7-1 所示,因為強調資源共享之結構性,所造成較不嚴謹之保密性為系統業者之一大隱憂,因此在不同之區域網路中相連之個人電腦,平時可獨立作業,或使用者可藉由高速匯流排與CPU聯繫,同時能透過DMA來存取通訊網路上所截取之資料。

表 7-1 PC 通訊網路之優缺點(個人電腦為主)

優點	缺點
1. 低價，成本低 2. 硬體安裝容易，快速 3. 硬體之設定環境單純 4. 硬體之升級容易 5. 維護方便 6. 開發系統及應用程式之工具軟體眾多 7. 一機多用 8. 系統相容性高 9. 與使用者之親和性較高	1. 作業系統備受考驗，跨平台不易 2. 檔案管理不易，病毒作祟等 3. 機密性較不嚴謹 4. 網路上中間環節出狀況可能導致系統當機 5. 頻寬問題，塞機之狀況下使用者成本會增加，出現搶頻道現象 6. 加裝防火牆或認證方式將提高系統廠商支出之成本

在通訊過程中，電腦做資料傳輸(傳送與接收)或數據傳輸時依傳輸路徑之不同分為三種：

1. 單工(Simplex)：單向傳輸，系統只能做單向傳輸或接收，僅具單一功能之操作。

2. 半雙工(Half Duplex,HDX)：可進行傳送與接收，系統用同一線路在某一時間只能做一種傳輸，換言之，當該線路在接收資料時它就無法傳送資料出去，反之亦然，USB即為半雙工傳輸機構。

3. 全雙工(Full Duplex,FDX)：可同時用不同之線路進行傳送與接收資料，FDX具有最佳之效益，但系統具相當之複雜性及成本最高，因為FDX必需利用一組線路做傳送及另一組線路做接收。

7-1 通訊資料的種類

電腦網路通訊或個人電腦內部模組之間做資料傳輸時依資料型態可分並列資料傳輸與串列資料傳輸。分述如下：

並列資料傳輸表示每次傳送資料是以位元組(Byte)或字組(Word)的資料為主，電腦內部做資料傳送時可因系統之架構以 2 個字組或 4 個字組或更高為資料之格式。

第二種是串列資料傳輸，表示每次傳送資料皆以一位元(Bit)的方式爲單位，此模式大都被用於電腦外部之資料傳送，因爲並列資料傳輸必需以匯流排或排線才能使以位元組爲傳輸單位之資料同時傳送，多條導線並列之電纜線不但花費成本，且技術之層次高，在高速傳輸資料下容易產生交越失眞(Crosstalk Distorsion)，反之，串列資料或串列通訊則僅需一條單心線就可以解決資料 I/O 的問題，因此如果想要降低傳輸線的成本就可以採用串列傳輸。

傳統個人電腦與週邊 I/O 裝置做串列或並列資料傳輸時時常採用之介面有：RS232C、USB 介面、Centronics 及 488 介面。

範例 1　試以圖示說明單工，半雙工，及全雙工之結構

解

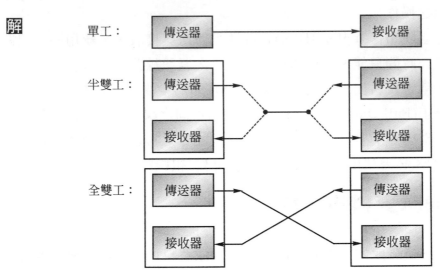

通常通訊系統採用串列方式傳輸資料最主要的原因是爲了降低傳輸線之成本，因此在我們的週遭無論是微處理機和 I/O 裝置間或電腦與電腦間的資料傳送就可以採用串列傳送或無線傳輸等。

範例 2　何謂 RS232C，Centronics 及 488 介面？

解　RS232C為資料終端機(DTE)與資料通訊設備(DCE)之間傳輸串列資料之標準介面，RS232C 乃由美國電子工業協會 EIA(Electronic Industries Association)制定之一種標準，採用 25 腳之D型連接器。

Centronics 為 Centronics 電腦公司所設計並列式列表機的一種介面規格，使用 36 腳之連接器，這是目前大多數以並列傳輸資料列表機之介面。

488 介面為 HP 所設計，由 IEEE 制定，並公佈為一種並列式資料之標準介面，為大多數自動量測儀器之標準規格，因 HP 使用 24 腳騎背式連接器，故IEEE488又稱HPIB，但在歐洲國家則改稱為GPIB，凡 HP 之數位式儀表均有 IEEE488 介面或 GPIB 介面。

　　串列資料傳輸系統的組成方式分兩種，一為近距離傳送系統，二為遠距離傳送系統，如圖 7-1 所示。

圖 7-1(a)　短距離傳送系統的架構簡單，低成本

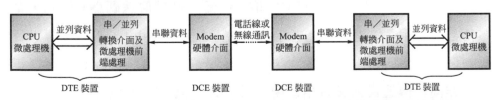

圖 7-1(b)　長距離資料傳送，微處理機前端處理的目的是用來管理資料之通訊，有時可列入 Modem 內部，因此此結構在目前 PC/AT，P II，P III 或 P4 系統中不一定存在

Chapter 7

　　串列資料傳送系統中依時序控制方式之不同也可以分為兩類，一為同步傳送，另一為非同步傳送，基本上大致是非同步傳送之速度比較慢、簡單，且僅適於 120 公尺內之近程傳送，因此如果要進行高速高效率之傳送則最好選用同步傳送控制，串列資料傳輸為本章欲討論的重點。

7-1-1　非同步傳送

　　非同步傳送之資料之特徵是資料格式是以一個字元或一個框架為單位，也就是每個框架代表一個字元之訊息，其資料格式如下所示：

標記	開始位元	資料位元	同位位元	停止位元
	1 位元	5~8 位元	1 位元	1~2 位元

　　非同步之格式中，開始位元必為 Low 且只有一個位元，資料位元長度為 5～8 個位元，同位元僅有一個位元或不用同位元，同位元 P 位元可設定為 Low 或 Hi，即利用資料位元中 "1" 的數目為偶數或奇數來判斷採用偶同位或奇同位，換言之，一旦同位元決定即可判斷 P 值應為 0 或 1，其次為 1，1.5 或 2 個之停止位元，停止位元必為 Hi，標記信號(MARK)被用來隔離每一框架之內容，MARK 的信號必為 Hi。

　　上述資料位元的長度最多 8 個位元最少 5 位元，其適用之範圍，習慣上分 EBCDIC 碼取 8 位元，ASCII 取 7 位元，紙帶傳送碼為 6 位元，電報或電傳打字則用 5 位元，上述各項資料位元統稱 Baudot，非同步傳送資料是以一個框架接一個框架來傳送，並且靠同位元來偵測接收到資料之正確與否。非同步傳送目前具有相當穩定性其速度為 57600 位元／秒或更高。停止位元採用 1 位元至 2 位元，主要是緩衝作用可使資料之傳送能達到同步之效果。

範例 3　串列傳送之速率以傳輸率來表示每秒所能傳送之位元數，又稱鮑率(Baud Rate)，若每一個位元之傳送週期為T秒則傳輸率為何？

解　鮑率又稱傳輸率(Baud Rate)＝ 1/T位元／秒，截至 2003 年止，ADSL之頻寬為 3M，於使用者下載資料速率可達 3M，但上傳時僅達 64K，而實際上畫面顯示僅 64K 而已，GIGA 之寬頻較大，速率亦可達 3M，因為基本上使用者付費，所以用戶之成本較高。日、韓採用 VDSL 頻寬高達 20M 且使用者費用更低廉。

範例 4　非同步傳輸系統中某典型傳送器之鮑率為 19200，若除頻倍率已知為 16 倍，則傳送端之同步脈波(TxCLK)及接收器之同步脈波(RxCLK)各為何？除頻倍率如為 1 倍，則 TxCLK 為何？

解　19200×16 ＝ 307200Hz，如除頻倍率為 1 倍則
19200×1 ＝ 19200Hz，傳送器與接收器相同

範例 5　某系統欲傳送 "0" 字元已知 ASCII 碼為 30H，若採用 7 個資料位元，1 個停止位元，偶同位則傳送信號之波形為何？

解　由題意得知必為非同步傳送，其字元框架之長度為 1 ＋ 7 ＋ 1 ＋ 1 ＝ 10 位元／字元框，且同位元＝ 0，其波形(單一字元)如下所示：

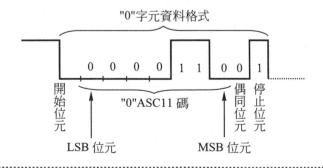

Chapter **7**

範例 6　同上題如鮑率爲 57600bps(位元／每秒)，欲傳送 1000 個 "0" 至 I/O 介面裝置，則需時多少？

解　首先要計算每一框架(Frame)之長度爲 10 位元

每傳送一個 "0" 其資料字元長度爲 10 位元，則

1000 個 "0" 共需 $10 \times 1000 = 10000$ 位元，

$10000/57600 = 0.174$ 秒

本題每傳送一個 "0"，即 7 位元 ASCII 碼需 10 個位元之字元框，表示傳輸效率只有 70 ％，另外之 30 ％則消耗於控制用訊息。

非同步傳送操作中之開始位元爲 Low，但在起始位元之前必爲 Hi，換言之，未經 "開始" 之前之高電位狀態稱爲標記(MARK)狀態，在非同步傳輸中，必先有一個開始位元接著依序送出資料位元及同位位元等。

練習 1　USB 與電腦的資料傳輸，依傳輸路徑爲
(A)單工　(B)半雙工　(C)全雙工　(D)以上皆非。

解　(B)

練習 2　串列資料傳送系統
(A)近程傳輸可採用非同步傳送，但成本比較高。
(B)非同步傳送模式開始位元爲 Hi。
(C)非同步傳送資料位元框架(Data Frame)長度最多 12 位元。
(D)非同步傳送停止位元爲 Low。

解 (C)

....

7-1-2 同步傳送

在電腦網路做遠程與高速之資料傳送可以考慮用同步傳送,於同步傳送操作中,其速度至少500kbps以上,爲了提昇更高之傳輸效率,同步傳送將資料切成若干之區塊(Block),然後以區塊爲單位分批傳輸,這樣的一個區塊加上一些控制用訊息就可以形一個框架,因此在同步傳送中,一個框架內可以包含相當多之字元資料,也就是說框架可大可小,端視需求而定,一般系統設計師乃藉由傳輸效率來決定框架之大小,所以同步傳送之傳輸效率 η 爲:

$$\eta = 1 + rk(c - M) - \frac{c}{M}$$

式中　η ：傳輸效率

r ：位元錯誤率

k ：每個字元之位元數

M ：區塊長度

c ：每個區塊之控制字元數

本節僅提供同步效率的應用,公式的推導可另外查閱相關資料。

範例 7　某系統欲傳送 2500K 字元,現欲將每個字元爲 7 位元的 ASCII 符號傳送到接收裝置,如以同步傳送每個區塊爲 500 字元,每個區塊之控制位元數爲 6 字元,已知位元錯誤率爲 10^{-4} 則 η 爲何?

解　代入公式,已知 $k = 7$,$c = 6$,$r = 10^{-4}$,$M = 500$ 字元

Chapter 7

$$\eta = 1 + rk(c - M) - \frac{c}{M}$$

$$= 1 + 10^{-4} \cdot 7(6 - 500) - \frac{6}{500}$$

$$= 1 + (-0.3578) = 0.6422 = 64.22\%$$

在同步傳送中之資料格式，每個框架皆含有一個區塊之資料及區塊之前之特定同步字元符號，以供接收器辨認一個框架之開始，然後再於框架之尾端加入區塊檢查位元，稱為BCC，BCC可有可無，隨系統設定而論，同步傳送之資料格式如下所示：

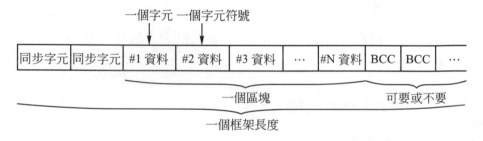

同步字元之長度，由系統要預先設定通常採用二個同步字元，此字元碼可任意設計，在資料傳輸過程中，如果CPU在上一筆送完資料後未能來得及送出下一筆要寫入至傳送器之資料則傳送器之輸出裝置將產生欠字錯誤(Underrun Error)，此時資料傳送器將自動送出同步字元補充空檔，直到CPU寫入下一筆資料為止，同步字元之字元碼可由程式師預先設計備妥。

範例 8　某系統欲傳送 2500K 個字元，每個資料字元 8 位元，且需 2 個同步字元，每一同步字元亦為 8 位元，不需BCC，如採用每秒 500K 位元之傳送速度，則每個區塊 500 字元時，需時多少？採用奇同位。

解 計算每個框架之總位元數，每個字元另外包括一同位元

$9×(500＋2)＝4518$ 位元／框架

$2500K÷500＝5K$ 區塊

$4518×5K$ 字元$÷500K$ ／秒 $＝45.18$ 秒

要降低傳輸時間，可將傳輸線之頻寬由 500k ／秒再提昇，至於框架之大小，其實僅影響同步字元之多寡對時間之縮短是有限的。

範例 9 根據上題之規格試簡繪此同步傳輸資料之格式。

解 同步傳輸中每個框架有一個區段之資料，傳送每個區段的資料之前先送出一個或數個特定的同步字元作為開始一個框架的依據，可選擇要或不要 BCC。同步傳輸中，任一個資料字元之資料排列如下：

→ 移位方向，P 可有可無　　緩衝器傳送之格式字元格式，由位元 0 開始串列輸出到高位元D_7共 9 位元

一個框架之結構如下所示：

第一個框架　　　　　　　　第二個框架

此題採用奇同位，故 P 為同位位元，每一個字元必占 9 位元，傳輸資料之順序與格式如下所示，此題無 BCC，每個框架中除同步字元外，#i 字元(資料)單純僅有 P 及傳送資料。

Chapter 7

同步字元	同步字元	#1框架	#2框架	...	#4999框架	#5K框架	...

└─► 接收器測試到同步字後取得同步化

└─► 傳送器允許傳送狀態

上圖之 5k 框架一口氣傳輸完畢，表示傳輸線無空閒時段。下圖乃另一個案，表示如果線上有空閒時段則系統應於空閒時段送出同步字元。

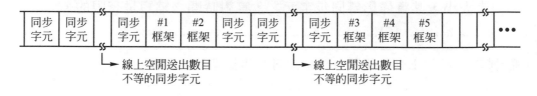

└─► 線上空閒送出數目不等的同步字元   └─► 線上空閒送出數目不等的同步字元

範例 10 何謂 BCC？其作用為何？

解 BCC 是 Block Check Character 之簡稱，用來檢測區段資料的傳輸是否有錯，BCC 又稱 BCC 字元，仍需包含 P 位元，BCC 與同步字元與資料字元共稱一個框架。

範例 11 某同步傳輸系統之鮑率為 50K，則傳送端之同步脈波 TxCLK 及接收端之同步脈波 RxCLK 各為何？

解 同步傳輸鮑率為 50k 位元／秒，則

TxCLK = 50kHz

RxCLK = 50kHz

範例 12 非同步傳輸中規定串列資料為 7 位元，且為偶同位，一個停止位元，如果欲傳送 "A" 字元則完整之字元框架為何？

解 "A"字元之ASCII碼為41H，故其二進位碼為1000001B，因採用偶同位，故同位元必為0，則完整之字元框架為

上例如要改為奇同位傳輸，則同位位元必為Hi，如下所示之資料框架(Frame)中的同位位元與上例不同。

非同步在串列資料之後緊跟著必為同位位元，又稱偵錯之極性位元，然後才是表示一個資料框架結束的停止位元，停止位元必為Hi，比較特殊的是它可以是1個位元，$1\frac{1}{2}$或2個位元寬度，完全由程式規劃而定。

7-2 8251A 簡介

8251A 為一種 USART 也就是一只通用同步非同步收發器(Universal Synchronous Asynchronous Receiver Transmitter)，該單晶片由Intel公司所設計，8251A可將CPU資料匯流排之內容轉換成串列資料再輸出到其

他週邊設備之I/O埠，或將接收來自外部週邊設備之串列資料轉換成並列之資料及透過資料匯流排傳送至CPU端，因此8251A可視為一資料傳送接收器，而且它可直接由CPU做規劃控制，所以8251A為一顆同步非同步半導體串列通訊元件，市面上常用同類型之元件於Intel公司有8250之UART，8256 UARTPIO，8273 SDLC或HDLC，8274 UART，其次為MOTOROLA系列中有6850 UART，68252之USRT，6854 SDLC或HDLC及6855 SDLC，ZiLog公司有Z8440之USART或SDLC，國家半導體公司的PC16550D則為UART等，上述這些價廉功能超強之I/O埠元件，其資料傳輸率由110bps到57600bps以上，值得注意的是RS232C已是一種介面標準，幾乎所有的界面卡上之25腳轉換器(COM1或COM2)均提供相同之規格。8251A可與Intel系列之CPU如8048，8049，80x86等之微處理機相容，部份廠牌之CPU如AMD系列CPU等亦可搭配使用。

範例 13　在通訊之IC半導體元件中，USART，UART及USRT有何差異？

解　UART 中以8250，8256，6850為代表，俗稱通用型非同步傳送接收器。

USRT中有6852俗稱通用型同步收發器，USART比較普遍有8251或Z8440等為通用型同步非同步收發器。

7-3　8251A 結構

如圖7-2(a)所示，8251A之內部資料匯流排為8位元，主要由7個單元所組成，圖7-2(b)為接腳圖。

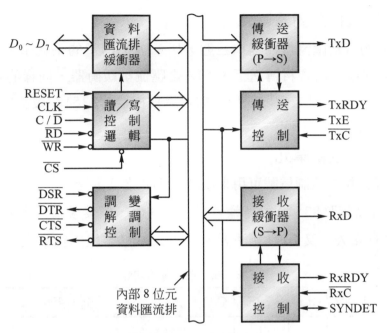

(a) 8250/8251A 的結構方塊圖

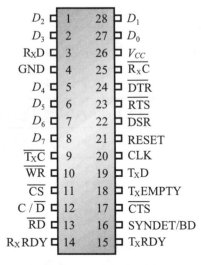

圖 7-2(b) 8251A 接腳圖

1. 資料匯流排緩衝器單元

8位元的資料匯流排為雙向三態，$D_0 \sim D_7$ 接CPU的系統匯流排，CPU以IN或OUT指令將資料傳送至8251A之匯流排緩衝器，同樣的CPU下達命令字組及狀態字組之讀取操作也需透過緩衝器，8251A 緩衝器內的8位元輸出入暫存器是分開的。

2. 讀寫控制邏輯單元

此單元外接之控制信號可用來規劃8251A之基本操作，如表7-2所示。CPU隨時可以讀取8251A的傳輸資料及狀態值，但其模式設定或命令字組僅能由CPU寫入，又CPU無法對8251A之狀態字組進行寫入。

表7-2 讀寫控制邏輯功能

$\overline{CS}$	$\overline{RD}$	$\overline{WR}$	CLK	RESET	C/$\overline{D}$	功能說明
×	×	×	⊓	1	×	8251A 閒置狀態
1	×	×	⊓	0	×	資料匯流排三態，8251A 未選取
0	1	1	⊓	0	×	資料匯流排三態
0	1	0	⊓	0	1	CPU將模式設定或規劃命令字組寫入8251A控制邏輯內之暫存器
0	0	1	⊓	0	1	CPU 欲讀取8251A 之狀態字組之內容
0	1	0	⊓	0	0	CPU 將資料寫入8251A 之資料暫存器內
0	0	1	⊓	0	0	CPU 欲讀取8251A 之資料暫存器內容

RESET ：為重置接腳，稱外部的 RESET，為高準位動作，8251A 被 RESET後立即進入閒置狀態，且一直保持該狀態到新的控制字組被寫入後才能恢復到能運作之狀態，RESET信號的脈衝寬度必需長達6個連續CLK以上的時序週期，但如果改用軟體指令

來 RESET 8251A(又稱內部重置)時，其目的則僅爲重置 8251A 內之旗標位元，8251A 經內外部 RESET 後，系統應更新回到 模式設定控制字組程序。

CLK　　：爲時序脈衝，作爲 8251A 內部元件所需之時序，通常接到 CLK 產生器 8224 晶片之 TTL 輸出端，CLK 頻率必須大於傳送或接 收資料傳輸率之 30 倍以上，如果不用 8224 元件，可以改採用 8254 及 TTL 元件作爲時脈產生器以提供正確之 CLK。

C/$\overline{D}$　　：爲控制／資料信號接腳，即 8251A 之輸入信號，當 C/$\overline{D}$ = 1 表 示 CPU 要對 8251A 寫入控制字組或讀取 8251A 之狀態字組， 控制字組分模式字組及命令字組二種，分別有對應之暫存器(各 8 位元)，當 C/$\overline{D}$ = 0 則表示資料之讀寫控制，C/$\overline{D}$一般都是接 到位址匯流排之 A_0 位址位元，因此對 8251A 而言，於奇數位址 (A_0 = 1)表示一選取控制位址，反之偶數位址(A_0 = 0)表示選取 資料位址，C/$\overline{D}$必須和$\overline{RD}$，$\overline{WR}$，及$\overline{CS}$配合使用，才能進一步 執行操作。

$\overline{RD}$　　：爲低準位動作。$\overline{RD}$ = 1 表示非讀取週期，$\overline{RD}$ = 0 即 CPU 欲讀 取資料或狀態值。

$\overline{WR}$　　：爲低準位動作，$\overline{WR}$ = 1 表非寫入週期，$\overline{WR}$ = 0 即 CPU 欲將控 制字組中之模式字組及命令字組分別寫入對應之暫存器。

$\overline{CS}$　　：晶片選擇信號，低準位時 8251A 致能，CPU 可讀／寫 8251A 之資料，此信號來自 I/O 解碼器電路。

Chapter **7**

> **範例 14** 已知 8251A 之 C/$\overline{\text{D}}$接腳連到位址匯流排之A_0位元，如經解碼電路後$\overline{\text{CS}}$解碼 I/O 埠位址為 310～311H，則 CPU 欲讀取 8251A 之狀態字組其 I/O 埠為何？接收端之 CPU 讀取接收資料暫存器內含之 I/O 埠為何？

解 凡與設定，控制，命令，狀態字組無論是同步或非同步模式，C/$\overline{\text{D}}$ = 1，故 I/O 埠位址為 311H，此時位址線之A_0位元為 Hi。

凡CPU欲讀寫資料於 8251A 之接收或發射器端之資料暫存器時C/$\overline{\text{D}}$ = 0，故 I/O 埠位址為 310H，位址線$A_0 = 0$。

3. 調變解調控制單元(Modem Control)

Modem Control內含4條控制信號線可簡化與其他調變解調器(數據機)之連線，說明如下：

$\overline{\text{DSR}}$　：資料設定備妥(Data Set Ready)為輸入信號線，此信號被用來偵測外接之 Modem 是否可以開始接收資料，換言之，若$\overline{\text{DSR}}$為 0 則表示 Modem 通知 8251A 可以傳送出串列之資料，反之$\overline{\text{DSR}}$ 為 1，表示 Modem 通知 8251A 尚未備妥，此一信號線的狀態可反應到 8251A 狀態字組中之D_7位元，CPU 只要讀取該位元(D_7)即可判斷接收器 Modem 之狀態。

$\overline{\text{DTR}}$　：資料終端機備妥(Data Terminal Ready)為輸出信號線，8251A 用此信號線通知接收器(Modem)說明自己是否準備好可以傳輸資料，如果$\overline{\text{DTR}}$為 0 表示 8251A 已處於備妥狀態，則 Modem 可與 8251A 進行資料之傳送與接收，此一信號線可以用指令來控制為 Hi 或 Low，也就是說，CPU 用程式規劃將 8251A 之命令字組之位元設定為Low則硬體接線隨即輸出低電位，則接收器如 Modem 就可以清楚知道資料源已備妥。

$\overline{RTS}$　　：請求傳送(Request To Send)，此接線連到接收器端，為 8251A
　　　　　　輸出信號，當 $\overline{RTS}=0$，表示 8251A有資料要傳送到Modem或
　　　　　　接收器，一旦資料傳送完畢則回復為Hi，CPU仍可利用程式規
　　　　　　劃 8251A 之命令字組中 RTS 位元，如果該字組之 D_5 位元設定
　　　　　　為 Low，表示送出資料前要先通知接收器準備開始接收資料。

$\overline{CTS}$　　：清除傳送(Clean To Send)信號為 8251A 的輸入線，此信號來
　　　　　　自 Modem 或接收裝置，當 Modem 備妥且可接收資料時將令
　　　　　　$\overline{CTS}$為Low，此信號主要是回應8251A表示自己已備妥，隨後
　　　　　　8251A才能送出串列資料，當$\overline{CTS}=0$且TxSR為空的時8251A
　　　　　　將自動使TxDR之資料載入 TxSR 中，TxSR為空的時候，觀察
　　　　　　8251A 命令字組中之 D_0 位元則發現 TxEN 必為 Hi，傳送器將
　　　　　　串列資料傳至接收器。

4.　傳送緩衝器及傳送控制器單元

　　8251A欲傳送資料時先允許CPU將資料經由資料匯流排經緩衝器寫入
傳送緩衝器，傳送緩衝器在傳送控制電路及外加電路的之控制下，可以把
並列之資料轉換成串列位元之格式，同時對每一筆之資料要插入特定之位
元或字元，然後將串列資料由TxD接腳輸出。8251A欲進行同步傳送時，
在資料之特定區間要插入同步字元，反之進行非同步傳送時則要插入開始
位元、同位位元及停止位元。

5.　接收緩衝器及接收器控制單元

　　8251A做接收時由RxD接腳輸入來自外界之串列資料，接收緩衝器在
接收控制電路之作用下配合外加之信號把接收之串列資料轉為並列資料，

經核對，刪除特定之位元或字元後，再經8251A內部8位元匯流排送到資料匯流排單元供CPU讀取，8251A在接收資料時要刪除之特定位元，如果是採同步傳輸技術則要刪除同步字元，反之在非同步傳輸技術則需刪除開始位元、同位位元及停止位元三種，將接收資料還原成原始資料。

8251A不管是傳送緩衝器或接收緩衝器都是採用雙緩衝結構，也就是說傳送緩衝器內有資料暫存器及傳送移位暫存器，而接收緩衝也同樣具有輸出暫存器及接收移位暫存器。

TxRDY : 輸出控制信號線，接到CPU端，當傳送資料之輸入暫存器是空的時候，則TxRDY將轉為高電位，其目的是用來通知 CPU 可再寫入下一筆資料，當8251A接收到來自CPU之文字資料後，TxRDY之 Hi 或 Low 會反應到狀態字組之 D_0 位元。

TxE : 輸出控制信號線，接到CPU端，當傳送資料緩衝器內之傳送移位暫存器是空的時候，則TxE信號線會自動轉態為高電位，其目的是要通知 CPU，表示上一筆資料之傳送已經結束了。

$\overline{TxC}$: 為外加CLK同步脈衝信號，又稱傳送器的移位操作，也就是決定串列資料傳送時之頻率，俗稱鮑率。在非同步傳送模式，$\overline{TxC}$時脈信號必需為資料送出速率的 1、16 或 64 倍，但在同步傳送模式，$\overline{TxC}$時脈則與資料送出速率一樣。8251A欲將串列位元資料輸出以$\overline{TxC}$脈波之下降邊緣為同步，也就是在$\overline{TxC}$信號之下降緣位元資料將逐一輸出，至於鮑率倍數值乃由軟體設定。

TxD : 為8251A串列資料之輸出線，當$\overline{CTS}$為Low時才能輸出串列資料，如前所述當傳送緩衝器將資料轉換為串列資料後，再加上部份之同步字元或非同步位元後就可以依同步或非同步之格式將資料自TxD移出。

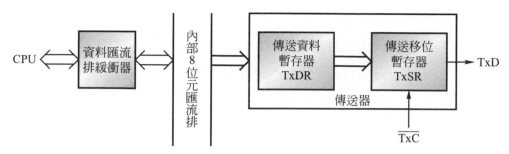

圖 7-3　傳送器內部詳細方塊圖，DR 是 Data Register 的簡稱，SR 是 Shift Register 的簡稱

在傳送器內有二個重要之傳送資料暫存器及移位暫存器，通常串列資料乃根據$\overline{TxC}$之下降邊緣信號將移位暫存器的位元輸出，其操作如圖 7-3 所示。

RxRDY　：為輸出線名稱是接收器備妥，高電位有作用，此信號可接CPU之中斷點，如用中斷方式做接收時，RxRDY＝1，表示 8251A 已接收好一筆資料可供CPU讀取，因為是採用中斷法，故CPU在中斷之情況下可立即讀取資料，CPU 讀走資料後RxRDY變為Low，且一直保持Low直到下一筆資料備妥可供CPU讀取，RxRDY才又回復為 Hi，RxRDY信號位元之電位值會顯現於 8251A 之狀態暫存器之D_1位元，這意味著輸出線RxRDY若為 Hi，則此D_1位元必為 Hi，反之亦然，如果吾人不使用中斷模式，則可以改採查詢方式由判斷狀態值之D_1位元電位當作CPU讀取接收資料的依據，值得注意的是狀態暫存器D_1位元之名稱亦為RxRDY，且在輪詢模式中硬體線路RxRDY必為空腳。

$\overline{RxC}$　：為輸入線，稱為接收器時脈信號，其目的是控制接收器中移位暫存器將外來之位元資料依序移位之操作。$\overline{RxC}$可決定串列輸入資料位元之速率，如前述之傳送器，在同步之接收模式中，鮑率等於$\overline{RxC}$之頻率，在非同步之接收模式中，$\overline{RxC}$必須為鮑率的 1 倍，16 倍或 64 倍，換言之，外接之 $\overline{RxC}$ 頻率應比串列資料在接收時之速率快，串列資料是在 $\overline{RxC}$ 脈波之下降緣將外來之位元資料移入 8251A 之接收暫存器。

SYNDET/

BRKDET： 雙向信號線有二個作用，視 8251A 被規劃爲同步模式或非同步模式，說明如下：

同步模式： 其功能爲 SYNDET 是 SYNC DETECT 的簡寫，稱爲同步偵測，8251A 在同步模式可規劃爲一個同步字元或兩個同步字元，8251A 在找到第二個同步字元時，SYNDET 即可規劃當輸入或輸出線，如果 SYNDET 爲輸出時則傳送器在 TxD 接腳輸出同步字元(一個或二個 SYNDET 字元)之後 SYNDET 爲 Hi，如果 SYNDET 爲輸入線，則 SYNDET 將在 8251A 的 RxD 接收資料期間保持 Hi，可是一旦 RxD 將接收串列位元移位後發現是同步字元信號(SYNC 字元)則 SYNDET 在下一個 $\overline{RxC}$ 脈波立即變爲低電位，當 8251A 被 RESET(重置)時，SYNDET 亦同時重置且作爲輸出線並保持爲 Low，當 CPU 在讀取 8251A 之狀態字組時 SYNDET 也被重置並保持 Low。

非同步

模式： 其功能是 BRKDET 爲 BREAK DETECK 的縮寫，稱爲中止偵測，屬於輸出線，當 8251A 被規劃爲非同步傳輸模式時，若串列輸入接腳 RxD 爲 Low 且時間超過二個文字字元框架資料之長度時 BRKDET 則變爲 Hi，因爲 BRKDET 僅能規劃爲輸出線且系統正常傳輸當中 BRKDET 應保持 Low，而一旦 BRKDET 爲 Hi 表示資料在傳輸時發生中斷，即資料斷線，通常吾人會要求系統重新連線，當 8251A 被重置，則在非同步模式中 BRKDET

亦為Low，值得注意的是8251A接收到ASCII之BREAK字元
時BRKDET必為Hi，直到RxD有輸入Hi才恢復為低電位。

RxD ： 輸入信號線，可接收資料，即輸入串列資料，RxD接收資料後
應在RxCLK脈波之下降緣逐一將位元值移位至接收移位暫存
器，待轉成並列資料後再送至接收資料暫存器RxDR，換言之，
微處理機即可由RxDR讀取外界 I/O 輸入之資料，其過程如圖
7-4所示。8251A 之RxD與TxD接腳平常沒有進行資料之串列
傳輸時皆為高準位，這也說明了異步傳輸為什麼起始位元必為
Low 或同步傳輸先要送同步字元之主因。

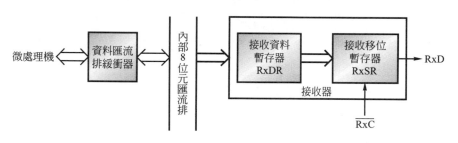

圖 7-4　接收器結構

練習 3　8251A 為

(A)USART　(B)UART　(C)USRT　(D)USB。

解　(A)

練習 4　已知"A"字元之 ASCII 碼為 41H，則"G"字元碼為？

(A)39H　(B)43H　(C)45H　(D)47H。

解　(D)

Chapter **7**

練習 5   8251A 內部結構調變解調控制單元之腳位不包括那一項？

(A)$\overline{USR}$ (B)IRQ   (C)$\overline{CTS}$ (D)$\overline{DTR}$。

解   (B)

練習 6   CPU 欲讀取 8251A 控制邏輯中狀態字組內容？

(A)$\overline{RD}$=1   (B)$\overline{CS}$=1   (C)RESET=0   (D)C/$\overline{D}$=0。

解   (C)

範例 15   8251A 之 Modem 控制之信號線有那些？

解   8251A 之 Modem 控制能提供作遠程傳送時之介面信號有：$\overline{DSR}$，$\overline{DTR}$，$\overline{CTS}$及$\overline{RTS}$等線，也就是作為 Modem 之交握控制信號線。

範例 16   參考下圖，接收器利用$\overline{RxC}$對串列資料取樣之第一個，第二個資料位元($D_0 D_1$)為何？除頻率多少？

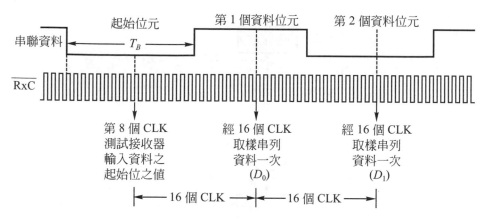

解 由圖示其格式必爲非同步傳輸格式，

於 D_0 位元取樣之資料爲 Hi 故 $D_0 = 1$

於 D_1 位元取樣之資料爲 Low 故 $D_1 = 0$

因爲在起始位元之後，接收器對 $\overline{RxC}$ 於第 8 個 CLK 週期先取樣，而且每再經 16 個 CLK 週期取樣資料位元一次故除頻率爲 16。

因 8251A 爲一顆萬用之同步非同步通訊元件，所以只要在一開始就予以程式規劃控制字組就可令其進入資料之通訊，不管是同步作業或非同步作業之控制字組有模式設定格式與命令格式兩種。

7-4　8251A 之規劃

用 8251A 作非同步傳輸之前，先由程式規劃之起始設定操作及資料寫入／讀取如下所示：

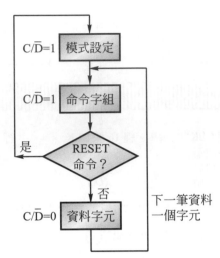

8251A作同步傳輸前由程式規劃之起始設定操作與資料之讀寫程序如下所示：

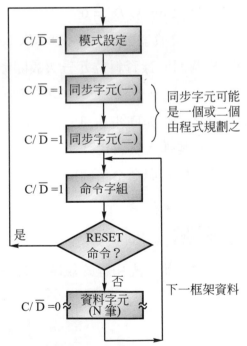

凡是電源重開機，以硬體信號輸入8251A RESET 接腳或內部軟體重置指令均屬於RESET命令之作業範圍，一旦執行RESET指令則初值之設

定必須重頭開始,即重新進入模式設定。

　　C/$\overline{\text{D}}$=1 表示選擇控制／狀態暫存器,可讀取狀態字組或寫入控制字組,反之,C/$\overline{\text{D}}$=0 表示選擇資料暫存器可讀或寫資料,值得注意的是:當 C/$\overline{\text{D}}$=1 必須配合 $\overline{\text{WR}}$=0,$\overline{\text{CS}}$=0 才能判斷究竟寫入 8251A 之控制字組是模式設定、同步字元或命令字組,基本上,不管是同步或非同步作業模式,模式設定完畢接著一定是同步字元(非同步無),然後是命令字組,CPU 執行指令有一定之順序。C/$\overline{\text{D}}$接腳位於 8251A 之腳位 12,通常接位址匯流排之 A_0 位址線。

範例 17　在同步非同步資料傳輸之流程圖中,為何RESET後要重回模式設定?

解　8251A 被 RESET後會進入閒置模式,所以必須要重新規劃8251A,8251A RESET之後所有之設定全部歸零,8251A無法傳輸資料。在傳輸資料之前 8251A 要隨時檢查8251A是否有被 RESET。

....

7-5　8251A 模式設定控制字組

　　8251A 之模式設定指令格式分為同步模式設定與非同步模式設定兩種,如圖 7-5 與圖 7-6 所示,模式指令格式之設定如不是同步必為非同步,其說明詳述於後。

Chapter 7

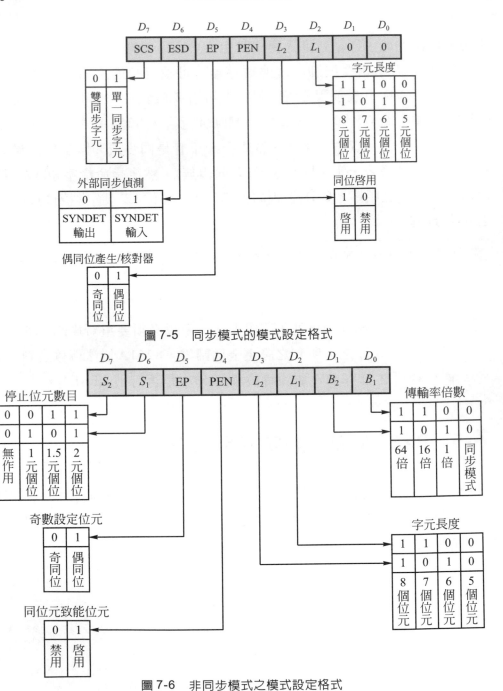

圖 7-5　同步模式的模式設定格式

圖 7-6　非同步模式之模式設定格式

　　同步模式之D_0 D_1位元必為00，D_2 D_3兩位元被用來選擇傳輸資料之位元長度，換言之，每一字元長度最少為5位元，最長不超過8位元，D_4位元為同位致能位元，當 PEN (D_4)＝1則啟用同位元，當D_4＝0則無同位元之特性，D_5位元為EP是偶同位產生／核對器，當D_5＝1則表示資料採用偶同位方式，若D_5＝0則採奇同位位元方式，D_6又稱 ESD 即為外部之同步偵測，當 ESD＝1表示 SYNDET 接腳規劃為輸入線，ESD＝0則 SYNDET (腳位16)為輸出線，至於 SYNDET 之功能詳見接腳功能說明，當8251A採用二個同步字元時，在尋找到第二個同步字元時才會令 SYNDET D_7線為高電位，值得注意的是SYNDET為同步傳輸模式之同步偵測腳位。D_7位元稱為SCS，在外部同步模式結構中，如規劃為兩個同步字元，則SCS僅影響傳送器，SCS稱為單字元同步，也就是在同步模式中欲令資料串列僅用單一同步字元符號時必須使D_7＝1，反之D_7＝0表示採用兩個同步字元。

　　非同步模式的B_2 B_1被用來定義傳輸率因數(Baud Rate)的倍數，於非同步模式中無論是$\overline{TxC}$或$\overline{RxC}$的除頻倍率皆可選擇為1倍，16倍或64倍，D_3 D_2位元表示傳輸資料字元長度，每筆資料字元可定義為8個位元，7個位元，6個位元或5個位元等，PEN 為 Parity Enable 的縮寫，可被用來決定某筆資料有沒有同位元，換言之，PEN＝1表示有同位元，至於採用奇同位或偶同位則必須參考D_5位元之EP位元，EP是Even Parity的縮寫，當EP＝0表示奇同位，EP＝1則為偶同位，S_1和S_2為停止位元的數目，可規劃為1，1.5或2個停止位元。

練習 **7** 8251A 之規劃當中非同步與同步傳輸差異爲何？

(A)模式設定字組內容完全一樣　(B)C/$\overline{D}$=1表示資料字元處理操作

(C)同步傳輸至少多一組同步字元　(D)以上皆非。

解 (C)

練習 **8** 下列有關 8251A 之模式約定說明何者正確？

(A)一定要設定奇同位或偶同位　(B)同步格式之傳輸倍率最高 64 倍

(C)同步格式不包括停止位元設定　(D)同步格式字元長度最高 9 位

元。

解 (C)

範例 **18** 已知模式設定指令之內含爲 11010111 則此指令是非同步或同步格

式，其意義爲何？

解 $D_7 \sim D_0$ = 11010111 表示非同步格式，對應圖 7-6 可得 64 倍的傳輸率

因數，每筆資料字元長度爲 7 位元，啓用同位元偵測且具奇同位功

能，停止位元有 2 個位元。

範例 **19** 參考上一範例已知 8251A 之 I/O 埠爲 310～311H 止，欲完成模式

設定其片段程式爲何？

解 已知 I/O 埠位址爲 310～311H 止

MOV DX, 311H；CPU寫入模式指令至8251A時C/$\overline{D}$＝1表示A_0＝1，故I/O埠爲奇數MOV AL, 11010111B；模式設定內含爲11010111B OUT DX, AL；完成設定非同步模式。

範例 20 8251A 傳送端之鮑率爲 2400Hz，則接上例可得$\overline{TxC}$之傳送頻率爲多少？

解 上題之傳輸率因數爲 64 倍，故$\overline{TxC}$在 64 倍模式中可得

64×2400 ＝ 153.6kHz。

範例 21 沿用上題範例，將傳送端改爲接收端則若$\overline{RxC}$爲 38.4kHz則鮑率多少？

解 $\overline{RxC}$＝ 38.4kHz，傳輸因素已知爲 64 倍，故可得38.4kHz/64 ＝ 600Hz。

7-6　8251A 命令控制字組

凡8251A下達模式之設定字組之後的所有規劃用的字組均稱爲命令字組，換言之，此時任何寫入控制暫存器位址的字組皆可視爲命令字組，故在8251A被RESET後CPU送出的第一個規劃字組爲模式設定字組外其餘必爲命令字組，命令字組的格式如圖7-7所示。

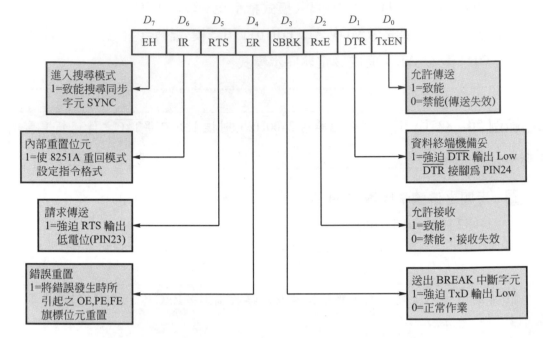

圖 7-7　8251A 命令字組格式，此格式為同步非同步共用

命令字組之各位元功能說明如下：

$D_0 = TxEN$命令位元：

D_0位元被用來控制TxRDY之傳送功能，如果$D_0 = 1$，則TxRDY輸出被致能，表示 8251A 已致能且可以接收來自 CPU 之字元資料，當 CPU 將資料寫入 8251A 之傳送緩衝器後，接腳TxRDY立即由 Hi 變為Low，且一直保持Low直到8251A可再接受下一筆資料止，TxRDY才會改變狀態。在應用之電路中，吾人可將TxRDY接腳信號接CPU之中斷或8259A之任一中斷源輸入端，即採用以中斷方式讓CPU將資料傳至 8251A，如果不用中斷(TxRDY空腳)則可以用輪詢之方式檢查狀態字組TxRDY位元再決定 CPU 是否可以送出資料。

$D_1 =$ DTR 命令位元

　　D_1 位元被用來控制 $\overline{\text{DTR}}$ 之輸出信號，也就是說當 $D_1 = 0$ 則 $\overline{\text{DTR}}$ 接腳輸出 Hi，反之 $D_1 = 1$ 則 $\overline{\text{DTR}}$ 接腳輸出 Low，在應用電路中主要的作用是：當 $\overline{\text{DTR}} = 0$ 時可用來通知接收器的週邊設備，發射端(傳送器)已備妥，準備傳送資料。

$D_2 =$ RxE 命令位元

　　D_2 位元被用來控制 RxRDY 接腳的功能，當 $D_2 = 0$ 則 RxRDY 為禁能，反之，$D_2 = 1$ 則 RxRDY 致能，當 RxRDY 輸出腳位被致能表示 8251A 接收緩衝器內之字元資料可讓 CPU 讀取，此時 RxRDY 必為 Hi，一旦 CPU 從 8251A 緩衝器讀走資料後 RxRDY 立即由 Hi 變為 Low，且一直保持 Low 直到有新的字元資料可供 CPU 讀取為止。在應用電路中 RxRDY 信號可接 CPU 之中斷點或 8259A 之任一中斷源輸入端，促使 CPU 可採用中斷法來讀取資料，如果 RxRDY 為空腳也就是改用輪詢法時，吾人則可以檢查狀態字組中之 RxRDY 位元，以 Hi 或 Low 來決定是否可以讀取資料。

$D_3 =$ SBRK 命令位元

　　當 $D_3 = 0$ 表示 8251A 為正常狀態，表示所有的作業情況正常，當 $D_3 = 1$ 表示 8251A 之 TxD 接線被將強迫送出 "0" 的字元資料，也就是送出 BREAK 字元。所謂 BREAK 即開始位元，資料位元，同位位元全為 0 的字元，又稱中斷字元，其目的是：指示資料在傳送時發生了中斷，一旦傳輸過程中被強迫中斷，則傳輸程序必定被中止，使用者僅能要求重送，並令 $D_3 = 0$ 回覆資料之傳送。值得注意的是僅有在非同步模式才可下達 SBRK 命令。

$D_4 =$ ER 命令位元

　　ER 稱為錯誤重置位元，當 $D_4 = 1$ 時表示 8251A 中狀態暫存器之所有能用來表示錯誤的旗標均被清除為 0，這些旗標包括有：框架錯誤(FE)旗標位元，極性錯誤(PE)旗標位元，及覆蓋錯誤(OE)旗標位元。

$D_5 =$ RTS 命令位元：

當 RTS = 1 則強迫 8251A 之 $\overline{RTS}$ 接腳輸出 Low，其目的是要查詢接收器是否已備妥要接收 8251A 送出之資料，所以 RTS 又稱為請求傳送之命令，一旦 RTS 為 Hi，則 8251A 之 $\overline{RTS}$ 必為 Low。

$D_6 =$ IR 命令位元：

IR 為 8251A 內部重置位元，一旦 CPU 對 8251A 下達 IR 重置命令後，要立即再輸出一組新的模式設定字組給 8251A，這是 8251A 之程序規定。當 $D_6 = 1$ 時，8251A 內部的所有暫存器(不論發射或接收)均被清除，意味 8251A 返回閒置模式，等候 CPU 寫入模式指令。

$D_7 =$ EH 命令位元：

EH 為搜尋模式，這是 8251A 於同步模式中才有的命令位元，在同步模式中，如果 $D_7 = 1$，則表示 8251A 要進入搜尋模式中尋找接收緩衝器內的字元資料是否為同步字元(SYNC)，若是同步字元則 8251A 隨即令 SYNDET/BD 接腳(腳位 16)輸出 Hi，換言之，在同步模式中，如果 8251A 一旦找到 SYNC 同步字元則也會使 SYNDET 狀態旗標位元設定為 1。

範例 22 欲由非同步模式傳送 50 個 "0" 符號至接收端，採用查詢方式，首先下達 TxEN 命令再讀取狀態字組以檢查 TxRDY 位元，再送完資料後下達 BREAK 命令，以告知接收端已完全傳送完畢，試設計一片段程式，已知 8251A 之 I/O 埠位址由 310～311H 止。

解 傳送器利用查詢方法檢查 TxRDY 位元是否 1 來保證於適當時機將 "0" 字元符號由輸出埠輸出，如果 8251A 之 TxEMPTY 為 1，則表

示傳送完畢傳送緩衝器空了時，便可以下達SBRK命令送出BREAK
字元強迫TxD輸出低電位。

MOV DX, 311H   ;8251A命令字組之I/O埠位址，若命令字
                        組值

MOV AL, 00000001B   ;表示TxEN＝ 1 此時允許 8251A 傳送資
                        料，當$\overline{CTS}$接線為Low，傳送器才能輸出
                        串列資料至TxD線。

OUT DX, AL   ;完成設定

範例 23 若 8251A 欲規劃為非同步模式，字元長度為 7 位元，除頻率為 16
倍，奇同位及一個停止位元，試設計一非同步模式設定之片段程
式，已知 8251A 之 I/O 埠位址為 310～311H 止。

解 MOV DX, 311H   ;8251A 之 I/O 埠位址，C/$\overline{D}$＝1，表示模
                        式設定

MOV AL, 01011010B   ;非同步模式，字元長度為 7 位元，一個停
                        止位元，傳輸率因數為 16，並啟動同位
                        元產生／核對。

OUT DX, AL   ;完成設定

範例 24 8251A 下達非同步模式設定後，應下達 DTR 及 RTS 指令強迫 $\overline{RTS}$ 接線爲低電位，並使資料終端機備妥使 $\overline{DTR}$ 接線爲低電位，8251A 之 I/O 埠位址爲 310～311H。

解 RTS爲請求發送命令控制位元，如果RTS＝1則 $\overline{RTS}$ 接線爲低電位，而使資料終端備妥必需使DTR＝1則 $\overline{DTR}$ 線爲低電位，

```
MOV  DX, 311H        ；即 I/O 埠位址
MOV  AL, 00100010B   ；表示 DTR 位元及 RTS 位元必爲 Hi
OUT  DX, AL          ；完成設定
```

範例 25 8251A 非同步接收，首先下達RxE命令，已知 I/O 埠位址爲 310～311H，其程式片段爲何？

解 同步與非同步之命令控制字組格式是一樣的，且 I/O 埠位址必爲奇數($A_0＝1$)。

```
MOV DX, 311H
MOV AL, 22H    ；先下達 DTR 及 RTS 命令，強迫 DTR 及
               ；  RTS腳位輸出低電位
MOV AL, 04H    ；下達RxE＝1命令，允許接收
OUT DX, AL     ；完成設定
```

範例 26 8251A 同步接收模式，欲下達RxE命令及 EH 命令，已知 I/O 埠位址爲 310～311H，其程式片段爲何？

解 同步模式中和非同步不同之處爲：一開始下達RxE命令外還要下達EH命令，組合語言片段程式如下：

```
MOV DX, 311H
MOV AL, 22H        ; 先下達 DTR 及 RTS 命令，強迫DTR及
                     RTS腳位輸出 Low
OUT DX, AL
MOV AL, 84H        ; RxE＝1，EH＝1，除允許接收外，亦允
                     許接收端尋找同步字元
OUT DX, AL         ;
```

7-7　8251A 狀態字組

　　8251A 之狀態字組格式如圖 7-8 所示，共有 8 個旗標位元，被用來指示8251A之操作狀態，狀態字組就是被用來登錄8251A傳送／接收資料時之狀態旗標，並包括錯誤狀態訊息，資料在傳輸可能發生之錯誤種類有：框架錯誤，極性錯誤，及覆蓋錯誤。8251A 狀態字組說明如下：

D_0＝TxRDY旗標位元：

　　D_0位元為暫存器之內部位元，非 IC 晶片之硬體接腳，雖然TxRDY之名稱與8251A之腳位 15 名稱相同，但D_0位元僅能用在傳送器是否已備妥的旗標位元且方便於查詢，換言之CPU可利用此位元進行查詢法，即令8251A送出字元資料之前，必須查詢D_0位元是否為Hi，在傳送器之資料輸出暫存器是空的時候，此旗標必為Hi，直到CPU將一個字元寫入8251A後此旗標才自動清除為0，TxRDY旗標不受及TxE位元之影響，但TxRDY線則受CTS及TxEN之影響。

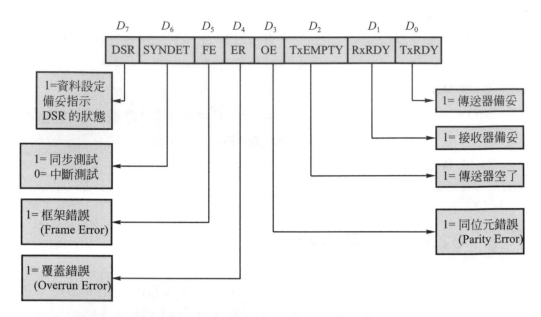

圖 7-8   8251A 狀態字組格式，CPU 讀取狀態值時其 I/O 位址線之 A_0 位元為 Hi

D_1＝RxRDY旗標位元

　　D_1位元為接收器備妥旗標，反映RxRDY接腳的狀態，D_1位元為暫存器內部位元，非IC晶片之硬體接腳，硬體接腳之信號線方便使用於中斷法或其他之控制線路，雖然二者名稱相同，但此D_1位元僅能當查詢法之接收器是否已備妥的旗標，CPU在查詢模式中欲讀取 8251A 資料之前，必須查詢D_1位元是否為 Hi，在接收器的資料暫存器內資料備妥的時候，此旗標必定為 Hi，即 8251A 有資料可傳給 CPU。

D_2＝TxEMPTY旗標位元

　　表示 8251A 之傳送資料暫存器與傳送移位暫存器均為空暫存器時D_2＝ 1，D_2位元反映出TxEMPTY接腳的狀態，D_2位元為狀態內部位元，非IC晶片之硬體接腳，當 8251A 沒有資料可以送出去時TxEMPTY

接腳爲 Hi，TxEMPTY 旗標位元亦爲 Hi，且保持爲高電位到 CPU 將資料寫入暫存器及傳送器爲致能啓動之條件下，D_2 位元才降爲 Low，上述資料暫存器有字元且傳送器 TxEMPTY 旗標爲 1，則表示資料傳送之操作已結束。

$D_3 =$ PE 旗標位元

同位元錯誤又稱極性錯誤旗標，每次有同位元錯誤時 $D_3 = 1$，欲清除 PE 位元可使用命令字組中的 ER 位元再予清除，不論 PE 之 Hi 或 Low 均不會使 8251A 停止操作，接收器收到由傳送器發射過來的資料時，應先檢查同位元，一旦同位元錯誤則 PE = 1，反之如果資料正確，則 PE = 0。

$D_4 =$ OE 旗標位元

OE 稱爲覆蓋錯誤又稱越字錯誤，當 CPU 在新的字元備妥時，若尚未讀走前一個字元，則新字元覆蓋舊字元所產生錯誤訊息稱爲覆蓋錯誤，即 $D_4 = 1$，欲清除 OE 位元可使用命令字組中的 ER 位元予以清除之，不論 OE 爲 Hi 或 Low 均不會使 8251A 停止操作，一旦越字產生則前一筆字元資料會消失。

$D_5 =$ FE 旗標位元：

FE 稱爲框架錯誤，8251A 用來判斷是否有發生框架錯誤，框架(Frame)的觀念僅適用於非同步傳輸模式，若接收器接收到字元資料沒有停止位元時則 $D_5 = 1$，欲清除 FE 位元可使用命令字組中之 ER 位元予清除之，不論 FE 爲 Hi 或 Low 均不會使 8251A 停止操作。

$D_6 =$ SYNDET 旗標位元：

D_6 爲同步測試或中止測試旗標，此位元可反映 SYNDET/BREAK 接線的狀態。於同步模式：當 $D_6 = 1$，表示傳送器或接收器已送出 SYNC

同步字元或接收到 SYNC 同步字元，於非同步模式：當$D_6 = 1$表示資料在傳輸時有偵測到 BREAK 字元亦即傳輸過程有發生中斷，因此被認定的是 BRKDET 旗標位元功能，若 CPU 於讀取 8251A 之狀態字組時，D_6位元自動重置為 Low。

$D_7 = \overline{DSR}$旗標位元：

D_7反映接收器接收資料時之狀態，當$D_7 = 0$，則 8251A$\overline{DSR}$硬體接腳為 Low，顯示資料設定備妥接收端可逕自接收資料，這是 8251A 唯一和Modem控制有關之狀態旗標，同時 8251A 在傳送資料之前，狀態旗標位元當中的D_0與D_7均必須為 Hi。

範例 27 8251A 之TxRDY狀態旗標和TxRDY接腳輸出線之定義略有不同，說明之。

解 TxRDY旗標位元不受$\overline{CTS}$線及TxEN位元影響，但TxRDY輸出線則受$\overline{CTS}$線和TxEN位元之影響，其理由是：

TxRDY旗標表示傳送資料輸入暫存器是空了時之狀態，而TxRDY輸出線則顯示傳送資料輸出暫存器是空的且$\overline{CTS}$線為低電位，再加上TxEN為 Hi。

範例 28 8251A 於傳輸資料時有那些錯誤可能產生？

解 在通訊系統中，不論是傳輸之設備或處理資料之週邊介面，均可能因電源變動，機件故障或人為因素而造成錯誤，錯誤分同位元錯誤，框架錯誤(非同步)及接收覆蓋錯誤，判斷傳輸資料之品質通常採用錯誤率作為判斷指標，錯誤率即資料之錯誤總數對所傳送之資料比，錯誤率有三種：位元錯誤率，字元錯誤率及區塊錯誤率。其計算公式如下：

位元錯誤率＝錯誤的位元數／傳送之總位元數

字元錯誤率＝錯誤的字元數／傳送的總字元數

區塊錯誤率＝錯誤的資料區塊數／傳送的總資料區塊數

範例 29 8251A 在非斷電再通電之情況下，欲令其進入閒置模式，其片段程式為何？已知 8251A 之 I/O 解碼位址為 310～311H，且為同步操作。

解 為非切換電源之操作下，最適切的作用就是連續寫入 3 個設定指令，保證 8251A 進入接收命令的指令然後RESET為閒置模式。X86 組合語言片段程式如下所示：

MOV DX, 311H ; $A_0 = 1$ 表C/$\overline{D} = 1$，為寫入控制字組

MOV AL, 0   ; 同步模式設定，5 個位元，禁止啓用同
       位，奇同位，SYNDET 為輸出線，兩個
       同步字元

OUT DX, AL   ;

CALL DELAY ; 延時6μs 以上

OUT DX, AL   ; 同步字元#1 寫入，完成輸入

CALL DELAY ; 延時6μs 以上

OUT DX, AL   ; 同步字元#2 寫入 8251A，完成寫入

MOV AL, 40H ; 40H = 01000000，此指令必為

OUT DX, AL   ; 命令字組，進行錯誤重置 RESET 指令

本片段程式下達同步設定，然後再寫入同步字元這是故意執行一個錯誤的起始設定，使8251A產生一些錯誤狀態位元，然後再RESET，便可確定 8251A 處於真正可接收模式設定之狀態。

範例 30 8251A 欲規劃爲同步模式，已知每字元長度爲 7 位元，偶同位，兩個同步字元碼爲 16H，採內部同步偵測，當模式設定完成後接著下達命令指令，而完成資料終端備妥及請求發送控制，I/O 埠位址爲 310～311H 止。

解 因爲寫入控制字組之操作與位址規劃應使C/$\overline{D}$＝1，故必爲奇數 I/O 位址，已知爲內部同步偵測故SYMDET＝0表示是輸出線，在外部同步偵測裡規劃爲兩個同步字元將僅傳送器受影響，其片段程式如下所示

MOV DX, 311H	;A_0＝1，表同步模式設定 I/O 埠位址
MOV AL, 00111000B	;偶同位，7 個位元，同位啓動
OUT DX, AL	;完成設定
NOP	
NOP	;延遲時間
MOV AL, 16H	;同步字元碼，一般可用任何碼當同步字元 ASCII碼中 16H爲常用之一，NOP指令爲
NOP	;延遲時間，使設定穩定下來
OUT DX, AL	;且第二個同步字元仍爲 16H
NOP	
NOP	;延遲時間
MOV AL, 22H	;00100010 表命令字組中下達DTR及RTS命令，此命令不允許尋找同步字元，故無須錯誤重置及內部重設
OUT DX, AL	;請求傳送並不表示允許傳送，故TxEN仍＝0

範例 31 8251A 經 RESET 後進入模式設定，欲規劃為非同步模式，已知除頻之傳輸率因素為 16，字元長度為 6，使用奇同位，一個停止位元，接著下達資料終端機備妥及請求傳送指令，使 8251A 進入備妥狀態 I/O 埠依止為 310～311H。

解 在非同步之模式之程式設計當中，仍要維持每次連續寫入控制字組至 8251A 必須間隔6μs 以上，尤其以目前 P4 或 PIII之機種，每一指令之機器週期(Machine Cycle)更快，週邊元件之速度不快將成組合語言程式指令隱憂，但如果是高階系統程式，較不成問題。

設定非同步模式，按題意之規格程式如下：

MOV　DX, 311H	; 模式設定 I/O 埠位址為 311H
MOV　AL, 36H	; 010101101 停止位元，啓用奇同位元測試，6 位元長度，傳輸率為 16 倍
OUT　DX, AL	; 完成設定
NOP	; 延遲
NOP	
MOV　AL, 22H	; 下達 DTR 及 RTS 命令，進入控制命令字組，其目的為使資料終端機備妥並請求傳送
OUT　DX, AL	; 完成設定

Chapter 7

7-8 錯誤檢驗

　　8251A在傳輸資料時可利用一些技巧來監督資料之接收，並判斷何時出現了傳輸錯誤，這一種程序就稱爲錯誤檢驗，常見的錯誤偵測法有兩類：一爲同位檢查法，另一爲重複檢查法。同位檢查法乃在輸出埠上檢查每一組輸出字元中1的位元數目，例如一個字元中1的位元數爲偶數者稱偶同位，反之，如1的位元數爲奇數者則稱爲奇同位，一般在應用中，吾人習慣於非同步傳輸中採用偶同位，於同步通訊則採用奇同位之檢查法，同位元之計算可用軟體或硬體來完成，典型之非同步傳輸如UART等均以硬體介面來執行同位位元之檢查，在功能上如果有發生同位元錯誤，則立即設定同位元錯誤旗標，程式設計師可利用錯誤旗標啓動程式執行修正處理。

7-8-1 重複檢查法

　　重複檢查法簡單分類有三種：垂直重複檢查法、水平重複檢查法及循環重複檢查法。

　　垂直重複檢查法在每一字元傳輸前就要先加入同位位元，因此它也有奇同位與偶同位之方式，此法是上述同位檢查法的延伸，基本原理是以同位元來檢查在一字元資料內是否有發生任何一種傳輸錯誤之一種垂直偵測法。

　　水平重複檢查法是以水平方向來計算特定區塊資訊傳送時僅以偶同位作檢驗的一種方法，此法在特定資料區塊之尾端加7個位元的檢查碼供水平同位元使用，在傳送端於發射資料時先計算檢查碼，並於資料傳送後之尾端接著把檢查碼送出去，反之於接收器上依然要接收資料計算檢查碼，最後再將接收到的檢查碼與自身計算之檢查碼兩造相比較，若相同則表示傳輸無誤。

　　循環重複檢查法乃可用於位元或字元導向之一種資料檢驗技術,其原理是在發射器與接收器間各設定一個查驗錯誤的多項式,於發射資料時先將資料經由一特定之數學驗算法計算出檢查碼,然後於傳輸資料的尾端加上所產生之檢查碼再傳送出去,接收端接收資料時也應以相同之多項式及數學演算法計算出檢查碼,如果計算後檢查碼為 0,則表示通訊資料無傳輸錯誤。所謂數學算演法就是一種 XOR 運算,吾人可將欲傳送之資料事先改成多項式,再乘上發射端與接收端所設定之多項式最高次方項,最後再除以原先設定多項式(XOR運算),其餘數俗稱檢查碼,檢查碼加上欲傳送的資料串合計後即為可傳送出去的資料,至於接收端則比較簡單:將所接收到的資料除以查驗多項式(XOR運算),判斷餘數即可。

範例 32　8251A 以非同步偶同位之方式欲傳送資料 11100010 則其同位元為何?如接收器亦設定為偶同位則 8251A 狀態字組為何?假設已傳輸完畢,發射及接收端同為 8251A。

解　非同步偶同位用來表示資料內容為 1 之位元應為偶數,題中資料 11100010,有偶數個 1 則傳送器同位元為 0,原始資料為 4 個 1,得知接收器之狀態字組內容必為 10000100B,無同位元錯誤。

....

範例 33　使用奇同位垂直重複檢查法欲傳送kimo字串資料,則奇同位垂直檢查位元為何?

解

傳送字元	ASCII 碼							奇同位垂直檢查位元 D7
	LSB D0	D1	D2	D3	D4	D5	MSB D6	
k	1	1	0	1	0	1	1	0
i	1	0	0	1	0	1	1	1
m	0	1	1	1	0	1	1	0
o	1	1	1	1	0	1	1	1

範例 34　同上題，改用水平重複檢查法，其偶同位水平檢查位元爲何？

解　水平重複檢查法是在垂直檢查法上再加一層檢查，且一定是偶同位。
傳送區塊資料 kimo 後再加上 7 個位元(1100000)到接收端。

傳送字元	ASCII 碼							奇同位垂直檢查位元 D7
	LSB D0	D1	D2	D3	D4	D5	MSB D6	
k	1	1	0	1	0	1	1	0
i	1	0	0	1	0	1	1	1
m	0	1	1	1	0	1	1	0
o	1	1	1	1	0	1	1	1
水平重複檢查位元	1	1	0	0	0	0	0	1

範例 35　業界進行資料傳輸之發射與接收時經常採用循環重複檢查法來測試有無傳輸錯誤，已知資料串爲 10110101，多項式的(產生器)設定值爲 $x^5 + x^4 + x + 1$，求附加到欲傳送的資料串上的檢查碼爲何？傳送出去的資料爲何？並驗證傳輸資料是否正確？

解　欲傳送出去的資料串 = 10110101 表示 $x^7 + x^5 + x^4 + x^2 + 1$
多項式最高次方 = x^5(設定值爲 $x^5 + x^4 + x + 1_1$)取最高次方項

```
                                        1 1 0 1 0 1 0 0
        1 1 0 0 1 1 | 1 0 1 1 0 1 0 1 0 1 0 0 0 0 0
                      1 1 0 0 1 1
                        1 1 1 1 0 0                    ← XOR
                        1 1 0 0 1 1
                            1 1 1 1 1 0                ← XOR
                            1 1 0 0 1 1
                                1 1 0 1 0 0            ← XOR
                                1 1 0 0 1 1
        餘數 --------------------- 1 1 1 0 0          ← XOR
```

除法改用數學式說明如下：

資料串乘上多項式最高次方值＝$x^{12} + x^{10} + x^9 + x^7 + x^5$

採 XOR 運算(除法運算)，除數＝$x^5 + x^4 + x + 1$

　　　餘數即爲附加的檢查碼＝11100

傳送出去的資料爲 1011010111100，即 10110101 再接 11100

接收器將所接收的資料除以多項式(XOR 運算)

```
                                        1 1 0 1 0 1 0 0
        1 1 0 0 1 1 | 1 0 1 1 0 1 0 1 0 1 1 1 1 0 0
                      1 1 0 0 1 1
                        1 1 1 1 0 0
                        1 1 0 0 1 1
                            1 1 1 1 1 1
                            1 1 0 0 1 1
                                1 1 0 0 1 1
                                1 1 0 0 1 1
                  餘數 --------- 0 0 0 0 0 0
```

因餘數爲 0，得證資料傳輸無誤

　　檢查和(Checksum)檢查法是非同步通訊提高可靠性傳輸之一項檢查法，傳送端即發射端，首先將欲傳送之每一筆 8 位元資料依序相加，求取

Chapter 7

總和時必須丟棄進位位元,然後再求 2 的補數取得檢查位元組後,並與原始資料一併送出。接收端判斷接收資料之檢查和(Checksum)與發射端之檢查位元組的方式類似,在將所有的資料求和後,應再與接收的檢查位元組相加,如果總和為 0 則表示資料筆數及內容無誤,否則在傳送過程中一定有位元錯誤,唯此種檢查法無法確定那一筆資料中那一位元有誤。

範例 36 試計算下列五筆資料進行檢查和檢查法中,傳送端之檢查位元組大小為何?接收器接收之資料順序為何?若接收機接收之最後檢查位元組為 00H,則證明傳送過程中有錯誤產生,已知傳送端之資料為 24H,28H,90H,48H,33H。

解 檢查位元組為 24H + 28H + 90H + 48H + 33H = 57H

57H 取 2 補數為:A9H

則傳送端應送出 6 筆資料為:24H,28H,90H,48H,33H,A9H

驗證 24H + 28H + 90H + 48H + 33H + A9H = 00H,因為 A9H ≠ 00H,

則若接收端之檢查位元組若為 00H,則接收資料一定有誤。

··

　　8251A 進行規劃時應先重置 8251A 後再執行控制字組與命令字組,重置的動作如 7-4 節流程圖所示,業界在設計時,通常必須先寫入三個為 00H 的位元組到控制暫存器,再送出使 IR = 1 之命令字組再重置一次,其次才能依次序進行模式設定與命令字組的設定,值得注意的是,每重置後的第一個命令必為模式字組,接著才是控制字組與命令字組。在 8251A 傳送與接收資料之過程中,凡是在非同步模式中發生 PE、OE 或 FE 之情況下表示有錯誤出現,則必須先要求發射端重送一次資料(原先之資料位元組),但在重送資料後應再重新設定命令字組一次,使 ER 位元為 1,並使得 PE =

0，OE＝0及FE＝0。8251A設定所有操作時，凡寫入模式字組或命令字組之每一次設定時，必須加入延遲指令以等待恢復階段，延遲時間長短以8251A之16個CLK長度即可，另一值得注意的是傳送端與接收端之時脈頻率要調整到一樣的大小，雖然無法或不必保證彼此之頻率完全相等，但相差太多一定會造成傳輸錯誤。

7-9 串並列介面

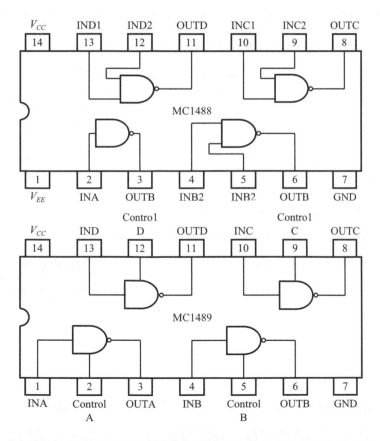

圖 7-9　MC1488 及 MC1489 接腳圖，真值表參考 TTL 技術手冊

　　美國電子工業協會(EIA)為了完成標準化調變／解調變器與數據終端設備間介面連接之任務而設定的 RS232C 交換介面到目前止，此介面仍然是 PC/AT 主機上不可或缺的介面標準，常用的 I/O 介面卡一定有支援 RS232C，雖然有的系統使用自訂的通訊介面信號，但大致而言幾乎所有 RS232C 介面卡上的 25 針連接埠 COM1～COM4 均提供與 RS232C 有相同之訊號接腳，因為每一種串列介面都有不同位準的轉換電路，對於 RS232C 而言，最常用的位準轉換電路元件為 MC1488，內含有四組的訊號線驅動器與 MC1489 其內有四組的訊號線接收器，此類 MC1488 與 MC1489 之 IC 接腳如圖 7-9 所示，因為 RS232C 就是把 TTL 信號，例如 8250 或 8251A 信號轉成 EIA 之電壓準位，或反過來把 EIA 電壓準位轉成 TTL 信號，因為 EIA 是採負邏輯之方式，所以傳送器以 + 5V～ + 15V 代表邏輯 0，以 − 5V～ − 15V 代表邏輯 1，而接收器則以 + 3V～15V 代表邏輯 0，− 3V～ − 15V 代表邏輯 1，彼此間有 2V 的雜訊邊限，可使雜訊之免疫力發揮在 20kbps 之高速傳輸上，因為 PC/AT 僅有±12V 之電源，故 RS232C 之介面 (指個人電腦)電壓操作於±12V 之範圍內，而非±15V，如前所述串列傳輸可分為同步及非同步，同步串列傳輸多了一種同步信號，來控制傳送端與接收端資料的進行，發射端與接收信號準位如圖 7-10 所示。

　　MC1488 或 SN75188 包括 3 個 NAND 閘及一個 NOT 閘其所需的電源供應 $9V \leqq V_{CC} \leqq 15V$，$− 15V \leqq V_{EE} \leqq − 9V$，因此在線路上需準備正負二組電源，腳位的輸入端也就是各邏輯閘的輸入信號準位與 TTL 相容，輸出信號則與 RS232C 之規範相同，MC1488 或 SN75188 可看作是：將 8251A 所傳送出的 TTL 準位(0～5V)訊號轉換為 RS232C 的標準電壓準位，(− 12V～ + 12V)，提昇 RS232C 電壓準位正負訊號為±12V 的主要目的是：一、減低資料訊號透過 8251A 作傳輸時遭受雜訊的干擾，二、考慮信號衰減，無

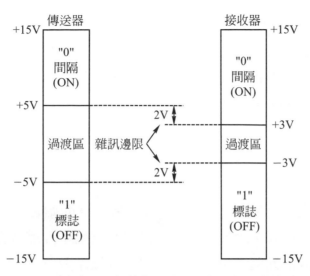

圖 7-10　RS232C 介面電氣特性，間隔即 SPACE，標記為 MARK

論是同步非同步傳輸，在企圖拉遠受信單元與發信單元距離之要求下，欲進行電壓準位之調整而使用 MC1488 或 SN75188 設計電路時，其接地不能省略，換言之腳位 7(MC1488) 一定要接地，否則會使各閘輸入端的電壓上升至與正電源(+12V)供應器相同之準位，驅動 IC MC1488 則一定會損壞，雖然 MC1488 視為一驅動元件，但其邏輯函數(真值表)則與一般的數位 IC 並無二樣，MC1489(SN75189) 則為四組 NOT 邏輯閘，可是各邏輯閘各有一反應控制閘控腳位(Response Control Gate)，此接腳若為空腳則表示 RS232C 處於正常運作狀態。反之，若此腳位接上外部之控制電壓，則即可改變輸入電壓的臨界特性，若此接腳先外接一電容再接地，則其功能必能過濾輸入信號的瞬間尖峰雜訊，MC1489(SN75189) 之 V_{cc} 接 +5V 電源，僅需單一組電源供應器，其各邏輯閘的輸入訊號與 RS232C 訊號準位相容，(－12V～+12V)而輸出訊號準位則回復為與 TTL 準位相容(0V～+5V)，所以 MC1489 之轉換電位之操作實際與 MC1488 相反，MC1489 為一接收器之前置元件，信號準位參考表 7-3。

Chapter **7**

除了前述之 RS-232C 介面(又稱 EIA 介面)外，有關串列通訊方面，市場上又有所謂日本的 JIS 介面，即 JIS C6321 規格，同時附加 CCITT 規範在連接器上，通常在終端機上使用母的連接器，調變／解調變器或接收器上使用公的連接器，表 7-4 為 RS232C 與日系規定的連接器各接腳的名稱與說明，當 RS232C 訊號規範之電壓介於－3V 與－25V 間代表邏輯 1，當信號上的電壓準位介於＋3V 與＋25V 間代表邏輯 0，基本上為方便及有利於判斷傳輸線是否故障或斷線，資料線應保持為 "1"，開始傳送資料時首先送出一個位元邏輯信號為 "0" 的準位，稱之為開始位元，接著才是一連串的資料及相關信號，至於接收端當接收到開始位元信號立即接收資料，且每於資料狀態位元進入後的一半位置才取樣讀取資料，換言之，接收器的結構是進入準備接收資料之狀態後經過 1/2 的保持時間，並於每隔一個保持時間的時間點上才取樣資料。停止位元的功能不僅在與下一筆資料開始位元之準位有所區別，同時也提供接收器有足夠之時間來處理資料。實體之 RS232C 電纜線長約 15 公尺～20 公尺之間，圖 7-11 為 25 針接點(稱 DB-25)連接器的外觀，PC/AT 之 8251A 提供了 COM1 及 COM2 兩個串列通道，在主機板業者通常將 COM1 規劃為 9 針的連接器，COM2 則規劃為 25 針的連接器，9 針與 25 針腳位對應如表 7-5 所示，其信號之分類如表 7-6 所示。

表 7-3　RS232C 信號準位，信號電壓之雜訊抑制範圍為＋3 及－3V 之間，部份系統認定值為±5V

狀態	信號準位採負邏輯	
	－25V ＜V＜－3V	3V ＜V＜ 25V
二進位邏輯狀態	1	0
信號情況	標記(MARK)	間隔(SPACE)
功能說明	關(OFF)	開(ON)

表 7-4 RS-232C 各種規格之連接器接腳名稱及說明

Pin No	RS232C	JIS C6.361	CCITT	舊制 JIR	RS232C
1	AA	PG	101	CND	保護用接地
2	BA	SD	103	TXD	傳送數據
3	BB	RD	104	RXD	接收數據
4	CA	RS	105	TRS	要求傳送
5	CB	CS	106	CTS	可傳送
6	CC	DR	107	DSR	調變，解調器備妥
7	AB	SG	102	GND	訊號用接地
8	CF	CD	109	CDC	偵測載波
9					予約測試變復調
10					同上
11					未定義
12	SCF	BCD	122		偵測副頻道訊號
13	SCB	BCS	121		副頻道可傳送
14	SBA	BSD	118		副頻道傳送訊號
15	DB	ST2	114	TXC	傳送訊號(Element)時序
16	SBB	BRD	119		副頻道訊號
17	DD	RT	115	RXC	訊號時序
18					未定義
19	SCA	BRS	120		要求頻道傳送
20	CD	ER	108	DTR	終端機備妥
21	CG	SQR	110		偵測訊號品質
22	CE	CI	125	RI	顯示 Bell 正呼叫中
23	CI，CH	SRS	112		選擇數據訊號速度
24	DA	ST1	113	TXC	傳送訊號時序
25					未定義

Chapter 7

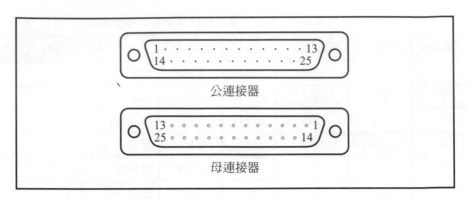

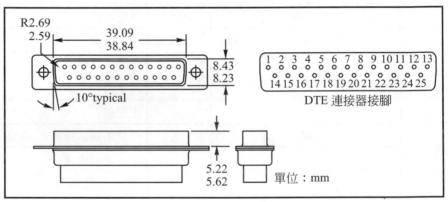

圖 7-11　RS232C 常用 DB25 連接器之機械特性

範例 37　RS232C 位準轉換之元件有那些？

解　為了避免雜訊干擾及進行長距離傳輸，所以採用負邏輯，故當與TTL 準位相容的微電腦系統與 RS232C 介面相連時，中間需要準備一準位轉換介面元件，一般常用SN75188/SN75189，MC1488/MC1489 或 MAX232 或 ICL232 等 IC 晶片

表 7-5　RS232C 連接器接腳分配

符號	25 針接腳	9 針接腳	信號內容
AA	1	———	接地保護 Ground
BA	2	3	資料傳送 Transmit Data
BB	3	2	資料接收 Recesive Data
CA	4	7	傳送要求 Request to Sent
CB	5	8	傳送清除 Clear to Sent
CC	6	6	調變解調器備妥 Data Set Ready
AB	7	5	信號接地
CF	8	9	數據載波檢出
--	9	—	保留
--	10	—	保留
--	11	—	未指配
SCF	12	—	次要接收信號線偵測
SBB	13	—	副傳送清除
SAA	14	—	副資料傳送
DB	15	—	傳送信號時序(DCE 源)
SBB	16	—	副資料接收
DD	17	—	接收信號時序
--	18	—	未指配
SCA	19	—	副要求傳送
CD	20	4	資料終端機備妥(Data Terminal Ready)
CG	21	—	信號品質檢出
CE	22	1	鈴音指示
CH/CI	23	—	資料信號速度選擇
DA	24	—	傳送信號時序
--	25	—	未指配

範例 38　RS232C 適用於 DTE 與 DCE 間之串列通訊，最高速約為 20k bps，RS 之意義為為何？232C 意義為何？

Chapter 7

解 RS為Recommanded Standard之縮寫，即代表一種建議標準或建議規格，說明如下：

232是辨認號碼

C代表經歷的版本

範例 39 RS232C為一標準介面，說明DB-25連接器之實際運用，其電氣特性為何？

解 RS232C 標準對各腳位之用法分別有定義，但對 DB-25 連接器並沒有規定，對一般用的DB-25而言，在數據通訊時並沒有被部全使用到，最重要的是使用接腳2與接腳3就可同時收送資料，其餘則為接地及控制線，而PC/AT(以IBM PC為例)上之串列接面最多使用9根線，事實僅簡單的3根線就可達到傳輸的目的。

電氣特性是定義電壓準位及介面電壓改變時的一項參數，RS232 使用負邏輯，其中以－3到3V為無定義邏輯狀態，也就是說，電壓比－3V更負表示邏輯"1"，比3V更正的電壓表示邏輯"0"，在發射器部份必須運用－5V到－15V的電壓才能傳送邏輯"1"，運用＋5到＋15V的電壓來表示"0"邏輯的傳送信號，如前所述這些電壓範圍可提供電路免於雜訊的干擾，也能提昇高於 50k bps 之傳輸速度，RS232C 終端的旁路電容，包括電纜線電容或排線的寄生電容不能超過2500pf，所以 RS232C 的電纜線不能太長，RS232C 於無載或開路電壓不可超過25V。

表 7-6　RS232C 信號分類

交換電話	接腳號碼	說明	接地	資料 出DCE	資料 往DCE	控制 出DCE	控制 往DCE	時序 出DCE	時序 往DCE
AA	1	保護接地	×						
AB	7	信號接地／共同迴路(SGND)	×						
BA	2	傳送資料(TD)			×				
BB	3	接收資料(RD)		×					
CA	4	要求傳送(RTS)					×	×	
CB	5	清除傳送(CTS)				×			
CC	6	調復備妥(DSR)				×			
CD	20	數據終端備妥(DTR)					×	×	
CE	22	鈴音指示(R)				×			
CF	8	資料載波檢出(RLSD)				×			
CG	21	信號性能檢出				×			
CH	23	資料信號速率選擇(DTE)						×	
CI	23	資料信號速率選擇(DCE)				×			
DA	24	傳送信號時序(DTE)							×
DB	15	傳送信號時序(DCE)						×	
DD	17	接收信號時序(DCE)						×	
SBA	2	副傳送資料			×				
SBB	3	副接收資料		×					
SCA	19	副要求傳送					×		
SCB	13	副清除傳送				×			
SCF	12	副資料載波檢出				×			

範例 40　在微電腦系統中使用最多的電腦通訊編碼是由美國國家標準局(ANSI)所頒布的 ASCII 碼，ASCII 碼採 7 位元，共 128 個字可供使用，127 個字碼當中分圖形字元與控制字元兩類。圖形字元是用來顯示或列印之字元，控制字元則用來啟動，更換或停止某項操作，ASCII 的控制字元有 32 個分四類：通訊控制字元，格式效應字元，資訊分離字元及通用型字元，試列表說明 32 個控制字元之內容。

解

十進制值	控制字元類別	控制字元	圖形字元及說明
0	CC	NUL	NULL 空字元
1	CC	SOH	○標頭開始字元
2	CC	STX	●本文開始字元
3	CC	XTX	♥傳送開始字元
4	CC	EOT	◆傳送結束字元
5	CC	ENQ	♣查詢字元
6	CC	ACK	♠認可字元
7	─	BEL	嗶聲
8	FE	BS	◇
9	FE	HT	空一大格
10	FE	LF	下一行
11	FE	VT	游標回原點
12	FE	FF	下一頁
13	FE	CR	進入(enter)
14	─	SO	
15	─	SI	
16	CC	DLE	▶資料鍵溢出字元
17	─	DC1	◀設備控制字元
18	─	DC2	設備控制字元
19	─	DC3	設備控制字元
20	─	DC4	設備控制字元
21	CC	NAK	
22	CC	SYN	同步字元
23	─	ETB	傳送段結束字元
24	─	CAN	↑取消字元
25	─	EM	↓
26	─	SUB	→
27	─	ESC	←
28	IS	FS	游標向右
29	IS	GS	游標向左
30	IS	RS	游標向上
31	IS	US	游標向下

範例 41 參考上題，ASCII 之控制字元中，32 個控制碼分四類，其英文代碼為何？

解 (1)通訊控制字元(Communcation Control)：CC
(2)格式效應字元(Format Effector)：FE
(3)資訊分離字元(Information Separator)：IS
(4)通用型字元(General Control)：GC

範例 42 PC/AT 間資料之傳送與通訊最主要是靠 RS232C 之連線(RS232C 取自 8250/8251A 之電壓轉換)，如文中所述 PC 上有 COM1 及 COM2 兩種通信串列埠，COM1 之接頭有 25 針及 9 針兩種，但 COM2 一般僅有 25 針一種，PC 間之連線常用 25 針對 9 針或 25 針對 25 針兩種，試繪出此兩種連接器之連線圖。

解

```
25 針 COM1      25 針 COM2        9 針 COM1       25 針 COM2
TxD   2 ————————— 3  RxD          RxD   2 ————————— 2  TxD
RxD   3 ————————— 2  TxD          TxD   3 ————————— 3  RxD
SGND  7 ————————— 7  SGND         SGND  5 ————————— 7  SGND
RTS   4 ┐      ┌— 4  RTS          DTR   4 ┐      ┌— 4  RTS
CTS   5 ┘      └— 5  CTS          DSR   6 ┘      └— 5  CTS
DSR   6 ┐      ┌— 6  DSR          RTS   7 ┐      ┌— 6  DSR
DTR  20 ┘      └— 20 DTR          CTS   8 ┘      └— 20 DTR
         (a)                              (b)
      25 針對 25 針                      9 針對 25 針
```

　　在電腦之通訊上比較常用串列傳輸，若使用並列傳輸之方式時，雖具有高速傳輸之特性，但在長距離傳送時，各信號線間的信號彼此會互相干擾，且線與線之間之雜散電容也會使信號受到衰減，則信號的品質一定比較低落，因此只有犧牲速度使傳輸變慢，來爭取較高之資料品質，串列傳輸的另外優點是只要三條線就可以做雙向之通訊，這一來就可以節省成本，如上所述25針之接頭不論公母接頭皆稱DB-25，及9針者稱為DB-9，因為標準之RS232C為25支接腳，但實際上僅有9支接腳被採用，故才有所謂之DB-9型的接頭，從表7-5之接腳名稱中，可將各接腳依其用途分成五大類代號如下：

1. "A"字母→接地或共同迴路線
2. "B"字母→資料信號線含傳送與接收
3. "C"字母→控制信號線
4. "D"字母→時序信號線
5. "E"字母→副通信信號線

　　PC/AT 上之 RS232C 介面卡或 I/O，不論是 PIII，K6 II 或 P4 等機種均提供 2 個串列埠，分別為 COM1 及 COM2，其所占之 I/O 埠位址及鮑率除頻倍數值如表 7-7 為：

表 7-7

非同步鮑率	鮑率除頻倍數暫存器	
	2F8/3F8 低位元組	2F9/3F9 高位元組
300	80H	01H
600	C0H	00H
1200	60H	00H
2400	30H	00H
4800	18H	00H
9600	0CH	00H

連線控制暫存器則被用來設定傳輸資料的格式。

COM1：3F8H～3FFH，COM2：2F8H～2FFH，每一埠均占 8 個位址，分別給RS232C介面卡上之 8250/8251 內 10 個暫存器使用，並做為資料與指令存取之用，PC/AT RS232C 各位址又可細分，如表 7-8 所示。

表 7-8　COM1，2 各暫存器 I/O 位址

I/O 埠位址		作用之暫存器名稱
COM2	COM1	
2F8H	3F8H	Tx 緩衝器稱為 TxD
2F8H	3F8H	Rx 緩衝器稱為 RxD
2F8H	3F8H	鮑率因子除頻倍數暫存器(低位元組)
2F9H	3F9H	鮑率因子除頻倍數暫存器(高位元組)
2F9H	3F9H	中斷啟用暫存器
2FAH	3FAH	中斷測試暫存器
2FBH	3FBH	連線控制暫存器
2FCH	3FCH	數據機(Modem)控制暫存器
2FDH	3FDH	連線狀態暫存器
2FEH	3FEH	數據機(Modem)狀態暫存器

鮑率設定是非同步傳輸控制之一項重要因素，RS232C 是根據鮑率因子除頻倍數暫存器之內含來設定鮑率，其值如下表所示，圖 7-12 當中之 1½停止位元專供字元長度為 5 位元時使用，2 個停止位元則供字元長度分別為 6，7，8 位元時均可選用。

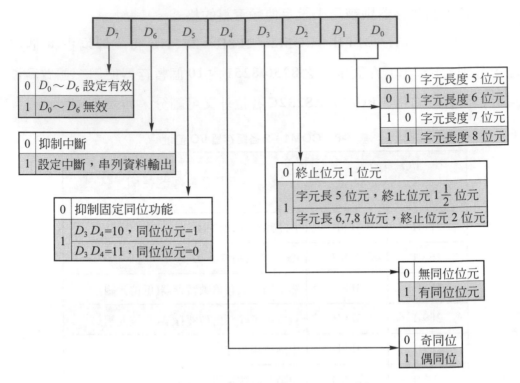

圖 7-12　設定連線控制暫存器 RS232C 傳輸資料格式

其次圖 7-13 為連線狀態控制暫存器，此暫存器用來指示傳輸資料的狀態，此暫存器如 $D_0 = 1$ 則表示接收暫存器已接收到一個字元(一個位元組)的資料。如 CPU 完成讀取之動作則 $D_0 = 0$，若前一筆資料尚未被讀走且連續又送來新一筆資料則一定會發生覆蓋錯誤，此時 $D_1 = 1$，當 $D_5 = 1$ 時表示傳送暫存器是空的，則 CPU 可將欲傳送出去的資料送入 Tx 緩衝器直接發送出去。

前述二個 RS232C 介面作資料傳輸時最方便之方法就是只用三條信號線，分別是 TxD，RxD 及 GND 即可，採用這種模式來完成資料的傳輸，簡易的接法如圖 7-14 所示。

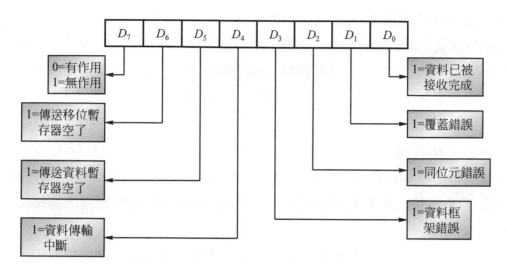

圖 7-13　連線狀態控制暫存器格式

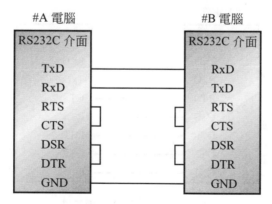

圖 7-14　RS232C 簡易接法

　　圖 7-14 接法稱爲 Loop Bach 連接法，因此只要三條信號線就夠了，當#A 電腦想收資料時因其 RTS 接到 CTS，表示#B 電腦一直是處於準備傳送出資料的狀態，所以當有串列資料進入時，#A 一定要接收資料，反之當#A 電腦想傳送資料出去到#B 電腦時，因#A 之 DTR 接 DSR 表示對方(#

B)永遠是處於準備接收的狀態，所以#A的串列資料可直接從TxD輸出到#B的RxD端，此法雖然簡單，但因為#A或#B無法判斷#B或#A是否確實已收到資料，換言之，一台PC僅負責傳送資料，另一PC僅直接在收資料，彼此間無交握式之功能，因此一開始就假設 PC 互為 DTE 與 DCE，所以TxD與RxD互接，RTS 是當 DTE 備妥後且欲接收資料時會送出此信號，CTS是當DCE備妥後可以送資料給DTE時才送出信號，故CTS是電腦欲接收資料時所採用之控制信號，也就是用在接收模式，欲傳送資料時才會送出DTR信號，此為電腦傳送資料的模式。RS232C比較正規的連接法如圖 7-15 所示。

　　正規之接線法比較不會有失誤資料之現象，也就是傳送器可以確定接收端有收到資料。

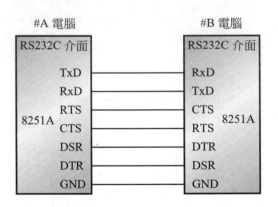

圖 7-15　RS232C 正規接法

7-10　數據機(Modem)

Modem 又稱調變／解調器，數據機在網路上之功能如圖 7-16 所示。因為在電話線路上傳遞信號時，必須依賴 Modem 將數位訊號轉變成類比訊號(聲音)，聲音的範圍在 300Hz 到 3.3kHz 之間，傳送速度為 1200bps～9600bps 以上，但數位信號之速度則更高，為提供兩台電腦作雙向通信，則頻道上必須在一條電話上使用兩種不同信號頻率，俾能完成雙向資料傳輸工作。因為 Modem 採用傳統之電話線路，基本上仍然依賴類比的傳輸訊號方式，電話線路與個人電腦所需要的數位訊號不同，故 I/O 訊號要經轉換後才可進行資料傳輸。調變的意思就是先將數位訊號送到 Modem 轉換成電話線路上指定的類比訊號規格，而接收端則可將類比訊號解調變還原為原本 0 或 1 之數位訊號波形。Modem 之調變／解調變之標準為 ITU-T V.90，規範中明訂資料傳輸速度可達 56k bps，在傳送資料訊號中要加入檢查碼，添加檢查碼乃透過數據機內之錯誤校正編碼器與錯誤校正解碼器來處理，無論是發射或接收端之檢查機制則要採用 ITU-T V.42 之標準，如前所述，一旦在傳輸過程中有錯誤發生，可立即由雙方之 Modem 重送。為了要提昇傳輸速度及避免雜音干擾到電話線內之資料訊號，在 Modem 內部均具有壓縮及解壓縮功能，壓縮之目的是要減少資料量，提昇位元速率(Bit Rate)，ITU 之原名為國際電傳聯盟(International Telegraph Union)，在 ITU 裡的電信標準化部門就稱為 ITU-T(ITU-Telecommunication)，因此只要是與使用電話線來傳輸資料之數據機有關之技術都可以歸納到"V"系列標準之內。

圖 7-16　數據機在通訊網路上的功能

7-10-1　數據機的應用

　　數據機與數據機間互傳資料之始，一定要先透過交握(Hand Shaking)之方式，確認通訊協定、錯誤校正、壓縮格式，並了解雙方都是數據機，才能繼續傳輸資料。

　　數據機通常採用 8 位元資料配合一個同位檢查位元、一個開始位元、一個終止位元。個人電腦上 RS232C 埠可以用來連接數據機，其基本之作用是：負責串列埠的 UART 晶片可以減輕 CPU 之負擔，如果 8251A/8250 之速率不足則可改用 UART 16550 晶片來處理更高速之資料傳輸。

7-10-2　RS232C 之現況與未來

　　圖 7-17 為目前與 P4 機種匹配之晶片組 82850 的應用範例，因為晶片組仍需依賴 LPC I/F 接到 Super I/O 晶片如 82C42 等才能發揮 RS232C I/O 介面之功能，有關 82C42 之相關資料可參考 INTEL 之技術手冊，RS232C 及所有之串列介面之傳輸資料在接收端必須再轉換回並列格式才能由 CPU 執行其後續之演算、分析或處理，反之傳送出去之前也需要將並列資料轉成串列格式才行，雖然轉換之工作均交由 UART 之控制機構來負責，但其格式簡單卻是事實，另外值得一提的是 RS232C 週邊裝置要使用自我電源，譬如外界提供電壓電流之電源電路，甚至不久之將來應該有所謂不需要擴充槽之主機板出現才對。

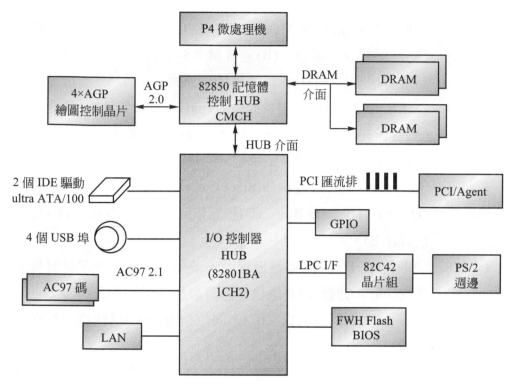

圖7-17　P4主機內部與82850晶片組示意圖

隨堂練習

一、選擇題：

(　) 1. 有關RS-232的描述，何者正確？【複選題】　(A)使用奇、偶位元進行資料保護　(B)為非同步傳送標準　(C)為並列傳輸 (D)有開始位元，有結束位元。

(　) 2. 已知有個數據傳輸機(MODEM)，其鮑率(Baud rate)為1200bps。若連續傳送 5 秒，則共傳送了多少位元組(bytes)？　(A)6000 (B)3000　(C)1200　(D)750。

( ) 3. 有關調變解調變器(MODEM)的應用，下列敘述何者錯誤？
(A)巨距離資料通信　(B)通常與 RS-232C 配合　(C)可利用電
話線傳送資料　(D)資料傳送是並列式。

( ) 4. 在 RS－232 中，奇偶位元檢查(parity check)的作用為何？
(A)當作非同步傳送的開始位元　(B)保護傳送資料的完整性
(C)當作非同步傳送的結束位元　(D)當作傳送端的參考電位。

( ) 5. 下列何者可以為雙向(bidirectional)信號？　(A)中斷要求線
(INTR)　(B)Data Bus　(C)讀寫信號線(RD，WR)　(D)晶片致
能線(CE)。

( ) 6. 在串列(serial)資料傳輸過程中，下列何種方法可即時偵測出猝
發性(burst)錯誤(即多個位元同時發生錯誤的狀況)？　(A)CRC
檢查　(B)偶同位檢查　(C)奇同位檢查　(D)偶同位＋奇同位檢
查。

( ) 7. 某一標準非同步串列傳送信號(含有 START、同位和 STOP 等
位元)，試問此信號所傳送的資料值(data)為何？　(A)00111010
(B)01110100　(C)10100111　(D)11010011。

( ) 8. 下列有關資料傳輸的敘述，何者正確？　(A)串列傳輸必須採
用同步方式傳輸，否則資料會出現錯誤　(B)閃控式(strobe)傳
送的最大缺點：無法確認接收端是否已收到資料　(C)若傳輸速
率為 119200 bps，表示每秒最大可傳送 119200 Bytes　(D)半
多工傳輸方式，可以同時進行傳送與接收。

( ) 9. 在 RS232 串列埠實驗中，下列何者為 IC MAX 232 扮演的角
色？　(A)調整阻抗匹配　(B)增加傳送距離　(C)提高雜訊邊界
(D)轉換邏輯位準。

( ) 10. 在非同步串列資料傳輸中，使用奇同位核對、8 個資料位元、2 個結束位元，則在 115200 鮑率(baud rate)下的有效資料速率是多少？ (A)83782 bps (B)92160 bps (C)70892 bps (D)76800 bps。

( ) 11. 使用 RS-232 界面標準傳送一位元需 0.4166 毫秒，其鮑率應設定為多少？ (A)300 (B)1200 (C)2400 (D)9600。

( ) 12. 下列敘述，何者錯誤？ (A)8254 是可程式週邊界面晶片 (B)8237 是 DMA 控制器 (C)8259 是中斷控制器 (D)8279 是鍵盤/顯示器界面晶片。

( ) 13. 下列有關並列資料轉移之描述，何者正確？【複選題】 (A)高速需求的資料轉移，通常利用同步方式 (B)CPU 和 SDRAM 之資料轉移方法屬於同步方式 (C)低速需求的資料轉移，通常利用非同步方式 (D)同步方式之控制方法包括閃脈(strobe)及來復式(handshake)。

( ) 14. 下列四種資料傳送方式，何者之傳送距離最遠？ (A)RS-232 (B)微電腦內部匯流排 (C)RS-422 (D)20-mA 電流迴路。

( ) 15. 完整呈現一張 1024×1024 的彩色圖像，其 R, G, B 三色分別使用 5, 6, 5 位元來表示，請問要使用多少資料記憶体位元組(byte) 來儲存此圖像？(MB ＝ 1048576 位元組) (A)1MB (B)2MB (C)3MB (D)4MB。

二、問答題：

1. 在工廠中相距 600 公尺的兩部電腦要連線，可以使用下列何種介面最為適當？

Chapter **7**

習題

1. Cable Modem是以電纜線為主要資料傳輸硬體架構,它是屬於傳輸路徑之那一種?試舉一例說明全雙工的應用。

2. 在日常生活中有關資料傳輸之圖儀設備,何者是採用串列資料傳輸?何者採並列資料傳輸?

3. 何謂同步通訊?何謂非同步通訊?試繪圖說明之。

4. 並列傳輸與串列傳輸的優缺點為何?

5. 何謂同位元檢查法,試以非同步結構說明之。

6. 非同步通訊如字元長度為 7 位元,一停止位元,奇同位,一啟始位元,已知I/O埠位址為 310H～311H,則模式設定之片段程式為何?假設傳輸率因素為 16 倍。

7. 同上題,如該字元為 "B" 字,則其標準的非同步字元格式為何?

8. 非同步模式,已知$\overline{\text{TxC}}$的頻率 76800 Hz,參考 6.題的規格,其鮑率為何?

9. 同步通訊之資料格式中可包含偵錯用的同位位元,已知同步字元碼為 16H,且資料字元長度為 7 位元,採偶同位,2 個同步字元,同步字元來源依同步模式設定控制字組之 Bit 7 決定,今欲只傳輸一 "B" 字元,試繪出同步通訊之資料框。

10. 同上題,如 I/O 埠位址為 310～311H 則模式設定之片段程式為何?

11. UART 與 USART 之差異為何?試各舉一 IC 說明之。

12. 同步通訊發生傳輸錯誤之原因有那些?

13. 非同步通訊發生傳輸錯誤之原因有那些?狀態暫存器對應之錯誤位元有那些?

14. 8251A 用在 Modem 傳輸資料所需之控制信號線有那些？

15. 試說明 $\overline{RTS}$ 與 $\overline{CTS}$ 號之交握情形。

16. 試說明 TxEN，TxEMPTY，TxRDY 三者的關係。

17. 某 8251A 應用電路，讀取 8251A 內部之狀態暫存器之狀態碼，則 C/$\overline{D}$，$\overline{RD}$，$\overline{WR}$ 各為何？8251 A 狀態碼有那些是由相關接腳上之信號直接複製進來的？

18. 非同步傳輸模式 $\overline{TxC}$ 之頻率為 163600Hz，則 (a)8251A 之 CLK 接腳 (腳位 20) 至少要多少才能正常傳輸資料，假設模式設定字組為 11011101B，(b) 同上若通訊操作改為同步傳輸，則 8251A 之 CLK 接腳 (腳位 20) 至少為何？此題的鮑率為何？

19. 非同步傳輸鮑率採用 16 倍或 64 倍之優點為何？

20. 命令控制字組之位元 6，位元 7 之作用為何？

21. 參考 18. 題，如果 CPU 讀取狀態字組為 85H，其意義為何？第二次讀取狀態字組則成 87H，其意義為何？

22. 8251A 未傳送資料則 TxD 腳位之電位為幾伏特？送 "0"（一個 bit）電壓為何？送 "1"（一個 bit）電壓為何？

23. 如何將 8251A 之輸出入信號轉換為 RS232C 之規格，試設計一線路圖說明之。

24. 下圖為一 IBM PC 與 89C51 之串列埠連接電路
    (1) MAX232 之作用為何？
    (2) IBM PC 為一發射器，如於 PC 鍵盤按 "A" 鍵後，資料傳送到 89C51，並由 89C51 之 P1 接 7 段顯示器，利用 7447 解碼，將由 PC 傳送過來的資料顯示出來，則 7 段顯示器出現之符號為何？
    (3) 參考 (2) 各自於 PC 端及 89C51 設計一傳送及接收驅動程式，驗證之。

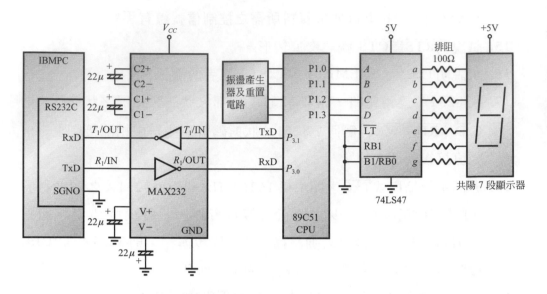

25. 下圖為 $\overline{\text{RTS}}$ 與 $\overline{\text{CTS}}$ 信號交握之時序圖，說明其交握情形

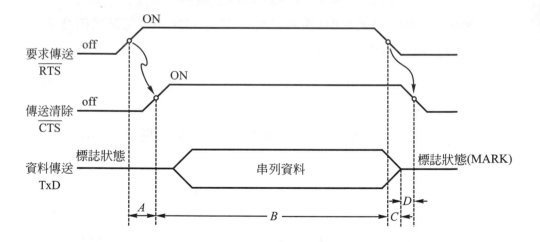

26. 停止位元使用 1 位元，$1\frac{1}{2}$ 位元或 2 位元之作用爲何？各適用於那一種資料之傳輸格式。

27. 試繪出 UART 16550 晶片之接腳圖。

8

監 視 器

8-1 視頻原理

8-2 同步信號

8-3 合成視訊

8-4 雙顯示器系統

8-5 觸控型螢幕(TSD)

8-6 螢幕解析度

8-7 彩色顯示器的調整

8-8 液晶顯示器(LCD)

8-9 大尺寸接合液晶顯示器

　　台灣、日本、韓國等三地為全球監視器(CRT)最大生產國，不論是產量、品質與歐美產品比較起來毫不遜色，以 1996 年 3 月止保守估計，三大監視器供應國總共生產 5300 萬台監視器，占全球比重的 91 ％，比 1995 年成長 8 ％。以台灣為例，1994 年台灣供應之監視器產量高達 2700 萬台占亞洲地區產量的 50 ％，1995 年也高達 3100 萬台占亞洲地區產量的 56 ％，1998 年台灣產量可達 4500 萬台，約占全球市場的 60 ％。台灣監視器營收與產量屢創佳績，每年保持 8 ％至 10 ％的成長，不僅為亞洲產地之冠，當然也是全球最大供應國，應驗了所謂大者恆大的競爭定律。

　　除了 CRT 外另外一項電子顯示器 LCD 產業的成長更令人刮目相看，據美國 SRI 和日本 EIAJ 的分析資料顯示，到西元 2002 年全球 LCD 顯示器產業約佔 48 ％以上，年複合成長率約維持在 10 ％以上，如下圖所示，圖中其他項目內容有 LCD TV 及電漿顯示器等約佔 10 ％。長期而言 LCD 將是本世紀最受重視之顯示器產品之一，液晶顯示器之技術發展趨勢，除了 LCD 上游材料零組件與量產之技術層次外，大而寬視野角之高亮度高畫質特點正是 LCD 業者努力的方向，基本上有 4 個步驟可對 LCD 進行改良：① TFT_LCD 大型化，②平面直角化，③高解析度，④省電型。

8-1　CRT 視頻原理

　　陰極射線管簡稱 CRT，這種裝置通常都是用來當顯示器，例如：示波器、電視機或個人電腦之螢幕。CRT 可分為三部份：電子槍、偏向電路與螢光幕。電子束由電子槍之碳鎢絲加熱產生電子射出，經過偏向電路，受力造成上、下、左、右運動，最後撞擊在螢幕上的燐質而發光，依燐質不同，撞擊後能階轉移發光之顏色不同。

偏向電路包括二部份：水平偏向及垂直偏向，分別由靜電偏向電板或電磁偏向線圈所構成。偏向電板所產生之電場或偏向線圈產生的磁場對電子都會產生作用力，使運動中之電子受力而偏向。以磁場偏向方式的靈敏度高而且CRT管長度較短，但因為其工作頻率響應範圍窄，不適用於高頻信號，所以電視或監視器大都採用磁場偏向方式，反之電場偏向方式其工作頻率範圍寬，但不靈敏，故一般之示波器採用之CRT之長度較長。

圖8-1、圖8-2為兩種不同之陰極射線管的結構。偏向角愈大 CRT 愈短，製造技術難度及層次愈高，如圖8-3所示。

偏向角定義為：電子自電子槍射出後，水平或垂直方向軌跡最大偏向所夾的角度，水平與垂直之兩偏向角不一定相等，當偏向板或偏向線圈的電流或電壓愈大將促使偏向角愈大，反之則偏向角會變小。

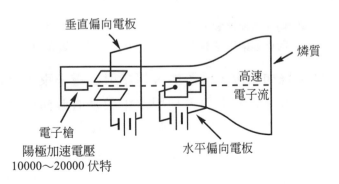

圖 8-1　CRT 電場偏向結構

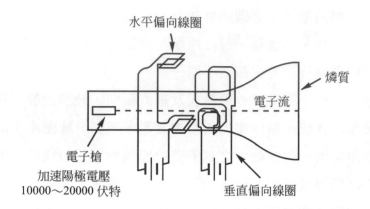

圖 8-2　CRT 磁場偏向結構之偏向電路使電子受力而撞擊到螢光幕之對
　　　　應點上

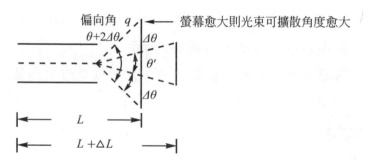

圖 8-3　偏向角與螢幕長度，其中 $\theta \geq \Delta\theta$，$L \geq \Delta L$，CRT 管長，L 愈小愈
　　　　好，因此要讓電子射出後偏向角度愈大技術層面更高

　　電子槍之碳鎢絲加熱後，電子槍會連續射出電子束，該電子波束高速
電子流先瞄準 CRT 映像管左上角，利用水平與垂直偏向移動電子束形成掃
描線。在掃描處，如果射出之電子束強，則此處為一個亮點，否則必為一
個暗點。圖像(Pixel)乃由一些明暗度不同之點所組成，這些點即稱為圖像
元素，圖像的解析度則由這些圖像數的多寡來決定。以 PC/AT 為例，字元
集中任何一符號最小可用寬×高為 8×8 點方塊表示，最大方塊為 9×16 點，
填滿整個螢幕之總點數即為螢幕之解析度，例如可規劃 CRT 全螢幕畫面
寬×高文字模式字元解析度 80×25 字或繪圖模式圖像解析度為 800×600 以

上等，圖 8-4 爲 "A" 符號之圖像，因爲圖像元素之明暗度是由圖像信號電壓之高低決定，所以電位愈高形成上述之亮點愈亮，反之則爲一個暗點，"A" 中每個圖像元素之電位如圖 8-5 所示，關係著像點明暗的 16 進位值則列於該圖之右側。

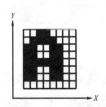

圖 8-4　掃描字元圖像例，8×8 字型，空格表示暗點，即在螢幕上可看到亮的 "A" 字，通常圖中之空格就是 CRT 螢幕之背景

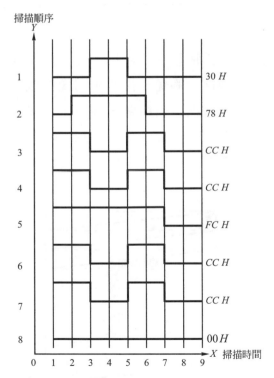

圖 8-5　"A" 圖像中每個圖像元素之電位，每一條掃描線以 8 位元之數位信號準位表示之，欲顯示一完整的 "A" 需 8 條掃描線

Chapter 8

圖像信號掃描線由 L_1 起至 L_8 止共 8 條，其視訊信號為：

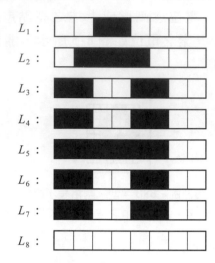

$L_1:$
$L_2:$
$L_3:$
$L_4:$
$L_5:$
$L_6:$
$L_7:$
$L_8:$

圖 8-6 為一個螢光幕呈現 R 字之掃描過程，實線部份略傾斜稱為水平掃描線，虛線部份為返馳線，避免干擾水平圖像信號，返馳期間電子束被中斷，目的是避免在螢光幕上殘留軌跡，因為水平掃描線由左至右，返馳線顧名思義從右至左，即回歸掃描線，換句話說，它是一種水平返回，最後一條返馳線由右下角要回到左上角稱垂直返馳信號。

圖 8-6 圖像掃描方式

8-1-1　交錯與非交錯掃描

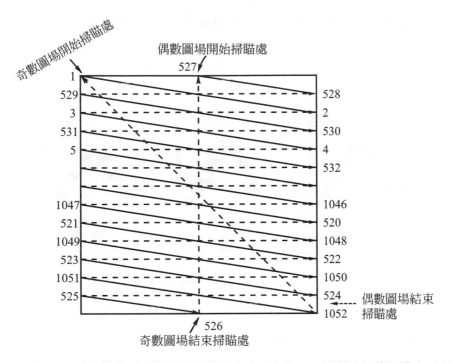

圖 8-7　交錯掃描，奇數圖場掃描線由 1→3→5→…→525，偶數圖場由 527→529→…→1052 止，奇數圖場掃描最後一部份只有半條，因此兩圖場之水平掃描線路 262.5 條，垂直返馳線有一對，其時間不同，但在誤差不大情況下，可假設各需耗時為 3 條之水平掃描時間

　　電子槍由左上角頂端到最低點右下角進行掃描，完成一次完整掃描的過程稱為一個圖場。掃描線傾斜角度與螢幕大小有關。掃描方式分兩種，非交錯式與交錯式。交錯式掃描把一張圖像分解為奇數圖場與偶數圖場，其中一個圖場的掃描線交錯於另一個圖場的掃描線之間，參考圖 8-7，根據掃描圖像原理如以圖 8-8(a)(b)(c)為例，將奇數圖場加偶數圖場便成為一

完整之組合圖像。掃描線愈多圖像愈清晰則掃描頻率愈高，電路設計更複雜。交錯掃描有半條掃描線的特性，以 NTSC 電視系統為例，如掃描線為525 條之電視機(台灣標準規格)，奇圖場與偶圖場必各有 $525 \div 2 = 262.5$條，電台發射信號也以此為準。交錯掃描模式下，如某個時間畫面中只有偶數掃描線正在更新，而奇數掃描線的畫面資料仍會被保留，等到下個時間，則奇數線被更新偶數線則被保留。

組合之圖像　　　　　　偶數圖場　　　　　　奇數圖場
　　(a)　　　　　　　　　(b)　　　　　　　　(c)

圖 8-8　交錯式掃描的圖像

　　非交錯掃描為一個畫面一個圖場。一般之顯示器如 PC 及保全監視器其掃描線為非交錯掃描，能使用在EGA/VGA/SVGA卡上。非交錯掃描，每個畫面之每條掃描線均會被更新，當介面卡或顯示器硬體之控制電路速率不夠快，不能滿足視訊系統所需要之資料處理速度時，通常建議使用交錯型顯示器，基本上，為達到視訊系統高解析度之要求，如採用非交錯型之硬體其速度應為交錯掃描型之二倍。交錯掃描之缺點是眼睛可以察覺顯示器畫面之切換，交流電 60Hz 之頻率容易造成干擾。交錯式掃描在不增加圖像信號之頻率下，將畫面分兩次顯示，可以減少畫面閃動現象，至於提高交錯式之監視器頻率仍然可避開閃爍之困擾。

　　交錯式掃描每秒要呈現 60 個圖像，偶奇數圖場各 30 個。因此每個完整圖場之掃描頻率為60Hz，也就是垂直同步頻率為60Hz，NTSC 規定水平線掃描頻率的標準值為 15.75kHz。

範例 1　證明家電 NTSC 電視之垂直掃描頻率為 60Hz，且可觀察到實際只有 485 條的水平掃描線。

解　根據 NTSC(國際電視系統委員會)的標準，規定電子槍掃描一列所須時間為 63.4 微秒(可採用 $63.5\mu s$)，垂直掃描返馳時間 1.25ms。

已知　垂直掃描頻率＝ $1/(63.5\times10^{-6}\times262.5)$

$$= 60\text{Hz}(週期＝16.67\text{ms})$$

每個圖框可能的掃描線為

$$16.67\text{ms}－1.25\text{ms}＝15.42\text{ms}$$

$$15.42\text{ms}/63.5\mu s＝242.8 條$$

因為 NTSC 為雙圖場，故 $242.8\times2\cong485$ 條(小數省略)

15.42ms 為真正垂直掃描時間，水平返馳時間約 10 微秒，但是水平掃描時間約 63.4 微秒，由計算式得每圖框可能的掃描線為 243 條左右。為了不使螢幕有畫面閃動現象，整個螢光幕在一秒內必須掃描 60 次。

　　非交錯掃描的水平掃描時間仍為 63.5 微秒，單一圖場一個畫面為維持一個圖場 525 條，垂直掃描頻率為 60Hz，則每一條水平掃描線的頻率為 31.5kHz，為交錯掃描的 2 倍。

範例 2　為何交錯的水平掃描頻率為 15750Hz？

解　監視器的水平掃描頻率等於圖像掃描線乘以圖場掃描頻率。

　　　　525 條／圖場×30 圖場／秒＝15750 條／秒＝15.75kHz

Chapter 8

　　水平返馳時間也稱水平空白時間，完整的光域掃描線應包括水平視頻訊號，遮沒信號，同步信號或返馳信號。參考圖 8-9(a)，當電子掃描到第一列的末端時，會得到一個末端信號，獲知訊號後電子槍立即停止射出電子，並且返回第二列的開端。末端信號就是水平同步信號，同樣的在此程序重覆 262.5 列掃描完成後，電子槍接收到垂直同步信號也是立即停止射出電子束，電子槍回到左上角再重新開始。光域掃描線的掃描水平實質比螢光幕的橫寬長一些，光點超過螢幕稱為螢幕過度掃描，圖 8-9(b)當光點抵達顯像時間的終點就變成黑色，這段顯像的結尾到水平同步信號之間的時間稱為遮沒時間，綜合上述所言，光域式顯像之CRT解析度可由三種頻率組成，分別是水平掃描頻率，垂直掃描頻率及視訊頻率。

　　平常吾人購買電視或顯示器時，在挑選螢幕尺寸之規格時，必須注意螢幕是根據對角線長度來計算螢幕的尺寸，換言之，雖然業者以CRT之對角線為其尺寸，但實際上因為CRT玻璃面之外圍有塑膠機殼遮蓋，所以吾人在觀看畫面時並非全螢幕。

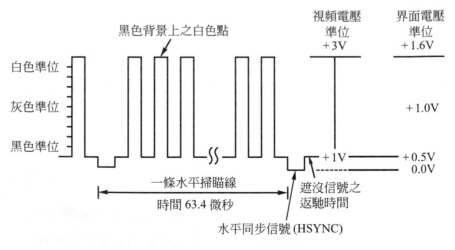

圖 8-9(a)　產生一條掃描線所須的訊號

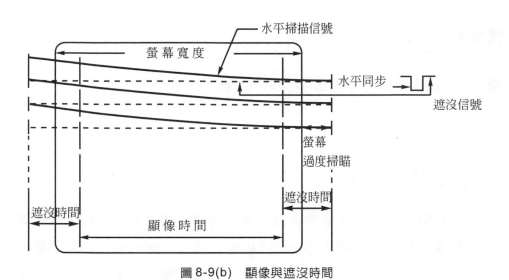

圖 8-9(b)　顯像與遮沒時間

練習 1　下列何者為 CRT 之內容：＿＿＿＿＿＿，＿＿＿＿＿＿，＿＿＿＿＿＿

解　電子槍，偏向電路，螢光幕

....

練習 2　CRT 之偏向電路為：＿＿＿＿＿＿，＿＿＿＿＿＿

解　水平偏向電路，垂直偏向電路

....

練習 3　靈敏度比較高之偏向電板為何？

解　磁場偏向電板

....

Chapter 8

練習 4　　非交錯水平偏向掃描頻率爲何？垂直掃描頻率爲何？

解　　非交錯水平掃描頻率爲 15750Hz，垂直掃爲 60Hz。

....

8 -2　同步信號

　　同步信號的目的是使傳送與接收圖像信號之掃描動作一致，水平同步信號則用來維持發射接收兩端之水平掃描之同步，垂直同步信號亦具類似的特性。一般所常見螢幕畫面呈現波浪狀現象或畫面往上、往下跳動就是因爲沒有同步的緣故，總之，要維持掃描頻率穩定必須利用同步信號。

　　CRT之偏向電路不管是產生控制水平掃描或垂直掃描，輸入偏向線圈 (電板)的信號應該是鋸齒波信號，圖 8-10(a)(b)所示。垂直與水平鋸齒波的 $t_{1垂直} \gg t_{2垂直}$，$t_{1水平} \gg t_{2水平}$。

　　其中

$$t_{水平} = t_{1水平} + t_{2水平} 爲水平掃描線週期$$

$$t_{垂直} = t_{1垂直} + t_{2垂直} 爲垂直掃描線週期$$

　　以交錯掃描的水平鋸齒波爲例：$t_{2水平}$爲水平掃描之返馳時間，介於 4.45 μs 與 5.08μs 之間($t_{2水平} = 8\% t_{水平}$)，因此 $t_{2水平}$ 又稱水平同步時間。垂直掃描信號爲 60Hz，而垂直同步信號 $t_{2垂直}$ 爲 3 條水平掃描線之寬度共 190.5μs。非交錯／交錯之水平掃描與垂直掃描同時進行，見圖 8-11(a)(b)。

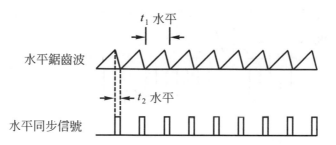

圖 8-10(a) 水平鋸齒波／同步信號，鋸齒與充後電信號之放電時間是用來取得同步信號波形，此信號經 180°倒相可得得圖 8-9(a)之 HSYNC 波形

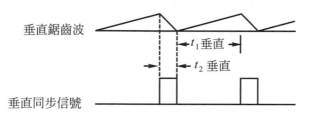

圖 8-10(b) 垂直鋸齒波／同步信號

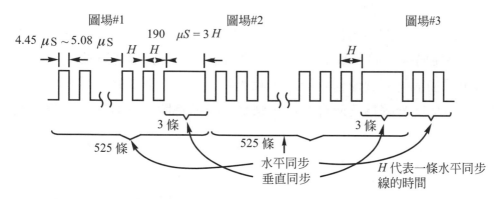

圖 8-11(a) 非交錯掃描信號，垂直同步信號 3H 表 3 條水平掃描寬度之信號

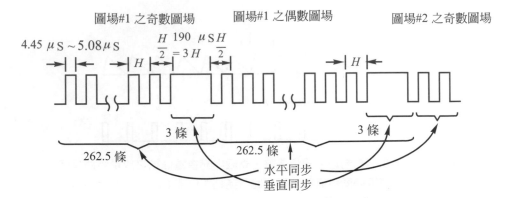

注意：交錯式掃描的水平同步信號與垂直同步信號介於奇偶圖場
前後各有 H/2(半條)之特性

圖 8-11(b)　交錯式掃描水平同步信號與垂直同步信號之關係

　　圖 8-11 為兩種交錯掃描中水平與垂直掃描相互關係。缺點是垂直同步 190μs 時間內水平掃描會失去作用，既然信號不連貫則下一次之圖像信號比較難取得同步。修正之方法參考圖 8-12 與圖 8-13，遮沒信號用在水平與垂直返馳期間關掉顯像之電子束。

　　垂直返馳時間共需約 40 條的水平掃描時間，垂直同步信號時間約需 3 條水平掃描線時間，基本上不管交錯掃描或非交錯掃描均成立。為了取得水平掃描信號與圖像信號同步，我們將一個寬度為 3 條水平掃描時間的垂直同步信號分解為三個寬度為一條水平掃描時間的垂直同步信號脈波。

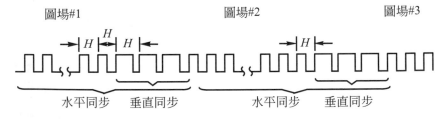

圖 8-12　非交錯掃描之改進，修正後之同步信號，可使水平與垂直同步
切換時掃描之穩定性增加

水平返馳　垂直返馳
期間遮蔽　期間遮蔽

圖 8-13　交錯掃描之改進

8-3　解析度

　　電視機或監視器接收信號即稱為視訊信號，目前電視端子之輸入方式即採用此種結構，個人電腦與電視顯像裝置所使用的合成視頻信號可以先調變再接到視頻輸入端，合成視訊內容包括：水平同步信號、垂直同步信號及圖像信號。

　　VGA/SVGA 依螢幕對角線大小分為 17 吋、19 吋與 21 吋等。顯像點或圖素之間之距離愈近畫面愈銳利，解析度愈高。常見的像點距(Dot Pitch)分五種。

1.　0.39mm
2.　0.31mm
3.　0.28mm
4.　0.27mm
5.　0.26mm

　　低尺寸如 15 吋、17 吋以上像點矩比較可能是 0.28 或 0.26 等級，使用範圍可參考下表，目前 CRT 設計像點距的規格趨向於 0.21mm 或 0.25mm 之技術。

	尺寸	Dot Pitch	解析度	接受方式
一般使用者	14	.28	800 × 600	交錯式或非交錯式
高層次使用者	15	.26	1024 × 768	非交錯式
CAD／圖形工作者	17	.26	1280 × 1024	非交錯式
CAD／多媒體專業	19	.26	1600 × 1200	非交錯式

Chapter 8

範例 3 DAC 數位至類比轉換器之輸出電壓為類比信號，此信號可控制 RGB 三槍電子束之強度，除此之外利用水平及垂直偏向板，即可產生掃描線及返馳信號。參考下圖如 $\dfrac{V_R}{V_G} = 0$，且 $\dfrac{V_B}{V_G} = 0$，則全螢幕呈現畫面為何？

解 $\dfrac{V_R}{V_G} = \dfrac{V_B}{V_G} = 0$，如果 V_G 一定大於 0，且 $V_R = V_B = 0$，可得 $D_{16} \sim D_{23} = 00000000$，$D_0 \sim D_7 = 00000000$，因 V_G 表示綠色之轉換電壓，所以僅有綠色電子槍電壓所產生之電子束會撞擊到螢幕上，故全螢幕應呈現綠色畫面，畫面之亮度將與 V_G 電壓成正比關係。

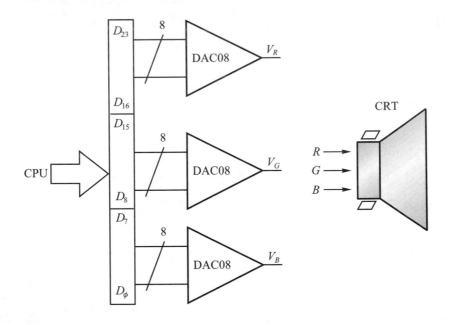

範例 4　解析度為 1024×768，Dot Pitch 為 0.26mm 時，應選擇哪一種尺寸之螢幕？

解　由畢氏定理，螢幕對角線尺寸為

$$d = \sqrt{(1024 \times 0.26 + 0.26)^2 + (768 \times 0.26 + 0.26)^2}$$

$$= \sqrt{70883.74 + 39872.10}$$

$$= 332.80\text{mm} \approx 13.10 \text{吋}$$

因為螢幕外框會遮蔽部份畫面，故選擇 14 吋螢幕最佳，計算時必須注意第一個像點與最後一個像點與邊界各有 1/2 像點矩之距離要列入考慮。

範例 5　螢幕尺寸為 21 吋，像點矩為 0.26mm，解析度多少？

解　螢幕尺寸長寬比為 4：3

像點矩為 0.26mm，水平點數＝ 1641，垂直點數＝ 1230 點

水平解析度＝ 1600

垂直解析度＝ 1200

(1600×3/4 ＝ 1200)

範例 6　VGA 卡配合 14" 非交錯顯示器，圖素之點距多少？

解　顯示器為 14" 則水平畫面長度為 28.448cm

垂直畫面長度為 21.336cm

水平方向解析度為 1024 圖素，故水平圖素相距

Chapter 8

$$28.448 \div 1024 = 0.2778\text{mm} \approx 0.28\text{mm}$$

垂直方向解析度為 768 圖素，故垂直圖素相距

$$21.336 \div 768 = 0.2778\text{mm} \approx 0.28\text{mm}$$

單色卡水平頻率為 15.75kHz，EGA 卡水平頻率提升為 21.8kHz，如超過 SVGA 規格，一般稱為高解析度及多頻，如解析度 1024×768，1280×1024 與 1600×1200。所以我們購買螢幕時應注意所持有的螢幕卡規格，參考表 8-1。

至於 VESA(Video Eletronics Standard Association)訂定之顯示標準則參考表 8-2，為解決畫面內閃爍問題，我們只能提高水平及垂直掃描頻率。

表 8-1　一般常用顯示卡掃描規格(典型值)

介面卡	水平掃描頻率	垂直掃描頻率	一般解析度(預設值)
CGA	15.75KHz	60Hz	320×200
MGA	18.43KHz	70Hz	720×350
EGA	21.8KHz	60Hz	640×350
CG	24KHz	60Hz	512×512
MDA	25KHz	45Hz	720×480(24×24)字形
PGC	30.5KHz	60Hz	640×400
VGA	31.5KHz	60Hz	640×480
MAC-2	35KHz	66Hz	640×480(APPLE)
SVGA	35.2KHz	56Hz	800×600(APPLE)
SVGA	37.5KHz	60Hz	800×600
8514A	35.5KHz	87Hz	1024×768
CAD	47.6KHz	60Hz	1024×768
CAD	64KHz	60Hz	1280×1024
CAD	78KHz	60Hz	1280×1024
SPARC	66KHz	70Hz	1152×900

表 8-2　VESA 掃描頻率規格

介面卡	水平掃描頻率	垂直掃描頻率	VESA 解析度(預設值)
VGA	37KHz	72Hz	640×480
SVGA	48KHz	72Hz	800×600
CAD	56.2KHz	70Hz	1024×768
CAD	76KHz	70Hz	1280×1024
CAD	78KHz	72Hz	1280×1024
CAD	80KHz	60Hz	1600×1200
XGA	57KHz	72Hz	1024×768

8-4　觸控型螢幕(TSD)

　　觸控螢幕又稱觸摸式螢幕(Touch Screen Display)。可分為兩部份：
一為顯示螢幕即LCD面板，另一為觸控之感測器，將觸控感測器與顯示器
安裝結合之後，便成為觸控螢幕，因為螢幕上呈現之圖形，文字或數字與
感測器上之座標軸(X, Y)有對應關係，所以使用者在觸摸螢幕上之圖文符
號，便可取代鍵盤或滑鼠進行選項或下達指令。觸控螢幕的應用領域很
廣，例如：

1.　公眾服務訊息系統。

2.　自助式簡報導遊系統。

3.　手持式微電腦或通訊裝置。

4.　CAI。

5.　自動控制系統。

6.　資訊管理系統。

　　傳統之鍵盤、滑鼠或數位板等輸入裝置並不符合上述這些類型之需
求，原因是容易有機械耗損，容易遭破壞，所以觸控螢幕以"直覺式指
向"之特性便可以成為最佳之人機介面。

Chapter **8**

本節有關各種觸控感測器與觸控原理分述如下：

觸控感測器之解析度與顯示螢幕之解析度不必要完全相同，只要經由一定比例之座標換算即可達到對應關係。

依感測器裝置可分五大類：

1. 電容式感測器

在玻璃質(螢光幕)的外部塗一層透明且可以導電薄膜，如圖 8-17 所示，螢光幕指的是塗在玻璃質內部之螢光質，而在玻璃質之外部之薄膜為一種可導電之金屬物質，形成電容效應，當手指(視為導體)接觸到導電之金屬物質，則四個角落之量測電路因電容量改變即可計算出觸控座標(X, Y)，俗稱容抗感測法，其優點為觸控薄膜相當透明不會干擾視覺，圖 8-18 為一應用例及安裝。

電容式   透明金屬導電塗層

玻璃質 →

← 電腦螢幕

圖 8-17　感測薄膜結構

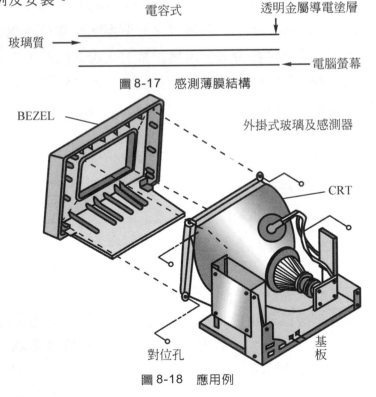

BEZEL

外掛式玻璃及感測器

CRT

對位孔

基板

圖 8-18　應用例

2. 紅外線式(光學式)

在螢幕框緣的LED裝置可連續發射光束形成一交叉網格矩陣，不須要觸摸到螢幕，當手指伸入阻擋了光束，即可計算出觸控位置(X, Y)，如圖8-19所示。

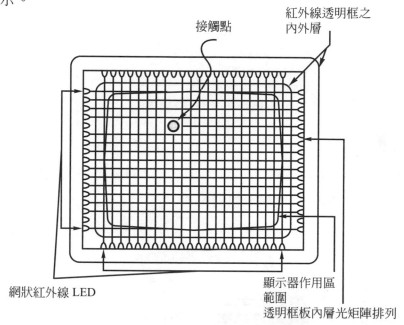

圖 8-19 光學式感應器(Scanning Infrared Beam)

電腦只在手指離開螢幕時才知道使用者之選項，所以使用者能繞著螢幕到處移動找出適當之選擇。

3. 電阻式(阻抗式 RTSD)

RTSD俗稱 Resistive Touch Screen Display，其結構如圖8-20，其夾層有如三明治，外部塑膠質有彈性，所以必須用力觸壓，則此時原來分開之透明導電薄層與塑膠質受壓力而接觸，外接電路由輸出電壓可測出位置(X, Y)，輸出電壓是由靠近玻璃底層的透明導電薄層傳到上一層之導電薄層，而且輸出電壓與位置成比例，值得注意的是：靠近玻璃之透明導電薄層，因傳導而改變電壓，(X, Y)座標值即由上下二層導電薄膜電壓換算可得，此為目前最暢銷的產品之一。

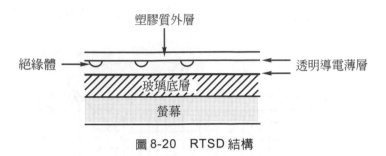

圖 8-20　RTSD 結構

4.　壓力式

當觸控螢幕受壓力碰觸時，位於四個角落的壓力感測晶體會記錄壓力值，經換算可得知(X, Y)座標，如圖 8-21

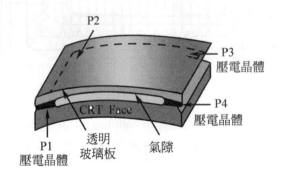

圖 8-21　壓力式感測螢幕裝置(Piezoelectric)

5.　超音波式

圖 8-22 有二對之發射／接收器。音波由四週反射板反射，形成交叉結構，這些波沿著材質均勻之玻璃面傳輸，從發射機至接收機所經之時間為常數，即傳輸速度為固定，一旦受干擾，音波被吸收，能量改變，速度衰減則可測出位置的座標。

音波式

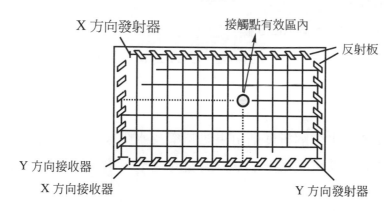

X 方向發射器　　　　　接觸點有效區內　　　　反射板

Y 方向接收器
X 方向接收器　　　　　　　　　　　　Y 方向發射器

圖 8-22　超音波發射／接收器(Surface Acoustic Wave)

8-5　螢幕解析度

　　顯示器的解析度由三種頻率決定，分別是水平掃描頻率、垂直掃描頻率及視訊頻率，通常顯示器的解析度表示法為每條水平掃描線所含的像點數乘以總線數，每條水平掃描線的點數又稱水平解析度，總線數俗稱垂直解析度，螢幕解析度就是由水平和垂直頻率來決定，公式如下

$$V_R = F_H/F_V$$

式中　　V_R 為垂直解析度，單位是掃描線數(條)

　　　　F_H 為水平掃描頻率，單位是 Hz

　　　　F_V 為垂直掃描頻率，單位是 Hz

範例 7　　PC/AT 的 CRT 其垂直掃描頻率為 60Hz，水平掃描頻率為 15750Hz，根據 NTSC 的標準，其垂直解析度為何？

解 $F_H = 15750\text{Hz}$

$F_V = 60\text{Hz}$

$V_R = 15750/60 = 262.5$ 條

因此，CRT 依 NTSC 的標準，理論上最大垂直解析度為 262.5 條，換言之，這是指一個圖場應該有 262.5 條的水平掃描線。

至於螢幕的水平解析度則由視訊頻率及水平掃描頻率決定，視訊頻率又稱視訊頻寬，其定義為電子束被調變的速率，水平解析度的公式為

$$H_R = F_{\text{VIDEO}}/F_H$$

其中 H_R 為最大的水平解析度，單位是像點(Pixel 或 Dot)，F_{VIDEO} 為最高視訊頻率或頻寬，單位是 Hz 或 Dot Clock。

根據 NTSC 的標準大力士卡典型的視訊頻率為 12.6MHz，依傳播系統或介面卡的設定，視訊頻寬愈大，螢幕解析度愈高，換言之螢幕的總像點數愈多，表 8-3 為 VGA/SVGA 卡在不同工作模式下，所呈現解析度與視訊頻率的關係。例如表 Mode_29H 中，Fvideo = 40MHz，$H_R = 38\text{kHz}$，則 $F_H = 40\text{M}/38\text{K} = 1053(1024)$。

表 8-3　VESA 之 VGA/SVGA 顯示模式

Mode NO.	Color	Resolution	Sync Freq. Horizontal	Sync Freq. Vertical	Dot Clock，Fvideo
21	16/256k	1056×480	30.5 kHz	60Hz	40.000MHz
22	16/256k	1056×396	30.5 kHz	70Hz	40.000MHz
23	16/256k	1056×400	30.5 kHz	70Hz	40.000MHz
24	16/256k	1056×392	30.5 kHz	70Hz	40.000MHz
25	16/256k	640×480	31.5 kHz	60Hz	25.175MHz

表 8-3　VESA 之 VGA/SVGA 顯示模式(續)

Mode NO.	Color	Resolution	Sync Freq. Horizontal	Sync Freq. Vertical	Dot Clock，Fvideo
26	16/256k	720×480	31.5 kHz	60Hz	28.322MHz
29	16/256k	800×600	35.5 kHz	56Hz	36.000MHz
29	16/256k	800×600	38.0 kHz	60Hz	40.000MHz
29	16/256k	800×600	48.4 kHz	72.7Hz	50.350MHz
2A	16/256k	800×600	35.5 kHz	56Hz	36.000MHz
2A	16/256k	800×600	38.0 kHz	60Hz	40.000MHz
2D	256/256k	640×350	31.5 kHz	70Hz	25.175MHz
2E	256/256k	640×480	31.5 kHz	60Hz	25.175MHz
2E	256/256k	640×480	38.7 kHz	72.7Hz	32.512MHz
2F	256/256k	640×400	31.5 kHz	70Hz	25.175MHz
30	256/256k	800×600	35.5 kHz	56Hz	36.000MHz
30	256/256k	800×600	38.0 kHz	60Hz	40.000MHz
30	256/256k	800×600	48.4 kHz	72.7Hz	50.350MHz
37	16/256k	1024×768	35.5 kHz	87Hz**	44.900MHz
37	16/256k	1024×768	49.0 kHz	60.5Hz	65.000MHz
37	16/256k	1024×768	57.6 kHz	71.7Hz	80.000MHz
38	256/256k	1024×768	35.5kHz	87Hz**	44.900MHz
38	256/256k	1024×768	49.0kHz	60.5Hz	65.000MHz
38	256/256k	1024×768	57.6kHz	71.7Hz	80.000MHz
38	16/256k	1280×1024	48.1kHz	87Hz**	80.000MHz

Note：
*---Extended Graphics Adapter text modes with 350 scan lines
+---9x16 Character cell enhanced text modes with 400 scan lines
**---Interlaced Mode
(取自 TSVGA 手冊 04/93)

Chapter 8

　　綠色電腦監視器設計與製造三大訴求是：一、人體健康，二、節約能源，三、環保，美國環保署(EPA)對省電型螢幕之要求也有三大項目，一、省電時耗電應在30Watts之下，二、廠商要教育設計者及使用者環保的概念，三、加強自動省電設計，雖然EPA有規範，但是台灣監視器廠商對細部設計仍然是依照VESA之標準來做。省電型螢幕(監視器)之ON/OFF有三種操作模式：

1. ON：此時垂直信號及水平信號仍不斷送至監視器，螢幕仍然處於工作狀態。

2. SUSPEND：垂直及水平的信號不再送出，除了CRT鎢絲部份及少許偵測電路以外所有耗電元件一律OFF，可是一旦有垂直或水平信號產生，監視器即可快速回復ON狀態。

3. OFF：垂直水平信號已不再送出，CRT所有的零件包括鎢絲全部OFF。

　　監視器在ON的狀態下平均耗電量為120Watts，SUSPEND的階段耗電量低於20Watts，而OFF時則必須低於5Watts，圖8-23為螢幕電能處理狀態圖。

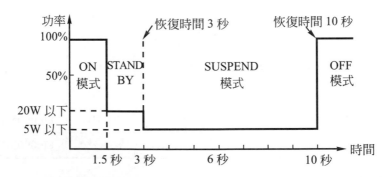

圖 8-23　CRT省電模式控制圖，STANDBY的時間很短可併入SUSPEND一起考慮

　　由上圖我們看到SUSPEND模式由垂直及水平信號停止傳送開始算起，起始只設定數秒時間，當 SUSPEND 狀態繼續下去，只要垂直及水平信號仍不復見，此時 CRT 所有的元件及鎢絲全部 OFF，螢幕處於最低耗電狀態，其電力僅維持於水平及垂直信號能自動開機為限，圖示時間之設定為 3 秒，實際上可由使用者設定。綠色電腦強調輻射對人體健康不利的影響訴求，對此項要求廠商均是遵循瑞典國科會於1990年制定的規範為標準，例如：CRT加裝反磁力線圈，電子輻射力在半公尺內不得超過250nt的標準，反磁力線圈的目的可以使電腦輻射減弱放射。為避免畫面閃爍，VGA卡之CRT最好採用非交錯掃描，至少也要符合VESA之規範才行。圖 8-24 為一普通 CRT 及低輻射 CRT 之外觀，要使用 EPA 之星的 CRT 必須有匹配的主機板與 VGA 卡，三方面同時配合，才能將省電功能顯現。

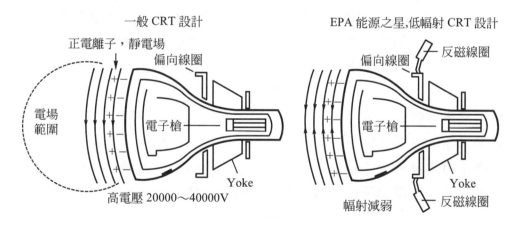

一般 CRT 設計　　　　　　　　　EPA 能源之星,低輻射 CRT 設計

圖 8-24　EPA 低輻射 CRT 在螢幕前之輻射上下相互抵消

　　綠色電腦 SUSPEND 模式前半段為 STAND BY 階段，因此圖 8-23 詳細討論應該有 4 個操作模式才對，但有人把STAND BY 併入SUSPEND模式以三種模式視之。至於 4 個模式要如何來分辨呢？其實以水平與垂直信號的狀態即可區別，如表 8-4 所示。

表 8-4　省電型 CRT 之操作模式

模式	水平信號	垂直信號	回復時間	週邊電路
ON	ON	ON	—	ON (ALL)
STAND BY	OFF	OFF	1.5 秒	ON (ALL)
SUSPEND	OFF	OFF	3 秒	HEATER ON
OFF	OFF	OFF	10 秒以上	OFF (ALL)

8-6　彩色顯示器的調整

前面內容所述，顯示器的顯示，不論是文字或圖形，皆是由像點所組成。VGA 的顏色就是由圖 8-25 的色盤所組成，因此每一個像點就是由圖 8-26 的色點組合而成，再構成螢幕彩色畫面，所有的畫面都是依照三原色強度不同比例的配合形成的，圖 8-27 為彩色顯示器的應用方塊圖，在一般的顯示器均可以通用，圖中由匯流排開始，視頻放大器電路是以 RGB 之類比信號為處理的對象，這是所謂之視訊部份，視訊信號與同步偏向電路可決定顯示器的品質與顯示狀況的好壞，因為視頻信號包含色彩處理信號，所以顯示器本身不會決定色彩數目的多寡，色彩數目及顯示模式是由彩色顯示卡來決定。要調整顯示器前需注意的項目如下：

圖 8-25　光的三原色 R.G.B 三色調色盤，加色系方式

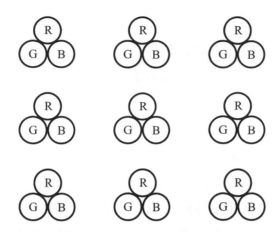

圖 8-26 彩色畫面緊密排列之結構

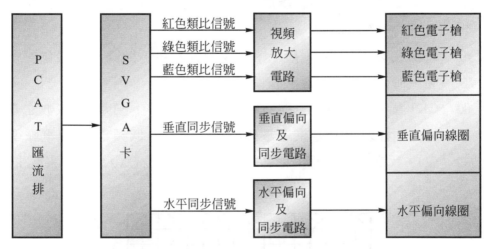

圖 8-27 個人電腦使用 SVGA 之訊號工作原理與歸納

1. 螢幕是平面或球面：球面之 CRT 是凸出的，球面之 CRT 電路的設計較容易，但是平面的 CRT 畫面的視角比較寬廣。

2. 螢幕是直角或圓角：這是指 CRT 的四個角是直角或圓角。

3. 視頻放大器的頻寬：如前面所述，VGA 卡 1280×1024 之解析度如果每秒畫面為 60Hz 則頻寬必為 78.643MHz。

Chapter **8**

4. 調整鈕功能：調整鈕在一般顯示器中常見有下列幾種：

⑴ 亮度調整：當亮度調整到最亮時，黑白的地方會變成灰色。

⑵ 對比調整：指視頻信號放大器增益的大小，可增加高亮度與低亮度之間的差距。

⑶ 垂直大小：垂直畫面的寬度。

⑷ 垂直位置：使顯示器的圖形呈現在螢幕之中央。

⑸ 水平大小：水平畫面的寬度。

⑹ 水平位置：使顯示器的圖形呈現在螢幕之中央。

⑺ 弧度調整：表示像點填滿整個螢幕過程中，螢幕寬度變化的情形。

⑻ 消磁：CRT 受地磁影響造成色彩不均勻，產生瘀色現象或類似染色不均勻的情形。

⑼ 直線性：如圖 8-28 所示，如果線性不足，則圓形圖樣會變成橢圓，而正方形格子會被扭曲或成為長方形。

⑽ CRT 輻射：輻射是一種物理量通稱電磁輻射，以粒子或波之方式傳送，輻射中所產生之電波可分：靜電及低頻電磁波(電脈衝產生)，反之其光波有：紅外線、紫外線及 X 光(由電子波束產生)等三種。

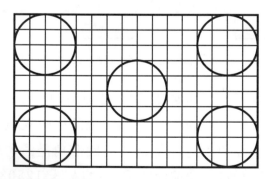

圖 8-28　CRT 之測試圖騰(或檢驗圖)，圓形用來檢驗高頻響應，並判斷其直線性、曲度等

VGA 16 色模式所顯示的字元的屬性可分為 4 種，如圖 8-29 之格式。

16 色模態的預設顏色，隨 VGA 廠商的預設值不同，其色彩略有差異，我們可以進入色盤暫存器去調整內設值，基本的 16 色如表 8-5 所示。

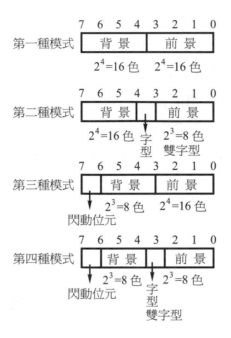

圖 8-29　16 色模態下的屬性位元組

表 8-5　16 色模態預設顏色

色盤暫存器編號	顯示顏色	色盤暫存器編號	顯示顏色
00H	黑	08H	灰
01H	藍	09H	淺　藍
02H	綠	0AH	淺　綠
03H	青	0BH	淺　青
04H	紅	0CH	淺　紅
05H	紫　紅	0DH	淺紫紅
06H	棕	0EH	黃
07H	白	0FH	高亮白

Chapter **8**

| 範例 8 | 考慮16色文字模態下之第一種模式,如果某文字之字元碼為41H,屬性碼為25H則螢幕可觀察到的字型為何? |

解 文字碼為41H表"A"字,此為文字字型,至於是8×8或8×16或標準字型9×16則因題意未規定,吾人無法判斷字體之解析度。

屬性碼為 25H 表 00100101 前景 4 個位元為 0101 背景 4 個位元為 0010,則查表 8-5 得知前景為紫紅色背景為綠色,故螢幕可看到綠底紫紅色的 A 字。

| 範例 9 | 同上題如果改為第三種模式,且屬性碼改為A5H則螢幕可觀察到的字型為何? |

解 A5H 之前景為 0101,背景為 010,閃動位元為 1,故可得綠底紫紅 A 字閃動,因為閃動位元取自背景位元之最高位元,故應是綠底在閃動,非 A 字進行閃動。

8-7 液晶顯示器(LCD)

液晶顯示器應用於電子電路幾乎已有38年的歷史(2009年止),但台灣於 1980 年初才開始大量生產TN型LCD,其產品大部份可用於鐘錶、計算器、家電、通訊機組等,目前 TN 型 LCD 主要應用於電動玩具及呼叫器上,自 1986 年TN型提昇為STN型,顯示部份朝大型顯示面板發展,且藉著高比對之效果開始應用在資訊處理之設備上,例如筆記型電腦、汽車導航、數位電視及事務機器等。TN型與STN型以單色爲主，彩色部份只極少數被開發應用在液晶彩色電視機等，同時於1985年 TFT 之彩色液晶顯示器開始被應用在商業產品上，例如多媒體筆記型電腦、工作站、TV 及電玩，因爲 TFT LCD 爲一種主動式矩陣產品，其反應速度快，比STN有更高之色彩比對效果，1992年起不論是STN型或TFT型都是以中小型顯示面板爲主流，例如行動電話或PDA等均強調超薄、低耗電量、高精細解析度及反應時間快爲其優點，這些產品的技術乃來自日、美、韓等主要之生產國，且持續主導資訊電腦市場，至於較大尺寸之TFT LCD有9"、12.1"之 SVGA 顯示器或 13.3"、14"、15"、19"等以上之 XGA 爲目前最常見。1997年全世界筆記型電腦用LCD產量有1540萬台左右，台灣生產筆記型電腦用掉485萬台。1997年包含 TN 型、STN 型及 TFT 型 LCD 生產之總產值約230億元，其中外資廠商占70％，值得注意的是在485萬台之中尺寸顯示器大部份皆由日韓進口約占 85 ％，韓國只占 85 ％中之 21.4 ％左右，而反觀台灣之業界自1993年起，無論自製率或進口產值每年均以39.9％複合率成長，出口則以成品之筆記型電腦監視器或半成品爲主，至2004年止，台灣 TFT LCD 之上游產品其規模已屆世界第一。至於我國在大尺吋 TFT LCD 的供應比重亦已逐年提高，並於2002年超越日本成爲僅次於韓國的全第二大供應國，全球市佔比重38.3％，雖2003年市佔比重僅達35.3％，預估 2006 年在台灣廠商積極的著墨五代生產線建置前題下，產能比重將高達40.5％以上，必超越韓國成爲全球大尺吋 TFT LCD 最大供應國。

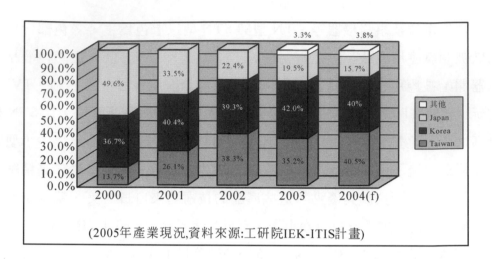

(2005年產業現況,資料來源:工研院IEK-ITIS計畫)

　　值得一提的是：目前全球主要大型 TFT LCD 生產國為日本、台灣及韓國，而中國大陸近年亦積極呈現前進平面顯示器市場的野心，除了上海廣電與日本合作之外，京東方則併購韓國 Hydis，順利取得進入 TFT LCD 的門票，並於 2005 年正式加入五代線的生產行列，漸漸在國際上取得一席之地，下表 8-6 為 2004 年日本韓國及中國大陸的研發現況。

　　日本雖然逐漸退出大尺吋的擴產競賽，然而，對於高附加價值的大尺吋電視市場卻仍積極佈局，目前主要領導廠商為 Sharp，並透過 ALTDED 聯盟與上游材料與設備商共同開發低價高品質 30"以上的 LCD TV，並率先投入 TFT LCD 六代線的量產。

　　韓國 TFT LCD 產業仍以集團式的方式擴展，主要以 Samsung 及 LG.-Philips 為二大陣營，與台灣五大面板廠形成產能市占拉距的競賽。韓國五代線於 2002 年領先開出，卻受限於大型基板的製程及彩色濾光片的新製程而延後良率提昇時程而拉近了與台灣的距離，2003 上半年台灣為五代線主要投產地區，包括友達第二條五代線，瀚宇彩晶及奇美第二階段擴產等等，而韓國則致力更高世代的投資規劃，六代線的產能亦於 2005 年起陸續開出，並率先公佈七代及七‧五代線的規格，規劃於 2006 年搶佔四十吋以上的市場，則台灣在大尺吋市場的競爭將更加激烈。

表 8-6　台灣以外東南亞國家產能世代研發狀況表

區域	廠商名稱	X(mm)	Y(mm)	Gen.	最大月產能 (k sheet)	量產時程 (f)
日本	Sharp	1500	1800	6	45	2004Q1
		1500	1800	6	30	2005Q4
		2100	2400	7.5	30	2006
韓國	LG Philips LCD	1000	1200	5	60	2002
		1100	1250	5	60	2003Q2
		1500	1850	6	90	2004Q4
		2120	2320	7.5	--	規劃中
	Samsung	1100	1250	5	100	2003Q2
		1100	1300	5	100	2003Q4
		1870	2200	7	100	2005Q2
	S-LCD	1870	2200	7	0	規劃中
中國	BOE-Hydis	1100	1300	5	60	2005Q1
	SVA-NEC	1100	1300	5	45	2004Q4

資料來源：工研院 IEK-ITIS 計畫

　　台灣自 1988 年由工研院著手開發 TFT LCD 後，1990 年起 LCD 面板及光電科技業者便相繼投入 STN 及 TFT 之研發，自 1993 年起便開始眞正以量產投入 STN 型生產行列，1994 年雖然部份之面板業者亦跨足開始生產 TFT，台灣在大尺寸之生產技術一直難以突破，但於 1999 年起才開始量產 TFT 型，如廣輝電子等並配合日系研發 12.1" 以上之產品，LCD 應用產品如表 8-7 所示，幾乎所有研發傳統 CRT 之高科技廠商都直接或間接投入 LCD 產品之製造行列，顯見 LCD 已經是熱門產業之一。到 2000 元第一季止相關 LCD 之研發當中，以玻璃基板，彩色濾光片，低多晶矽 TFT 等零組件最爲積極。

Chapter 8

表 8-7　LCD 應用參考表

領域	應用產品		需求尺寸(英吋)	TN	STN	TFT
資訊設備	個人電腦	桌上型電腦	10.4~19″		△	△
		膝上型電腦	9.4~12.1″			△
		筆記型電腦	9.4~12.1″		△∨	△
		次筆記型電腦	8.4″		△∨	
		筆式電腦	8.4″~10″		∨	
	CAD/CAM 工作站		10.4~19″			△
	個人數位助理(PDA)		4″~6″		△∨	
	個人用字元處理機		10~12″		∨	
辦公用設備	顯示看板		8.9″		∨	
	筆記型終端機		640×480Dot		∨	
	手攜式終端機		192×240Dot		∨	
	銀行櫃員機		15×15cm²		∨	
	個人用傳真機 ○		1×6cm²	∨		
	商用傳真機		10×15cm²		∨	
	影印機		5×15cm²		∨	△
	液晶投影機		2.8~3.6″			△
	口袋型電子記事簿		5.0×3.1cm²	∨	∨	
家電娛樂設備	液晶彩色電視 ✳		1.6~4.6″	△	△	△
	攝影機	彩色視窗 ✳	0.7″			△
		攝影監視器 ○✳	3.0~4.0″			△
	汽車導航		4.0~7.0″			△
	電玩		4.2×5.6cm²	∨	△	
	電子筆記簿		3.0~5.0″		∨	
	冷氣機、洗衣機、電話、遙控器		2×6cm²	∨		
其他	工廠自動化顯示器 ○✳		4.0~12.1″		∨	△
	柏青哥、大型電玩 ✳		4.0″			△
	鐘、錶、呼叫器 ○		2×6cm²	∨		

∨ 表示彩色顯示板，TN 表示 Twisted Neumatic 扭轉向列，✳ 表示 TFT 產品居多
△ 表示單色顯示板，STN 表示 Super TN 超級扭轉向列， ○ 表示 STN 以下產品居多

　　近十年來TFT LCD的技術已達成熟的階段，其產品的良率亦趨穩定，消費市場寄望 LCD 面板能全面性取代被認爲不甚環保的映像管顯示器(CRT)。在電腦相關的顯示器方面，例如小型的資訊看板顯示等，LCD 之面板確實早已取代了映像管的顯示器，接下來的目標就是所謂的 LCD TV了，然而較大尺寸方面，如公眾傳媒看板等面板，過去礙於製造技術之瓶頸造成生產良率受到限制。及至 2001 年三星推出量產的 40" TFT-LCD 後證實大尺寸的單一液晶面板亦具有可行性，2002 年 LG 也緊接著推出平價的 30"中型液晶面板，台灣於 2003 年後各 TFT-LCD 大廠(友達、奇美等)才相繼研發出類似之產品，也因爲製程之突破與技術經驗之精進，大尺寸之液晶面板才能於顯示器產業占有一席之地，可預測就是LCD TV 產業亦將成爲明日之星，其主因就是配合我國之電腦產業及沿襲過去CRT王國之記錄，液晶顯示器產業與半導體產業將並駕成爲重點產業，如以其產業本身與相關性產業規模而論，各領域之關鍵技術其實已相當有成效，2006 年LCD TV 國內之量產大約爲4600 萬台，推估 2007 年約可達 7500 萬台。

範例 15　至 2005 年第四季止我國液晶顯示器生產廠商有那些？現況爲何？

解　製造LCD之廠商分面板(Panel)製造商與模組(Module)製造商，如下簡述面板製造商有：

TN型有：碧悠電子、光聯科技、勝華科技、揚暉科技、三洋電機、聲寶及美相液晶等。

STN 型有：南亞科技、碧悠電子、華映、光聯科技、愛普生、國喬光電、勝華科技、高雄日立電子等。

TFT型有：元太科技、聯友光電、東元光電、瀚宇科技、奇晶電子、工研院、廣輝科技、南亞科技、華映及友達科技等。

Chapter 8

模組製造商有：

TN型有　：除上述TN型中外尚有久正光電、泉毅光電、福華光電、都美、上晴光電等。

STN型有：除上述STN型中外尚有夏普電子、達威光電、所羅門、上晴、格樂百等。

TFT 型有：夏普電子、元太科技、友達科技、聯友光電、華映及奇晶電子等。

國內廠商現況以TFT LCD二虎三貓作比較，如下表所示：

廠商名稱	X(mm)	Y(mm)	Gen.	最大月產能 (k sheet)	量產時程 (f)
AU Optronics(友達光電)	1100	1250	5	70	2003Q1
	1100	1300	5	70	2004Q2
	1500	1800	6	90	2005Q2
Chi Mei(奇美電子)	1100	1300	5	120	2003Q3
	1300	1500	5.5	100	2005Q1
CPT(中華映管)	1500	1800	6	30	2005Q2
Hannstar(瀚宇彩晶)	1200	1300	5	90	2004Q1
	1500	1850	6	30	2006Q1
	2120	2450	7	--	規劃中
Innolux Display(群創)	1100	1300	5	35	2004Q4
Quanta(廣達)	1100	1300	5	60	2003Q2
	1500	1800	6	90	2005Q3

資料來源：工研院 IEK-ITIS 計畫，2004/08

有關 LCD TV 的現況爲：2003-2004 爲我國擴建第五代 TFT LCD 生產線的主要時程，預估全球十二條五代線中台灣將佔有六條，對我國產能的挹注相當可觀，2004 年產能成長達七成，高於全球的 60 ％平均成長率。在產品佈局方面，以 LCD Moitor 爲主要產品比重高達六成以上，其次爲筆記型電腦螢幕，對於新產品 LCD TV 的佈局亦相對積極，除了技術改良之外，並持續朝經濟規模發展，投資更高世代生產線以取得更低成本及更高產出的效益，目前除了奇美以 5.5 代線爲下一條生產線規劃之外，其它各家均以六代線爲投資目標，而產品規劃就以 30 吋以上 TV 爲主，尤其在 32 吋及 37 吋爲六代線之經濟切割尺吋，更成爲各家廠商於六代所設定的目標產品。隨著全球數位化時代的來臨，決戰客廳的娛樂核心則規劃爲 40 吋以上的大型電視市場。

近年來以液晶平面顯示器(LCD)當面板之需求已逐年增加，尤其是採用 TFT_LCD 爲個人電腦顯示裝置更已經取代傳統監視器之趨勢，甚至以 TFT 之 LCD 面板將全面取代所有的家用球面或平面電視的螢光幕，事實上，在我們日常生活中無論是通訊產品，如手機、事務機器，如 PDA 或電腦週邊裝置等消費性產品之顯示器已以 LCD 爲主。

國內之單位如 MIC、經濟部 ITIS 及 Display Search 公司統計 2003 年台灣 TFT_LCD 出貨量約 4500 萬台至 5000 萬台，較 2002 年成長至少 5 成以上。目前國內主要 TFT_LCD 面板業者五代廠有友達、華映、奇美、彩晶及廣輝等。

以目前之技術投入製作液晶顯示器，螢幕超過 30 吋以上時會因玻璃基板材質之關係，其重量將使面板變形，且面板之耐用度比傳統之 CRT 差，使用環境溫度只能介於 0℃ 與 50℃ 之間，主要的原因是在高溫下液晶結構

Chapter 8

會遭受破壞，但如採用低溫多晶矽LCD之技術，理應可克服部份之缺點，所以液晶顯示器預期可逐漸取代傳統之陰極射線管顯示器。如前所述，三大液晶顯示器(TN、STN、TFT)之玻璃尺寸規劃如表8-8所示。

表 8-8 顯示器大小與取材數(層數)

世代	玻璃尺寸	畫面尺寸 (英吋)及層數									
		10.4	11.3	12.1	13.3	14.1	15.1	16.1	18.1	20.1	30.1
第1代	300×400mm	2						1			
	320×400mm	2									
第2代	365×465mm	4								1	
	370×470mm	4	2	2	2	2	1	1	1		
第2.5代	400×500mm	4	4	2	2		2		1		
	410×520mm	4	4	4	2	2	2	1	1		
第3代	550×650mm	9	6	6	4	4	4		2	1	1
	550×670mm	6	6	6	4	4	4	2	2		
	600×720mm	8	6	6	6	6	4	4	2		
第3.5代	620×750mm				6	6	4		4		
	650×830mm	9	9	9	6	6	6	4	4		
第4代	680×880mm			9	9	6	6	6	4	4	2
	730×920mm			9	9	9	9		6	4	2
	1000×1200mm			16	16	15	15		9	6	2
第5代	1100×1250mm			20	16	16	16		12	6	4
	1150×1300mm					20			12		
第7代 (註)	1300×1500mm 以上				18	20	未知	未知	未知	未知	未知

註：韓國三星集團於2003年6月宣佈開始投入研發。

綜合上述，近年來雖然有多家廠商開始投入開發LCD，但是否能快速提高量產之學習曲線，尚值得觀察，此外如各廠商能保持不斷的成長，提昇品質，才能確保獲利，歷年來台灣LCD生產與需求如圖8-30所示。

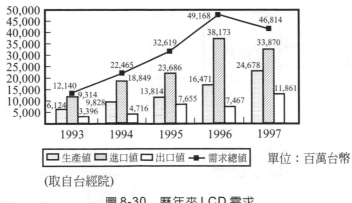

(取自台經院)

圖 8-30　歷年來 LCD 需求

8-7-1　TFT LCD 原理

　　TFT LCD 俗稱薄膜電晶體液晶顯示器(Thin Film Transistor LCD)與傳統CRT顯示器比較起來有高畫質、低閃爍、低消耗功率及薄型輕量化、低輻射等優點，就所有液晶顯示板目前的難題，當然也是 TFT-LCD 之主要缺點有，視角狹窄、價格偏高、技術層面高等。目前所有筆記型電腦幾乎都採用 TFT 面板，其中 LCD 的介面用來傳送資料有二種模式，一為直通式傳送，二為低電壓差動傳送LVDS(Low Voltage Differential Sending)，SVGA 卡大都採用直通式，直通式是一種全幅傳送模式，不管是時脈信號、色彩信號、或同步信號都是以 3.3V 或 5.0V 來傳送。第二種方法俗稱LVDS，即所有的信號是以 0.4V 之差動電壓來傳送信號，因其傳送信號電壓的擺幅小，不受電磁介面(EMI)之影響，但缺點是資料量會大增約為直通式的 7 倍，圖 8-31 是直通式的資料傳送方塊圖，驅動部份於後詳述，圖 8-32 是 LVDS 的方塊圖，因為 LVDS 為了要減少配線，所以採用信號串列模式差動法來傳送資料，目前傳送速率為 32.5MHz，如果提高資料傳送速率則配線(cable)就可以進一步減少。

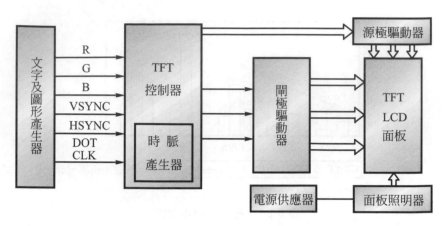

圖 8-31　TFT 直通式結構

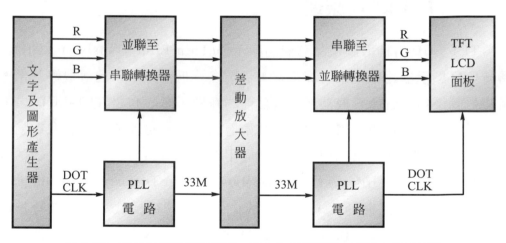

圖 8-32　TFT LVDS 傳送結構，PLL 為相鎖迴路，配線太多是缺點

　　時下TFT時脈控制產生器使用之螢幕卡有四種，分別是SVGA、XGA、SXGA及UXGA，使用之時脈頻率因採取之螢幕卡不同而有所差異，規格如表8-9所示。

表 8-9 筆記型 PC 用 TFT 液晶之變遷表

畫面大小	23cm(8.9)型	24cm(9.4)型	26cm(10.2)型	26cm(10.4)型	29cm(11.3)型	31cm(12.1)型	34cm(13.3)型	38cm(15.1)型	41cm(16.1)型
顯示解析度	640×400	640×480 (VGA)	640×480 (VGA)	800×600 (SVGA)	800×600 (SVGA)	800×600 (SVGA)	1024×768 (XGA)	1280×1024 (SXGA)	1600×1200 (UXGA)
外型(mm)	275.5×145.0	259.5×179.0	264.2×180.2	243.0×179.0	264.0×193.0	275.0×199.0	289.5×222.5	354×276.5	360×280(估)
厚度(mm)	16.0	12.5	9.5	7.5	7.5	7.5	9.9	19	19
體 積	639, 160	580, 631	452, 284	326, 228	382, 140	410, 438	637, 696	1859, 740	1915, 200
重量(g)	650	680	560	380	480	490	635	1750	1970
有效畫面率	57.7 %	59.5 %	66.4 %	76.9 %	78.1 %	82.4 %	84.7 %	87.2 %	89.1 %
框緣尺寸	25mm	35mm	26mm	19mm	20mm	14.5mm	14.5mm	14.5mm	14.5mm
消耗功率	9.0W	4.8W	2.9W	2.4W	2.7W	2.4W	3.9W	5.48W	6.2W
產量時期	91	～94/6	94/6～	95/6～	95/6～	96/6	96/6～	98/6～	99/12～
時 脈	—	—	—	38MHz	38MHz	38MHz	65MHz	112MHz	250MHz

時脈頻率 f 的公式為(視訊頻率)

$f=$ 全螢幕圖素×垂直掃描頻率

式中,全螢幕圖素＝水平全螢幕解析度×垂直全螢幕解析度。

範例 10 TFT LCD XGA 顯示卡之全螢幕圖素為 1344×806,垂直掃描頻率為 60Hz,求時脈頻率之大小。

解 最大的時脈頻率即視訊頻率

$f = 1344×806×60 = 64995840 ≈ 65MHz$

適用於 34cm 型之 LCD,根據 LCD 變遷表可查表取得 XGA 的畫面解析度為 1024×768,但全螢幕解析度應該比顯示之螢幕解析度大,真實點數的全螢幕圖素解析度可利用像點距計數取得。

範例 11 LCD 顯示器因結構之不同,其顯示型態則有明顯之差異,試舉出三種目前業界所採用之顯示模式。

Chapter **8**

解 常用之LCD顯示模態與其裝置結構有絕對之關係，如：

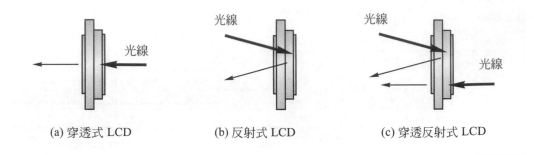

(a) 穿透式 LCD　　　　　(b) 反射式 LCD　　　　　(c) 穿透反射式 LCD

8-7-2　LCD 驅動器

　　LCD內部液晶依其構造，可分簡單矩陣型及主動元件矩陣型二種，前者驅動液晶之電極排列成行列格式，後者其矩陣中每一個圖素則連接至主動元件，主動元件一般是指電晶體或二極體等，主動矩陣之每一個主動元件之電極排列成矩陣格局，分別是簡單矩陣與主動矩陣之結構，不論是哪一種矩陣排列之 LCD 裝置，列軸(水平X軸)表示外加之顯示資料線，行軸(垂直Y軸)則表示掃描線，簡單型與主動元件型之行列每一軸都必須附加驅動器電路來提昇電流。主動矩陣LCD之驅動方式及簡單矩陣型顯示板驅動電路於 ON/OFF 作用時，因為施加電壓的平均值不同則螢幕上出現 ON/OFF圖素。

　　主動矩陣型顯示板之主動元件是製作在玻璃上，結構比較複雜，需要有半導體蝕刻製程的技術。但優點是視野角較大、響應快、消耗功率比較低、對比甚為清晰，目前業內 TN 型LCD採用簡單矩陣型，TFT 則使用有源主動矩陣型。驅動器ON/OFF時圖素之電壓比與行數無關。

範例 12　已知液晶有二大類，試說明其內涵？

解　一爲吾人所熟知可當顯示器用的向列型(Nematic)液晶，因其分子呈現線狀，可沿著長軸水平方向排列，所以稱爲 Nematic 因受電場作用可調整其方向，另一款稱爲Smectic，其液晶分子對電場的反應很小，排列之方向如圖(a)(b)(c)所示。

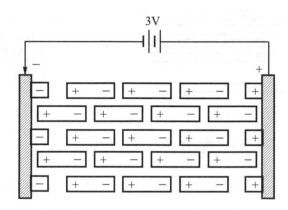

(a) Nematic 液晶分子沿長軸方向一端
具有正極性，另一端具有負極性

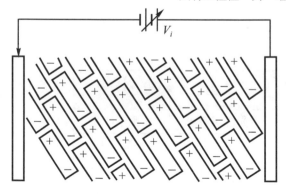

(b) Nematic 電場作用下呈現旋轉狀態

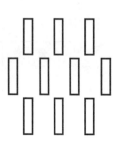

(c) Smectic 之直立階層次
式之排列，其密度鬆散

Chapter 8

範例 13　已知液晶具有雙折射率之特性，換言之，如液晶長軸與玻璃基平行時，光的極化將因受液晶影響而偏轉，試根據此光電物理現象繪圖說明之。

解

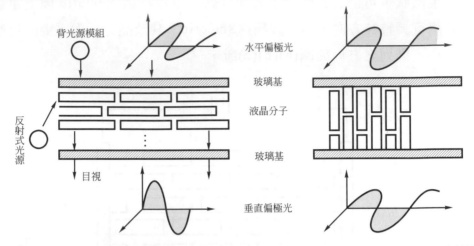

液晶顯示器光源之構造分反射式與半反射式，如光源由前方入射則明亮場所光源不發光，而半反射式也就是光源改由後方入射，明亮場所光源不發光，如果在整體結構改為光源由後方入射而在明亮場所仍使光源發光則稱為穿透式液晶顯示器，以上三種在應用產品各有所屬，如下表所示。

構　造 電氣特性	穿透式	反射式	半反射式
明亮場所	光源發光	光源不發光	光源不發光
黑暗場所	光源不發光	光源發光	光源發光
視　覺	暗處較佳	亮處極佳	普　通
耗　電	較　高	極　少	普　通
穿透／反射率	5～12 %	12～15 %	1～8 %
應用產品	電　腦	手機、PDA	手機、遊戲機

8-8　TFT LCD 之結構

　　1888年由奧地利植物學家萊尼茲首先發現液晶，它是由碳為中心組成之有機化合物，在 145℃ 高溫時，液晶的外觀呈現自濁狀，具有彈性及極化性，是一種晶體結構之流動性固態物質，為介於固態與液態之間，若提高溫度至178℃則形成清澈之等方性液態，1889 年德國物理學家里哈曼在偏光顯微鏡下發現此黏稠半流動性白濁狀化合物具有雙折射率即具光學異相性，1963 年 RCA 的威廉發現液晶會受電場效應產生偏轉，所以業界將同時擁有固態晶體之光特性及液體流動性之這種 "中間相" 物質夾於兩片特殊處理過之玻璃板中間，藉由液晶分子具有特定之次序排列構造，而形成上述所謂的LCD，次序排列的特性又稱配向，配向會因電場的驅動而變化，這些液晶分子配向的變化將隨著光電之物理現象而顯示明或暗的對比效果，TFT_LCD的橫切面結構如圖 8-33 所示。液晶分子排列整齊為固態，如整齊中帶有不整齊則稱為液晶，如完全不整齊也就是液態了，目前的商用液晶是由聯苯所製成，穩定性高，1968 年英國葛雷首將聯苯拿來製作液晶，史上第一台LCD產品即為日本 Sharp 之 EL-8025 計算器。

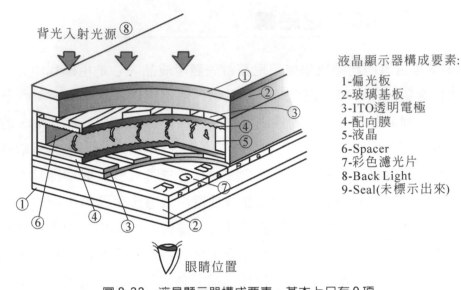

液晶顯示器構成要素:

1-偏光板
2-玻璃基板
3-ITO透明電極
4-配向膜
5-液晶
6-Spacer
7-彩色濾光片
8-Back Light
9-Seal(未標示出來)

背光入射光源 ⑧

眼睛位置

圖 8-33　液晶顯示器構成要素，基本上只有 9 項

範例 14　試由液晶分子之內容說明液晶之特性及分類。

解　(1)液晶分子的結構：

液晶分子包含了兩個主要的部分。其中，一部份具有很堅韌的結構，不會轉動，另一部份則很柔軟，像條繩子一般可以轉動。由於液晶分子包含了這兩種相反的特性，使得它同時擁有液體自由流動的性質以及固體之規律的空間排序性。液晶具有已知組態但不知結構之混合物成份，仍由日本掌握配方。

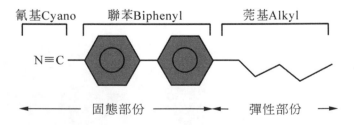

(2)液晶：

顧名思義，為一種具有晶體特性的液態物質，換言之，為一種具有組織方位性的液體(Crystalline Liquid)，其型態之變化為材料的一種相變化。

(3)液晶的變化：

典型的液晶在低溫(如－50℃)時，為一白色，類似塑膠的固體。當溫度升高時，它會漸漸軟化，變成一透明且黏稠的液體，而到達室溫時，它會喪失大部分的黏稠性，形成一糖漿狀的液體，亦即我們所稱的液晶，其具有液體的流動性以及固體的結晶特性。當溫度繼續升高(如 100℃)，它就會形成一完全透明的液體。

(4)液晶的分類：

如果依照分子排列有序性來區分，其特性如下：液晶分子長軸及短軸之間的相互作用力決定了液晶分子聚集的型態。當沿著短軸的吸引力較強時，會形成層狀的(Smectic)之結構，而當長軸方向的吸引力較強時會形成線狀的(Nematic)的結構，所以當溫度升高時，有些 Smectic 的液晶會相變化(Phase Change)為 Nematic 的結構，如下所示：

　　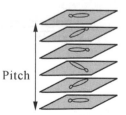

層狀液晶 Smectic　　　線狀液晶TN Nematic　　　膽固醇液晶 Cholesteric

　　圖 8-34 中配向膜是一種有機薄膜可讓液晶分子均一排列，圖 8-35 所示乃彩色LCD橫切面，偏光板的功能是控制自然光的偏振方向，如圖 8-36所示，LCD就是利用偏振光束提供顯示的特性，而彩色濾光片之作用就是要讓 LCD 彩色化，參考圖 8-37，玻璃是當作 LCD 之基板並提供顯示圖案及線路。

　　在TFT的架構下，當液晶分子受電場作用其排列則呈現水平、垂直或傾斜狀，因透過的光線受液晶、偏光板等之效果在玻璃螢光幕上出現白、黑或灰階色等明暗效果。

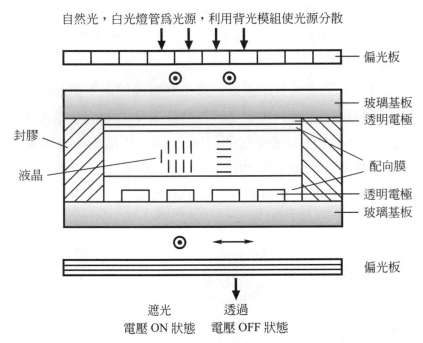

◉及←符號表示光之偏極化特性因為 LCD 不具發光能力要依賴背光源加強亮度，光透過點為黑點，反之電壓在 ON 之狀態下，吾人目視為一亮點，因此液晶排列之方式(由驅動電路電壓控制)在螢幕上可觀察到明暗的圖形。

圖 8-34　TFT 構造，電壓 ON/OFF 造成明暗效果

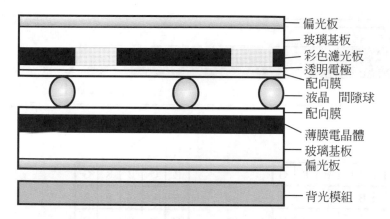

圖 8-35　彩色 LCD 彩色濾光層的作用，用來產生 RGB 三色

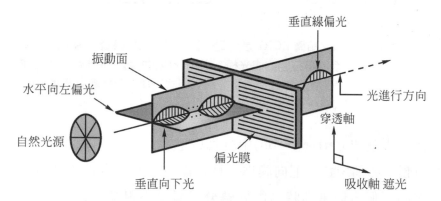

圖 8-36　穿透軸與吸收軸互相垂直偏光膜的溝槽為水平軸向，光經偏極
　　　　　化後呈現穿透軸光與偏光膜垂直，光源所產生之偏振光行進在
　　　　　圖中是以向左向下與向上向右交替持續傳送，後偏光片使非極
　　　　　化白光變成極化白光

Chapter 8

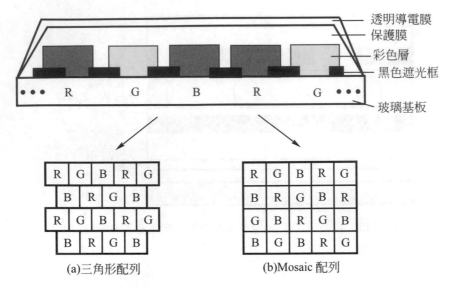

圖 8-37　濾光板之結構，CRT 是用電子槍以電子束撞擊螢光體，但 LCD 是採用 RGB 三色的濾光板，因為彩色層的製作與塗料不同會產生三角形配列模式及馬賽克配列模式，當白色光經彩色濾光片就可以產生 RGB 三色光

　　光在偏光膜(Polarizer Film)中行進的過程是：首先光進入玻璃基板再進入配向膜，如前所述，配向膜為一種摻碘分子的聚合物(Polymer)。當碘分子沿著同一個方向排列時，由於碘分子具有不對稱的電子(雲)密度，造成對不同方向極化之光線之吸收係數也不同。所以一旦當光線之極化方向與其長軸方向平行時，會被其吸收而無法穿透。反之當光的極化方向與其長軸垂直時，就能幾乎 100 ％的通過，換言之，當具有不同極化方向的光線通過偏光膜時，只會有單一極化方向的光能通過，但如此一來，光線的強度也降低如圖 8-38 所示。

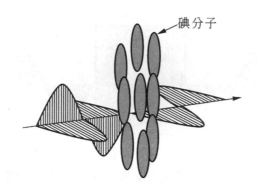

碘分子

圖 8-38　光極化現象即光由全方向 → 單一方向，祇要控制均勻度透過光
　　　　源就可以顯示 LCD 的亮暗

　　光極化之現象，分線性極化、圓形極化與橢圓極化別為圖 8-39 所示。
光為一種橫向電磁波，亦即它的傳播方向與其振動方向為相互垂直的。

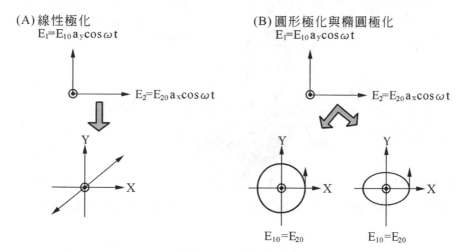

(A) 線性極化
$E_1 = E_{10} a_y \cos \omega t$
$E_2 = E_{20} a_x \cos \omega t$

(B) 圓形極化與橢圓極化
$E_1 = E_{10} a_y \cos \omega t$
$E_2 = E_{20} a_x \cos \omega t$

$E_{10} = E_{20}$　　$E_{10} = E_{20}$

圖 8-39　光的波動

　　當光由空氣進入另一種物質時，由折射係數(Refraction Index)的不
同，使得光在此物質中的行進速度產生變化(通常會變慢)，此時，光的振
動被壓縮而波長變短，此乃單一折射率，如圖 8-40 所示。

Chapter **8**

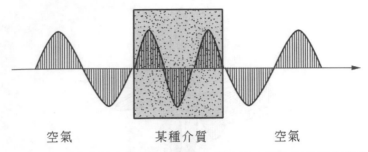

空氣　　　　　　　某種介質　　　　　　　空氣

圖 8-40　不同介質對光進行造成影響，依光線之極化現象及介質而定

參考圖 8-41，線性極化光進入液晶分子時，會被分解爲 Extraordinary Light(其方向與長軸方向相同)與 Ordinary Light(其方向與長軸方向正交)二軸，但因爲長短軸不同，即由於兩個方向的折射率(ne 與 no)不等，於是就產生相位差。

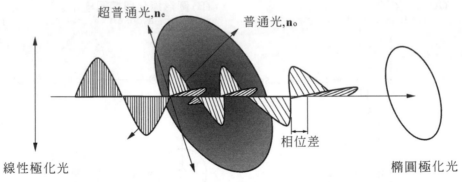

超普通光,n_e　　　　普通光,n_o

相位差

線性極化光　　　　　　　　　　　　　　　　橢圓極化光

圖 8-41　具有雙折射率，因為二個折射率產生位移差就可以產生黃綠藍色彩

每當一線性極化光進入液晶之後，如前所述由於折射係數之差異造成相位差的產生，得光線的極化方向產生變化，形成了橢圓極化光。

因此，我們可將液晶的折射係數差異 Δn 與兩片玻璃之間的厚度 d 做一個最佳調整，使得光線通過最後一個液晶分子時，相位差剛好是 180°，於是會形成極化方向與原來相互垂直的線性極化光。此時，穿過下極板的光線會有最大穿透率，因為比率差變大，變異性亦變大，$\Delta n = n_e - n_o$，其特性如圖8-42所示。

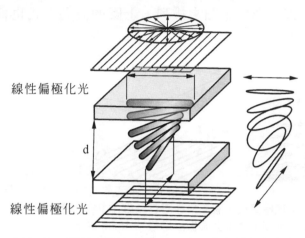

線性偏極化光

d

線性偏極化光

圖8-42　顯示器使用之模式，此乃垂直顯像之方式

於液晶顯示器成像的原理，以 TN 模式為例說明如下：在自然的狀態下，液晶分子會有秩序地沿著其長軸方向鬆散的排列著。然而，當其接觸到具有方向性的溝漕表面(如配向膜)時，圖8-43顯示它們就會依序地照著表面的方向來平行排列。

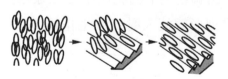

圖8-43　液晶分子鬆散之排列到整齊排列

Chapter 8

　　圖 8-44 顯示，若上下溝漕的方向相互垂直，那麼在上下表面的液晶分子仍然會分別沿著其溝漕方向排列，但是在夾中間的分子就得由上而下順著方向扭轉九十度，形成上圖之排列。上圖的液晶型式也稱為扭轉型液晶 (Twist Nematic)。

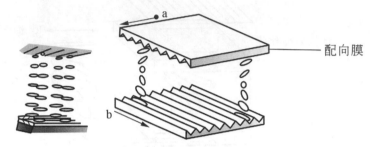

圖 8-44　　加電壓後，液晶分子直立角度由 0° → 90°，但不會一直產生旋轉，基本上面板的均勻為 45μm 以下

範例 15　在液晶顯示器成像之過程中，試描述光線穿過液晶(a)未加電壓(b)加電壓之成像原理。

解　(a)參考圖 8-44 當未加壓時當光線通過液晶分子，相位會順著液晶的方向，依序作出調整，下圖範例中之光線相位偏移 90°，液晶分子在不同層次排列形態使入射光產生扭轉，為成像的第一步。

圖 8-42 中偏光板的目的在於使與偏光板方向相同之極化過之光線通過，而與偏光板方向垂直之極化光線被擋住，如下圖所示。

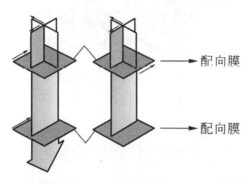

上下 $0°$ 透光　　上下 $90°$ 擋光

(b)加上電壓時：所有液晶分子容易受到外在的力量或電壓而改變其排列方向。在成像的過程中當加上一垂直電場時，液晶分子便會順著電場方向排列，此時，入射之光線也會隨著液晶分子的排列而垂直通過。

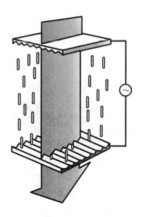

如果將(a)(b)之模式中之液晶加上配向膜以及偏光板後可得如下之完整圖：

Chapter **8**

全方位光為入射光
（白光）

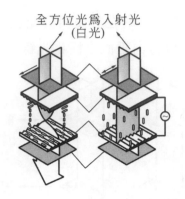

不加亮點電場　　　加上亮點電場

當取消垂直電場時，上方偏光板的光線順著扭轉的液晶而改變其極化方向，順利地通過下方的偏光板。

當施加一垂直電場時，此時液晶分子站了起來，光線無法改變其極化之方向，只好被下方的偏光板擋住了。成像的過程最簡單的就是黑白畫面，所以偏光板之作用可形成所謂 Normal White 或 Normal Black。

綜合以上得知下圖 TFT LCD Panel 所產生動作成像原理為：祇要控制加在液晶 Panel 中液晶的電壓就可控制光線的通過量，進而控制黑白像點畫面。

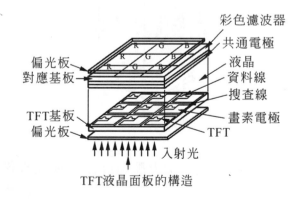

TFT液晶面板的構造

　　LCD明暗生成之過程是：配向膜之位置在液晶盒之內部上下透明電極上，封膠可避免液晶外漏，配向膜也可讓 LCD 不漏光，偏光膜(或稱偏光板)可將一般不具偏極性的光線變成偏極化成為偏極光，偏光膜為塗在偏光板上之一層薄膜，當光線進入LCD之玻璃表層，吾人之眼睛就是順著光之方向進入LCD，如果光源是　非偏極光，在此光通過偏光膜後，平行於吸收軸方向之電場分量被吸收，而垂直於吸收軸也就平行於穿透軸方向之電場分量就可通過，因二片玻璃基板上塗有配向膜，液晶分子會延著溝槽造成配向，上下二片玻璃基上之配向膜差90°(互相垂直)，所以液晶之排列會隨著差相90°(俗稱扭轉90°)，如果沒有加電壓之OFF狀態，光源先透過第一面偏光膜產生偏極光，偏極光再受液晶影響旋轉 90°，此時光線剛好可以透過第二面之偏光膜，面板上顯現白色光，如果有外加電壓，偏極光則維持原方向通過液晶分子，此時偏極光與第二面偏光膜垂直，偏極光(光線)被遮罩吸收，面板(LCD)則呈現黑色，詳細之操作如圖 8-45 所示。

　　由前圖，我們發現在平面之LCD會隨著因為觀賞螢幕者的角度由垂直方向朝上下左右偏移，甚至觀賞者會感覺到對比色彩在某些角度其對比逐漸減低而產生灰階反轉，這就是所謂視野角或稱視角之問題。

　　當主動矩陣驅動之LCD一旦有光線(背光源)照在偏光板上，光線穿透偏光板後，產生偏極化，偏極化光之每一個光分子，其能量，相位，透光率或方向性均一致，該偏極光穿過已經被電極之電壓影響而排列整齊之液晶分子後，此偏極光自然產生偏光角度，換言之液晶之排列改變了偏極光因不同之光角所呈現光線之強度，則這些不同強度之光經彩色的濾光片，而顯現 RGB 不同亮度之像點(Pixel)，這些色彩亮度不同之像點就可以組合成一個完整之畫面。決定亮度之因素即俗稱開口率(Aperture Ratio)，也就是光線能穿透的有效區域比例，換言之，並不是所有的光線都能穿過面板，主要是因為在面板下之驅動IC晶片，信號佈線，電容元件等可能必須

Chapter 8

隔開而占用了有效透光區的區域，則這些真正能用來透光且有效能正確產生灰階的區域占全部面積旳比例就稱為開口率。當光線經上面所述之路徑(偏光板、玻璃、液晶及彩色濾光片等)，則透光率僅在開口率為50％情況下約僅穿透6％左右，結論是加大開口率可以省電且能增加亮度。

範例 16 已知某廠牌第五代 TFT_LCD 之光板穿透率為50％，玻璃穿透率為95％，液晶為95％，開口率僅50％彩色濾光板僅27％(單色，RGB之一)試證由背光板光線到面板正面為5.5％。

解　$1 \times 0.5 \times 0.95 \times 0.95 \times 0.5 \times 0.27 = 0.05494 \approx 5.5\% \approx 6\%$

　　目前業界所設計的 TN(扭轉向列)LCD 就是指液晶以扭轉向列模式操作之一種顯示器，即使STN或TFT也是依據前述液晶之光電特性所開發之產品，STN型比TN型能顯示更多之資訊且速度加快，TFT模式驅動(薄膜電晶體驅動)可進一步克服灰階、省電、更快顯示響應速度、及視野角變大之有利條件，總之不論用哪一種模式驅動之LCD均不具發光能力，均需依賴背光源補強其亮度及克服視野角小的問題，TFT採用旋光型90°之液晶，一旦施加縱向電場，其分子會分組為縱向 TN 型排列，但由於液晶分子會傾斜，因此造成視角受限，改善視角受限之技術有三種，如圖 8-46(a)(b)(c)所示。

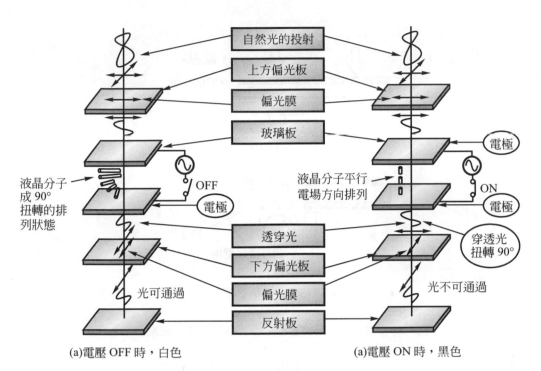

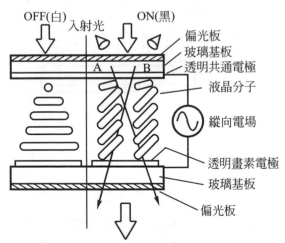

圖 8-45　LCD 明暗生成原理，電極 ON/OFF 在 LCD 面板上呈現黑／白之
　　　　畫面，後玻璃基上濺鍍之電極稱為 ITO，即氧化銦錫

圖 8-46(a)　TN 型視野角(視角)上下左右各 60°

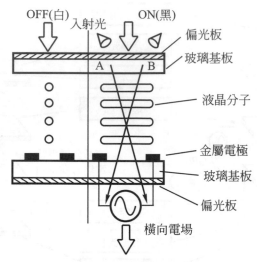

圖 8-46(b)　ISP 型視角上下左右各 140°

ISP：面內轉換模式，採用與基板平行的橫向電場，液晶呈現水平排列

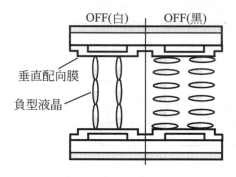

圖 8-46(c)　VA 型視角上下左右各 160°

VA：垂直定向模式，採用負的介電異向液晶及垂直配向膜

　　液晶的介電係數即液晶分子受電場影響偏轉程度之一項重要因素，而光線穿過液晶時產生偏向之特性又稱為液晶之折射係數，當液晶分子轉向時影響光線折射就可以出現不同之灰階，液晶之折射係數參數與前所述之

偏光板有相當密切之關係，根據光之物理特性，光波本身互相垂直的電場與磁場分量經光板之柵欄時其垂直分量會被阻隔，換言之，行進中電場與磁場之分量必須與柵欄平行才會通過，因此當光線通過液晶再經兩片光板一旦外加之電場使液晶偏向光線就出現明暗不等之灰階亮度，這是 TFT_LCD利用偏光板作為兩垂直柵欄來控制入射光之一種技巧，而充滿兩片互相垂直之柵欄間的液晶之控制電場與入之數位信號有關。充滿液晶之兩片玻璃當中上層玻璃貼有彩色濾光片，下層玻璃則設計薄膜電晶體電路，至於填充液晶的兩光面玻璃通常用配向膜再加工均勻溝槽狀，目的是使填充之液晶能排列整齊，以免造成入射光之散射或漏光，配向膜是一種聚合物，能提供液晶分子整齊排列之環境，如果兩片玻璃未被輸入電壓，則液晶分子之排列就應依配向膜裝置之順序排列。TN 型液晶用之配向膜呈現 90°排列，所以兩玻璃片內之液晶分子其實是呈上下旋轉90°分佈，所以入射光經上面之偏光板時則旋轉 90°，因此部份之光被過濾後，再經過液晶分子時，下層液晶分子已經旋轉 90°，所以光波就可以順利通過，但如果對上下兩片玻璃間施加電壓則液晶分子受電場作用，其排列方向會傾向平行於電場之方向，則單向之偏極光經液晶分子時就沒有改變角度，光波就無法通過另一層之偏光玻璃板，就是 TN 型 LCD 之液晶分子獨特之正型介電係數所呈現之一項特性。

　　前所述 TFT_LCD 之特徵中利用薄膜電晶體產生電場到液晶旋轉之機制當中，液晶便已形成平行電板之電容器中之介電物質，此電容量不大於 0.5pF，因為電容量太小，電容電壓之保持無法持續到 60Hz(16.6μs)之畫面更新，通常需要額外加一個儲存電容以保持畫面穩定，充電電壓的高低值與畫面欲顯示之灰階程度是有絕對關係的，所以 LCD 驅動電路 IC 之作動就成了重要之關鍵，因此使用 TFTLCD 螢幕來觀賞電視節目就常出現條紋狀模糊之影像，解決之道就是調整螢幕控制鈕之垂直與水平掃描頻率即可。

　　另外一款 STN 型 LCD 其液晶分子排列之旋轉角度應大於 180°，換言之，TN 型 LCD 之液晶分子排列由上玻璃到下層玻璃之旋轉角度共 90°，但 STN 型則旋轉角度介於 180° 與 270° 之間，通常設計成 270°，該特性可使光的穿透率與電壓的高低成反比(即顯示螢幕為白底)，因為 STN 型 LCD 電壓與光線穿透率之關係變化比較陡峭，所以 STN 之灰階變化比 TN 型之灰階變化少很多，以數據來表示 STN 型之灰階只有 4bits 即 16 種變化，但 TN 型之灰階最多可達 8 位元即 256 種灰階變化，值得一提的就是：TN 型之 LCD 當光線之穿透率隨電壓變化由 10 ％增加到 90 ％時相對應的電壓變化會比 STN 型之 LCD 之電壓變化更大，而電壓之變化範圍與顯示器灰階之控制變化層次成正相關的關係，其次 STN 型之 LCD 其反應時間比 TN 型 LCD 慢一倍以上，當顯像變化太快時，STN 型很容易產生殘影的現象，灰階的殘影程度可用顯示器底色之變化來修正，LCD 顯示板不加電壓時所看到的面板是透光畫面稱為亮底即 NW(Normally White)，透光之畫面會顯示光亮的畫面所以稱為亮底螢幕，反之，對 LCD 不施以電壓而面板不透光，則吾人之眼睛無法看到透光之面板就稱為黑底即 NB(Normally Black)，通常筆記型電腦或桌上型電腦(PC/AT)都是採用 NW 型之裝置，其上下偏光板之極性呈 90° 所以字型圖案大都呈現白底黑字。

　　改善 TFT LCD 耗電之方法有四種，即所謂無需背光源之反射型 LCD，其中以 3 層 GH 方式之效率最高，這是反射型 LCD 之特點，LCD 一旦省電可以增加電池使用時間，如圖 8-47(a)(b)(c)(d)所示。

範例 17 試詳述 TFT LCD 材料相關內容

解

時期		過去	2006 年	未來
玻璃基版		1.1mm 厚	0.7mm 厚	朝輕量化發展
彩色率光片	材質	染色	顏料	朝無 Cr，無彩色率光片發展
	黑色矩陣	Cr	Cr/0，Cr 樹脂	由 Nematic 液晶發展其他液晶之應用
染晶		氰氧矽液晶	F 矽液晶(爲正) F 矽液晶(爲負)	採用 Hologram
配向模	材質	聚亞硫氣	聚亞硫氣	無 Rubbing(採用光配向)
	傾角	低傾角	高傾角、垂直	
隔離層		樹脂	樹脂	朝柱狀隔離板
偏光板		單體透光率 41.5% 偏光度 99.95%	單體透光率 44% 偏光度 99.95%	朝非吸收型、多機能板發展
視角擴大膜		1 軸性位相差板	多軸性位相差板	Cell 內的光學補償，多機能板
驅動 IC	封裝型態	TCP	TCP,Bare-Chip	在玻璃基版上形成控制 IC
玻璃基版接觸法		Heat Seal	Heat Seal,COG	採用多結晶矽
提昇光利用率薄膜			多層膜(DBEF) 膽固醇型液晶薄膜	多機能薄板
擴散薄膜與鏡角		只有擴散薄膜	高亮度薄膜	加強導光板機能
冷極陰管		外徑 3mm	外徑 1.8-2mm	外徑 1.5mm

冷極陰管：使用在液晶面板上之大型燈管用於點亮面板所需的反相電路(Inverter 電路)系統如圖(a)所示，此乃傳統使用的集極諧振電路，另一款他激型諧振電路如圖(b)所示。

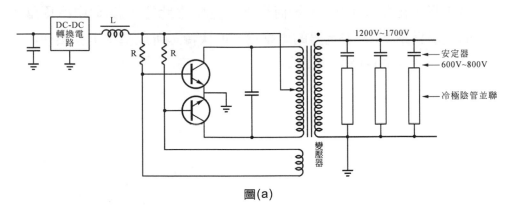

圖(a)

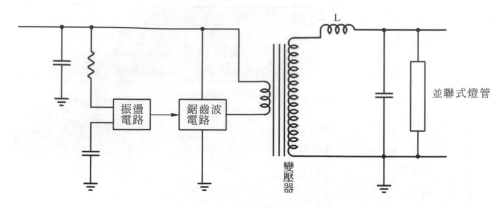

圖(b) 冷極陰管簡稱 CCFL

愈大尺寸的面板光源之設計需使用較多的冷極陰管，因此將圖(b)的諧振電以多片重疊方式進行排列即可形成為目前業界所謂的並聯式點燈冷極陰管結構(ZAULaS：Zip as Uni-Lamp System)，流通在各冷極陰管內之電流能否均一性會對背光的壽命造成很大的影響。

值得注意的是：冷極陰管具有負電阻之特性，即電流增加電壓愈來愈降低，若進行並聯連接，則部份冷極陰管可能不亮，因此在圖(a)中使用安定器來提昇冷極陰管的負電阻而使得冷極陰管和安定器的電抗形成阻抗(Impedance)而變為正電阻之狀態，圖(a)中冷極陰管的電壓為 700V，安定器的電壓為 800 伏特，所以基本上昇壓變壓器就可高達 1500 伏特。

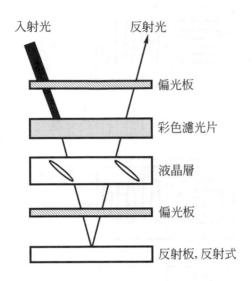

圖 8-47(a)　效率比較低的 TN 及 STN 模式(星電，松下)此乃一般業内採
用之方法，即較為簡單型

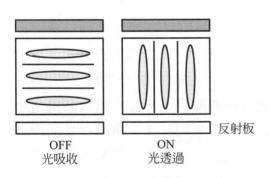

圖 8-47(b)　效率中等，無偏光膜板，光夠透
過則為黑色黑點，否則為白色，
由日系 SHARP 所採用之 GH 模式

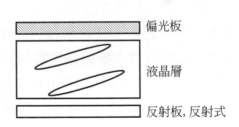

圖 8-47(c)　效率同(b)僅為 33 % 左右
，無彩色濾光片，此為
CASIO 日系 ECB 模式

Chapter **8**

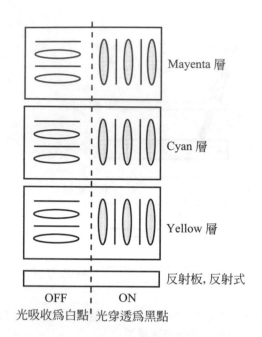

Mayenta 層

Cyan 層

Yellow 層

反射板, 反射式

OFF | ON

光吸收為白點 | 光穿透為黑點

圖 8-47(d) 效率最佳，無偏光膜亦無三角形配列模式及馬賽克配列的濾
光板塗料之彩色濾光片，TOSHIBA 之 3 層 GH 模式

　　前所述有關液晶的應用(TFT)如顯示器及高解析度衍然是一支新興產
業，在多種之LCD驅動方式中，薄膜電晶體之使用更是目前研發之主流，
TFTLCD 先藉由 TFT 來測每一個畫素所接收到的電位差(差動輸入方式)，
再由液晶方向性之旋轉序列特性達到光穿透率的目標，每一個液晶畫素在
驅動程式所規劃的圖框(Frame Time)時間內的平均穿透率應該與外加均方
根(RMS：Root Mean Squace)電壓有關，換言之，液晶分子呈現畫素之特
性不只是由TFT薄膜電晶體提供也應該考量電壓調變時液晶分子所外加之
電壓(RMS)之比，值得注意的是提昇液晶分子之反應速度很重要，但造液
晶分子扭轉序列不同之穿透率所造成漏光之現象也必須避免，這種漏光的
現象並非平面顯示器面板因有瑕疵所引起之亮點，雖然在品管之規格中說
明三個亮點是可容許的，但經過這些年來之觀察，事實顯示這些亮點會逐

漸擴大，所以購買顯示器時應儘量提高品質要求。

　　液晶分子雖然是分子化合物，但其電氣特性之模型，則如圖 8-48 所示，該款之薄膜電晶體之畫素驅動架構中，Cs on common 稱為儲存電容接共通電極，而儲存電容接閘極電容稱為Cs on gate，C_{LC}為液晶畫素本身的電容，因為C_{LS}不大，故薄膜電晶體之閘極off時會有漏電流(失真來源之一)，所以驅動電路必須再提供一個更大之儲存電容C_s目的是保持電壓使漏電流降低，C_{gd}是薄膜電晶體閘極與汲極部份重疊所產生的寄生電容，值得注意的是液晶不能以直流電壓驅動，而是透過閘極加入調變電壓來控制。

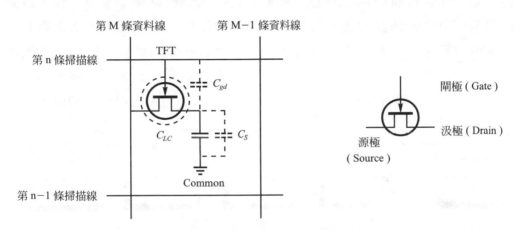

圖 8-48　液晶分子電氣等效電路

　　如前所述LCD非發光體，平常要加裝光源於背面，上述圖8-47(a)(b)(c)(d)四型皆為無需背光源之反射型 LCD。因此結論是要改善省電問題，唯一方法就是採用反射型的 LCD(有 B/W 黑白及彩色)，至 1999 年 3 月止尚有所謂半反射型之技術，非本書討論之範圍。

　　LCD 當前主要之課題是如何改善畫質，其必要之要素有(一)對比率、(二)響應速度、(三)視角提昇、(四)色彩再顯現性改善，因為 TN 型為旋光型，所以 TFT 如採用複折射率技術則一定可實現高畫質之目標。目前 NB

Chapter 8

只要改善了各項問題點，加上價格降低，體積變小變輕且可連接各種介面，相信 NB 一定可以更持續成長才對，正如前文所敘述，台灣的廠商如能從學習曲線中獲得LCD製造經驗，確保技術與生產之持續成長才能立於不敗之地。至於良率之問題對彩色 LCD 仍是一大挑戰(2004 年第 2Q)，通常在無塵室中以顯微鏡由人工目視來進行檢測與安裝之工作，其實可以採用以視覺系統配合資料擷取定位模組機構之自動化檢測技術來減低人工作業之瑕疵，圖 8-49 提出一種適用於TN 及 STN 之自動化製程，圖中目檢過程就存在作業員身體、精神狀況適應力之問題，所以製程自動化檢測乃當務之急。配合目前CCD攝影機及擷取系統技術之成熟產品及可行性，自動檢測系統可直接液晶填充數量統計計數，檢測均勻分佈曲線，爲提高良率甚至可以利用自動檢測系統加強對微隔離片(Spacer)排列之監控，其他如LCD色彩檢驗、自動組裝及自動對位系統都攸關品質之品管，至於噴灑微隔離片之結構如圖 8-50 所示，注意流程圖僅適用於TN型與STN型兩大類。

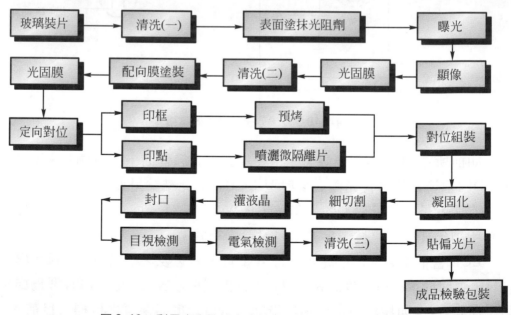

圖 8-49　利用中央監控之全線 TN/STN 自動化生產流程

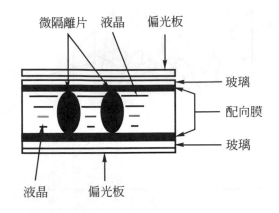

圖 8-50　液晶顯示器內部液晶間隔隔離片

範例 18　試以圖例說明 TN 型及 STN 型 LCD 扭轉角之特性。

解　TN 型稱為扭轉向列型，其液晶在兩片玻璃基間之旋轉角度不大於 90°，雖然反應慢，容易產生殘留影像，但因為驅動電壓低，省電，成本低，大部份被用在電子錶、計算器等，如圖所示。

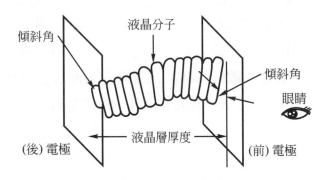

STN 型稱為超扭轉向列，其液晶在兩片玻璃基間之旋轉角度大於 90°，因為反應時間快，可用來製作灰階及彩色影像，如手機、數位相機、PDA 等產品均屬之，如下圖所示。

Chapter 8

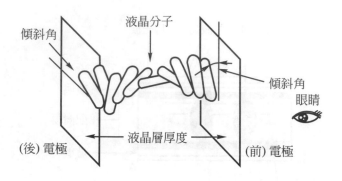

8-9 大尺寸接合液晶顯示器

　　大尺寸之液晶面板的技術層次相當高，不單單是製程技術無法有效的突破，其實在材料之應用製作也是一大考驗，以六代 0.6～0.7mm 以上的面板為例僅在搬運時就需要動用特殊設備，除了單一面板大尺寸外，電視牆亦為一多媒體之應用工程，電視牆可由數個顯示現品組合而成，通常列為成品再加工的產業，一整面之電視牆之總畫素數量非常龐大(倍增比例)，其 I/O 控制格式亦非標準(制式)模式，面板之間隙則相當明顯，一般需要以特別設計之特殊用途之顯示系統，在此我們提出一種接合液晶顯示器架構，所謂接晶顯示器是由數個特為接合而設計之面板組合而成為一種符合標準畫素與I/O控制格式之單一面板，值得一提的是較小尺寸接合用面板，接合後的總成本遠低於同尺寸的單一面板顯示器，圖 8-50 為一由三片 21.4 吋(284×480 像素)之面板結合成一 37.5 吋之面板(實際可視範圍)，使用 Wide VGA，852×480 像素，耗電量 300W，亮度 500cd/m²，接合液晶顯示器具有無接縫之特色，目前積極研發之廠商為 Magnascreen，Sharp 及 Rainbow Display 等大廠，圖 8-51 面板色彩數為 16.7 百萬色，視野角度類似類比映像管 CRT 即所謂寬角 CRT(Wide CRT Viewing Angle)之可視角度高達 160°。

圖 8-50

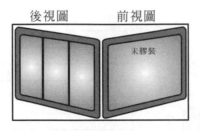

圖 8-51　Rainbow Displays 提供，前視圖與背視圖

　　無接縫大尺寸面板之條件為：(一)畫素大小與間距一致性，所以接合用之面板框膠要非常緊鄰邊界畫素，且不可污染畫素，(二)面板接縫間隙不得透光，基本上間隙間無液晶分子就可能洩露背光，(三)背光光源應採用平行光源，偶有發散角度必有一定之限制，(四)面板間之顏色要匹配。符合光學的特性及色階匹配。

範例 19　使用大型液晶顯示器接合片面板數目與排列方式接合有哪些固定模式？

解　(一)接合用面板需要至少保留一個邊，以連接行與列的驅動電路，因此接合顯示器的面板矩陣只可以是 1×n 或 2×n，如下圖所示。

1×2

2×2

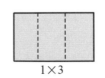
1×3

㈡在面板電路配線方面,除了可以採雙邊接線,也可以採單邊連接,
　後者即行與列的驅動電路端子都在同一邊,如此接合矩陣方式可
　以是 1×n 或 2×n。

㈢液晶開口率(Aperture Ratio)可以判斷(1×n)的接合較不損失開口
　率,且畫素愈大愈適合接合,如下圖所示。

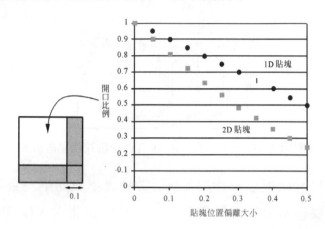

　　值得注意的是接合前要考慮單一接合面板料號,上述之原則,都是在
比較(1×n)或(2×n),另一個與接合設計絕對相關的問題,是接合顯示器應
由多少不同的接合面板組成,所以不論是在設計,成本或管理上的考量,
都希望每片面板在特性上或功能上都是相同的,也就是顯示器是由數個同
一料號的面板組成,依此,(1×n)格式搭配單邊配線應該是最佳的組合。至
於接縫邊框膠的控制(框膠寬度要做到 100 微米以下)液晶間隙(Cell Gap)的
控制(以 5 微米的液晶間隙為例,偏差要小於 0.5),如圖 8-52 所示。

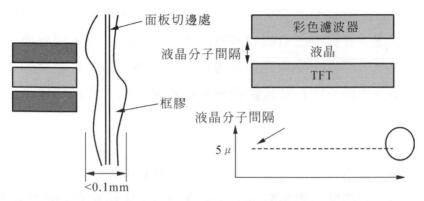

圖 8-52　接合面板製作精度要求

若欲以小面板成 37.5 吋顯示器之接合板為例，其規格如下：

㈠　顯示器由同一面板號，284×480 畫素的面板接合而成。

㈡　驅動 IC(column×3，row×2)都在同一邊。

㈢　電路配線以兩個 column 組之間配以 5 條 Gate lines。

㈣　在畫素區外行列驅動線路發生交錯。

㈤　要能接合，RGB 三個次畫素的排列格式不外乎是圖 8-53 的下列兩
　　種(平行或垂直於虛線所示的接縫)

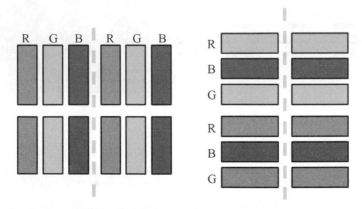

圖 8-53　RGB 排列格式

　　無縫接合所需具備的效果出現在接合後的顯示器，物理上是存在有接縫的，必需透過各種途徑令觀看者無法察覺接縫的存在，限於面板的特性與人類的視覺敏感度，要做到無可視接縫，下列三點是最起碼的要求：

(a)　畫素間距不因存在接縫而異且面板接合的排列精準度高於視覺敏感度，必須講究面板的設計與接合精度。

(b)　光線不可以由接縫穿透出，也不可以散射進入接縫，所以前後玻璃接縫處印上黑幕做遮罩，背光光線發散角小。

(c)　面板間亮度要均勻與色彩灰階要一致，即所謂 Color Matching。

　　有關前後玻上印黑幕即所謂黑色遮罩(Black Mask)之技術說明如下：後玻璃板上以傳統的平版印刷機印上等同畫素間距的黑線條，並印上三個面板的對位標記：

㈠　印刷時溫度控制＋/－ 0.5 度，以確保印刷黑幕的精度。

㈡　設計上印在玻璃板上不透光的黑條必需遮住面板間的接縫以及各縱列畫素間的(濾光板)黑幕，總之，印刷黑幕的目的是掌管接合精度與負責遮住接縫，其效果如圖 8-54 所示。

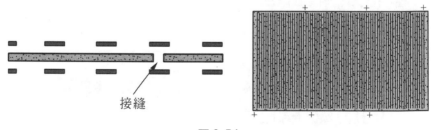

接縫

圖 8-54

　　雖然有黑幕遮住接縫，但光線仍可能散射進入接縫(Stray Light)，或由接縫穿透出，這樣接縫還是可以很明顯的被察覺，所以背光的需求為：

㈠　以直下式熱陰極管配置作為光源，亮度高壽命長。

㈡ 蜂巢式的聚光板確保平面光源的每一個點的發射角度均在規格內
   (顯示器最前端加裝廣角膜以增強顯示幕的視角),如圖 8-55 所示。

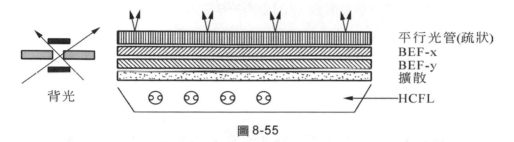

平行光管(疏狀)
BEF-x
BEF-y
擴散
背光
HCFL

圖 8-55

一旦膠裝組合完畢,吾人由接合顯示器旳側視層狀結構圖如圖 8-56 所
示。

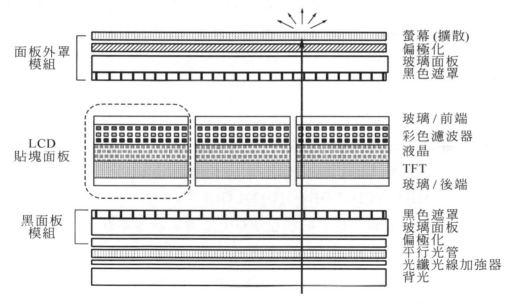

面板外罩
模組
螢幕 (擴散)
偏極化
玻璃面板
黑色遮罩

LCD
貼塊面板
玻璃 / 前端
彩色濾波器
液晶
TFT
玻璃 / 後端

黑面板
模組
黑色遮罩
玻璃面板
偏極化
平行光管
光纖光線加強器
背光

圖 8-56 面板間亮度能否均勻,色座標能否一致為品質之指標

儘管面板做得再好,接合多麼精密,也加上了黑幕,並且配上發散角
極小的背光,接縫還是會明顯可見,其型態一般可能為:

Chapter 8

⑴ 接縫處明顯不同的亮度或色條。

⑵ 顯示器出現棋盤式的面板矩陣，這是每片面板在亮度與顏色灰階皆有不同的基準所致，所以解決方法可以考慮設計Color Matching模組，此即控制板上的數位信號處理模組，擁有調整用特有的亮度／顏色量測邏輯，數位信號處理做回饋與補償設定(調變TFT之source，gate的電壓)。因此接合如果使用技術成熟與良率高的較小面板，只要接合製程之精準度與穩定度得以維持，則接合面板應不失為大尺寸面板之解決方案，其次接合製程之精準度與穩定度要求極高，但當顯示器尺寸增大，困難度並未因此增加，反而在接合用面板的製造上因開口率增加而更有利，總之，接合顯示器應具有相當的市場潛力等待認知與開發，然因其物料成本頗高，所以營運上，上中下游的廠商的合作態度與決行是勝敗關鍵。

隨堂練習

( ) 1. 假設某CPU之處理速度為600 MIPS(Million Instructions Per Second)，且執行一個指令平均花費4個時脈週期(clock cycle)，試問此 CPU 之最低工作頻率為何？ (A)125 MHz (B)600 MHz (C)1.3 GHz (D)2.4 GHz。

( ) 2. 有一直接映成式的彩色 RGB 繪圖顯示器系統，其解析度為 320×288。若其顯示記憶器(memory)的容量為 135 k 位元組，則該系統最多可顯示多少種色階？ (A)2^8 (B)2^{10} (C)2^{12} (D)。

習題

1. 何謂 CRT 的交錯掃描與非交錯掃描？

2. 合成視訊的內容有哪些？

3. ⑴ 台灣的電視系統是以 NTSC 或 PAL 為基準？

   ⑵ 家用電視是採用磁場偏向或電場偏向？

   ⑶ 家用電視採用交錯式，其水平與垂直掃描頻率各多少？

   ⑷ PC 用 CRT 如採用非交錯掃描式，其水平與垂直掃描頻率各為何？(採用標準 VGA 卡)

4. 圖像元素之明暗度是由圖像信號電壓的高低決定，已知某圖像符號之電位用 16 進位碼表示時分別是 18H、24H、42H、81H、FFH、81H、42H、38H，該圖像符號完整外觀為何？要在螢幕上呈現該符號要幾條水平掃描線？假設為非交錯掃描。

5. 圖(一)為一合成視頻信號，白電位為 100 單位的電位代表高亮白，黑電位為 7.5 單位的電位訊號是黑色，試說明螢幕出現的畫面。

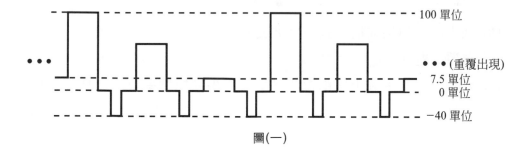

圖(一)

6. CRT 水平同步信號與垂直同步信號之作用為何？

7. 何謂光的三原色？哪一種的波長最長？

8. 說明 PC 綠色電腦螢幕省電模式的操作與特色。

Chapter 8

9. 圖(二)為一沙漏計時器圖案,假設利用 8 條水平掃描線,5 個時序 T 週期就可描述完整的符號,用交錯式掃描模式,繪出奇數圖場與偶數圖場圖像與時序的關係圖,假設以標準的 VGA 卡為螢幕控制卡。

掃描線

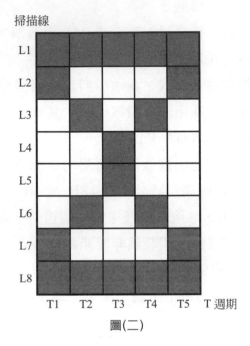

圖(二)

10. 同上題,如果掃描方式改為非交錯模式,其他條件不變之情況下,重覆上題。

11. 顯示器的水平解析度由視訊頻率及水平掃描頻率決定,典型單色卡視訊頻率值為 12.6MHz,則每條水平線理論上應有多少個點(像點)?垂直掃描頻率為 60Hz 時,垂直解析度為何?

12. 同上題,如果視訊頻率改為標準 VGA 25.175MHz,則每條水平掃描線圖像點數為何?(理論值,水平同步為 31.5kHz,垂直同步為 70Hz)

13. 水平掃描線所花時間及點數有部份會消耗在回歸(返回)及過掃描 (Overscan)上,因此實際上螢幕可看到的像點數會比理論值少,以

VGA 卡為例，文字模式 80 行 25 列，每個字型大小為 8×16，則通稱螢幕解析度為何？水平解析度為何？垂直解析度為何？

14. 台灣電視機是以 NTSC 規格為標準，回答下列問題：

⑴　垂直掃描頻率多少？

⑵　水平掃描頻率多少？

⑶　垂直解析度最大多少？(理論值)

⑷　水平解析度最大多少？(理論值)

15. 說明 CRT 水平鋸齒波與垂直鋸齒波的作用。

16. ⑴　CRT 畫面上下捲動無法固定，故障原因為何？

⑵　CRT 畫面左右扭曲無法恢復，故障原因為何？

17. 簡述液晶顯示元件的作用原理，分別就電壓 ON/OFF 時說明之。

18. 提高 LCD 之畫質所需要素有哪些？

19. TFT 模式之 LCD 有何優點？目前還存在哪些問題？

20. 何謂偏極化？說明其物理現象。日光燈之光線是否為偏極化光？

21. TFT LCD 介面傳輸方法有哪二種？簡述其原理。

22. SVGA 之 TFT LCD 其顯示之螢幕解析度為 800×600，但已知真實之圖素比顯示在畫面上之點數還要多，若全螢幕圖素為 926×687，則欲獲得所訂定之解析，資料傳送之時鐘頻率(CLK)為多少？

23. 簡述改善 TFT LCD 視野角的方法？

9

USB

9-1 USB 的結構

9-2 USB 介面的特性

9-3 USB 封包的格式

9-4 USB 介面

9-5 USB 描述元

9-6 USB 的裝置列舉

9-7 USB 電源之管理

9-8 HID 群組

9-9 USB 微控制器的應用

9-10 抖動(Jitter)與歪曲(Skew)

9-11 I²C 匯流排

9-12 I²C 的硬體架構

　　USB的原文為Universal Serial Bus，中文可翻譯為通用串列匯流排，自1994年Intel率先推出USB架構後至今，USB已成為個人電腦的標準配備，尤其是個人電腦主機板上 COM 埠、ISA 匯流排已逐漸退出市場的狀況下，繼之含 USB 之各類型應用產品也陸續推出。主導 USB 週邊裝置發展之組織以USB-IF(USB Implementer's Forum)為首，所以自1995年USB-IF 訂定了 USB 之規格後(參考 1-7 節)，Intel 之協力廠商如 NEC、IBM、Microsoft及Compaq等就以此為圭臬並致力於新產品之研發，台灣在2006年 USB 晶片中以三大主軸公司所製造之元件的使用率最高，這些 USB 國外廠有：ATMEL、Cypress、Epson、Intel、Philips、TI、Agere 及 NEC等，台灣之USB控制晶片廠有：創惟、巨盛、德州儀器、柏士半導體、亞洲艾蒙、揚智、瑞昱與威盛等。另外提供 USB-IP 之廠商則有智源、創惟及ARC等。截至目前止各廠商仍以USB 2.0晶片產品應用之開發為主軸，如 TI 以 2.0 HUB 為主而避開 USB 主機(HOST)的研發，M_System 則以USB隨身碟等為主，反之Cypress則以USB1.X/2.0/OTG等之應用並提供嵌入式的 HOST 及無線 HID 產品為重心。USB 2.0 的最大傳輸率為 480M bps 其高速傳輸模式可與前所述 IDE ATA66、Ultra2 Wide SCSI 並駕其驅，所以可看出 USB 仍以 PC 週邊領域之應用為主。目前除了 PC 個人電腦或麥金塔(Macintosh)等電腦以 USB 為標準介面之外，舉凡週邊裝置甚至消費性產品如USB鍵盤、USB滑鼠、USB面板、USB列表機、USB掃描器、MP3 或 USB 數位相機等亦皆以 USB 為連接埠，這些連接埠都採用相同之USB介面規格，即所謂萬用接頭。USB2.0之另一個版本USB OTG(On The GO)，這是針對更低功率消耗，可攜式產品中更小連接器所設計，並可支援 peer to peer 之操作，如行動通訊等。

　　標準的USB裝置描述元呈樹狀資料結構且至少有五層，分別是裝置元件(Device)、組態(Configuration)、介面(Interface)、端點(End point)及註解字串(String)，前 4 個彼此間有次序之關聯，字串描述則為描述器內各欄位之說明，雖然裝置描述元只有一個，但其他之描述元層面則可以設計成多項分支，描述元的原文是 Descriptor，也可以稱為描述器，描述元的相關資料於後詳述。根據 Cypress USB 介面所開發的微控制器的種類可歸納為：低速 USB 微控制器 CY7C63XXX 系列，與高速 USB 微控制器 CY7C64XXX、CY7C65XXX 及 CY7C66XXX 系列等。1995 年 11 月 USB-IF 所推出 USB1.0 版其規格僅達 1.5M bps，即所謂慢速 USB 界面，而 USB1.1 版正是 1998 年擴充 1.0 版之規格，雖然由僅存之 4 個核心科技公司制定，但週邊設備能應用之速度卻包含二種：全速之 12M bps 及慢速之 1.5M bps，普遍被應用作資料傳輸之內容仍偏重於人機介面(HID)，如滑鼠或鍵盤等之上，1999 年 USB-IF 又公佈了 USB2.0 之規格，一舉突破頻寬到 480M bps，USB2.0 具有往下相容 USB1.X 版各式硬體設備之特點，而形成高低速裝置共存之系統架構，如圖 9-1 之應用例。

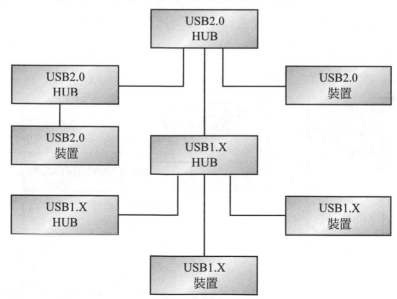

圖 9-1　使用高速 USB2.0 之傳輸設備必須接 USB2.0 之 HUB，凡橋接 USB1.X 的裝置或 HUB 最高速僅達 12Mbps，故上層為高速下層必為相等或低速

　　低速USB元件可應用在低速之微電腦週邊設備上，此時資料透過此類USB 控制埠之傳輸率應不大於 100kbps(bit per seconnd)，譬如目前吾人所用之 USB 鍵盤、USB 滑鼠或 USB 搖桿等均屬之。全速 USB 之資料傳輸率範圍為 100kbps 到 12Mbps 間，適用之裝置有 HUB、ISDN、Modem、喇叭及列表機等，值得注意的是目前高速高解析度 USB2.0 之應用產品有；掃描器、數位相機、CD-R、DVD/VCD 與 TFT LCD 之螢幕等，USB配合電腦之設計與應用如圖 9-2 所示。

　　因為USB微控制器與各類型態之個人電腦週邊裝置可共享串列介面匯流排，所以含USB主機之微控制器就成為匯流排的主控者，基本上它要負責對各週邊裝置發出設定命令，因為 USB 可視為一串列通訊介面，所以USB的資料傳輸也必需符合具有憑證封包之通信協定才對。

　　所謂憑證封包(License Package)即由資料或控制字組所構成的訊息，且其內含必定攜帶了目的地或傳輸對象的辨識碼，換言之，具有憑證的資料訊息才得以被傳送至指定的裝置上。在 USB 完整的通訊協定中包含了USB 封包，傳輸型態，描述單元與群組等，將於後詳述。

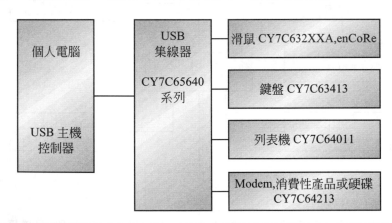

圖 9-2　CY7C6X 系列之應用例，HUB 之應用晶片通常以 65 或 66 系列為主

　　所以，當USB主機持續發出憑證封包到匯流上，則必定有某一符合其位置編號之週邊裝置可以取得溝通之機會，且根據此一封包之內容作出相對的動作，如果USB採用全速或低速資料的傳輸率，此時匯流排頻寬就可以切割成1ms之資料框，以利攜帶位元資料傳送，而使得所有連接到匯流排之裝置就可以依時間分時多工傳輸(TDM：Time Division Multiplexer)之方式來共享資料。因此USB架構之優點為：可利用並接或串接的方式來連結整個系統，而避免使用太多的電纜線或連接線，其次為USB系列的晶片組種類眾多，上游廠商支援之解決方案很充分，故有助產品開發。缺點為技術層面比傳統之串列資料傳輸高，另一個之問題是：USB介面無法處理最高頻寬之資料傳輸，以1999年所制定USB2.0為例，雖然資料傳輸率已高達480Mbps的頻寬，但實際運轉之頻寬只有200Mbps左右，對於多媒體螢幕所需視訊訊號也差不多是此一頻寬而言，一個CRT螢幕之USB就占掉了大部份，除非提出保證頻寬之模式，否則其餘之週邊設備將出現無頻寬可用之窘境。表9-1為USB使用限制一覽表，表中各項分類並不嚴謹。

表9-1　USB優缺點及使用限制

傳輸速率 bps	優點	缺點
低速(USB 1.0) 1.5Mbps 以下	支援127個介面，無IRQ中斷設定，無I/O埠位址規劃，可熱拔插，可跨作業系統平台，距離20公尺以上，可附加串列介面免電源供應器，成本低，省電纜線隨插即用，操作容易可串並接多台週邊設備	比傳統技術層次高
全速(USB 1.1) 12Mbps	同USB 1.0之優點	採用動態連結方式，全速傳輸造成時間延遲
高速(USB 2.0) 480Mbps	同上述優點，高頻寬設備適用隨插即用操作容易，HUB_base裝置之擴充容易	時間延遲及搶頻寬之現象

表 9-2　低速全速及高速 USB 微控制器規格，以 CY7C630XX～CY7C66XXX 為例

| 編號
CY7C | 內部記憶體 | | I/O 埠
GPIO | 集線器 I/O
裝置 I/O | 典型應用 | DAC
I/O | 包裝 | I²C
Hz | PS/2 |
	RAM	EPROM							
CY7C63000	128B	2KB	12	—/1.5M bps	鍵盤、滑鼠 、搖桿、 MICE	—	20～24 pin PDIP SOIC QSOP	—	—
CY7C63001	128B	4KB	12	—/1.5M bps		—		—	—
CY7C63100	128B	2KB	16	—/1.5M bps		—		—	—
CY7C63101	128B	4KB	16	—/1.5M bps		—		—	—
CY7C63200	96B	2KB	10	—/1.5M bps	USB-PS2 滑鼠 enCoRe	—	16～18 pin PDIP SOIC	—	V
CY7C63201	96B	4KB	10	—/1.5M bps		—		—	V
CY7C63400	256B	2KB	32	—/1.5M bps	鍵盤 MICE 搖桿	8	40～48 pin PDIP SSOP CERDIP Size Braze	—	V
CY7C63411	256B	4KB	32	—/1.5M bps		8		—	V
CY7C63412	256B	6KB	32	—/1.5M bps		8		—	V
CY7C63413	256B	8KB	32	—/1.5M bps		8		—	V
CY7C63510	256B	2KB	40	—/1.5M bps		8		—	V
CY7C63511	256B	4KB	40	—/1.5M bps		8		—	V
CY7C63512	256B	6KB	40	—/1.5M bps		8		—	V
CY7C63513	256B	8KB	40	—/1.5M bps		8	—	—	V
CY7C63612	256B	6KB	16	—/1.5M bps	鍵盤 MICE	—	SOIC	—	V
CY7C63613	256B	8KB	16	—/1.5M bps		—		—	V
CY7C64613	128B	8KB	32	—/12M bps	MODEM	—	SSOP	400K	V
CY7C65013	256B	8KB	11～22	—	HUB	—	PDIP	100K	—
CY7C65100	256B	—	11	4/12M bps	HUB	—	SOIC	100K	—
CY7C66011	256B	4KB	31	4/12M bps	HUB	8	48 Pin PDIP SSOP	100K	—
CY7C66012	256B	6KB	31	4/12M bps	HUB	8		100K	—
CY7C66013	256B	8KB	31	4/12M bps	HUB	8		100K	—
CY7C66112	256B	6KB	39	4/12M bps	HUB	8		100K	—
CY7C68001	256B	6KB	40	4/480M bps	8051	8	SSOP	100K	—
CY7C68013	256B	8KB	40	4/480M bps	8051	8	TQFP	100K	—
AN2131Q	32B	8KB	31	4/12M bps	MPB	8	PQFP	400K	—

USB元件因高低速元件之設計不同，其內部規格也相異，換言之，不同之元件其內部之基本功能與特徵將有明顯的差距，如表9-2為USB之規格所示。USB 之串列傳輸乃是先送出低位元 LSB 再依序送出到最高位元 MSB 止，與一般的串列通訊傳輸格式類似。

以USB週邊介面設計應用電路之優點有：

1. 使用容易，當USB週邊與電腦連接時無需重新系統規劃，進行配置及安裝。
2. 快速，所有的介面不會造成溝通的瓶頸。
3. 可信賴，較少的錯誤，而且一旦有錯出現時可以自動重試。
4. 多樣性，廠商提供各式各樣的介面元件。
5. 價格不貴。
6. 省電。
7. 擁有Windows作業系統支援，使用者無需另外設計主機與週邊介面元件間的低階驅動程式。

當USB介面連上PC時，PC主就會自動識別這些週邊裝置，並且進行相關之驅動裝置，當然USB界面並非萬能，因為在系統頻寬的分配、資料傳輸的除錯及各種設備之相容性等皆與其基本技術或規範有密切的關係，USB介面之特點為：

1. 萬用接頭依 USB1.X 的規範，其連接器分 A 型與 B 型，A 型連接器分 A 接頭與 A 插座，B 型連接器分 B 接頭與 B 插座。
2. 熱拔插(Hot Attach & Detach)，在作業系統保持運作當中，USB裝置可隨時安裝或退出個人電腦系統，而不需重新啓動。
3. 隨插即用(Plug and Play)，因為 USB 主機可以自動偵測 USB 裝置與其配置系統的資源，所以USB介面無列入主機板當中IRQ中斷，或 DMA 等系統資源。

4. USB主機系統含根集線器(HUB)最多可連接127個USB週邊裝置，因為在USB封包中的位址欄位只有7個位元，其定址模式由00H至7FH止，若每一個裝置可對應到一個位址則扣掉00H由其USB主機所定義的預設位址外，僅有127個週邊裝置可以連接。

5. 自動辨識(Automatic Configuration)：因為 PC 的視窗作業系統可以偵測出USB週邊裝置且自動載入適切的軟體驅動，而且在第一次使用USB裝置時，作業系統會插入驅動程式，所以電腦無需重新啟動。

6. 免設定：使用者無需對 USB 介面下達 I/O 埠位址及中斷(IRQ)設定更無需跳線(Jumper)，因為PC已經提供一組串列埠位址及一條IRQ線至USB主機控制器上，所以外接即額外的個別裝置就無需任何的支援或軟硬體設定。

　　USB裝置值得一提的是有三種匯流排速度：低速傳輸率僅1.5Mb/s即早期的 USB1.0，全速的裝置為 USB1.1其傳輸率為12Mb/s，目前的主流為 USB2.0即所謂高速480Mb/s，而 PC 主機控制器皆可以支援這三種速度，傳輸率指的是資料在USB匯流排上的傳送變化率，所以除了攜帶資料外，也可以傳送週邊裝置之狀態值，控制信號及錯誤偵測信號，因為所有的 USB 裝置共享一條 USB 匯流排，實務上將使個別的 USB 裝置之傳輸率比匯流排之額定值低，但其理論上單純之資料的最大高速傳輸率約為53MB／秒，全速最大為1.2MB／秒，低速傳輸率的最大值約為800B／秒，目前 USB1.X 低速或全速之傳輸率的應用仍著重於滑鼠等低速與易於操作且無需雙絞線或隔離線之裝置，所以全速的USB機制已逐漸被用來取代目前RS232C 或並列匯流排設的通訊埠，USB 傳送資料之可靠度可由二方面來探討，一為硬體結構，二為通信協定，USB的硬體規格可以確保驅動器，接收器及電纜線等單元在傳送資料時使雜訊干擾降為最低，而USB通信協定在偵測錯誤或重新傳送資料之運作皆可以自動透過硬體單獨來完成。

　　USB裝置不僅對一般之使用者，甚至於系統設計研發者比起其他之匯流排系統也有不少的好處，換言之，USB自動軟體除錯及標準電纜相容之特性對設計電路時晶片之選擇有相當大的方便性，甚至提供在元件上設計嵌入式及通訊應用軟體的工程師有更多的彈性，不管是軟體或硬體之資源則在各大USB晶片廠都可以輕易取得，下載網站為www.cypress.com等。又因為USB介面並未規定系統功能一定要採用固定的信號線，所以任何晶片都可以套用。視窗98是最早提供 USB 的作業系統，可是到目前為止不管是麥金塔或 PC 含 Linux 作業系統及視窗之伺服器等亦支援 USB，視窗所支援的元件型態除了人機介面裝置(HID：鍵盤、滑鼠、電玩控制器)外，其他如語音裝置、視訊相機、掃描器或智慧型讀卡機等皆為目前熱門之應用程式化介面(API：Application Programming Interface)，所以如果使用者發現在作業系統並未支援，則使用者必須由代理商取得驅動程式。

9-1　USB 的結構

　　USB連接週邊裝置僅含有4條線，V_{cc}與GND及兩條以差動(LinBiCMO及 LVDS 技術)作電位為輸入／輸出的D^+、D^-信號線，USB 與裝置之間之通訊協定採用虛擬管線之結構，因此頻寬的大小可視為一個大管線，再切割為127個小管線，每一個小管線可連接到任一USB裝置上，USB在每一個憑證封包中提供 7 個位元當定址位元，但 0000000B 已編定為列舉身份辨認階段所預設的位址，而且主機的 HUB 即主 USB 位址亦占掉一個預設值位址，因此只剩下 127 個裝置可連接到USB裝置上，換言之，主機USB最多只能接127個設備或裝置，所以系統最多可承接127個管線，如圖9-3所示為一USB管線的拓撲結構的應用，每一個端點即為資料串中最基本的通訊單元，拓撲結構可參閱圖1-27。

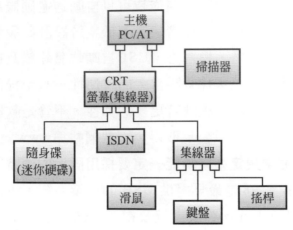

圖 9-3　USB 裝置拓撲階層之應用例，但集線器僅能以 5 層的階梯式星
　　　　狀拓撲結構為限，本例題為 3 層，最多 127 個裝置當中，各個
　　　　HUB 亦占有單獨之位址編號

這些端點被用來傳遞資料的內容有：控制信號、影像或聲音等。USB
之每一端點對應到主機作資料傳輸時之流向以 IN/OUT 指令作區隔，其定
義如下：

IN　　：週邊裝置資料傳至主機(Up Load)

OUT：主機資料傳至週邊裝置(Down Load)

端點之每一個週邊設備可以隨插即用，也可以在不斷電下隨時脫離，
這種架構稱為熱插拔。系統只允許一個裝置元件擔任主機，主機內要建立
一個 Root HUB，但因為每一個裝置都被賦予一個位址編號，一旦更動裝
置或每次配置一新位址之同時，主機電腦(PC/AT)必需先為每個裝置集線
器載入由廠商提供之驅動程式，尤其有新的裝置初次被連線上端點時其編
號預設為 0，主機就會先找到 0 之裝置再載入相對之驅動程式，並指定一
個未使用之位址予該裝置，反之，當主機偵測到某一 USB 裝置之 D^+ 與 D^-
兩端端電壓被移除，此裝置之位址編號就被取消，並保留它給新裝置使

用。值得注意的是：個人電腦一經開機所有連上 USB 之 HUB 與裝置其位址預設值皆為 0。

　　USB 資料流通之處理基本上是由三層之通信協定所構成，如圖 9-4 所示，USB Bus 介面層當作 USB HOST 主機與裝置端間彼此進行實際信號與封包之管道，USB 裝置層則負責提供 USB 系統軟體與 USB 裝置在連線後，兩者間所需互通之資訊，功能層則表示主機 USB 提供應用程式指揮 USB 裝置要執行控制功能或資料收集等之工作。

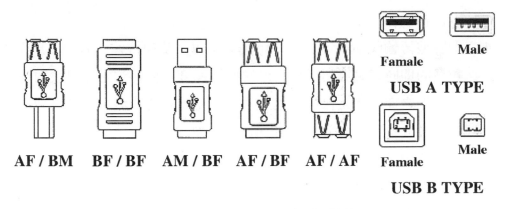

AF / BM　　BF / BF　　AM / BF　　AF / BF　　AF / AF

圖 9-4　USB 資料流通之簡易模型

USB 裝置傳輸資料有四種類型

1.　控制型傳輸(Control Transfer)：此乃雙向傳輸之資料，目的為溝通主機與裝置間之配置設定組態、命令或狀態值，其內含有控制寫入、控制讀取與無資料控制等三種，執行過程中又分三個階段，分別是：設定階段、資料階段及狀態階段，控制型傳輸隸屬非週期性，故均採非同步用慢速傳輸速率結構。

2.　中斷型傳輸(Interrupt Transfer)：USB 1.0 為單向傳輸，USB 並不能實際執行硬體中斷，但卻可以依賴PC/AT主機採用輪詢方式來支援中斷之功能，輪詢時最重要的是週期的大小，在USB的輪詢間隔通常設定為1ms至255ms之內即可，此為全速傳輸的規格，但在低速傳輸當中則可設定為10ms至255ms的間隔，適用於滑鼠鍵盤等。

3. 巨量型傳輸(Bulk Transfer)：僅用於全速，此類傳輸是單／雙向傳輸，雖然它屬於非週期性無固定傳輸率之高速傳輸兼俱有錯誤更正的功能，尚可利用未使用之頻寬來傳輸資料，但只能傳送大量資料，故需待先儲存資料後再依序處理，適用於列表機掃、描器器、數位相機等。

4. 即時型傳輸(Isochronous Transfer)：單／雙向傳輸，有別於第3種類型的即時傳輸必須保持固定的傳輸速度，值得注意的是發射端與接收端之速率必須保持一樣，才能避免錯誤資料發生，該高速傳輸資料最大長度為1024位元組，唯不具錯誤再傳送之功能，可用於喇叭，USB麥克風或MPEG-1裝置。

中斷型與即時傳輸為週期性傳輸類型，此兩類可分配到90％以上的匯流排頻寬，且它們是在預先宣告好的頻寬下執行，而巨量型傳輸則可以利用上述二類執行後剩下的10％匯流排頻寬來執行。

USB的四條纜線的功能其規定如表9-3所示，說明當中之AWG表示America Wire Gauge。

如表9-2所提示，USB資料傳輸速率全速為12Mbps，低速為1.5Mbps，在應用中，D^+、D^-兩差動信號必須採用絞線及加上隔離用之屏蔽結構，USB就是利用D^+與D^-兩端差動電壓變化轉換成一種特殊的NRZI(Non Return to Zero Inverted)編碼方式，換言之，匯流上所有的資料都需經過編碼NRZ反向後再傳送出去，此乃屬於非歸零即反轉之編碼技術無需同步信號也能產生同步的資料作存取，NRZI的編碼規則為：資料位元為1時不轉換，反之，0時則需作轉換。至於更深入之編碼技術請參閱其他相關文獻。

表 9-3 USB 纜線之信號與顏色，通常使用 28AWG 型號的纜線規格

接腳編號	纜線	信號功能說明
1	紅	正電源(Vcc)
2	白	$D^-(Data^-)$
3	綠	$D^+(Data^+)$
4	黑	接地(GND)

圖 9-5 為 USB 連接頭的結構，其中白綠為雙絞線，作為差動的傳輸信號線，如果是操作於高速之 USB 傳輸則必須採用隔離雙絞信號線。紅色的線為電源線，如果是自我電源(自備電源)則紅色線就不必接到電路板之電源接點上，低速低電流消耗之應用電路，通常是由 Bus 提供電源，換言之就是由紅色線接到 HUB 之電源，USB 連接器之外觀扁狀長方形連接頭要接 HUB 接點，這是週邊裝置作上傳資料之 B 型連接點，至於下傳用接頭大部份是方形頭，也就是主機 USB 透過 HUB 或直接下傳資料到週邊裝置的 A 型接點，所以週邊裝置要使用方形頭連接器。

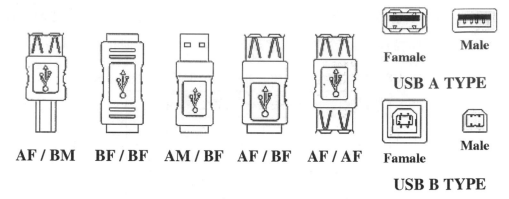

Famale / Male
USB A TYPE

AF / BM　BF / BF　AM / BF　AF / BF　AF / AF

Famale / Male
USB B TYPE

圖 9-5　USB 標準全速(Full speed)纜線接頭之剖面圖(Trusty Industrial Inc.提供)

範例 1　NRZI 編碼／解碼格式中，已知某位元組之資料爲 01001011，經 NRZI 轉換後編碼值爲何？(發射端傳送資料之前)

解　NRZI乃一種取自NRZ資料後再反向處理之資料，NRZI編碼格式可保接收裝置與傳送端同步，所以不要額外再配合傳送時脈信號(CLK)，亦無需使用開始位元與停止位元，但可以使用位元補位。根據編碼規則，可得

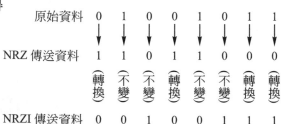

原始資料	0	1	0	0	1	0	1	1
NRZ 傳送資料	1	1	0	1	1	0	0	0
	(轉換)	(不變)	(不變)	(轉換)	(不變)	(不變)	(轉換)	(轉換)
NRZI 傳送資料	0	0	1	0	0	1	1	1

規則詳述如下：最高位元爲 0 故轉換，則由 0→1，表示下一位元不轉換，次最高位元爲 1→1，表示下一位元不變，則 0→0……依序可得 NRZ 碼＝ 11011000，再經反相後可得 00100111。

9-2　USB 介面的特性

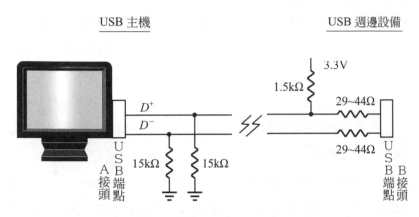

USB 主機　　　　　　　　　　　　　　　　USB 週邊設備

圖 9-6　　USB 匯流排電氣特性連接圖，因為 1.5kΩ位置可調整，接收器
　　　　並未註明提昇電阻 1.5kΩ為D^+或D^-端

　　USB介面之規範可分兩方面來討論，一為電氣特性，二為通信協定的格式，如圖 9-6 所示，USB的D^+、D^-信號線在連接到接收機之輸入端前要串接 29～44Ω的電阻，圖中 1.5kΩ為一提昇電阻，如果用在全速傳輸系統則提昇電阻應接在D^+信號線上，反之用在慢速傳輸裝置上則 1.5kΩ應改接到D^-信號線上，至於信號發射端即 USB 主機或集線器上D^+與D^-各接一下拉電阻 15kΩ，所以下傳輸出埠之結構是固定的。

　　高速USB2.0/480MHz之裝置為自動偵測，不需要 1.5kΩ，圖 9-6 之下拉電阻又稱為集線器的端電阻。

> **範例 2**　說明 USB 主機如何利用D^+、D^-信號來分辨下游 USB 週邊裝置有無安裝在傳輸線上？

解　USB以差動輸出信號之方式將USB信號驅動至USB纜線上，當D^+、
D^-兩條信號線並未銜接任何USB裝置時，則因為下拉電阻之緣故，
D^+、D^-幾乎就等於接地，反之，假使USB裝置被連接到插座上，提
昇電阻與下拉電阻就形成電阻分壓器，因為提昇電阻之位置不同，
可能使D^+或D^-電壓高達3伏特左右，主機HOST USB就是利用偵測
D^+或D^-電壓是否大於2伏特或低於0.8伏特，來判斷USB週邊裝置
是否已裝妥，PC/AT主機將不斷的查詢D^+、D^-電壓變化之方式來了
解裝置的連接狀態。

根據USB2.0訂定的規格書中特別規範有關D^+與D^-間電位差之操作功
能，說明如下：

1. 全速傳輸模式：當$D^+ > D^-$，D^+必接近V_{cc}且D^-必為接地，即$D^+ - D^-$
   > 0.2伏特，而等到主HUB送出啟動信號，若$D^+ - D^- < - 0.2$伏特
   即表示接收端已安裝至HUB設備，且已由閒置狀態進入啟動狀態。
   並備妥做資料傳輸之操作，以進SOP階段，這是開始作資料封包傳
   送之前置作業，且主HUB也可以正確掌握週邊裝置之位置。

2. 慢速傳輸模式：當$D^+ - D^- < - 0.2$伏特表D^+為接地，D^-為V_{cc}，且
   HUB設備裝到端點上，一旦主HUB送出信號使D^+電壓達到V_{cc}，
   D^-幾乎接地使$D^+ > D^-$即$D^+ - D^- > 0.2$伏特表示啟動信號進入，則系
   統轉換到開始資料傳輸階段(SOP)。

由1.、2.兩種操作得知，PC/AT在全速及慢速模式下均可正確的判斷
集線器或端點是否有安裝USB裝置，而且是隨插即用熱插拔。故PC主機
不斷輪詢HUB，檢查D^+及D^-之電壓來了解連線狀態。

練習 1 下列敘述何者有誤？

(A)USB 1.0 資料傳輸速率最大爲 1.5 Mbps。

(B)USB 1.1 資料傳輸速率最大爲 12 Mbps。

(C)USB 2.0 資料傳輸速率最大爲 48 Mbps。

(D)USB 3.0 資料傳輸速率爲 1.5 Gbps 以上。

解 (C)

練習 2 下列有關 USB 介面特性何者有誤？

(A)USB 連接器結構，接腳編號 1 爲 CLK 輸出。

(B)USB 連接器結構，接腳編號 2 爲 D^-。

(C)USB 連接器結構，接腳編號 3 爲 D^+。

(D)USB 連接器結構，接腳編號 4 爲接地。

解 (A)

練習 3 USB 裝置傳輸資料之類型中，可用於全速作單／雙向傳輸，但適合用於傳送像掃描器或數位相機的資料傳輸者爲何？

(A)控制型傳輸。

(B)中斷型傳輸。

(C)巨量型傳輸。

(D)即時型傳輸。

解 (C)

Chapter 9

練習 4　有關 USB 通信協定

(A)使用者自備主機控制器驅動程式。

(B)USB 協定提供主機軟體與週邊裝置間之通訊服務。

(C)USB 之驅動程式乃介於 CPU 與北橋間之介面。

(D)USB 系統中，USB 裝置不屬於端點之組合。

解　(B)

....

練習 5　有關 USB 特性何者正確？

(A)突發性非週期性的，由主機軟體開始的通訊皆為中斷控制。

(B)大量封包作非週期性資料傳輸稱為中斷傳送。

(C)USB 傳輸資料之一筆交易內容包括，SYNC，PID，EOP，

　　CRC16 等位元。

解　(C)

....

9-3　**USB 封包的格式**

　　USB資料傳輸包含了由程式碼所定義的封包，它們也是一種匯流排之協定，但仍然由 PC/AT 掌握其控制權，USB 主機啟動 USB 封包不會佔用 PC/AT 之中斷向量，也不使用主機板上 I/O 埠資源，因為它是藉由通訊協定來傳遞資料與執行命令，所以憑證或協定就特別重要，在全速USB架構中 UBS1.1 版主機必須將頻寬為 12Mbps 之匯流排分割成 1ms 之框架，此

框架包含了所有各裝置之交易資料，數個不同之型式之資料欄位稱為一個封包，1 到 3 不等之封包稱為一筆交易資料，因此 1ms 可以包含了不同之用戶端在驅動程式下所提出之 I/O 封包，PC 主機與下游裝置間往來通信協定之傳輸封包順序及格式如圖 9-7 所示，通信協定分三個階段：設定階段、資料階段及狀態階段，換言之三階段內容至少都必須包含三種封包。

憑證封包					資料封包				交握封包		框架起始封包		
同步序列	封包識別	位址	端點	環狀多餘檢測	同步序列	資料識別	載入資料	資料1識別	環狀多餘檢測	同步序列	交握回應	同步序列	框架編號欄位	環狀多餘檢測

圖 9-7　USB 封包之內含，依不同之階段各封包項目欄位應作選樣，故封包的類型可分為：憑證(Token)、資料、交握及特殊等四種，部份裝置元件可能還要加上 SOF

　　由主機送往裝置之命令稱為 Device Request，通常用控制傳輸來傳送命令。憑證的涵義就是：連接到端點的所有裝置在收到由 PC 主機發出之控制信號後，經比對裝置預設之位址，僅有一部裝置能接收成功並作出回應再接收資料，這種解碼之過程依賴的是配置的位址即稱為憑證，因此 USB 裝置要無誤的接收串列傳輸資料與回應信號其格式是先送出低位元 LSB 到 MSB 止，詳細之欄位規劃為：

1. 同步序列欄位：SYNC，8 位元值一定為 000000001，作用是產生同步信號，所以 SYNC 乃封包啟始處，表示封包已達到收發之位置。

2. 封包識別欄位：PID $\overline{PID}$ 共 8 位元表示封包的類型，所以它先取其中 4 位元當識別碼，8 位之中另外 4 位元為 4 位元識別碼 1 之互補檢查碼，即 PID 與 $\overline{PID}$ 互補。

3. 位址欄位：ADDR，7 位元組成，可用來定址 128 個週邊裝置如前所述假設值是 0，所以被扣掉後實際最多可連接包含主機 127 個裝

Chapter **9**

置，每一個裝置之位址是唯一的，位址的配置由驅動程式自動排列。

4. 端點欄位：ENDP 長度為 4 位元，被用在 IN、OUT 及 SETUP 封包中，4 位元表示每一個位址之裝置內最多只能有 16 個 IN、OUT 之端點記憶區。

5. 環狀多餘檢測欄位：俗稱CRC，此乃一錯誤檢測技術，因資料在傳輸時會產生錯誤，所以可採用 CRC 計算檢測值來判斷資料是否正確。CRC有二種，一為 16 位元另一為 5 位元，可配合不同之封包型態階段來設計，名稱為 CRC16 或 CRC5，在憑證封包或 Token(IN/OUT)時位址加端點才 11 個位元故用 CRC5，但資料封包可能很大量則非採用 CRC16 不可。

6. 資料欄位：資料欄位長度由 0 到 1023 位元組不等。

7. 框架編號欄位：即 Frame Number 由 11 個位元組成。

　　如前所述，封包之型態有五種：憑證封包、資料封包、交握封包、特殊封包及 SOF 封包，說明如下：

1. 憑證封包即 Token(IN、OUT、SETUP)：由 PC 主機發出啟動前導作業，其內容共分為 5 個欄位，其結構如下，PID $\overline{PID}$ 有 SETUP、IN 及 OUT 三種子功能。

SYNC	PID $\overline{PID}$	ADDR	ENDP	CRC5
8 位元	8 位元	7 位元	4 位元	5 位元

範例 3　已知主機發出設定階段之 Token(SETUP)封包為控制信號使用端點為 00H，若位址預設為 00H，PID 欄位指定為設定其值為 B4H，錯誤檢測 CRC5 欄位值為 08H，結束封包碼為 001，試以二進位碼寫出憑證封包的內容。

解　SYNC 一定為 00000001，已知封包欄位當中 PID $\overline{PID}$ 功能為 SETUP ＝ B4H ＝ 10110100，表示 PID ＝ 1101，$\overline{PID}$ ＝ 0010，ADDR 為 0000000，ENDP 的 4 位元為 0000，CRC5 表示 5 位元之檢測碼＝ 01000，結束封包 3 位元為 001，可得

SYNC	SETUP	ADDR	ENDP	CRC5	EOP
00000001	10110100	0000000	0000	01000	001

2. 資料封包：資料封包由 4 個欄位組成，資料 0 即 DATA0 乃偶數資料封包，DATA1 為奇數資料封包最主要是 DATA 欄位可高達 1023 位元，在 USB 1.1 規範下 DATA 分 DATA0 與 DATA1，目的是為了提高正確性，故一連串針對同一裝置元件進行之資料傳輸祇要是相鄰之封包一定要採用 DATA0 與 DATA1 交替輸送，換言之主機或裝置元件如果發現連續來到之兩封包其 PID 一樣則表示有錯誤產生，其結構如下，基本上資料封包又可分 SETUP 資料，載入資料或輸出資料等。

SYNC	PID	DATA	CRC16
8 位元	8 位元	0～1023 位元	16 位元

Chapter **9**

範例 4　已知 USB 介面欲傳輸含命令當設定用資料，資料封包由 DATA0 到 DATA1 依序交替切換傳輸俗稱資料套環(Data Toggle)，CRC16 的 16 位元其內容為 0000，PID 欄位內容為 C3H，DATA 長度為 8 位元組，設定資料內容為 80H、00H、00H、00H、00H、00H、00H 及 00H，試寫出設定階段資料封包之內容。

解　以 16 位元的格式來表示資料值，SYNC 一定為 00000001，已知由 DATA0 開始故 PID 為 C3H，封包識別碼為 b0011 表最低位元=1，最高位元=0，CRC16 為 0000H，可得

SYNC	PID(DATA0)	DATA	CRC16	EOP
01	C3	8000000000000000	0000	01

註：資料階段若由 DATA1 開始位址偶數 0010 = $PID_{3\sim0}$ 則 $PID_{7\sim4} = 1101$，則 PID 為 D2H，b 表示二進位碼

· ·

3. 交握封包：此封包除 SYNC 外僅有一個 PID 資料欄位，在低速傳輸 PID 則成為 Preamble，當特殊封包來討論。

SYNC	PID
8 位元	8 位元

範例 5 USB 設定階段之交握封包中 PID 之欄位 PID[3:0] 包括有 ACK(代碼 b0010)、NAK(代碼 b1010) 及 STALLL(代碼 b1110) 等交握控制信號，若 USB 週邊裝置收到主機之控制命令後就應以交握封包回應，ACK 是用在準備接收資料，但週邊尚未就緒就得使用 NAK 封包，而萬一資料有錯得回應 STALL 交握封包，根據上述說明，若週邊裝置已獲得主機之控制命令且準備接收資料，ACK 之控制碼已知為 02H，試寫出交握封包之內容？EOP 省略。

解 SYNC 一定爲 8 位元且爲 01H，ACK 爲 02H，可得 PID 爲 4BH(PID_0～$\overline{PID_4}$)

SYNC	ACK
01	4B

即

SYNC	ACK
00000001	01001011

注意：02 的 $PID_0 = 0$，$PID_1 = 1$，$PID_2 = 0$，$PID_3 = 0$，
重新排列得 0100

4. 特殊封包：此類封包之 PID 其名稱爲 PRE，即特殊先導的意思，僅用於 USB 在全速傳輸欲降爲低速操作時，由主機 USB 所發出之控制信號，目的是：主機 USB 裝置要更正全速爲低速封包以利向低速裝置傳送資料，換言之，如全速 HUB 要下傳資料到低速裝置，必須利用 Preamble 打開低速通道，但全速通道可以不必封閉，於 IN 交易傳輸其資料封包則不必使用 Preamble，格式爲：

SYNC	PRE
8 位元	8 位元

Chapter 9

5. SOF封包，屬於憑證封包，即啓始封包，所有之接收端之USB裝置就是利用SOF來找出識別框架之起點，換言之，在1ms之框架開始時，主機 USB 送出 SOF 封包給所有之週邊裝置目的是要取得同步傳輸，並作爲偵測追蹤使用，SOF沒有特定的位址，也不需等待交握封包，所以SOF屬於即時型傳輸作業，值得注意的是SOF不會傳輸給低速之USB週邊裝置，SOF之編號應介於0與7FFH之間，這是規定，因此使用者不能任意調整，SOF有獨立之PID格式如下，SOF之結尾不是EOP而是IDLE(001碼)，下面之格式並未列入IDLE欄位。

SYNC	PID	框架編號	CRC5
8位元	8位元	11位元	5位元

　　USB 主機與 USB 週邊裝置間一次完整的資料或訊息交易必須將上述之封包組合起來，組合之搭配如下所示：

1. 執行資料交易之格式，圖9-8所示

憑証封包	資料封包	交握封包

圖9-8　　在即時傳輸、控制傳輸、中斷傳輸與巨量傳輸之外的交易格式

2. 執行即時傳輸之格式，如圖 9-9 所示。

憑証封包	資料封包

圖9-9　　進行即時傳輸之二個組合封包階段

3. 執行控制傳輸之格式(Bursty 且非週期性)

　　　　控制傳輸包含二個或三個階段，其組合封包格式如圖9-10所示。

(1) 二階段式組合封包來執行控制傳輸

階段#1　　　　　階段#2

| 憑証封包 | 資料封包 | 交握封包 | 憑証封包 | 資料封包 |

圖 9-10(a)　憑證封包內容為SETUP，資料封包為DATA0，階段#1 為設定階段，階段#2 為狀態階段

(2) 三階段式組合封包來執行控制傳輸

階段#1　　　　　階段#2　　　　　階段#3

| 憑証封包 | 資料封包 | 交握封包 | 憑証封包 | 資料封包 | 交握封包 | 憑証封包 | 資料封包 | 交握封包 |

圖 9-10(b)　階段#1 為設定階段，階段#2 為資料階段，階段#3 為狀態階段，階段#1 及#3 之資料封包為 DATA0，唯階段#2 之資料封包為 DATA1，階段#1 之憑證封包為 SETUP，階段#3 之憑證封包必須用 IN 或 OUT 規格，交握封包一律採用 ACK

4.　執行即時傳輸之格式

即時傳遞可以用來設計I/O指令作資料的輸出入控制，如圖 9-11 所示。

(1) 輸入格式

| 憑証封包 | 資料封包 |

圖 9-11(a)　憑證封包用 IN 格式，資料封包用 DATA0/1 之格式，當 USB 主機送出IN憑證封包，週邊裝置就會傳回資料封包給USB主機

(2) 輸出格式

| 憑証封包 | 資料封包 |

圖 9-11(b)　資料封包就是 DATA0/1 即由 USB 主機送出到週邊裝置之資料，憑證封包應該用 OUT 憑證封包格式以利 USB 主機將資料輸出。值得注意的是：即 11(a)11(b)封包沒有交握控制(Handshaking)的功能

chapter 9

5. 巨量資料傳輸之格式

　　巨量傳輸資料長度有4種格式：8位元、16位元、32位元與64位元等。ACK是用在資料傳輸正確狀態下由週邊裝置回送到主USB端，NAK 則用來表示週邊裝置無法執行主機所提出 I/O 之指令，STALL則表示週邊端有錯誤發生，並讓主機應重送資料，如圖9-12(a)。

⑴　輸入格式：

憑証封包	資料封包	交握封包

圖 9-12(a)　憑證主機用 IN 格式，資料封包指資料裝置應使用 DATA0/1 格式，交握封包乃指交握主機 USB 所發出之 ACK 信號，ACK 為可到達週邊裝置之交握封包，其結構如圖 9-12(b)所示

⑵　輸出格式：

憑証封包	交握封包

圖 9-12(b)　憑證封包指憑證主機之封包，使用 OUT 格式，交握封包為 NAK 或 STALL

⑶　輸出交握格式如圖 9-12(c)。

憑証封包	資料封包	交握封包

圖 9-12(c)　憑證封是指憑證主機 USB 用 OUT 指令，資料封包為 DATA0/1，交握封包內容為：ACK、NAK及STALL 等三種格式

6. 中斷傳輸格式

　　中斷只有二種格式，但一定要用 IN 憑證封包。

⑴　含交握控制的中斷傳輸封包就是主機 USB 將 ACK 指令傳回到週邊裝置，參考圖 9-13(a)。

憑証封包	資料封包	交握封包

圖 9-13(a) 　主機憑證封包為 IN 封包，資料交易封包為DATA0/1 資料封包
作為中斷訊息回傳到主機 USB 上，如果執行中斷之過程或回
傳的 DATA0/1 無誤，則主機 USB 就應回應 ACK 之交握封包

(2) 含交握控制之NAK/STALL中斷傳輸封包，參考圖 9-13(b)之架構。

憑証封包	交握封包

圖 9-13(b) 　憑證封包用主機 USB IN 指令，週邊裝置則採用 NAK/STALL
交握封包回應中斷訊號到 USB 主機

結論：

1. 資料與封包的流通方向 IN 或 OUT 只允許單向傳送，當一個USB裝置與主機溝通其他的只能當觀眾，在USB Bus必須遵從主僕關係，所以它是一個不具完全一致性的一對多傳輸架構。

2. 封包資料有大小的限制。

3. 頻寬受I/O的限制。

4. 資料傳輸有排定服務時程。

5. "中斷"的動作與過去傳統的中斷觀念或方式完全不同。

9-4　USB 介面

　　USB 介面以主機 USB 為主導，因此與主 USB 連線之下游裝置端點必須遵循主機之命令格式及通訊協定，在USB業界規格書中所註明之裝置要求所指的就是命令格式，因此所有週邊裝置USB之設定、清除與資料傳輸都必須依賴交易封包來進行，通常DATA0 就是儲存週邊裝置規格的封包。

Chapter **9**

重置：主機 USB 發出之重置(RESET)信號時間要長達 10ms，至於週邊裝置在收到D^+與D^-兩端點信號皆為低電位長達$2.5\mu s$ 即承認重置生效，週邊 USB 裝置被重置後所有參數皆成為預設狀態，USB 裝置也被設定為預設位址，通常選擇 0H。

中止：為了節省USB裝置之電源可以讓週邊USB裝置進入中止模式，換言之，為匯流排上之資料線沒有任何作用達 3ms以上則裝置就進入中止狀態的省電模式，但如果主機發出回復信號則所有被中止裝置就可以回到一般的操作狀態。

9-4-1 USB CY7C63 微控制器

USB 控制晶片絕對不止 CYPRESS 一家，本節僅以此產品作簡介。CY7C63XXX 屬於慢速之系列之 8 位元 OTP 微控制器且符合USB1.XV 規格內建 1.5Mbps 頻寬，內部結構如圖 9-14 所示，各方塊圖說明如下。

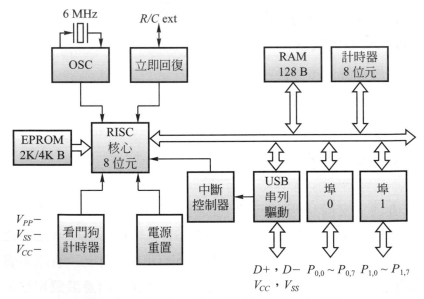

圖 9-14　CY7C63001C/63101C 系統方塊圖

　　USB 1.X之低成本低速介面控制晶片，以CY7C63XXX為例，可應用之裝置有：滑鼠、鍵盤或電玩模組。

1. OSC：要外加6MHz的石英晶體振盪器與系統的CLK，因為晶片內有倍頻效果，因此基本上可提供12MHz之時脈給微處理機使用。

2. 埠1及埠0：屬於兩個週邊埠，可執行I/O寬度長達10個位元以上，但最多16位元，統稱GPIO(General Purpose I/O)。

3. USB 串列驅動：這是一個整合式串列介面引擎(SIE)，用來支援整合式的週邊裝置。

範例6　試針對 USB CY7C63XXX 系列之 GPIO 特徵詳述之，並繪基本 I/O 結構。

解　USB CY7C63XXX 之 GPIO 即俗稱輸出入埠，其特徵為：

⑴每一個I/O埠之單一腳位可提供7mA之吸收電流(Sink Current)或電流流通，被 Reset 後均為 Hi。

⑵可將多個I/O埠腳位連結(並接)在一起，目的是可加強驅動電流。

⑶每一個 I/O 埠之單一位元之內部可由軟體規劃成為具有(a)6kΩ提昇電阻之輸入功能(b)CMOS 輸出規格(c)開洩極輸出。

⑷ CY7C63XXX 中 GPIO 有 12 個位元由埠 0 之 P00～P07，埠 1 之 P1.0～P1.3 均可透過 IORD、IOWR 與 IOWX 指令來傳輸資料，其中埠 0 之暫存器位址為 0H，埠 1 之暫存器位址為 01H，但如被觸發後可轉變當作控制器的中斷源。GPIO之任一腳位位元之結構如下所示，埠電流暫存器即圖中所提到的吸收電流流通的暫存器。

Chapter 9

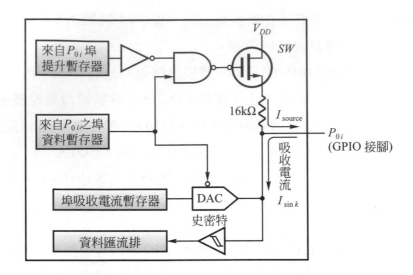

當 GPIO 為 Low 時，I_{sink} 即 DAC 可吸收來自P_{0i}所接之驅動裝置提供之總輸入電流也就是所有扇出端之總輸入電流稱吸收電流I_{sink}，扇出之裝置會因為P_{0i}為低電壓("0")而供應電流至 GPIO 埠上，反之如果P_{0i}是輸出高電壓("1")，則GPIO將由SW提供I_{source}至驅動裝置上。

USB串列介面引擎屬於USB引擎之一項，透過SIE，USB介面電路可以傳輸資料封包也可以執行接收傳送控制封包。此外，SIE可執行NRZI解碼／編碼與位元填補(Bit Stuffing)或反填補(Unstuffing)進一步決定封包的型態、位址檢測、資料檢測 CRC 及 FIFO 內資料之流向，所以 SIE 完全投射到使用者，尤其是接收模式中有關USB封包的解碼，或資料傳遞到FIFO，SIE完全自動執行，當封包打開後 SIE 就產生一個中斷請求導入服務程式之作業，至於傳送(PC 主機或端點裝置)模式，SIE會自動執行USB封包的傳遞與封包的重組。

D^+ 與 D^- 符合 PS/2 介面之時脈與資料信號線之規格，適用於 Win98 二版以上含 Win2000 系列之作業系統。

4. 計時器：8 位元之計時器其時脈為 1MHz，它可以用來量測事件發生的間隔時間，單位為 ms。

5. 看門狗計時器：看門狗計時器可以令微控制器在沒有動作的一段時間後(0.8ms)還可以再回復到原先之狀態。

6. 中斷控制器：CY7C63 系列提供 8 個中斷來源輸入點，中斷源的內容有：

(1) USB 匯流排重置。

(2) 計時器(8 位元)中斷：當其位元由 0 變成 1 則產生。

(3) USB 端中斷，USB 週邊或主機送出封包就可以將 USB 端點中斷。

(4) GPI/O 中斷：允許使用者可以選擇 GPIO 輸入腳位產生 GPIO 中斷。

7. 外接之 RC 脈衝電路，在中止模式下可以產生立即恢復中斷之用，換言之，當 Cext 腳位為 Hi(準位觸發)可以使中斷致能暫存器內之中斷致能位元為 1，讓 USB 晶片允許中斷，雖然 USB 晶片處理低功率之中止模式時仍可以立即產生中斷，此時 USB 微控制器就會終止中止模式。在 USB 內部有一個 Cext 暫存器其 I/O 埠位址為 22H，如圖 9-15 所示。

位元	7	6	5	4	3	2	1	0
名稱	—	—	—	—	—	—	—	Cext
功能	×	×	×	×	×	×	×	R/W

圖 9-15　R/W = 1 就可以產生中斷致能，若將 R/W = 0 再寫入 22H 於暫存器內就可將電容放電，基本上在 USB 晶片外部要設計 RC 電路，一般 C 端接地，R 端接 V_{cc}

8. V_{pp}：在正常之操作下通常接地，但如果使用者欲將撰寫的程式燒錄到 2k/4k 之 EPROM 內則需將 V_{pp} 接 V_{cc} (＋5V)，使 USB 晶片進入可程式模式，故 V_{pp} 稱為可程式電源，燒錄器可選用有支援 CY7C63XXX 晶片之模組與燒錄程式才能順利作業。

Chapter **9**

9. V_{DD}：電源端，一般接＋5V。

    V_{SS}：接地端，即 GND。

10. EPROM 2/4K 位元組：USB 控制器內部記憶體 EPROM 可用來燒錄
    使用者程式，資料則儲存在 SRAM，以 CY7C63001C 為例 EPROM
    及 SRAM 各達 4KB 及 128B，程式記憶體可區分為二部份：一為 16
    個位元組的中斷向量，其餘為程式碼區。中斷向量區如圖 9-16 所
    示，位址值由 0010H 起至 0FFFH 止為程式碼區。

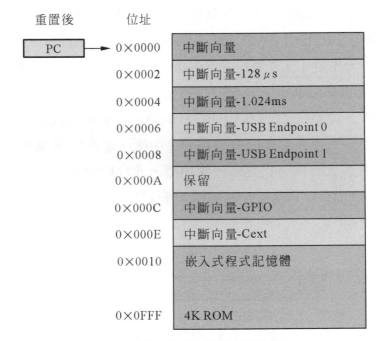

圖 9-16　程式記憶體空間結構

　　值得注意是：7C63001C 經重置(Reset)後，程式計數器(Program Counter)
歸零，USB 啟動後用者的程式可藉由機密保險位元裝置(Security Fuse Bit)
保護 EPROM 內之程式碼，一旦啟動保險機制，外界試圖讀取的程式碼就
成為 FFH。至於資料記憶體 SRAM 中前 16 位元組則為端點 0 及端點 1(各 8

位元組)之 FIFO 空間，如圖 9-17 所示，USB RESET 後控制器之程式堆疊指標器(PSP)及資料堆疊指標器(DSP)首先各指向 SRAM 記憶體中 00H 位址，然後再映射到#1 之 FIFO 空間。端點#1 的 FIFO 位址指向 78H。每當執行指令 Call 呼叫時 PSP 累加 2，返回 RET 指令 PSP 減 2，但執行 PUSH 指令時 DSP 就遞減 1，POP 執行過後 DSP 則加 1。

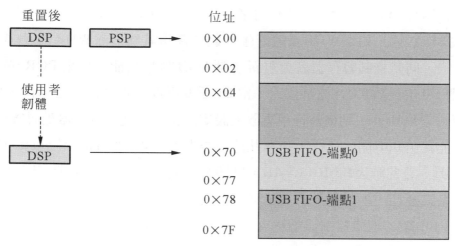

圖 9-17　USB 的資料記憶體位址配置

範例 7　USB CY7C63001C 控制器之匯流排 RESET 功能有何特色？

解 以 USB CY7C63001C 控制器為例，其 RESET 操作具有三種型態：

1.電源開啓重置(POR)

2.看門狗重置(WDR)

3.USB 重置

所有暫存器括狀態及控制暫存器等之內含在重置週期會回存其預設值，例如 USB 裝置位址歸零，所有的中斷除能，除此之外，USB FIFO也將保留 16 個位元組的空間，同時執行組合語言片段程式為：

```
MOV  A, 70H  ; 70H 載入累加器(ACC)
SWAP A, DSP  ; 將 ACC 內含載入 DSP 暫存器
```

....

　　USB 狀態及控制暫存器內含如圖 9-18(位址為 0FFH)。讀寫該暫存器則應該使用 IORD 及 IOWR 指令，下圖位元中保留的欄位在寫入週期一定要設計為 0，位元 4、5、6 則被用來分別記錄 WDR、USBR 及 POR 等三位元之操作狀態，如果 WDR 重置產生則韌體部份就應清除 WDR 位元(B6)之狀態值，同時控制暫存器就會重新啟動 USB 傳輸功能。如果 POR 位元為 1，則 B0 位元為 RUN 控制位元，當 B0 為 0 可以停止微控器之運作，要使 RUN 再變為 High，則僅能使用重置來設定該位元。通常微控器重置後 ROM 的位址就由 00H 開始執行，除非狀態及控制暫存器中，閒置位元(B3)被設定為 Hi，若此時因 B3 Bit3＝Hi，則將停止時脈振盪器、中斷定時器及電源斷電之運作，但如果一旦有偵測到 USB 有任何活動，如 GPIO 中斷操作或 Cext 中斷，則微控器就應立即終止閒置的狀態。

	B7	B6	B5	B4	B3	B2	B1	B0
位元名稱	保留	WDR	USBR	POR	Suspend	保留	保留	RUN
預設值	0	0	0	1	0	0	0	1

圖 9-18　USB 狀態及控制暫存器(SCR，位址 0FFH)

　　CY7C63 晶片的接腳說明如圖 9-19 所示，因為 CY7C63 系列有不同之版本，使用者應先查清楚 IC 編號再設計應用電路。

9-4-2　CY7C63 晶片的接腳

　　除硬體結構在 CYPRESS 公司所提供之初級系統方塊圖中，USB 晶片之重點應該在 8 位元之 RISC 核心上才對，RISC 核心擔任韌體之控制與所有 I/O 暫存器及狀態與控制專用暫存器之設定如表 9-4 所示。

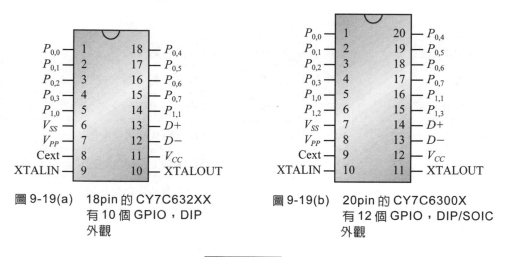

圖 9-19(a)　18pin 的 CY7C632XX 有 10 個 GPIO，DIP 外觀

圖 9-19(b)　20pin 的 CY7C6300X 有 12 個 GPIO，DIP/SOIC 外觀

圖 9-19(c)　24pin 的 CY7C631XX 有 16 個 GPIO，SOIC 外觀

表 9-4　CY7C63000 系列暫存器名稱與特性

暫存器名稱	暫存器 位　址	讀寫操作 Read/Write	功能說明
埠 0 資料	00H	R/W	GPIO 之 P0 埠，低電流 I/O 專用
埠 1 資料	01H	R/W	GPIO 之 P1 埠，高電流 I/O 專用
埠 0 中斷致能	04H	W	P0 埠的中斷致能腳位
埠 1 中斷致能	05H	W	P1 埠的中斷致能腳位
埠 0 提升	08H	W	P0 埠提升電阻器之控制腳位
埠 1 提升	09H	W	P1 埠提升電阻器之控制腳位
USB EP0 傳送配置	10H	R/W	USB 端點 0 的傳送配置位址
USB EP1 傳送配置	11H	R/W	USB 端點 1 的傳送配置位址
USB 晶片位址	12H	R/W	USB 裝置晶片之位址值
USB 狀態與控制	13H	R/W	USB 狀態暫存器與控制暫存器位址
USB EP0 接收狀態	14H	R/W	USB 端點 0 的接收狀態暫存器位址
中斷致能	20H	R/W	致能全部之中斷點位址暫存器
看門狗計時器	21H	W	看門狗暫存器位址，清除專用位址
清除 Cext	22H	R/W	外部計時器電路之控制暫存器
計時器	23H	R	振盪時脈之計數器位址
埠 0 之吸收電流	30H～37H	W	(註一)
埠 1 之吸收電流	38H～3BH	W	(註二)
狀態與控制	FFH	R/W	USB 微控制器之控與狀態暫存器位址

註一：埠 0 的每一個腳位都有一個控制埠吸收電流之暫存器，其位址在於 30H～37H 之間。
　　　如 P0.0 之埠吸收電流暫存器位址為 30H，P0.1 則在於 31H，其餘類推。
註二：埠 1 的每一個腳位都有一個控制埠吸收電流之暫存器，其位址應介於 38H～3BH 之
　　　間。換言之，P1.0 對應 38H，P1.1 對應 39H，其餘類推。

　　埠吸收電流暫存器即電流暫存器提供 P0 或 P1 兩埠輸出為 Low 時，電流之流通管道，俗稱吸收電流(Sink Current，I_{Sink})，參考圖 9-14 得知 GPIO 輸出位元之準位由資料暫存器及提升暫存器決定，如表 9-5 所示。

表 9-5　GPIO 單一位元輸出真值表

資料暫存器	提升暫存器	I/O 腳位的輸出
0	0	0 埠吸收電流
0	1	0 埠吸收電流
1	0	1(Pull Hi)
1	1	高阻抗(Z)

　　埠 0 及埠 1，另一項作用是當輸入腳位，基本上，要規劃週邊埠之某一 GPIO 位元為輸入時，同輸出之操作一樣仍先需執行兩個步驟：

1. 將 Hi 信號準位寫入 GPIO 所對應之資料暫存器位元，使負責I_{Sink}的 DAC 方塊除能(Disable)，此時由 GPIO 之某位元資料 Hi 通過史密特觸發電路即可到達資料匯流排，由一個位元同時排列擴充為 8 位元就可完成 8 位元之 "並列 I/O 資料" 傳輸之作用，CPU 一旦讀取 8 位元資料匯流排($D_0 \sim D_7$)就可判斷出輸入資料位元的 Hi/Low。

2. 將 Low 信號寫入 GPIO 所對應之提昇暫存器位元。

　　根據 1.、2.兩項整合可得輸入操作真值表如表 9-6 所示。

表 9-6　GPIO 單一位元輸入控制真值表

資料暫存器	提昇暫存器	I/O 腳位輸入
1	0	輸入位元資料
1	1	高阻抗
0	0	輸入錯誤或 0

Chapter 9

範例 8　CY7C6300X 之 GPIO 各位元可同時規劃爲不同之輸入或輸出，下圖爲 GPIO 單一腳位的輸入控制基本結構，試說明其工作原理。

解　已知 I/O 腳位之硬體邏輯方塊單元(Cell)爲輸入結構，提昇暫存器必爲 Low 且資料暫存器爲 Hi，一旦 16kΩ 發揮作用使圖中 NAND 邏輯閘輸出爲 Low，則 MOS Cell 導通，此時 I_{sink} DAC 失效，譬如 GPIO 之輸入準位已知爲 Hi，則祇要信號達到史密特觸發準位，資料匯流排必可讀取 Hi 信號，否則如 GPIO 輸入 0，資料匯流排必爲 0。

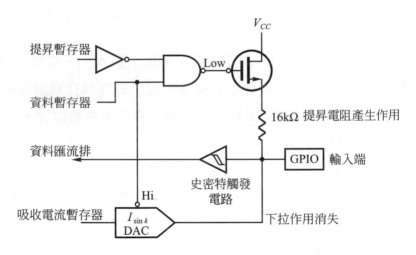

規劃 P0(埠 0 共 8 位元)爲輸入模式時，其片段程式如下所示

```
PORT0_DATA_REGISTER      equ 00H
PORT0_PULLUP_REGISTER  equ 08H    ;位址值
MOV    A,0FFH             ;設定埠 0 的資料暫存器參數，使 8 位元均
                            爲 1
```

```
IOWR    PORT_DATA_REGISTER          ；將FFH寫入資料暫存器，
                                        並完成設定
MOV     A,0H                ；清除埠0的提昇暫存器參數，使8位元均
                                為0
IOWR    PORT_PULLUP_REGISTER ；將0H寫入提昇暫存器並
                                完成設定
```

　　根據上述四行指令，USB CY7C6300X 之 GPIO 單元已切換成輸入模式，CPU 即隨時可從資料匯流排讀取資料，儲存到指定之變數名稱內。值得注意的是埠 0、埠 1 之提昇暫存器僅供寫入而已，其位址分別在 08H 與 09H。一旦此二個暫存器被重置，其內容將被清除掉，因此它完全是由 GPIO 之資料暫存器來控制。

範例 9　　USB CY7C6300A 系列如何規劃而具有中斷功能？

解　USB GPIO 週邊 P0 或 P1 之提昇電阻可用來產生 GPIO 中斷信號之極性變化，若提昇暫存器被清除為 "0" 準為，一旦 GPIO 單一位元腳位產生由 Hi 降到 Low(Hi→Low) 的極性變化，就可以產生 GPIO 中斷。反之，如果將提昇暫存器設定為 "Hi＝1" 的準位，則當 GPIO 腳位位元產生由 Low 升為 Hi(0→1) 的極性變化時，亦可以產生 GPIO 中斷信號。

9-4-3　狀態及控制暫存器

　　USB 微控器中狀態及控制暫存器(SCR)提供三種重置之操作中，每一次電源開機期間 POR 位元為 Hi，且將 SCR 內含規劃為 00011001，此時

USB亦處於閒置或休眠狀態(Suspend Condition)，如前所述時脈產生器，定時器或中斷邏輯電路等等均為關閉，一過了POR之後，USB就可由00H位址開始執行程式。WDR 功能在 4 位元看門狗定時暫存器的最高位元由Low 變為 Hi 時就可以被啟動，WDR的位址規畫為21H，且一旦將意值寫入看門狗重新啟動暫存器後就可以清除定時器內含，該定時器的時脈為1.024ms，如果寫入定時器的時間超過8個CLK，則WDR位元就被設定為Hi，並且記錄該情況，換言之，看門狗定時器的重置時間持續 8.192ms，USB 即可由00H 啟動執行 ROM 之程式，如果 USB 裝置的位址暫存器被清，則WDR的操作就會將USB傳輸禁能，並且持續到WDR位元(SCR的Bit6)被清除為 0，USB 控制器即可傳輸資料。WDR 的操作時序如圖 9-20所示。

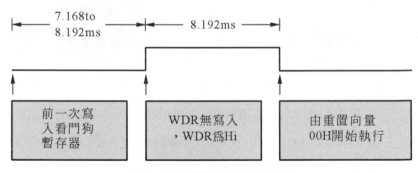

圖 9-20　　看門狗重置(WDR)

　　USB匯流排的重置時間必需讓SEO之信號長達 8～16μs以上才有效，SEO信號之機制是據D^+及D^-信號線是否均為低電位來判斷而且時間要夠長能生效。SCR 暫存器USBR(Bit 5)即為USB匯流排重置之簡稱，USBR 之優先權高於WDR及SUSPEND，換言之USBR在USB Suspend期間由Low變 Hi，則 Suspend 功能失效而使得脈波振盪器啟動。
　　為了讓 USB 控制器在閒置模式(Suspend Mode)期間保持低電源操作

降低功率消耗，使用者可以令SCR之Suspend(Bit 3)位元為Hi，但此時控制器內部除了USB接收端GPIO中斷，Cext中斷外，其餘的電路皆關閉，當然時脈振盪器及看門狗定時器皆關閉。閒置模式在下列三種狀況下必須終止，(一)USB 操作期間，(二)GPIO 中斷，(三)Cext 中斷產生，USB 控制器結束閒置模式後256μs內系統功能將完全恢復正常，但是在USB執行中斷請求程序之前，微控器執行 I/O 寫入指令後就應先進入閒置模式。在前述三種中斷式中Cext中斷具最低功率消耗。

　　Cext 欲產生中斷時必須將該腳位外加一電容接地或外加電阻接V_{cc}，若欲將電容放電使用者可以讓控制碼寫入I/O位址為22H的Cext暫存器，Cext暫存器格式如圖 9-21 所示，圖中 01H 即為讀取值，該值表示 Cext 腳位之狀態，而且在重置期間 Cext 腳位通常為 Hi。USB 控制器內部有一組計時器，其時脈的大小乃依振盪器頻率的 1/16 來計算，該計時器的計數值由一組 8 位元之計時唯讀暫存器所組成且其位址為23H，USB控制器Power on期間，計時暫存器為歸零，如果系統振盪器頻率為6MHz則計時器的解析度僅為 1μs，值得注意的是計時器有二種中斷：一為 128μs，另一則為每時時 1024μs中斷一次，計時暫存器格式如圖 9-22 所示，圖 9-23 為其方塊圖。

b7	b6	b5	b4	b3	b2	b1	b0
Reserved	Reserved	Reserved	Reserved	Reserved	Reserved	Reserved	CEXT
							R/W
0	0	0	0	0	0	0	1

圖 9-21　Cext 暫存器格式(位址 22H)

b7	b6	b5	b4	b3	b2	b1	b0
T.7	T.6	T.5	T.4	T.3	T.2	T.1	T.0
R	R	R	R	R	R	R	R
0	0	0	0	0	0	0	0

圖 9-22　計時暫存器格式(位址 23H)

Chapter 9

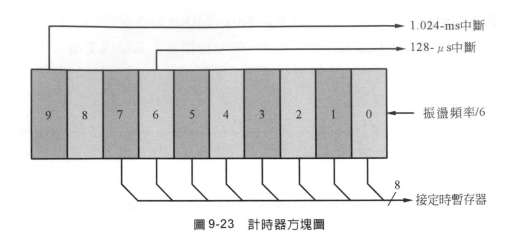

圖9-23　計時器方塊圖

　　USB 控制器 16 個 GPIO 埠給週邊裝置或元件使用，16 個 I/O 埠在分成
2 塊，如埠 P0(P0.0～P0.7)及埠 P1(P1～P1.7)，所有的 I/O 埠均可以使用
IORD，IOWR 及 IOWX 來讀寫資或寫入指令。圖 9-24 埠 P0 的 I/O 位址為
00H，反之埠 P1 的 I/O 埠位址則為 01H，當 P0 或 P1 被重置後其內含則變
為Hi，如範例 6GPIO 結構圖所示，同時每一條I/O線皆可以用來對微控制
器產生中斷，GPIO 內部具有提昇作用之電阻及切換控制 Rup，埠提昇暫
存器位元及資料暫存器位元的狀態可以控制 Rup 的啟動或禁能，值得注意
的是埠提昇暫存器控制位元為低態啟動，GPIO 的輸出為 Hi，當埠提昇暫
存器輸入為 0 及資料暫存器的輸入為 Hi，反之 GPIO 的輸出為 Low，如果
資料暫存器寫入中就可以使 Rup 失效。

b7	b6	b5	b4	b3	b2	b1	b0
P0.7	P0.6	P0.5	P0.4	P0.3	P0.2	P0.1	P0.0
R/W	R/W	R/W	R/W	R/W	R/W	R/W	R/W
1	1	1	1	1	1	1	1

圖 9-24(a)　埠 0 資料暫存器(位址 00H)

b7	b6	b5	b4	b3	b2	b1	b0
P1.7	P1.6	P1.5	P1.4	P1.3	P1.2	P1.1	P1.0
R/W	R/W	R/W	R/W	R/W	R/W	R/W	R/W
1	1	1	1	1	1	1	1

圖 9-24(b) 埠 1 資料暫存器(位址 01H)

如果資料存器及埠提昇暫存器位元均為 Hi 則 GPIO 的輸出腳位必為高阻抗。

埠 Isink 暫存器可用來控制輸出電流的準位，因為 Isink 在閒置模式時必為關閉，所以如果想在閒置模式下避免消耗太高的 I_{cc} 電流就必須令埠 0 及埠 1 當中所有的資料暫存器位元為 Hi，如圖 9-24 所示。埠 0 及埠 1 暫存器的控制直值表如表 9-7 所示。

表 9-7 輸出控制真值表

資料暫存器	Port Pull-up Register	I/O 腳位輸出	中斷極性
0	0	吸收電流 Isink	
0	1	吸收電流 Isink	Low to High
1	0	提昇電阻 Rup	HIgh to Low
1	1	Hi-Z	Low to High

埠 0 及埠 1 的提昇暫存器僅只能寫入，如圖 9-25、圖 9-26 所示，埠 0 的提昇暫存器 I/O 埠位址為 08H，埠 1 提昇暫存器的 I/O 埠位址則為 09H，提昇暫存器重置其間，內含必為 0，而且其出值可由資料暫存器的狀態決定，埠提昇暫存器亦可用來選擇 GPIO 中斷的準位，例如表 9-7 中資料暫存器為 0 時，中斷信號的極性可以由埠提昇暫存器來決定，換言之，當埠提昇暫存器為 0，中斷信號由 Hi 變為 Low 時產生中斷。最明顯的就是將 0

Chapter 9

寫入資料暫存器則 GPIO 的輸出必為 Low，但是 USB 控制器所提供的 I/O 腳位輸出信號的準位並非固定值，反過來使用者可以選擇不同之輸出電流準位，此電流準位可以由埠 Isink 暫存器來控制，Isink 暫存器低 4 位元可以藉由編號總共有 16 種選擇(Isink 暫存器高 4 位元被忽略)，其格式如圖 9-27 所示。

b7	b6	b5	b4	b3	b2	b1	b0
PULL0.7	PULL0.6	PULL0.5	PULL0.4	PULL0.3	PULL0.2	PULL0.1	PULL0.0
W	W	W	W	W	W	W	W
0	0	0	0	0	0	0	0

圖 9-25　埠 0(P0)提昇暫存器(位址 08H)

b7	b6	b5	b4	b3	b2	b1	b0
PULL1.7	PULL1.6	PULL1.5	PULL1.4	PULL1.3	PULL1.2	PULL1.1	PULL1.0
W	W	W	W	W	W	W	W
0	0	0	0	0	0	0	0

圖 9-26　埠 1(P1)提昇暫存器(位址 09H)

b7	b6	b5	b4	b3	b2	b1	b0
Reserved	Reserved	Reserved	UNUSED	ISINK3	ISINK2	ISINK1	ISINK0
W	W	W	W	W	W	W	W
×	×	×	×	×	×	×	×

圖 9-27　一條 GPIO 線之埠吸收電流暫存器即埠 Isink 暫存器

　　USB 埠 0 為一低電流 I/O 埠被用來連接光電晶體，埠 1 為高電流 I/O 埠可用來驅動 LED，圖 9-27 中若 b7～b0＝00000000 則輸出之驅動電流最小，反之 b7～b0＝00001111 則輸出之驅動電流最大，埠 0 調整控制 Isink 電流大小的 I/O 埠位址由 030H～37H 止，反之埠 1 調整控制 Isink 電流大小的 I/O 埠位址則由 38H～3FH 止。

> **範例 10** 試說明P0.0(8 位元埠 0 的 bit 0)I/O 位元的位址及P1.0(8 位元埠 1 的 bit 0) I/O 位元的位址為何？

解 埠 0 提昇暫存器有 8 位元其控制I/O位址為 37～30H，因此最低位元 P0.0 對映到 I/O 埠位址之 30H，同理 P1.0 則應對映到 I/O 埠位址之 38H 位址。若 USB 控制器被重置，則所有的電流控制暫存器均歸 零，則其 Isink 為最小。

圖 9-28 為 USB 嵌入式時脈振盪器電路，值得注意的是 XTALIN 及 XTALOUT腳須接上 6MHz 振盪器或 XTALOUT 空腳但仍需由 XTALIN 腳 位外加一振盪器。

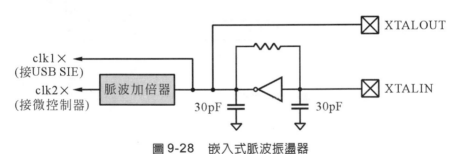

圖 9-28　嵌入式脈波振盪器

9-4-4　USB 中斷

如上節所述，GPIO信號線，Cext腳位，USB內部定時器及USB核心 都可以用來產生中斷信號，USB 內整體中斷致能暫存器(GIER：Global Interrupt Enable Register)的位元為 Hi 表示中斷致能，否則為中斷遮罩， 使用者利用 IORD、IOWR 及 IOWX 指令就能取得中斷致能暫存器之相關 值，若將00H 寫入 GIER(位址 20H)表示遮罩所有之中斷位元，如圖 9-29

Chapter 9

所示。中斷控制器內部每一個中斷輸入皆單獨包含一個栓鎖器，圖9-30為中斷控制邏輯方塊圖，一旦中斷源之中斷信號進入栓鎖器，則除了重置外，栓鎖器將一直維持中斷的作用且切換栓鎖器的信號一次只有一次的中斷產生，一旦有中斷產生，電路就應先將 GIER 內含清除，其次清除中斷信號進入的中斷栓鎖器，然後呼叫一個 CALL 指令到 ROM 位址找指向對應的中斷服務副程式的中斷向量，在中斷向量表中通常設計一個 Jump 指令指向中斷服務副程式(ISR)，當然使用者可以在前一個中斷服務程式尚在執行中再度產生中斷。換言之，重複中斷的操作仍然需將控制碼寫入GIER所對應的位元，重複中斷可形成巢狀中斷結構，巢狀的層次數目依所剩餘的堆疊空間之大小而定。CALL指令執行前相關暫存值如程式計數器(PC)，零旗標(ZF)，進位旗標(CF)等，應先儲存至堆疊器中。

b7	b6	b5	b4	b3	b2	b1	b0
CEXTIE	GPIOIE	Reserved	EP1IE	EP0IE	1024IE	128IE	Reserved
R/W	R/W		R/W	R/W	R/W	R/W	
0	0	0	0	0	0	0	0

圖 9-29　整體中斷致能暫存器

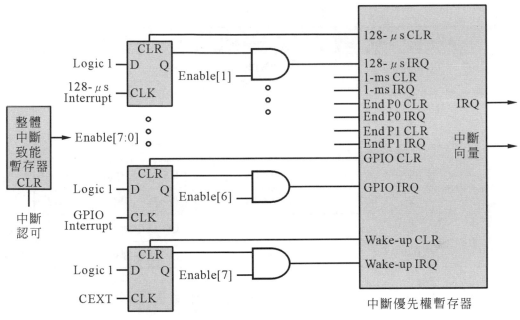

圖 9-30　中斷控制器邏輯方塊圖

範例 11　USB 裝置中，使用者設計中斷副程式時，其特色為何？

解　USB 之應用程式設計任一中斷服務副程式的第一個指令通常為 PUSH
　　A，其目的為儲存累加器，而 ISR 的最後一個指令必為 IPRET 指令。

9-4-5　USB 中斷向量表

　　USB 的中斷向量表如表 9-8 所示，最高優先次序 RESET 操作即中斷向
量 0 的 ROM 位址為 00H，最低優先權為中斷向量 7，其 ROM 位址規劃為 0EH。

表 9-8　中斷向量指定表

Interrupt Priority	ROM Address	Function
0(Highest)	0×00	Reset
1	0×02	128-μs 定時器中斷
2	0×04	1.024-ms 定時器中斷
3	0×06	USB 端點中斷
4	0×08	USB 端點中斷
5	0×0A	保留
6	0×0C	GPIO 中斷
7(Lowest)	0×0E	定時器中斷

　　中斷潛伏時間(Interrupt Latency)也就是中斷信號產生後，到系統開始執行中斷操作之間隔時間為：

$$中斷潛伏時間＝目前指令所需脈波週期數$$
$$＋ CALL 指令 10 個脈波週期$$
$$＋ JMP 指令 5 個脈波週期$$

範例 12　USB 1.1 指令 JC 執行當中 USB 產生中斷，試求中斷潛伏時間？

解　USB 1.1 為 12MHz 之脈波週期時間為 1/12M 秒，已知 JC 指令之執時脈為 1 到 5 個週期根據公式，可得

最長之潛伏時間＝ 5 ＋ 10 ＋ 5 ＝ 20 脈波週期

最短之潛伏時間＝ 1 ＋ 10 ＋ 5 ＝ 16 脈波週期

本題假設 JC 耗時 5 個脈波週期，選最長潛伏時間為：

$$20 \times \frac{1}{12M} = 1.667\mu s$$

GPIO 的中斷信號可以由 P0 及 P1 I/O 埠腳位的信號轉態產生，換言之，GPIO提供的中斷為一種可程式中極性(上升或下降)邊緣觸發信號。若埠提昇暫存器之特定位元設定為Hi，則就可以選擇對應的該位元的上昇邊緣為中斷觸發，反之，該特定位元清除為 0，則以下降邊緣為中斷觸發信號。圖 9-31 及圖 9-32 為 P0 及 P1 的中斷致能(IE)暫存器，其 I/O 埠的位址分別為 04H 及 05H，圖中各位元為 0 表示對應的位元其中斷除能，值得注意的是IE暫存器僅能寫入不能讀取，圖 9-33 為GPIO中斷處理之邏輯方塊圖。圖中顯示祇要某單一 GPIO 的腳位觸發中斷信號，其他的 GPIO 腳位則無法觸發中斷，除非前一個中斷腳位已結束中斷狀態或中斷IE暫存器被置。USB 控制器對P0 或 P1 的位元並未指定中斷優先次序，同時在出中斷回應信號期間埠中斷致能(IE)暫存器不會被清除啟動 GPIO 中斷，對應到該位元的中斷服務副程式(ISR)進入執行程序，並記錄啟動中斷的位元，另外一種中斷模式為端點(End Point)中斷，在主機將資料寫入端點或USB控制器由端點 0 傳送封包之後就會產生端點 0 中斷，並且由主機接收回應信號，但是執行不具回應信號(NAK)的 OUT 封包，USB 控制器並不會產生中斷，端點 0 中斷信號之遮罩取自整體中斷致能暫存器的EP0(位元 3)，同樣的端點 1(End Point 1)也具有類似的特性，但其中斷遮罩位元則取自整體中斷致能暫存器之位元 4(EP1)。

b7	b6	b5	b4	b3	b2	b1	b0
IE0.7	IE0.6	IE0.5	IE0.4	IE0.3	IE0.2	IE0.1	IE0.0
W	W	W	W	W	W	W	W
0	0	0	0	0	0	0	0

圖 9-31　中斷致能(P0 IE，04H)

b7	b6	b5	b4	b3	b2	b1	b0
IE1.7	IE1.6	IE1.5	IE1.4	IE1.3	IE1.2	IE1.1	IE1.0
W	W	W	W	W	W	W	W
0	0	0	0	0	0	0	0

圖 9-32　中斷致能暫存器(P1 IE, 05H)

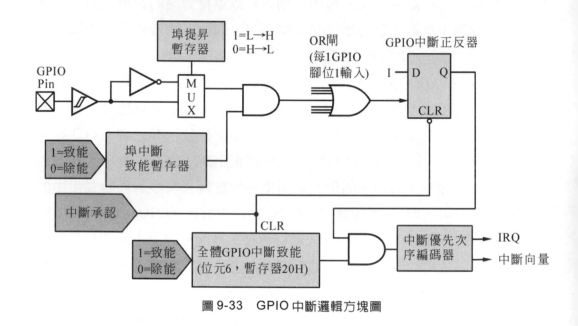

圖 9-33　GPIO 中斷邏輯方塊圖

9-4-6　定時器中斷

　　USB 定時器中斷有二種型態：一為 $128\mu s$ 中斷，另一為 $1.024ms$ 中斷，其中斷遮罩位元來自整體中斷致能暫存器的位元 1 與位元 2，使用者在進入閒置模式之前必需先將此二個位元清除，目的就是要避免在進入閒置同時產生定時中斷。

9-4-7 甦醒中斷

甦醒(Wake Up)中斷由 Cext 腳位為 Hi 時產生，該中斷信號可被栓鎖在中斷控制器內，遮罩甦醒中斷位元則由整體中斷致能位元 7(Cext IE)決定，甦醒中斷可以被用來定期檢查週邊裝置元件進入低功率消耗的閒置模式。

9-4-8 USB 引擎

USB 引擎包括串列介面引擎(SIE：Serial Interface Engine)及低速 USB I/O 傳輸器，僅使用少數的微控器核心的支援，SIE 方塊就可以執行 USB 介面的功能，並擴及兩個端點(0 及 1)，端點 0 可規劃為包括安裝在內執行傳送及接收控制封包，至於端點 1 則僅能傳送資料封包，USB SIE 可以啟動 USB 匯流排，並進行所有的 NRZI 編碼／解碼與位元填塞／反填塞。USB SIE 也可以決定憑證的型態，例如檢查位址及端點資料，產生 CRC 碼與檢查 CRC 值，控制介於匯流排與端點 FIFO 間資料流。SIE 在將位元組資料寫入端點之 FIFO 期間會暫停 CPU 長達 3 個週期時間。

範例 13 何謂位元填塞？何謂位元反填塞？

解 某些型態的網路作資料傳輸時可能是為了同步或避免與某些特殊符號相混合所採取的一種策略，以 HDLC 為例，HDLC 在傳送之資料框頭尾都會加入特殊之位元，頭尾所加入的位元我們稱為標記(marks)，所以對某些資料要送前可以先檢查一遍，以避免送出的資料被誤解為特殊符號等。如 ASCII 碼當中 "～"(tilde)符號的二碼為 01111110，通常於傳送之資料串如果符合或類似該型態就應加以處理，最好的方法就是加入 "0" 位元將一連串超過 5 個 "1" 分開

Chapter 9

來排除連續超過 5 個 "1" 的狀況，這種填充一個 "0" 位元，即稱為位元填塞，通訊傳輸資料經填塞後才由發射端傳送，所謂位元反填塞為填塞的反向操作，換言之，將原始資料填塞後於接收端將資料還原。

範例 14 已知原資料位元串為 0111110，求填塞後之傳送值？

解 0111110 有 5 個 "1" 一排，所以填塞 "0" 值成為 01111100。

範例 15 同上題，如原始資料為 01111110，求傳送值？

解 因超過 5 個 "1" 位元，每 5 個 "1" 填塞一個 "0"，所以填塞值成為 011111010。

範例 16 若原始資料有 10 個 "1" 成為 1 排則傳送值為何？經反填塞後為何？

解 原始資料位元串為 01111111110，可得傳送值為 0111110111110，反填塞為反向操作，即還原為原始資料，即為 011111111110。

範例 17 若原始資料位元串為 011111010，求位元填塞後資料位元串為何？

解 0111110010。

---

b7	b6	b5	b4	b3	b2	b1	b0
Reserved	ADR6	ADR5	ADR4	ADR3	ADR2	ADR1	ADR0
	R/W	R/W	R/W	R/W	R/W	R/W	R/W
0	0	0	0	0	0	0	0

圖 9-34　USB 裝置位址暫器(USB DA-位址 12H)

　　有關 USB 引擎列舉之操作說明如下，值得注意的是 USB 控制器提供一個 I/O 埠位址為 12H 的裝置位址暫存器，使用者可以由 IORD 及 IOWR 指令對此暫存器進行讀寫之操作，當系統重置時暫存器的內含歸零，並且將 USB 控制器的位址規劃為 0，如圖 9-34 為位址暫存器的格式，USB 列舉的操作步驟如下所示：

1. 主控制器 USB 送出一個安裝封包及一組資料封包到 USB 的位址 0，詢求裝置描述器。

2. USB 控制器將詢求信號解碼並且由程式記憶體取得裝置描述元。

3. 主控制器電腦執行某一控制讀取的程序，同時 USB 控制器就可以將裝置描述器送 USB 匯流排。

4. 主控器 USB 一旦接收到描述器，則主控制器電腦送出安裝封包後隨後送出資料封包到位址 0，並且重新指定一個新位址給該 USB 裝置。

5. USB 控制器在非資料之控制程序結束後將新位址儲存到 USB 裝置內部位址暫存器。

6. USB 主機送出裝置描述器到已分配位址的新 USB 裝置。

7. USB 控制器由記憶體內取得裝置描述器並進行解碼。

8. USB 控制器由 USB 匯流排送出裝置描述器，由 USB 主機執行讀取。

9. 主機送出讀取之控制信號向 USB 控制器要求結構及描述器。

10. USB 控制器取得描述器內含後，將資料由 USB 傳回主機。

11. 主機取得所有 USB 週邊的描述器資料後，即表示完成所有列舉的操作。

chapter **9**

9-4-9　端點 0 接收 Rx

　　USB 裝置端點 0 即前述之 Endpoint0 之作用為初始化 USB 控制器及處理 USB 裝置，譬如可用來取得裝置結構資訊、產生 USB 狀態值及控制，端點 0 也可以用來傳送接收資料，並且共同使用 I/O 埠位址 70H～77H 共 8 個位元組空間的 FIFO，要注意的是端點 0 接收資料後會改寫(覆蓋)FIFO 內的舊資料，所以在端點 0 接收到資料後，USB 控制器就會更新 USB 端點 0 內 Rx 暫存器的狀態值，並且產生一個端點 0 的中斷，端點 0 內 Rx 暫存器的格式如圖 9-35 所示。

b7	b6	b5	b4	b3	b2	b1	b0
COUNT3	COUNT2	COUNT1	COUNT0	TOGGLE	IN	OUT	SETUP
R/W	R/W	R/W	R/W	R	R/W	R/W	R/W
0	0	0	0	0	0	0	0

圖 9-35　USB 端點 0 Rx 暫存器(位址 14H)

　　Rx 暫存器為一個可讀寫暫存器，但其中位元 3(b3)則是唯讀，重置命令則可以清除該暫存器內所有的位元。

　　Rx 暫存器內含說明如下：

1. 位元 0：b0 為 1 表示端點 0 接收到安裝命令，並且保持為 Hi 直到 I/O 指令將該位元清除為 0 或重置產生為止，換言之，當安裝指令後之資料進入 USB 引擎後，該位元應仍保持為 Hi，但是該位元被設定為 1 時 USB 的 FIFO 則除能，表示可避免安裝的資料被改寫。

2. 位元 1／位元 2：當一個無效的資料格式進入端點 0，若 OUT 憑證進入端點 0 則位元 1 為 Hi，反之其他的憑證進入則為 Low，若 IN 憑證進入端點 0 則位元 2 為 Hi，反之其他之憑證入則為 Low。

3. 位元 3：用來顯示端點 0 接收料時的資料開關(Data Toggle)，Data Toggle 為一種可切換的或循環的電子開關，當該位元為 1 表示接收的資料封包為 DATA 1，若該位元切換為 0 則表示 Toggle 到 DATA 0，所以位元 3 在 SETUP 憑證接著 DATA 或 OUT 憑證接著 DATA 出現時會立即更新，但其條件是 I/O 埠位址為 10H 之位元 5(STALL) 為 Low，而且 I/O 埠 13H 中 Enable Out 或 Status Out 之一為 Hi。

表 9-9   USB 端點 0 引擎對 SETUP 及 OUT 操作之回應表

控制位元設定			接收封包		USB 引擎回應				
Stall	狀態輸出	致能輸出	憑證型態	資料封包	FIFO寫入	開關更新	計數更新	中斷	應答
-	-	-	SETUP	Valid	Yes	Yes	Yes	Yes	ACK
-	-	-	SETUP	Error	Yes	Yes	Yes	Yes	None
0	0	1	OUT	Valid	Yes	Yes	Yes	Yes	ACK
0	0	1	OUT	Error	Yes	Yes	Yes	Yes	None
0	0	0	OUT	Valid	No	No	No	No	NAK
0	0	0	OUT	Error	No	No	No	No	None
1	0	0	OUT	Valid	No	No	No	No	STALL
1	0	0	OUT	Error	No	No	No	No	None
0	1	0	OUT	Status	No	Yes	Yes	Yes	ACK
0	1	0	OUT	N/Status	No	Yes	Yes	Yes	STALL
0	1	0	OUT	Error	No	Yes	No	No	None

位元 4 到位元 7 用來計數收到的 DATA 封包，計數值包括二個 CRC 位元組，因此實際上收到的資料位元組數為計數值－2，隨著 SETUP 憑證而來的資料封包可被儲存在 FIFO 內後，計數值就立即更新，如前所述在 OUT 憑證出現後的資料封包送出後其計數值在位元 5(STALL)為 Low，而且 Enable Out 或 Status Out 為 Hi 之條件下也應立即更新，所以在 Out 憑證後

Chapter **9**

之 DATA 就可被寫入 FIFO 但是必須符合 Enable Out 為 Hi 且 Status Out 為 Low，端點 0 的 FIFO 最多有 8 個位元組，如果資料的長度小於 8 個位元組則可以將 CRC 入 FIFO 內，表 9-9 為 USB 引擎對端點 0 處理 SETUP 及 OUT 操作的對應關係。表中 Data Packet 欄位 Error 表示 USB 出現 CRC、PID 或位元填塞錯誤發生，當然一個封包內有超過 8 個位元組之資料則 Data packet 仍然為 Error，反之 Valid 則表示一切正常運作當中，Status 表示某封包為正常控制下可讀取 Status 之階段，但 $\overline{\text{Status}}$ 則表示不正確之狀態值。

9-4-10　端點 0 傳送 Tx

　　USB 端點 0 內傳送暫存器的 I/O 埠位址為 10H 以此控制資料作傳送，因為它是一個可讀寫暫存器，所以在重置時所有位元均可被清除，圖 9-36 中位元 0～3 表示在 IN 操作期間可接收到的資料位元組之筆數，IN 之封包內由 0～8 筆資料，同樣的位元 4 則表示接收的資料封包出現 CRC、PID 或位元填塞產生錯誤。當端點 0 接收到 SETUP 封包時位元 5 就被清除為 0，至於位元 6 則與資料封包切換 DATA 0 或 DATA 1 有關，換言之傳送資料進入 FIFO 後當位元 6 = 1 表示選擇 DATA 1，位元 6 = 0 表示選擇 DATA 0 同時位元 7 = Hi，並致能 USB 控制器產生 IN 封包，位元 7 若清除為 0 同時一旦主機對資料的傳輸發出回應，SIE 就會對端點 1 產生中斷，端點 1 之 Tx 辨識暫存器的格式如圖 9-37 所示，其功能比照端點 0(位址 10H)之操作。

b7	b6	b5	b4	b3	b2	b1	b0
INEN	DATA1/0	STALL	ERR	COUNT3	COUNT2	COUNT1	COUNT0
R/W	R/W	R/W	R/W	R	R/W	R/W	R/W
0	0	0	0	0	0	0	0

圖 9-36　USB 端點 0 Tx 辨識暫存器(位址 10H)

b7	b6	b5	b4	b3	b2	b1	b0
INEN	DATA1/0	STALL	EP1EN	COUNT3	COUNT2	COUNT1	COUNT0
R/W	R/W	R/W	R/W	R	R/W	R/W	R/W
0	0	0	0	0	0	0	0

圖 9-37 USB 端點 1 Tx 辨識暫存器(位址 11H)

USB 的狀態及控制值可由狀態控制暫存器調整之(讀取或寫入)，該暫存器的 I/O 埠位址為 13H，圖 9-38 中保留之位元必須清除為 0。

b7	b6	b5	b4	b3	b2	b1	b0
Reserved	Reserved	Reserved	ENOUTS	STATOUTS	FORCEJ	FORCEK	BUSACT
			R/W	R/W		R/W	R/W
0	0	0	0	0	0	0	0

圖 9-38 USB 狀態及控制暫存器(USB SCR-位址 13H)

位元 0： USB 作用後當 D^+ 電壓為 Low，D^- 電壓為 Hi，USB 之位元 0 就可以由 SIE 設為 1，為能夠隨時檢驗匯流排是否失效，使用者必須設計程式定期將位元 0 清除為 0。

位元 1： 用來強迫 USB 傳送器成為 K 狀態，並且送出身份辨識信號至主機。

位元 2： 用來強迫 USB 傳送器成為 J 狀態，Bit 2 通常為 Low，可是如果在身份辨識期間就可以在發出身份辨識之前強迫 J 狀態維持一個指令期限。

位元 3： 端點 0 控制讀取送 OUT 指令的狀態值可由此位元自動設定，即 OUT 指令 DAT1 封包沒有資料此狀態值仍然有效，如果狀態位元 Status Outs 為 Hi，則 USB 引擎應對此 OUT 指令回應一個 ACK，但其他的 OUT 則回應 STALL，當位元 3 為 Hi，則資料被寫入 FIFO，但是當端點 0 接收到 SETUP 憑證則該位元被清除為 0。

位元 4： 表示端點 0 接收 OUT 封包的致能位元，當位元 4 為 Hi，則來自 OUT 的資料可被寫入 FIFO，反之位元 4 為 Low，則資料不會進入 FIFO，同時 SIE 將回應 NAK 信號，同樣的該位元會隨 SETUP 或已回應 ACK 之 OUT 處理操作被清除為 0。

9-4-11 低速 USB 電氣特性

USB 控制器必須以差動訊號來驅動接收器，同樣的 CY7C630/101C 元件也是利用差動訊號將 USB 低速的訊號加到 USB 的纜線，如圖 9-39 所示，訊號的 Hi-Low 間擺動幅度可以達平衡而使信號的扭曲最小，纜線 D^+ 與 D^- 差動信號的扭曲率應小 100ps，而且驅動輸出為三態半雙工操作模式，低速 USB 電壓輸出之容忍度為 0.5 伏特至 3.8 伏特，但其電纜線最長僅 3 公尺。USB 控制器接收器的差動資料信號之電壓範圍為 0.8 伏特至 2.5 伏特，敏感度則為 200mV，除此之外 D^+ 及 D^- 信號線各接一個單端接收器其電壓臨界值則於 0.8 伏特與 2.0 伏特之間。另外值得注意的是由低速資料輸出端所產生的顫動(Jitter)誤差，所謂顫動誤差就是在高速傳輸系中因時脈相位偏移而產生時脈誤差，所以在資料源出現所謂時序脈波邊緣之顫動誤差，每經過 N 個時脈週期後資料在轉換過程中就會出現時間變量，此誤差量在低速傳輸中約為 ±25ns 以內。

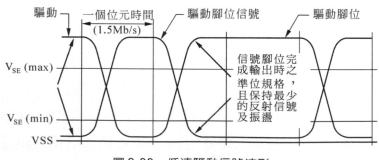

圖 9-39　低速驅動信號波形

9-5 USB 描述元

　　所謂USB裝置元件之描述元(又稱描述器)即USB主機作業系統對連線之週邊裝置作相當程度之記錄，其內容不外裝置之訊息與相關之設定。USB的描述元有許多種型態，分別描述不同種類的資料。該資料如同USB裝置元件之履歷表及自傳，所以設計描述元時祇要依空格填入資料就可以完成一份標準之履歷表，但是也必須充份了解每一個資料欄位所代表之意義才能正確設計USB裝置元件之描述元卻是不爭的事實。標準之裝置描述元架構內之各單元如圖9-40所示。

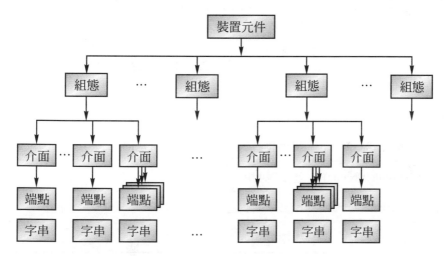

圖 9-40　標準之描述元結構，所有資料用來進一步描述元件之補充資料
　　　　　皆存放於字串，描述器內一個組態可以分支許多介面，同樣的，
　　　　　元件描述器也有1個到多個組態形成了多重之架構

元件描述元(Device Descriptor)的格式及代碼如表9-10至表9-12所示。

表 9-10 元件描述器表格欄位的內含

資料欄位	說明	大小(位元組)
長度(Length)	元件描述器總長度	1
型態(Type)	描述器型態(上述五種中之編號由 01～05)	1
規格(USB version)	USB 規格版本(目前只有 1.0，1.1，2.0)	2
類別(Class)	類別代碼，參考表 9-8	1
次類別(Sub Class)	副類別代碼	1
協定(Protocal)	協定分類	1
封包量(EP0 Size)	End Point0 之最大封包量	1
廠商(Vender Ⅱ)	元件製造商代碼	2
產品(Product ID)	產品名稱代碼	2
版本(Version Number)	元件版本	2
廠商索引(Manufacture)	提供製造商說明用字串索引及位置	1
產品索引(Product Name)	產品說明用字串索引及位置	1
序號索引(Serial Number)	產品序號製造番號字串索引	1
組態(Configurations)	組態分支數目	1

表 9-11 類別(Class)之相關設定

類別(Class)	元件描述器碼	介面描述器碼
特殊應用類別	X	0XFE
音訊介面	0X00	0X01
通訊介面	0X02	X
CDC 控制介面	X	0X02
CDC 資料介面	X	0X0A
附加保全介面	X	0X0D
實體介面	X	0X05
HID 人工輸入介面	0X00	0X03
HUB 網點裝置	0X09	0X09
大量儲存裝置	0X00	0X08
監視器裝置	0X00	0X03
電源裝置	0X00	0X03
印表機裝置	X	0X07
個別廠商驅動程式	X	0XFE
晶片智慧卡介面裝置	X	0X0B

Chapter **9**

表 9-12　基本之描述元之型態代碼

描述元	型態代碼
元件	1
組態	2
字串	3
介面	4
端點	5

　　組態描述元資料欄位之內容代表USB元件之基本特性，換言之組態之內含亦包括其他分支描述元之總資料，並與元件描述元之表格類似，但規模則少一些，如表 9-13 所示。

表 9-13　組態描述元之內含

資料欄位	說明	大小 (位元組)
長度(Length)	組態描述元總長度	1
型態(Type)	組態描述元型態代碼	1
資料總長度	資料量長度(位元組)	2
介面數(Interface)	分支所接介面數	1
組態自身編號	組態編號	1
組態索引	組態名稱說明專用之字串位置索引	1
電源(Power Supply)	匯流排電源	1
電流量(Current)	最大消耗電流(100mA 內)	1

　　介面描述元表格之內容通常用來說明驅動程式之補充資料，最重要的就是登錄端點數之多寡，因為一個組態下可以包含多個介面描述元形成集合體描述元之結構，即具有所謂多重介面能同時啓動多工處理之特色，介面描述元內容如表 9-14 所示。

表 9-14 介面描述元表格內格

資料欄位	說明	大小(位元組)
長度	介面描述元總長度(位元組)	1
型態	描述元型態，表格介面	1
介面數目	介面數目，最小為 0	1
交互設定	交互(Alternate)設定驅動程式可變更設定值	1
端點	介面銜接之端點數	1
類別	介面群組碼，各介面指定身之群組資訊	1
副類別	裝置副群組碼	1
界面協定	判斷是否為特殊協定	1
介面名稱	介面之說明用字串描述元之索引位置	1

　　交互設定之功能是針對提供作業系統能有兩種能隨時替換之工作模式，換言之，某一端點裝置如操作於中斷傳輸模式(實際是 Polling 近似操作)而一旦交互設定值改變($0 \rightarrow 1$)則端點緩衝器(Buffer)將進入執行巨量資料傳輸模式。該情況是在一個組態描述(Configuration Descriptor)下，二個介面，介面 0 與介面組態 1，欲同時進入工作，即時描述 1 改變設定切換模式時也不會影響另一個介面描述元 0 之工作狀況。

　　端點描述元被用來設定資料傳輸之 I/O 埠與編號(位址)，則 USB 據此即可於指定之 BUS 進行 Up load 與 Down load，眾所皆知 USB 端點 0 可進行 IN、OUT 雙向資料傳輸，而其他之端點則必須根據端點描述元來說明資料之方向，如表 9-15 所示，端點描述元的表格僅有 6 個欄位。

Chapter 9

表 9-15　端點描述元

資料欄位	說明	大小(位元組)
長度	描述元總長度(位元組)	1
型態	描述元型態	1
端點位址	位址編碼值	1
屬性	端點的屬性值	1
最大容量	支援量大封包大小即最大資料量	1
查詢間隔	輪詢端點的時間間隔(毫秒)	1

　　當介面描述元表格中"類別"(Class)欄位中如果設定值為 0X03 時，則表示該 USB 裝置為人工介面 I/O 元件(Human Interface Device，HID)這是由介面描述元另外衍生之描述元，雖然 HID 不是絕對要設定的項目，但如果電腦週邊裝置屬於下列範疇則該作業系統就必須針對某些參數要進行表格填充了，HID 之群組有：滑鼠、鍵盤及搖桿等人工介面，其類別常數名稱為 USB_DEVICE_CLASS_HUMAN_INTERFACE，類別描述元又各欄位如表 9-16 所示。

表 9-16　類號(Class)描述元表格

資料欄位	說明
長度	類別描述元總長度(位元組)
型態	HID 描述元型態
HID 版本	HID 類別宣告版本
國家代碼	製造廠國別
HID 描述元	HID 類別描述元編號
報告描述元	HID 描述元報告
報告總長	報告描述之總長

表 9-17　字串描述元表格內含字串格式

資料欄位	說明
長度	文字描述元總長度(位元組)
型態	字串描述元型態碼
UNICODE#1 文字#1	描述字串的第一個 ASCII 字母
NULL	00(固定值)
UNICODE 文字#2	描述字串的第二個 ASCII 字母
⋮	00(固定值)
⋮	⋮

　　字串描述元之格式如表 9-17 所示，字串內容包括晶片組製造廠商、產品規格及特殊用途應用說明等項目，雖然比較複雜但其資料結構卻比較嚴謹，所以祇要看清字串描述元就可了解該 USB 裝置之功能，在其表格之內通常以全球內碼(Unicode)為主，如上所述，每一個欄位各項目之一連串訊息就是該裝置之相關資料。

9-6　USB 的裝置列舉

　　除了前述 USB 主機晶片利用 D^- 及 D^+ 信號來判斷週邊之 USB 裝置熱拔插的狀態外，主機 USB 若欲與 HUB 或週邊裝置進行身份辨識，交易命令或訊息傳遞，則必須依事件發生的時程來操作，該過程就稱為裝置列舉(Enumeration)，裝置列舉之步驟為

1. 針對 HUB 裝置

⑴　主機找到新的 USB 裝置的元件，即讀取埠狀態暫存器。

(2) 將啟動後之 HUB 經主機 USB 判斷新裝置所設定的狀態更新暫存器(Status-change Register)清除。

(3) 令 HUB 送一個重置(Reset)的信號給 I/O 裝置或元件長達 10ms 以上，再將埠狀態暫存器之致能位元設為 Hi，即更新狀態更新暫存器使HUB與主機USB導通，並進入排程詢問(Scheduled-Poll State)。

(4) PC 主機 USB 藉由埠狀態暫存器取得重置 HUB 之訊息。

(5) 清除HUB內狀態更新暫存器內被設定的旗標位元，主要是因為所有之週邊裝置元件已進入預設階段(Default State)，具備有直接與主機USB溝通之能力，一旦主機清除 HUB 之旗標，PC 主機就可以從位址 0(預設值)直接對週邊裝置元件下達命令進行詢問或請求(Request)，換言之，接在 HUB 上之週邊元件已經可以透過 HUB 與 PC 主機溝通。若使用者又將另一新的週邊裝置接到 HUB 上，主機通常先將此新裝置暫緩處理，直到前一個裝置元件完成身份辨識，進入組態狀態(Configured State)後，才會再以位址 0 轉移到新的裝置上，所以任何時刻只有新的裝置元件可編號為位址 0。

2. 針對 I/O

(1) 主機USB 發出命令，請求裝置元件自行將自我描述相關資料存放於元件描述元(Device Descriptor)內。

(2) 主機 USB 接下來重新對新的裝置元件設定一個位址(編號)，俗稱設定位址(Set-address)，從此之後該裝置元件將以新之位址與PC USB 溝通，即進入定址狀態(Addressed State)。

(3) PC主機從新位址發出請求命令讓裝置元件再輸入裝置描述元(Device Descriptor)，即前述之表格資料，若與 1 之內容不符則表示週邊裝置有誤。

(4) PC主機利用驅動程式請求週邊裝置輸入組態描述元，介面描述元及端點描述元之資料。

(5) 依描述元之內容載入不同之驅動程式,該資料庫乃由廠商或微軟提供或使用者自建之軟體,值得注意的是,該裝置已正式成為PC主機之一項週邊且連線成功。裝置正式納入主機USB端的組態,即組態狀態(Configured State)。

　　PC 主機對裝置元件之身份辨識及輸入之各項描述元(Descriptor)資料之判讀攸關到底要載入那一款驅動程式,所以任何一個介面控制之設計者要先了解元件描述元之內容及規劃之原則才能順利啓動週邊介面電路之運作,換言之,身份辨識中裝置列舉(Enumeration)的請求命令與信息傳遞之過程,雖然是主機 PC USB 軟體之一部份,該裝置元件回應的資料交易訊息則是週邊介面之範疇,所以一旦登錄偵測過後則 PC 主機就知道其 VID/PID 碼,驅動程式也就確立了。

9-7　USB 電源之管理

　　USB 週邊裝置可由匯流排取得電源,但因為電源有限,所以 USB 常規劃於低耗電之暫停狀態,USB 裝置從 PC 主機取得電源的原則有二,一為電源電纜線與資料線是同一條,除了節省成本及省電外,二要有高效率之開關(Switching)整流器足夠讓週邊裝置取得供應之電流。大部份的USB控制晶片需 5V 或 3.3V 的電壓,所以滿足了低電壓及CPU之電模式,換言之,如果裝置需要超過 100/500mA 的電源,則建議另外考量外加電源供應器或自我源之功能,在暫停狀態下的裝置週邊系統將消耗少量匯流排之電流,支援高電源裝置之規格是以 500mA 之極限,但高電源裝置必須能在低電源的狀態下重組裝置,在主機 PC 在搜尋裝置時,由組態設定之描述元欄位內也可以測試到最大電流的規格,即指定最大匯流排電流,雖然HUB

有過電流保護，但問題是在低電流的集線器要接高電源的裝置或兩個集線器(由匯流排供電)串接，則上游 HUB 無法保證提供接近 500mA 或大於100mA之電流給週邊裝置之狀況下解決之道便是切換到自我供電電源。當匯流排停止一段時間或PC主機USB發出命令讓HUB進入暫停狀態(Suspend State)。如果是全域暫停則主機USB停止傳送SOF封包，此時所有之裝置進入暫停狀態，但也可以選擇暫停某一個 HUB 停止交易，即設定埠請求(Set-port-feature)功能。

9-8　HID 群組

　　HID 俗稱人體介面裝置或元件(Human Interface Device)，屬於與使用者直接互動的裝置，例如，滑鼠、鍵盤或可攜式硬碟等，祇要啓動驅動程式就可以直接使用，Win98 以後之版本一定有內建之HID的驅動程式，基本上所有符合下列規範的裝置均可稱爲 HID。

1. 裝置在不定時傳資料給主機 USB，所以 PC 採定時輪詢方式讀取最近的資料，如滑鼠等。

2. 低速裝置每一筆資料 8 位元，全速爲 64 位元組，高速爲 1024 位元組，最高傳輸率僅有 64KB/s，一個單一的報告可包含許多筆資料，每一秒最多僅 64K 位元組，每 125 微秒 3 筆資料。

3. 由 HID 所定義之描述元中其資料結構，被用來交換的資料稱爲報告，此結構裝置的勒體必須支援HID報告的格式並有彈性處理各種型態的資料。

4. 部份 HID 裝置也可以傳送非傳統介面的資料給主機 HUB，主機 PC也可以對這些特殊的 HID 裝置下達組態設定。

範例 18　試說明 HID 介面符合規範內所定義之描述元，傳輸頻率及傳輸型態之需求。

解　主機在低的中斷每 10ms 不可超過一資料，800 位元組／秒為最大頻寬，全速則 1 筆交易／ 1ms，頻寬為 64KB ／秒，高速中斷終端每 125 微秒 3 筆交易，頻寬為 24.576MB ／秒。

如圖 9-41，所有的 HID 傳輸都必須使用預設的控制通道或中斷通道，例如：

1. 控制傳輸
   ⑴ 資料由 HID 裝置 IN 則資料型態為沒有嚴格時間限制之資料。
   ⑵ 資料由主機 OUT 則資料型態為沒有時間限制或沒有 OUT 中斷通道架構之任何資料。

2. 中斷傳輸
   ⑴ 資料 HID IN 則資料型態為定時或延遲資料。
   ⑵ 資料由主機 OUT 則資料型態為定時或低延遲的資料。

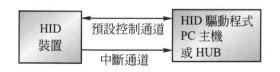

圖 9-41　HID 與主機 HUB 間之傳輸模式

HID 描述元之內容如表 9-10 所示共有 14 個欄位，但其組態設定描述元則之內含大同小異，如表 9-18 所示。

Chapter 9

表 9-18　HID 裝置組態描述元格式

資料欄位	說明	大小
長度(Length)	描述元大小(HID)	1
型態(Type)	HID 組態描述元型態代碼	1
資料總長度	此組態傳回的所有資料大小(位元組)	2
介面數	HID 組態支援的介面數目	1
組態自身編號	HID 組態編號	1
組態索引	HID 組態的字串描述元之索引	1
組態屬性	HID 組態特性：(暫停狀態之應用)	1
電流量(MAX)	HID 之最大電源，該值乘以 2mA 為電流基本單位	1

　　HID 裝置之介面描述元同表 9-14，界面協定碼＝0 表示無裝置，若為 1 表鍵盤，若為 2 表滑鼠，副類別即 b Interface Subclass ＝ 0 表沒有副群組，若為 1 表開關有介面副群組。HID 裝置之端點描述元同表 9-15，此描述元中有關端點位址的內容規劃如下：

　　　　位元 0～3：端點編號
　　　　位元 4～6：保留預設 000
　　　　位元 7：0 表示 OUT 端點
　　　　　　　　1 表示 IN 端點

HID 裝置的端點描述元格式端點屬性代碼即傳輸型態有四種：

　　　　位元 0～1：傳輸型態

00：表控制

01：表即時

10：表巨量

11：表中斷

位元 2～7：保留，預設 000000

HID 裝置的字串描述元當中共 12 項，如表 9-19 中類別代碼一定為 0X03，該值對映到表 9-11 之相關設定值。

表 9-19　HID 裝置之字串描述元(慢速裝置之格式)

資料欄位	說　　　　　　　　　明	大小(位元組)
長度	描述元之大小(位元組)，HID 為 0X04	1
型態	描述元型態於 HID 為 0X03	1
字串	文字，ID 碼的陣列值	2
長度	描述元之大小(位元組)，HID 為 0X0A	1
型態	描述元型態，於 HID 為 0X03	1
字串	製造商，文字字串資料	8
長度	描述元之大小(位元組)，HID 為 0X22	1
型態	描述元型態，HID 為 0X03	1
字串	產品說明或名稱文字字串資料	32
長度	描述元之大小(位元組)，HID 為 0X0E	1
型態	描述元型態，於 HID 為 0X03	1
字串	裝置的序列號碼	12

9-9 USB 微控制器的應用

欲將慢速 USB 晶片作 I/O 之應用控制時需考慮 I/O 埠端點之位元數，如前所述 CY7C63200A 之 I/O 埠僅有 10 位元(由 P0.0～P0.7 加上 P1.0～P1.3)，CY7C63100A則有 24 支腳位，其並列I/O埠位元可擴充到16位元(由 P0.0～P0.7 加上 P1.0～P1.7)，除了硬體電路之設計外，如何撰寫 CY7C63XXX系列之控制指令也是值得注意的。如同一般的單晶片或微電腦晶片，在應用實作中不但可作 I/O 之並列資料傳輸控制，也兼具串列資料之傳送。本節將提供二個由 CYPRESS 公司提供的簡易實作電路當本節慢速 USB 微控制器應用之介紹。

1. 指撥開關之輸入控制

如圖 9-42 所示，以USB CY7C63000配合一 8 位元指撥開關之控制電路，並將該微控制器讀取資料存入變數 DATA_BUFFER 內，在設計組合語言時要先了解如何設定 I/O 的腳位使之成為輸入模式，因此應設定讓資料暫存器為 1 且提升暫存器為 0。

值得注意的是指撥開關之 ON 端表示開關導通成為 GND，此時 P0 上之任何一相關腳位必為Low，反之，如果指撥開關切換到OFF側，即表示開關為斷路，此時 V_{cc} 經由電阻 330Ω到達P0上之任一相關腳位，必然使P0腳位為 Hi。以CYPRESS 的組合語言設計其片段程式為：

```
PORT0_DATA_REGISTER equ 0H          ;GPIO 資料埠 0 暫存器位址
PORT0_PULLUP_REGISTER equ 8H        ;埠 0 提昇暫存器位址
DATA_BUFFER   equ 70H               ;控制端點 0,FIFO 宣告
MOV   A,0FFH                        ;設定 P0 的資料值為 1(8 位元)
IOWR  PORT0_DATA_REGISTER           ;完成資料載入，完成設定
MOV   [PORT0_DATA_REGISTER],A       ;將 A 值由 P0 輸出
```

```
MOV    A,00H                              ;設定 P0.0 腳位之資料為 0
IOWR   PORT0_PULLLER_REGISTER            ;設定 P0 之提昇暫存器為 0，至此
                                          P0 成為輸入
MOV    [PORT0_PULLLER_REGISTER],A        ;完成清除工作
IORD   PORT0_DATA_REGISTER               ;讀取 P0.0 的輸入值
AND    A,1                                ;保留最低一位元
MOV    [DATA_BUFFER],A                   ;將讀取值存入 Data_Buffer 暫存
                                          器內。
```

　　上述範例表示在介由 GPIO 接腳位元時需先依定義之暫存器位址一一完成設定，再讀取 8 位元資料存入資料暫存器緩衝區內。

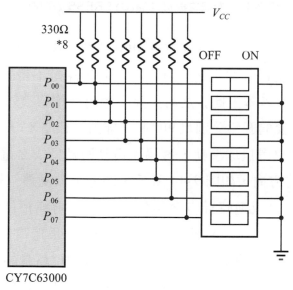

圖 9-42　有 12 個 I/O 埠之基本輸入架構應用例

Chapter 9

2. 滑鼠的應用

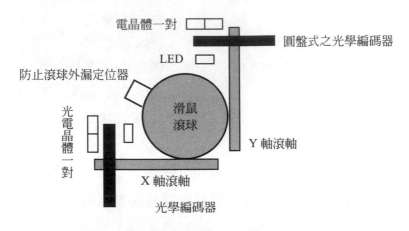

電晶體一對

圓盤式之光學編碼器

LED

防止滾球外漏定位器

滑鼠滾球

Y 軸滾軸

光電晶體一對

X 軸滾軸

光學編碼器

圖 9-43　滑鼠之機械結構(CYPRESS 公司提供)

　　本應用例欲利用 USB 之 CY7C63000 控制晶片來設計滑鼠裝置，光電機式為目前市場上最普遍化之滑鼠之一，其優點是不差的解析度與可於廣大之平面上操作，基本上此款之滑鼠除了應有一橡膠滾球之外，圖 9-43 之右上左下還有二套的圓盤分別呈 90°垂直排列，隸屬 XY 軸之光學編碼器就套在滾軸上，如果滑鼠球滾動，透過光電晶體轉換成之電子脈衝就可以計算 XY 軸移動的方向，如圖 9-44 所示，圓盤上整圈鏤空結構將使 PT1 與 PT2 分別於順時針或逆時針方向旋轉滾球產生兩種相位的變化，根據圖 9-45(a)(b)得知 PT1.2 on 時(即 LED 可透光)分別為低電位，否則 PT1.2 為高電位，因此由滑鼠移動的方向計算出 XY 兩軸位移量的大小，USB 滑鼠仍具有熱插拔之優點，解析度不低於 200DPI，且 GPIO 之最高耗電流僅0.2mA 至 1.0mA 之間，圖 9-46 乃由 Cypress 公司所提供之滑鼠應用電路，因為滑鼠之內部結構大同小異，除了介面晶片版本略有修正外，其變化並不大，值得注意的是滑鼠之尾巴，即 USB 連接線最長不可超過 3 公尺。

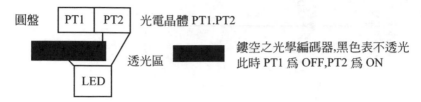

圖 9-44　編碼器之結構

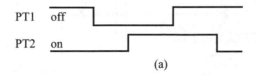

(a)

圖 9-45(a)　圓盤逆向旋轉時，PT1.2 光電晶體產生相位差 PT2 ON 後保持
Hi 的時間與鏤空的寬度有關

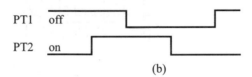

(b)

圖 9-45(b)　圓盤順向旋轉時，PT1 之脈衝比 PT2 提早降為 Low，由相位
變化可判斷移動方向

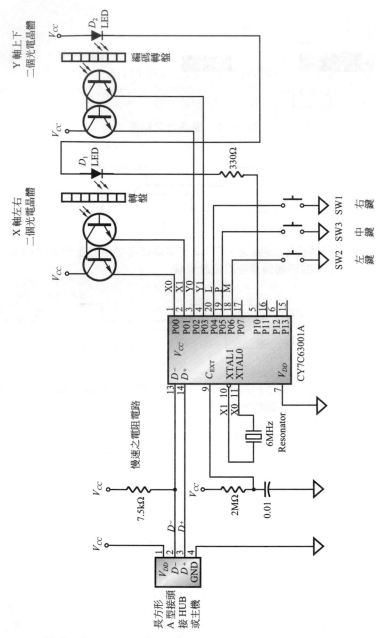

圖 9-46(a)　滑鼠之應用電路(CYPRESS 公司提供)

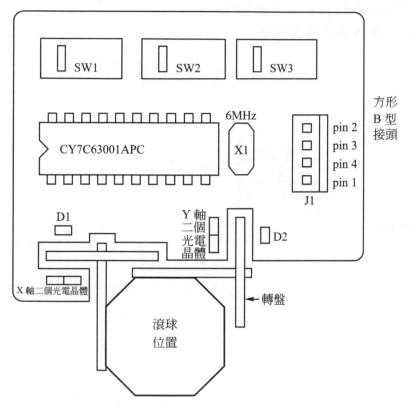

圖 9-46(b)　USB滑鼠之應用電路，羅技之USB晶片則使用CY7C63001A
亦同樣採用 6MHz之石英振盪器，V_{cc}則取自主機USB匯流排
之電源供應器

1.　韌體設計

　　滑鼠一接上USB主機後，系統就會執行啓動程序如圖9-47所示。

　　主機辨識此滑鼠裝置後應先進行重置操作，等到滑鼠經重置後，主機
USB送一個SETUP封包隨後就依IN封包讀取預設位址0所記錄之裝置描
述元，俟收到描述之後，主機就指定一個新USB位址給滑鼠，滑鼠就是根
據此新位址傳回資訊，即於主機USB持續詢問裝置描述元，組態描述元及
HID報告描述元時產生回應，據此主USB就得知端點數(僅採用一支USB

滑鼠則端點數必為 1)，並完成列舉之操作，圖 9-48 是 USB 標準之重置及
請求列舉之中斷副程式流程圖。

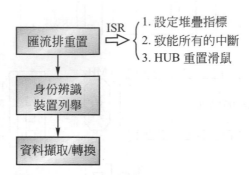

圖 9-47　USB 啟動 HID 流程，滑鼠初接上主 USB 只有電源並無功能，並
　　　　等待重置信號，低速晶片 D^- 端接上 1.5kΩ 提昇電阻，匯流排的
　　　　集線器可立刻偵測到 1.5Mbps 之低速裝置

韌體設計之任務就是查詢滑鼠按鍵及交電晶體之狀態，無論是水平或
垂直位移量或按鍵狀態一概透過端點 1 送回主 USB，當主機 USB 發出 IN
封包來讀取滑鼠的資料時則滑鼠就將 3 個位元組之資料放於 IN 之憑證封包
所指定的資料欄位內，逐由主機讀取(傳回主機 USB)。

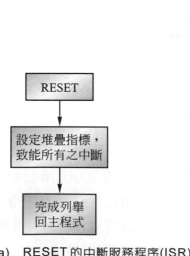

圖 9-48(a)　RESET 的中斷服務程序(ISR)

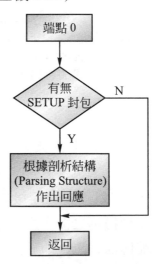

圖 9-48(b)　端點 0 之 ISR

滑鼠將水平(X軸)、垂直(Y軸)位移資料及按鍵狀態透過端點1之ISR
傳回主機，此三位元組之內容如圖9-49所示。

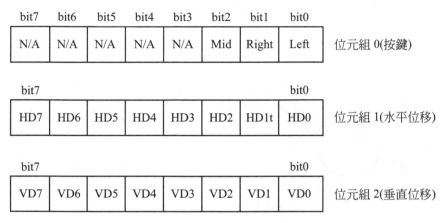

圖9-49　USB滑鼠之資料結構

因為XY兩軸各有2個光電晶體，故依PT1，PT2兩位元可得4種電位
高低之組合來設計滑鼠狀態圖，值得注意的是水平、垂直兩軸之結構相
同，參考圖9-50所示。

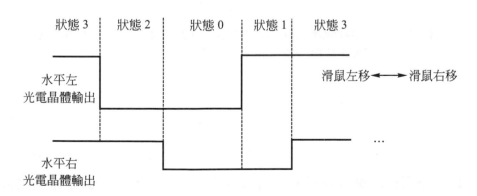

圖9-50(a)　水平軸(X軸)左右光電晶體所定義之狀態值

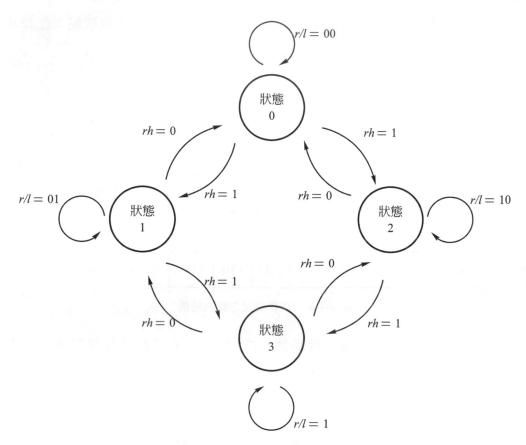

圖 9-50(b)　滑鼠狀態圖 *lh* 為水平方向左邊之光電晶體，*rh* 為水平方向右邊
之光電晶體，*rll* 為右／左狀態位元

2.　USB 滑鼠描述元

　　USB描述之用來記錄該裝置之資訊，雖然各種描述元內容不盡相同，但其位元組 0 一定是表示該描述元之長度，位元組 1 為描述元之型態，讀者可以下載觀察所屬滑鼠型號之相關描述元，換言之，可觀察電腦主機配備滑鼠所建立之所有描述元。

9-10 抖動(Jitter)與歪曲(Skew)

　　USB電氣特性中評估數位信號穩定度有二項因素可供參考，一為信號抖動(Jitter)，另一為歪曲(Skew)，數位資料脈沖(Data pulse)在進行資料傳輸時，脈沖信號的相位出現偏移的現象，換言之，脈沖邊緣信號波形有前後偏移的變化，這種高頻信號(10Hz以上)相位之偏移就稱為信號抖動，亦即數位信號在時間點上的理想位置出現短時間的變化。如圖9-51(a)所示為一系統之脈波信號(System clock)，其任務週期為50％如果脈波信號在傳輸線上或網路連線的量測點上出現漂移或偏移現像，如上昇邊緣與下降邊緣在取樣點上觀察到不規律性就會形成接收端之抖動現象，如圖9-52與圖9-53所示，造成抖動的原因除了 USB 控制器內部多工器外，同步電路或位元填塞機制與同脈沖(Clock)之精確度也是抖動之來源，所以脈沖信號之相位偏移就稱為脈沖抖動或時基線抖動。

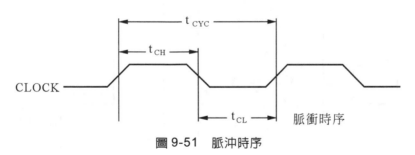

圖 9-51　脈沖時序

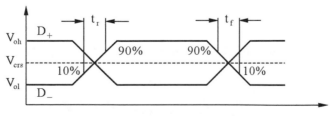

圖 9-52　USB 資料脈波及電壓準位

Chapter 9

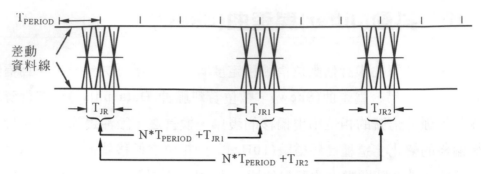

圖 9-53　會造成傳輸資料品質的接收端抖動容忍度

　　至於歪曲(Skew)之觀念，若以最常見的脈波歪曲(Clock skew)為例，則以脈波信號經過電路後，最長與最短之到達時間之差異來定義，如圖9-54 所示，圖 9-55 為統計學上之歪曲時間效應，圖 9-55(a)為正向(右式)歪曲圖 9-55(b)為負向(左式)歪曲。

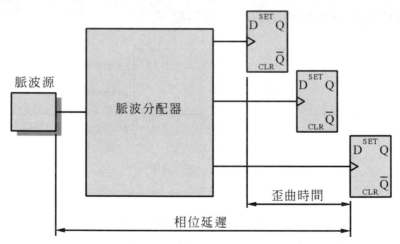

圖 9-54　脈波歪曲之應用例，過度時間之歪曲會降低資料傳輸率

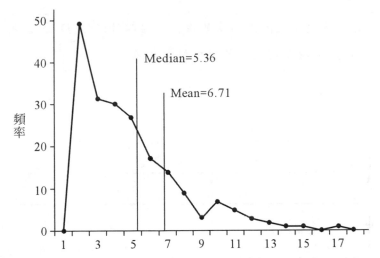

圖 9-55(a)　分佈曲線之右側歪曲比較長，亦稱為正向歪曲或右式歪曲

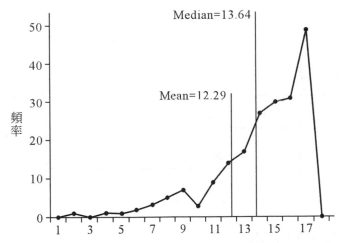

圖 9-55(b)　分佈曲線之左側比較長即負向歪曲或左式歪曲

圖 9-55(a)為正向歪曲，若圖 9-54 之歪曲值屬於正向則脈波(clock)頻率就可以提昇，但是必須考慮系統之總延遲時間必須大於歪曲時間，圖 9-55(b)為負向歪曲，表示 skew 為負值，系統之性能會下降。

範例 19 USB 傳輸線上因差動信號作為資料脈沖(D^+及D^-)，試繪出差動信號之歪曲時間與差動資料之抖動現象。

解 (a)差動信號與 EOP 之歪曲值及 EOP 之寬度如下圖所示

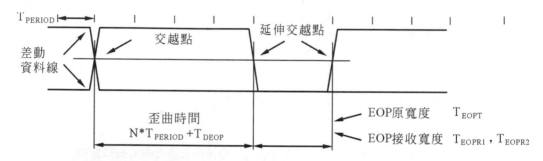

(b)差動(D^+與D^-)信號之資料抖動

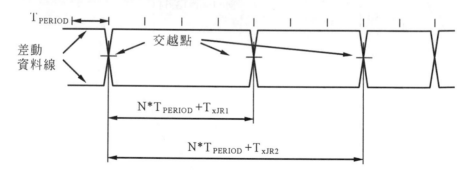

9-11 I²C 匯流排

　　規劃I²C匯流排的目的在於讓使用串列介面的I²C架構之裝置間作簡易之資料傳輸，I²C的全名為Inter IC 或「I-squared-C」，所以I²C有跨晶片的意思，Philips半導體的 I²C 標記如圖 9-56 所示。

圖 9-56 I²C 由 Philips 公司於設計電視應用模組時首創

　　I²C 於 1992 年所發表的版本為 V1.0，1998 年的版本稱為 V2.0 版，而 2000 年則改版為 V2.1 版，前後 13 年間總共作了三次主要的改版，I²C 有二種定址模式分成 10 位元的長定址與 7 位元的短定址，如果定址採用長定址模式則表示在一個 I²C 匯流排上最多可以連接 1024 個晶片，反之，短定址只能有 128 個晶片，至於資料輸率又可分為三種：如低速的 10kbps 的低速模式，標準模式則為 100kbps，而快速模式則為 400kbps，雖自 2004 年來 USB 成為串列傳輸介面之主流，I²C 仍然被應用於嵌入式的電子電路控制設計上面，因為 I²C 裝置間可以運用，故沒有主副之分，換言之其裝置間沒有絕對的主控者(Master)或副裝置的設定，I²C 在 PC 介面匯流排的應用如類比視訊介面，可讓顯示器與顯示卡間相互協調作出最佳之輸出組態，即所謂 DDC 設定(Display Data Channel)，目前 DVI 或 HDMI 等數位視訊介面因採用 I²C 就可對顯示器作偵測、辨識或協定的操作。

9-12　I²C 的硬體架構

　　I²C 在硬體結構上僅有二條導線，一為串列資線(SDL：Serial Data Line)，另一條為串列時脈線(SCL：Serial Clock Line)，所有的 I²C 晶片族都可以並聯這二條線上，如圖 9-57 所示，值得注意的是各連接到匯流排上的 I/O 都是開汲極(Open Drain)，所以接腳內部的電路在導通時為低電位而開關電路 off 時高電位(邏輯 Hi)。

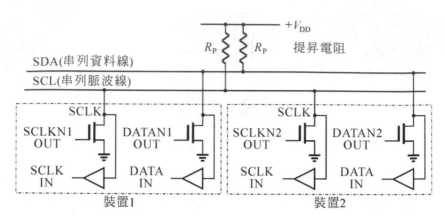

圖 9-57 基本的 I²C 介面應用，I²C 匯流排連接使用標準之快速模式

　　典型的介面電路在 SDA 及 SCL 都必須加入提昇電阻 R_P，提昇電阻 R_P 應選用 1kΩ 以下，上圖 9-57 中 V_{DD} 大小為 3.3 伏特或 5 伏特，所以匯流排上並接的 I²C 晶片裝置數量，將受限制於 I²C 線路的電容值，因電容值大小與電流限制有關連，若 I²C 電容值小於 400pF，即使用 PCB 印刷電路板上銅箔長度小於 10m 以內，則匯流排上就可以連接 20～30 個以上之裝置。I²C 匯流排傳送信號之邏輯準位有二種規範：一為相對準位，另一為絕對準位，相對準位依 V_{DD} 之電壓來決定大致為 $0.7V_{DD}$ 為 Hi 邏輯，$0.3V_{DD}$ 則為 Low 邏輯，絕對準位則依 TTL 的規定來設定，正邏輯中之 Hi 為 3 伏等，Low 則為 1.5 伏特，I²C 的工作電流至少需要 3mA。基本上 I²C 之邏輯位準之電壓定義比起 SMBus 有更寬鬆之規格，如圖 9-58 所示。

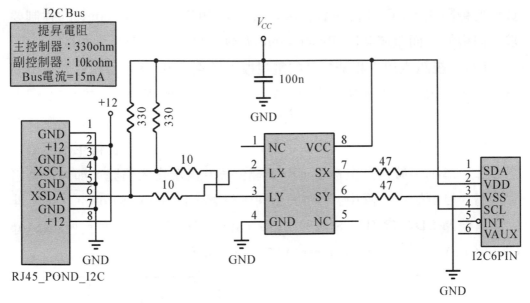

Access.Bus Pinout
Pin 1：GND, Black(#26A WG)[AWG：American Wire Gage]
Pin 2：SDA [Send Data], Green (#28AWG)
Pin 3：+5v, Red(#26AWG)
Pin 4：SCL [Serial Clock], White (#28AWG)
Shield：Connected only to the host connector shield and host ground

圖 9-58　I²C 與 SM 匯流排之電壓定義，SMBus 比較重視在省電方面之設計

範例 20　已知 I²C 匯流排之工作電流上限為 3mA，而電源供應 V_{DD} 為 3.3 伏特，則提昇電阻 R_P 為何？

解　$R_P = 3.3$ 伏特 ÷ 3mA = 1.1kΩ

I²C 另一項重點就是對高速資料傳輸的需求，雖然 I²C 比不上 USB 之速率，但 I²C 仍保持有相當大的時序上下限，換言之，最低工作頻率可由 0Hz 到 3.4MHz，0Hz 表示直流狀況等於是時間暫停處於閒置階段，至於

Chapter 9

資料傳輸階段，I²C 並沒有資料保留階段時間(Data Hold Time)的強制要求，同樣的介面重置時間(Reset Time)及恢復時間也沒有特別規範。

　　I²C 在視訊應用之相關設計如電視機上即讓 CPU 與週邊晶片間取得簡速的連接，因此業界更朝協定層之概念來強化 I²C 的實體面，換言之，I²C 匯流排之控制完全根位址或主控碼與資料格式，如圖 9-59 所示為主控器的定址與副裝置資料傳輸，其中斜線部份表示資料欲由主控器傳至副裝置，空白部份為副裝置傳至主控器，R/$\overline{W}$ 欄位為 0 表示寫入信號，即主控器將資料寫入目標裝置，圖中 "A" 表示回應信號，即 SDA 為 Low，$\overline{A}$ 則為非回應信號即 SDA 為 Hi，S 為啟始階段(Start Condition)，P 為停止(Stop Condition)，其中 Slave Address 為 7 位元位址位元。

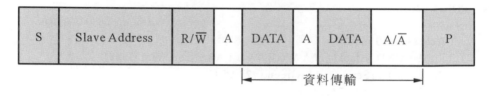

n位元組+回應信號

圖 9-59　主控器傳送至副裝置之 7 位元定址

> **範例 21**　I²C 在實用電路設計可以在裝置上防止正向峰值電壓造成傳輸端之損害，試由電路結構說明之。

解　菲利普公司提供之手冊上設計之提昇電阻為 R_P，但實際應用可以設計電流源而達到提昇信號之效果，換言之，在資料匯流排即傳輸端可以再串接 R_S 電阻與原有之 R_P 提昇電路串聯以防止正向峰值期間出現時的大電流如圖所示。然而在快速模式中可能發生不同速率之裝置一同連接在匯流排上，則在三種操作速率下之切換動作通常需要橋接器，下圖可再透過額外的電晶體與電阻模組作連接。

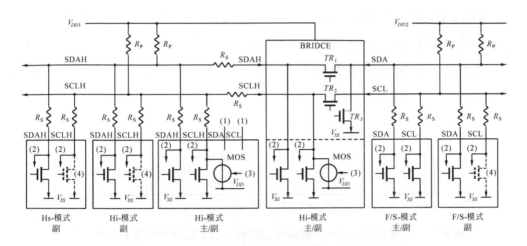

圖中之 TR3 另外提供邏輯準位移位(Level Shift)技巧，也就是利用電晶體來轉變位準，不同位準之I^2C介面亦能共同連接到匯流排上。反之如果主控器欲讀取副裝置之資料，主控器在讀取第一個位元組(8 位元)後，就可以立即讀取副裝置的資料。

I^2C 資料的寫入和讀取都是以最高位元先傳送。訊框格式中以有網底的部分表示僕裝置傳送的資料，而無網底的表示主裝置傳送的資料。讀寫的格式如圖 9-60 所示。

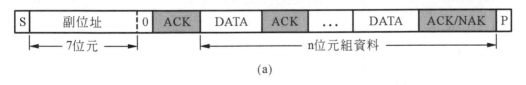

(a)

(b)

圖 9-60　主控器的寫入格式為(a)，讀取格式為(b)

　　7 位元的位址位元格式如圖 9-61，即 Address 格式一定緊接在 S 位元
之後，符合位址位元之裝置應該回應 ACK 信號，所以在讀寫格式中如果
發生 S 信號位元接著出現 P 位元則表示不合法格式，所有定址模式之組合
如表 9-20 所示，總之在主控器送出定址格式後所有的裝置經過比對後，則
符合的該裝置就變成副接收器或副傳送器。

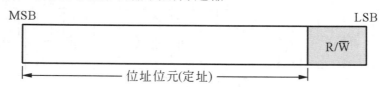

圖 9-61　下達指令之任一裝置稱為主控器，位址位元為可程式來配合三
　　　　　種傳送速率之模式即 7 位元至 10 不等

表 9-20　第一個位元組之定義內容

副裝置位址	R/W 位元	操作說明
0000000	0	呼叫位址
0000000	1	裝置啟始位元組，不產生回應信號
0000001	X	CBUS 的定址，I²C 匯流排裝置不產生回應
0000010	X	保留給不同之匯流排格式
0000011	X	未使用
00001XX	X	HS 模式主控器格式
11111XX	X	未使用
11110XX	X	10 位址定址模式

　　呼叫位址之模式其操作模式組合為某一固定位址加上可程式部份，因
為很可能有許多相同之裝置同時連接匯流排上，則系統之可程式部即為最
多可定址之副裝置個數，換言之，如果某裝置位址位元之前 4 位元為固定
而擁有 3 個位元為可程式部份，則表示最多可以有 $2^3 = 8$ 個相同之裝置可以
連接匯流排上，呼叫位址格式如圖 9-62 所示。

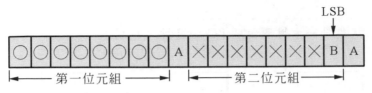

圖 9-62　一組位元組為呼叫位址

表 9-20 中 HS 模式又稱高速模式，即 High speed 模式，其傳輸率為 3.4Mbps，無論系統規劃為那一種傳輸，其完整之操作時序如圖 9-63 所示，每一程序的啟始位元組之操作時序，則如圖 9-64，圖中 S_r 信號之目的為：當 SCL 偵測到 SDA 由 Hi 轉為 Low 準位，微控器就會自動切換到較高的取樣頻率(Sampling rate)來找出重複的啟始信號，而 Sr 就被當作同步信號。

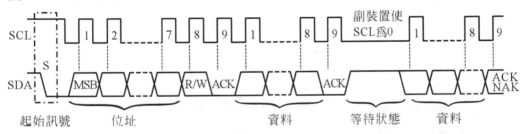

圖 9-63　I/O 操作時序

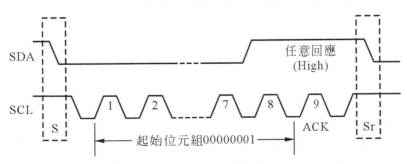

圖 9-64　啟始位元組過程

Chapter **9**

範例 22 試設計一方塊圖說明 I²C 匯流排之應用

解

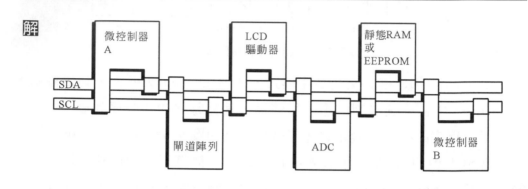

總結：凡是 USB 之資料傳輸速率低於 100Kbps 以內的，我們就稱為低速 USB，其實並沒有絕對之數據界限，但大致上此項數據可以套用在所有之個人電腦之週邊設備。低速的 USB 微控制器內含 SRAM、EPROM 串列介面、倍頻器及收發器，通常我們所熟悉之 D^+、D^- 信號腳位就是利用既有的串列介面引擎(USB SIE：USB Series Interface Engine)功能利用 D^+、D^- 之串列訊號作編碼與解碼並傳送接收資料。高速的 USB 介面其資料傳輸率通常在 480Mbps 以上且記憶體容量更大，例如 CY7C640 系列內部之記憶體容量比 CY7C630 系列大許多，目前應用之對象有數位相機、掃描器、數據機或 ISDN 等。

習題

1. 從個人電腦或週邊設備機殼上連接頭之實體的觀點來看,每一個 USB 僅含 4 條線,試說明此 4 條線之功能。

2. 從整個 USB 之通訊架構中包含有一個高達 12Mbps 的大管線及高速 127 個小管線,換言之,每一個小管線可連接到任一個 USB 的裝置上,試根據 USB 資料流之模式與管線之觀念回答下列問題。
   (1) 為何 USB 裝置僅能連接 127 個週邊。
   (2) USB 資料流中最基本的通訊單元為何?

3. USB 的傳輸類型有那些?

4. 試由 USB 介面與主機的連線說明 USB 介面之基本電氣特性。

5. USB 之編碼方式為何?如某位元組資料為 100101010,則經編碼後其值為何?

6. 何謂 TDM?

7. 試舉出常用之快慢速 USB 微控制器之元件編號各一種。

8. USB 提供三種重置模式各為何?

9. 如何讓 USB CY7C63001A 進入中止模式?其程式片段為何?

10. 說明 USB CY7C63001A 接腳 C_{EXT} 之作用?

11. CY7C63000 V_{pp} 接腳之作用為何?

12. CY7C63XXX 有三種包裝,試說明之。

13. 說明 CY7C631XX 內部資料記憶體位址之配置。

14. USB CY 系列 GPIO 之結構為何?

15. 何謂 SIE?其功能為何?

16. 何謂 USB 之位元填塞與位元反填塞?

17. 何謂 GIER?

18. 何謂接收器資料之抖動與歪曲?

Chapter 9

國家圖書館出版品預行編目資料

介面技術與週邊設備 / 黃煌翔編著. -- 六版. --
　新北市 ： 全華圖書，2011.03
　　面 ； 公分
　ISBN 978-957-21-8021-1(平裝)
　1.電腦界面 2.電腦週邊設備

471.56　　　　　　　　　　100003751

介面技術與週邊設備

作者 / 黃煌翔

執行編輯 / 葉奕伶

發行人 / 陳本源

出版者 / 全華圖書股份有限公司

郵政帳號 / 0100836-1 號

印刷者 / 宏懋打字印刷股份有限公司

圖書編號 / 0527405

六版二刷 / 2012 年 01 月

定價 / 新台幣 540 元

ISBN / 978-957-21-8021-1

全華圖書 / www.chwa.com.tw

全華網路書店 Open Tech / www.opentech.com.tw

若您對書籍內容、排版印刷有任何問題，歡迎來信指導 book@chwa.com.tw

臺北總公司(北區營業處)
地址：23671 新北市土城區忠義路 21 號
電話：(02) 2262-5666
傳真：(02) 6637-3695、6637-3696

中區營業處
地址：40256 臺中市南區樹義一巷 26 號
電話：(04) 2261-8485
傳真：(04) 3600-9806

南區營業處
地址：80769 高雄市三民區應安街 12 號
電話：(07) 862-9123
傳真：(07) 862-5562

歡迎加入 全華會員

● 會員獨享
　會員享購書折扣、紅利積點、生日禮金、不定期優惠活動……等。

● 如何加入會員
　填妥讀者回函卡直接傳真 (02) 2262-0900 或寄回，將由專人協助登入會員資料，待收到 E-MAIL 通知後即可成為會員。

如何購買 全華書籍

1. 網路購書
　全華網路書店「http://www.opentech.com.tw」，加入會員購書更便利，並享有紅利積點回饋等各式優惠。

2. 全華門市、全省書局
　歡迎至全華門市(新北市土城區忠義路21號)或全省各大書局、連鎖書店選購。

3. 來電訂購
　(1) 訂購專線：(02) 2262-5666 轉 321-324
　(2) 傳真專線：(02) 6637-3696
　(3) 郵局劃撥（帳號：0100836-1　戶名：全華圖書股份有限公司）
　※ 購書未滿一千元者，酌收運費 70 元。

全華網路書店 www.opentech.com.tw
E-mail: service@chwa.com.tw

www.opentech.com.tw

※ 本會員制如有變更則以最新修訂制度為準，造成不便請見諒。

讀者回函卡

填寫日期： ／ ／

姓名：　　　　　生日：西元　　　年　　　月　　　日　性別：□男 □女

電話：（　　）　　　　傳真：（　　）　　　　手機：

e-mail：（必填）

註：數字零，請用 Φ 表示，數字 1 與英文 L 請另註明並書寫端正，謝謝。

通訊處：□□□□□

學歷：□博士 □碩士 □大學 □專科 □高中．職

職業：□工程師 □教師 □學生 □軍．公 □其他

學校/公司：　　　　　　　　科系/部門：

需求書類：

□A.電子 □B.電機 □C.計算機工程 □D.資訊 □E.機械 □F.汽車 □I.工管 □J.土木

□K.化工 □L.設計 □M.商管 □N.日文 □O.美容 □P.休閒 □Q.餐飲 □B.其他

本次購買圖書為：　　　　　　　書號：

您對本書的評價：

封面設計：□非常滿意 □滿意 □尚可 □需改善，請說明

內容表達：□非常滿意 □滿意 □尚可 □需改善，請說明

版面編排：□非常滿意 □滿意 □尚可 □需改善，請說明

印刷品質：□非常滿意 □滿意 □尚可 □需改善，請說明

書籍定價：□非常滿意 □滿意 □尚可 □需改善，請說明

整體評價：請說明

您在何處購買本書？

□書局 □網路書店 □書展 □團購 □其他

您購買本書的原因？（可複選）

□個人需要 □幫公司採購 □親友推薦 □老師指定之課本 □其他

您希望全華以何種方式提供出版訊息及特惠活動？

□電子報 □DM □廣告 （媒體名稱　　　　　）

您是否上過全華網路書店？（www.opentech.com.tw）

□是 □否 您的建議

您希望全華出版那方面書籍？

您希望全華加強那些服務？

~感謝您提供寶貴意見，全華將秉持服務的熱忱，出版更多好書，以饗讀者。

全華網路書店 http://www.opentech.com.tw 　客服信箱 service@chwa.com.tw

2011.03 修訂

親愛的讀者：

感謝您對全華圖書的支持與愛護，雖然我們很賣重的處理每一本書，但恐仍有疏漏之處，若您發現本書有任何錯誤，請填寫於勘誤表內寄回，我們將於再版時修正，您的批評與指教是我們進步的原動力，謝謝！

全華圖書 敬上

勘 誤 表

書號		書名	作者
頁數	行數	錯誤或不當之詞句	建議修改之詞句

我有話要說：（其它之批評與建議，如封面、編排、內容、印刷品質等...）